高等学校应用型本科教材

高等数学

（第2版）

主　编　侯方勇

副主编　吴博峰　郑　薇

西安交通大学出版社

XI'AN JIAOTONG UNIVERSITY PRESS

图书在版编目（CIP）数据

高等数学/侯方勇主编.—2版.—西安:西安交通大学
出版社,2019.6
ISBN 978-7-5693-1200-3

Ⅰ.①高…　Ⅱ.①侯…　Ⅲ.①高等数学—高等学校—
教材　Ⅳ.①O13

中国版本图书馆 CIP 数据核字(2019)第 112270 号

书　　名	高等数学（第2版）
主　　编	侯方勇
责任编辑	曹　昳
出版发行	西安交通大学出版社
	（西安市兴庆南路1号　邮政编码 710048）
网　　址	http://www.xjtupress.com
电　　话	(029)82668357　82667874(发行中心)
	(029)82668315(总编办)
传　　真	(029)82668280
印　　刷	西安明瑞印务有限公司
开　　本	787mm×1092mm　1/16　印张　21.25　字数　500 千字
版次印次	2019 年 6 月第 2 版　　2019 年 6 月第 1 次印刷
书　　号	ISBN 978-7-5693-1200-3
定　　价	55.00 元

读者购书、书店添货,如发现印装质量问题,请与本社发行中心联系、调换。
订购热线:(029)82665248　(029)82665249
投稿热线:(029)82664954
读者信箱:28790738@qq.com

版权所有　侵权必究

本书编写组

主　编　侯方勇

副主编　吴博峰　郑　薇

编　者　韦娜娜　闫　璐　董　慧　赵华杰　李　妮

前　言

本书是我们在多年教学实践的基础上结合应用型本科学校实际需求情况编写而成的,编者对本书的结构、内容、教学手段等进行了详细而科学的规划。本书的特色主要体现在以下几个方面:

1. 试图对现行微积分课程作较大幅度的改革与探索,将微积分课程视为两个相对独立完备的体系:微分学体系与积分学体系,即先全面系统地学习微分学(一元、多元微分学),然后再全面系统地学习积分学(定积分、重积分、曲线与曲面积分),使学生对微分学和积分学都能有更加全局而完整的认识。

2. 本书严格按照经济管理类教学大纲要求编写,力求理论体系完整,同时合理把握内容的难易程度,使得本教材不仅适合通识教学中侧重计算和应用的教学需要,也兼顾到有考研意愿的学生的学习需求。

在编写过程中,编者主要作了以下考虑:

1. 妥善处理好"一元"与"多元"相应概念、性质、方法的内在联系,把握其共性与差异性。在"糅合"一元与多元相应的内容时,注意到相应概念的思想本质是一致的,从而在基本理论和基本方法上也有着高度的相似性,同时,为了避免读者在学习过程中(尤其是在计算时)引起混淆,我们本着"概念融合,计算分离"的原则,将一元微(积)分与多元微(积)分的概念放在一起,便于读者学习时作比较,而将一元微(积)分与多元微(积)分的计算独立开来,分别介绍,避免混淆。这既是本书的最大特点,同时也是本书编写过程中最棘手的环节。

2. 为支撑多元微积分的内容,需要将空间解析几何、多元函数、极限理论与连续性等知识作为预备知识先行加以介绍。

3. 根据应用型本科学校的特点,本着"适度、够用"的原则,在保持微积分内容的系统性和完整性的前提下,本书适当降低了某些理论的难度,略去了稍长或有一定难度的定理证明。但对于"教学基本要求"中的基本概念、基本理论和基本方法部分则不吝篇幅,力求深入浅出地引入概念,完整仔细地介绍方法,引导学生将学习重点集中到掌握基本内容而不刻意追求难度与技巧的学习导向上来。

4. 着力引导应用型本科学生的"应用"意识,书中精选了一些在物理、经济、管理等方面应用的例题,以培养学生数学建模的思想;既注重高等数学有关内容的阐释,又注重展示这些内容在实际问题中的应用,这样可使本书同时兼备自然科学和社会科学的知识背景。

在本书编写过程中,我们得到了西安财经大学行知学院和西北工业大学明德学院领导的大力支持;西安交通大学出版社为本书的出版给予了大力帮助。为体现本书内容的典型性,书中部分例题引自他人著作,在此一并表示衷心的感谢。由于我们水平有限,书中若有不尽如意的地方,敬请同行和广大读者批评指正。

编　者
2019 年 4 月 30 日

目　录

第1章 空间解析几何基础

空间解析几何的产生是数学史上一个划时代的成就,它通过点和坐标的对应关系,把数学研究的两个基本对象"数"和"形"统一了起来,使得人们既可以用代数方法解决几何问题,也可以用几何方法解决代数问题,从而达到真正的"数形结合".

本章介绍空间解析几何的一些基本概念,包括空间直角坐标系、空间曲面、空间曲线、空间向量代数、空间平面与空间直线方程等,这些内容是学习多元函数微积分的重要基础.

1.1 空间直角坐标系与空间曲面

1.1.1 空间直角坐标系

在平面解析几何中,已经建立了平面直角坐标系,并通过平面直角坐标系把平面上的点和有序实数组(即点的坐标(x,y))对应了起来.同样,为了把空间中的任一点与有序实数组对应起来,我们建立了**空间直角坐标系**.

在空间取一定点O,作三条以O点为原点的两两互相垂直的数轴,依次称为x轴(横轴)、y轴(纵轴)、z轴(竖轴),这三条轴具有相同的单位长度,它们的正向满足右手法则,即以右手握住z轴,当右手的四个手指从x轴的正向转过$\frac{\pi}{2}$的角度后指向y轴的正向时,竖起的大拇指的指向就是z轴的正向(图$1-1$).

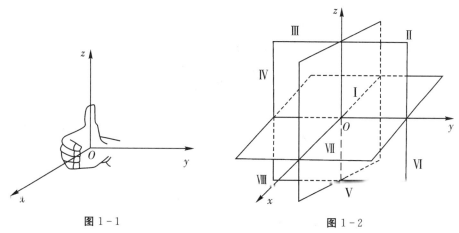

图 $1-1$ 图 $1-2$

三个坐标轴中的每两条坐标轴可以确定一个平面,这样确定的三个平面统称为坐标平面.由x轴与y轴所确定的坐标平面称为xOy面,由y轴及z轴确定的坐标平面称为yOz平面,

由 z 轴及 x 轴所确定的坐标平面称为 xOz 平面.这三个坐标平面把空间分成 8 个部分,每一部分称为一个卦限,含 x 轴、y 轴与 z 轴正半轴的卦限称为第一卦限.在 xOy 面上方,从第一卦限开始,按逆时针方向依次确定的三个卦限分别称为第二、第三、第四卦限.在 xOy 面下方,第一卦限之下为第五卦限,从第五卦限开始按逆时针方向依次确定第六至第八卦限,这八个卦限分别用 Ⅰ、Ⅱ、Ⅲ、Ⅳ、Ⅴ、Ⅵ、Ⅶ、Ⅷ表示(图 1-2).

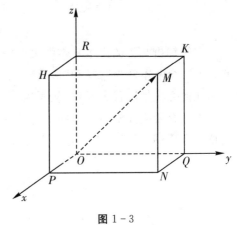

设 M 是空间中任意一点,过点 M 作三个平面分别与三个坐标轴垂直,它们与三个坐标轴的交点依次记作 P、Q、R(图 1-3),这三个交点在 x 轴、y 轴、z 轴上的坐标依次记为 x,y,z,则点 M 就唯一地确定了一个有序数组 x,y,z;反过来,已知一个有序数组 x,y,z,可以在 x 轴上取坐标为 x 的点 P,在 y 轴上取坐标为 y 的点 Q,在 z 轴上取坐标为 z 的点 R,然后通过 P、Q、R 分别作 x 轴、y 轴、z 轴的垂直平面,这三个垂直平面的交点 M 便是由有序数组 x,y,z 确定的唯一的点.

图 1-3

这样就建立了空间点 M 和有序数组 x,y,z 之间的一一对应关系,这组数 x,y,z 称为点 M 的坐标,分别称为 M 的 x 坐标、y 坐标和 z 坐标,记作 $M(x,y,z)$.

1.1.2　空间两点之间的距离

设 $M_1(x_1,y_1,z_1)$、$M_2(x_2,y_2,z_2)$ 为空间中的两点,过 M_1、M_2 各作三个分别垂直于三个坐标轴的平面,这六个平面围成一个以 M_1M_2 为对角线的长方体,如图 1-4 所示,由相应的三角形勾股定理易知

$$|M_1M_2|^2 = |M_1N|^2 + |NM_2|^2 = |M_1P|^2 + |PN|^2 + |NM_2|^2$$
$$= (x_2-x_1)^2 + (y_2-y_1)^2 + (z_2-z_1)^2$$

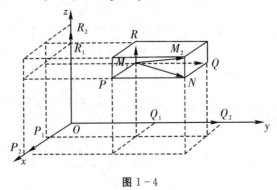

图 1-4

所以,空间两点的距离公式为

$$|M_1M_2| = \sqrt{(x_2-x_1)^2 + (y_2-y_1)^2 + (z_2-z_1)^2} \qquad (1-1-1)$$

特别地,点 $M(x,y,z)$ 到坐标原点 $O(0,0,0)$ 的距离为

$$|OM| = \sqrt{x^2 + y^2 + z^2}$$

例 1.1.1 求点 $M(x,y,z)$ 到 x 坐标轴的距离和到 xOy 坐标面的距离.

解 点 $M(x,y,z)$ 在 x 轴上的投影,记为 A 点,则 A 的坐标为 $(x,0,0)$,所以 $M(x,y,z)$ 到 x 轴的距离 d_1 为

$$d_1 = |MA| = \sqrt{(x-x)^2 + (y-0)^2 + (z-0)^2} = \sqrt{y^2 + z^2}$$

设 P 是点 M 在 xOy 面上的投影,则 P 的坐标为 $(x,y,0)$,所以 M 到 xOy 面的距离 d_2 为

$$d_2 = |MP| = \sqrt{(x-x)^2 + (y-y)^2 + (z-0)^2} = |z|$$

1.1.3　曲面方程的一般概念

平面解析几何中把曲线看作平面上动点的几何轨迹,类似地,空间直角坐标系中的任何曲面都可以看作动点在空间的几何轨迹.在这种意义下,如果三元方程

$$F(x,y,z) = 0 \qquad\qquad (1-1-2)$$

满足:(1)曲面 S 上的任何一点的坐标都满足方程(1-1-2);

(2)不在曲面 S 上的点的坐标都不满足方程(1-1-2).

则方程(1-1-2)称为曲面 S 的方程,而曲面 S 就称为方程(1-1-2)的图形.这就建立了空间曲面与曲面方程的一一对应关系,如图 1-5 所示.

建立了空间曲面与其方程的联系后,就可以通过方程研究来理解曲面的几何性质,与平面解析几何相类似,空间解析几何主要研究以下两个基本问题:

(1)已知曲面 S 上的点满足的几何条件,建立曲面 S 的方程;

(2)已知方程 $F(x,y,z) = 0$,研究该方程对应曲面的几何形状.

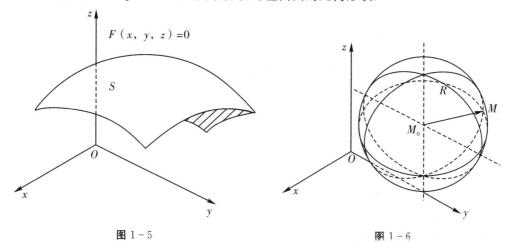

图 1-5　　　　　　　　　　　　　　　　图 1-6

讨论平面方程及其应用.空间中任一平面方程能够用三元一次方程

$$Ax + By + Cz + D = 0 \qquad\qquad (1-1-3)$$

来表示,反之亦然,其中 A、B、C 是不全为零的常数.方程(1-1-3)称为平面的一般方程.特别地,xOy 平面的方程是 $z=0$,同样 yOz 平面和 xOz 平面的方程是 $x=0$ 和 $y=0$.而 $x=a$、$y=$

b 和 $z=c$ 分别表示平行于坐标面 yOz、xOz、xOy 的平面.

下面再举个球面方程的例子:

已知球心在 $M_0(x_0,y_0,z_0)$,半径为 R.$M(x,y,z)$ 是球面上的任一点,由球面到球心的距离等于半径 R 可得

$$\sqrt{(x-x_0)^2+(y-y_0)^2+(z-z_0)^2}=R$$

即

$$(x-x_0)^2+(y-y_0)^2+(z-z_0)^2=R^2 \qquad (1-1-4)$$

由于球面上的点的坐标都满足方程(1-1-4),不在球面上的点的坐标都不满足方程(1-1-4),故方程(1-1-4)就是所求的球面方程,如图 1-6 所示.

特别地,球心在坐标原点 $O(0,0,0)$,半径为 R 的球面方程为

$$x^2+y^2+z^2=R^2 \qquad (1-1-5)$$

例 1.1.2　方程 $x^2+y^2+z^2+4x-4y-1=0$ 表示怎样的曲面?

解　通过配方,方程化为

$$(x+2)^2+(y-2)^2+z^2=3^2$$

所以它表示球心在点 $(-2,2,0)$,半径为 3 的球面.

1.1.4　常见的空间曲面

以下介绍几种常见曲面的方程.

1.旋转曲面

一条平面曲线绕其所在平面上一定直线旋转一周所形成的曲面称为旋转曲面,旋转曲线和定直线分别称为旋转曲面的母线和旋转轴.

现在我们考虑以坐标轴为旋转轴的曲面.设 yOz 面上有一已知曲线 C,它的方程为

$$f(y,z)=0$$

把这一曲线绕 z 轴旋转一周,得到一个以 z 轴为旋转轴的旋转曲面(图 1-7).

设 $M_1(0,y_1,z_1)$ 为曲线 C 上的任意一点,那么,当曲线 C 绕 z 轴旋转时,M_1 也绕 z 轴转动到点 $M(x,y,z)$,此时 $z=z_1$,且由 M 到 z 轴的距离等于 M_1 到 z 轴的距离得,$y_1=\pm\sqrt{x^2+y^2}$,即将 $z_1=z$ 和 $y_1=\pm\sqrt{x^2+y^2}$ 代入 $f(y_1,z_1)=0$ 得

$$f(\pm\sqrt{x^2+y^2},z)=0 \qquad (1-1-6)$$

这就是所求的旋转曲面的方程.

由此,yOz 面上的曲线 $f(y,z)=0$ 绕 z 轴旋转,所得的旋转曲面方程就是将 $f(y,z)=0$ 中的 y 改写成 $\pm\sqrt{x^2+y^2}$,即 $f(\pm\sqrt{x^2+y^2},z)=0$.

同理,曲线 $f(y,z)=0$ 绕 y 轴旋转,所得的旋转曲面方程为

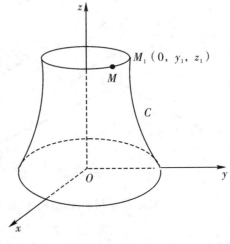

图 1-7

$$f(y,\pm\sqrt{x^2+z^2})=0 \qquad\qquad (1-1-7)$$

下面我们以平面上的二次曲线绕坐标轴旋转为例,分别求典型的旋转曲面方程,并画出它们的图形,这些曲面方程在今后的学习中常用到.

(1)抛物线 $z=y^2$ 绕 z 轴旋转所成的曲面方程是将 $z=y^2$ 中的 y 换成 $\pm\sqrt{x^2+y^2}$,即

$$z=x^2+y^2 \qquad\qquad (1-1-8)$$

此曲面称为旋转抛物面(图 $1-8$).

(2)椭圆 $\dfrac{y^2}{a^2}+\dfrac{z^2}{b^2}=1$ 绕 z 轴旋转所成的曲面方程为

$$\frac{x^2+y^2}{a^2}+\frac{z^2}{b^2}=1 \qquad\qquad (1-1-9)$$

此曲面称为旋转椭球面(图 $1-9$).

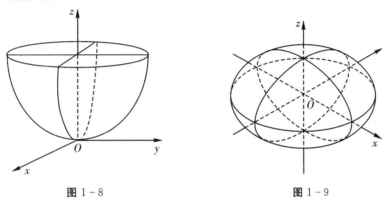

图 $1-8$　　　　　　　　　　　　　　　图 $1-9$

(3)双曲线 $\dfrac{y^2}{a^2}-\dfrac{z^2}{b^2}=1$ 绕 z 轴旋转所成的曲面方程为

$$\frac{x^2+y^2}{a^2}-\frac{z^2}{b^2}=1 \qquad\qquad (1-1-10)$$

称为单叶旋转双曲面(图 $1-10$).

(4)双曲线 $\dfrac{x^2}{a^2}-\dfrac{z^2}{b^2}=1$ 绕 x 轴旋转所成的曲面方程为

$$\frac{x^2}{a^2}-\frac{y^2+z^2}{b^2}=1 \qquad\qquad (1-1-11)$$

称为双叶旋转双曲面(图 $1-11$).

(5)直线 $z=y$ 绕 z 轴旋转所成的曲面方程为

$$z=\pm\sqrt{x^2+y^2}$$

即

$$z^2=x^2+y^2 \qquad\qquad (1-1-12)$$

此曲面称为旋转锥面或圆锥面(图 $1-12$),其半顶角 $\alpha=\dfrac{\pi}{4}$.

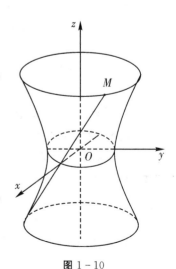

图 $1-10$

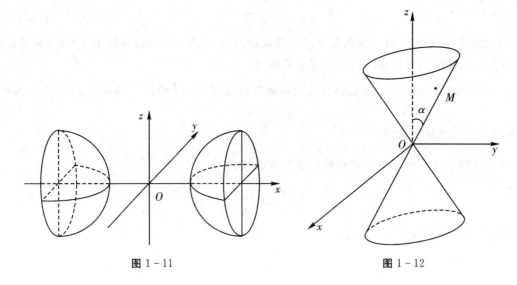

图 1 - 11　　　　　　　　　　　　图 1 - 12

2.母线平行于坐标轴的柱面方程

定义 1.1.1　动直线 L 沿某给定的曲线 C 运动,且始终与另一定直线平行,该直线在平行移动中形成的曲面称为**柱面**,给定的曲线 C 称为柱面的**准线**,动直线 L 称为柱面的**母线**.

如果取准线 C 在 xOy 平面上且方程为 $F(x,y)=0$,母线为平行 z 轴的直线(图 1 - 13),则这个柱面的方程就是

$$F(x,y)=0$$

这是因为,对柱面上任一点 $M(x,y,z)$,过 M 作直线平行于 z 轴,这条直线就是过 M 的母线,直线上任何点的 x、y 坐标都相同,只有 z 坐标不同,它与 xOy 平面的交点 $N(x,y,0)$ 必在 C 上,N 的 x、y 坐标满足 $f(x,y)=0$,即 $M(x,y,z)$ 满足 $f(x,y)=0$;反之满足 $f(x,y)=0$ 的点 $M(x,y,z)$ 一定过 $N(x,y,0)$ 点,且平行于 z 轴的母线,即在柱面上.

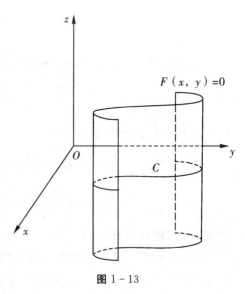

图 1 - 13

因此,在空间直角坐标系中仅含 x、y 的方程 $f(x,y)=0$ 表示母线平行于 z 轴的柱面.同理,仅含 y、z 的方程 $g(y,z)=0$ 和仅含 x、z 的方程 $h(x,z)=0$ 分别表示母线平行于 x 轴和 y 轴的柱面.总之,在空间直角坐标系中,缺一个变量的方程一般都是柱面方程,而且缺哪一个变量,柱面的母线就平行于相应的坐标轴.

例如,对应于 xOy 平面上的二次曲线,在空间直角坐标系中,我们可得到相应的母线平行于 z 轴的二次柱面如下:

(1)圆柱面 $x^2+y^2=R^2$,准线是 xOy 面上的圆 $x^2+y^2=R^2$;

(2)椭圆柱面$\frac{x^2}{a^2}+\frac{y^2}{b^2}=1$,准线是 xOy 面上的椭圆$\frac{x^2}{a^2}+\frac{y^2}{b^2}=1$,见图 1 - 14(a);

(3)双曲柱面$-\frac{x^2}{a^2}+\frac{y^2}{b^2}=1$,准线是 xOy 面上的双曲线$-\frac{x^2}{a^2}+\frac{y^2}{b^2}=1$,见图 1 - 14(b);

(4)抛物柱面$y^2=2px(p>0)$,准线是 xOy 面上的抛物线$y^2=2px(p>0)$,见图 1 - 14(c).

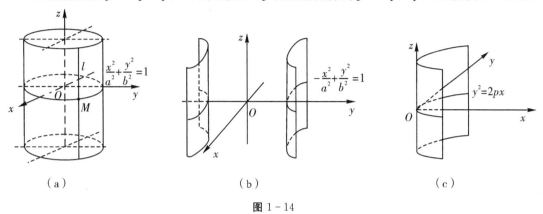

（a） （b） （c）

图 1 - 14

1.1.5 简单二次曲面

怎样了解三元方程 $F(x,y,z)=0$ 所表示的曲面的形状呢? 在空间直角坐标系中,含有变量 x、y、z 的二次方程所表示的曲面称作二次曲面,前面已经介绍了常用的二次曲面,下面再介绍在空间直角坐标系中其他的二次曲面,它们在工程中有一定的实际意义.

要了解曲面的形状可引入平面截痕法.与坐标平面平行的平面 $x=c$(或 $y=c$,或 $z=c$)与曲面 $F(x,y,z)=0$ 的交线称为截痕,对一系列截痕的几何形状加以综合分析,可以获得空间曲面的形状信息,这种方法称为**平面截痕法**.

1.椭球面

由方程

$$\frac{x^2}{a^2}+\frac{y^2}{b^2}+\frac{z^2}{c^2}=1 \quad (a、b、c \text{ 是正数})\tag{1-1-13}$$

所表示的曲面称为椭球面.

首先,方程只含坐标的平方项,所以图形关于坐标原点和三个坐标面对称.

由方程(1 - 1 - 13)可知,

$$\frac{x^2}{a^2}\leqslant 1,\frac{y^2}{b^2}\leqslant 1,\frac{z^2}{c^2}\leqslant 1 \quad 即 \quad |x|\leqslant a,|y|\leqslant b,|z|\leqslant c$$

这说明椭球面在平面 $x=\pm a$,$y=\pm b$,$z=\pm c$ 所围成的长方体内.

特别地:(1)当 $a=b$ 且 $a\neq c$ 时,方程(1 - 1 - 13)成为

$$\frac{x^2+y^2}{a^2}+\frac{z^2}{c^2}=1$$

这是和方程(1-1-9)同型的旋转椭球面.

(2)当 $a=b=c$ 时， 椭球方程退化为球面 $x^2+y^2+z^2=a^2$.

2.单叶双曲面

由方程

$$\frac{x^2}{a^2}+\frac{y^2}{b^2}-\frac{z^2}{c^2}=1 \quad (a、b、c \text{ 为正数}) \tag{1-1-14}$$

所表示的曲面称为单叶双曲面.

由于方程只含有坐标的平方项,所以图形关于坐标原点和三个坐标面对称.

特别地,当 $a=b$ 时,方程(1-1-14)变为

$$\frac{x^2+y^2}{a^2}-\frac{z^2}{b^2}=1$$

即和方程(1-1-10)同型的单叶旋转双曲面.

3.双叶双曲面

由方程

$$\frac{x^2}{a^2}-\frac{y^2}{b^2}-\frac{z^2}{c^2}=1 \quad (a、b、c \text{ 为正数}) \tag{1-1-15}$$

所表示的曲面称为双叶双曲面.

4.椭圆抛物面

由方程

$$\frac{x^2}{p}+\frac{y^2}{q}=z \quad (p、q \text{ 同号}) \tag{1-1-16}$$

所表示的曲面称为椭圆抛物面.

特别地,当 $p=q$ 时,方程(1-1-16)退化为

$$x^2+y^2=pz$$

这是和方程(1-1-8)同型的旋转抛物面.

5.双曲抛物面(马鞍面)

由方程

$$\frac{x^2}{p}-\frac{y^2}{q}=z \quad (p、q \text{ 同号}) \tag{1-1-17}$$

所表示的曲面称为双曲抛物面.当 $p>0,q>0$ 时,形状如图 1-15 所示,也称为鞍形曲面.

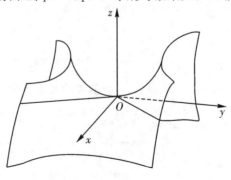

图 1-15

习 题 1-1

1.已知动点到点 $(2,0,0)$ 的距离为到 $(-4,0,0)$ 的距离的一半,求该动点的轨迹方程.

2.建立以点 $(1,3,-2)$ 为球心,且通过坐标原点的球面方程.

3.曲面上任一点到点 $F_1(-a,0,0)$ 与 $F_2(a,0,0)$ 的距离的平方和等于 $4a^2$,求曲面方程.

4.求下列球面的球心和半径:

(1) $x^2+y^2+z^2-2x+4y-4z-7=0$; (2) $2x^2+2y^2+2z^2-5z-8=0$.

5.指出下列方程在空间解析几何表示什么图形:

(1) $x^2+4y^2=1$; (2) $y^2=2x$; (3) $x^2=1$; (4) $x^2+y^2+z^2=0$.

6.求下列曲线绕指定的坐标轴旋转一周所成的旋转曲面的方程:

(1) xOy 坐标面上曲线 $x^2+4y^2=1$,分别绕 x 轴、y 轴旋转;

(2) xOz 坐标面上曲线 $x^2-4z^2=1$,分别绕 x 轴、z 轴旋转.

1.2 空间曲线及其在坐标面上的投影

考虑到在后续课程,如积分学的应用中求平面图形的面积、平面曲线的弧长等,需要应用极坐标与参数方程,而一些高中教材忽略了对极坐标系与参数方程的讲授,本节先介绍极坐标系与参数方程的基本知识.

1.2.1 平面曲线极坐标

1.极坐标

极坐标系是平面上的点与有序实数组的一种对应关系.在平面上取一定点 O 称为**极点**,从 O 点出发引一条射线 Ox 称为**极轴**,再取定一长度单位,通常规定角度取逆时针方向为正,这样,平面上任一点 P 的位置就可以用线段 OP 的长度 ρ 以及从 Ox 到 OP 的角度 θ 来确定,有序数对 (ρ,θ) 就称为 P 点的极坐标,记为 $P(\rho,\theta)$,称 ρ 为 P 点的**极半径**或**极径**,θ 为 P 点的**极角**,O 点为**极坐标原点**.

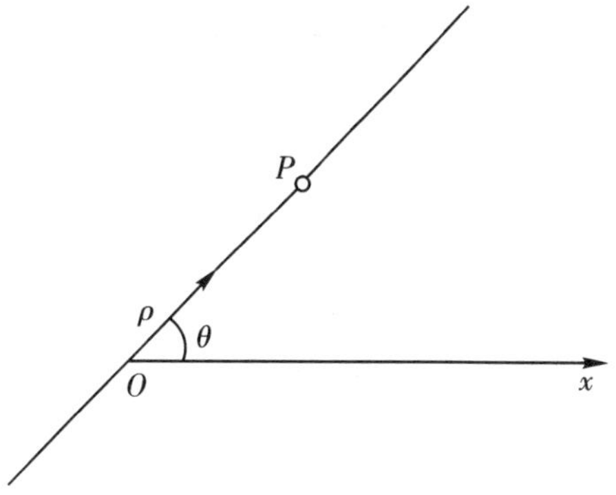

极坐标系与直角坐标系是既不相同又有联系的坐标系,现在我们来建立这两种坐标系的关系,见图 1-16.极坐标系的极点与直角坐标系的坐标原点同为 O 点,极轴作为 x 轴,设 P 点的直角坐标为 (x, y),极半径 $\rho=|OP|$,于是极坐标转换成直角坐标系的公式为

$$\begin{cases} x=\rho\cos\theta \\ y=\rho\sin\theta \end{cases} \tag{1-2-1}$$

图 1-16

直角坐标系转换成极坐标的公式为

$$\begin{cases} \rho = \sqrt{x^2 + y^2} \\ \tan \theta = \dfrac{y}{x} \end{cases} \qquad (1-2-2)$$

即

$$\begin{cases} \rho = \sqrt{x^2 + y^2} \\ \cos \theta = \dfrac{x}{\sqrt{x^2 + y^2}}, \quad \sin \theta = \dfrac{y}{\sqrt{x^2 + y^2}} \end{cases} \qquad (1-2-3)$$

通过公式(1-2-1)、(1-2-2)、(1-2-3)我们可以自由地在直角坐标系与极坐标系之间进行转换.在极坐标系下,如果平面曲线 C 上动点 $P(\rho, \theta)$ 满足方程 $\varphi(\rho, \theta) = 0$,反之满足方程 $\varphi(\rho, \theta) = 0$ 的点 $P(\rho, \theta)$ 在曲线 C 上,则称 $\varphi(\rho, \theta) = 0$ 为曲线 C 的极坐标方程.引入极坐标后,一些在直角坐标系中有较复杂表达式的平面曲线,在极坐标下其表示形式较简单,例如心形线、螺旋线等在极坐标系下,有比较简单的表示形式.

例 1.2.1 圆心在原点,半径为 r 的圆,写出在直角坐标系与极坐标系的曲线方程.

解 在直角坐标系下所求圆的方程为

$$x^2 + y^2 = r^2$$

由 $\rho = \sqrt{x^2 + y^2}$,则所在极坐标系下求圆的方程为 $\rho = r$ 并且 $0 \leqslant \theta \leqslant 2\pi$.

例 1.2.2 将 $\rho = 2a \cos \theta (a > 0)$ 化为直角坐标方程.

解 原方程化为 $\rho^2 = 2a\rho\cos\theta$,由 $\rho = \sqrt{x^2 + y^2}$,$\rho\cos\theta = x$ 得 $x^2 + y^2 = 2ax$,即 $(x-a)^2 + y^2 = a^2$,说明该曲线为圆心在 $(a, 0)$,半径为 a 的圆.

同样,读者可以自己推导出方程 $\rho = 2a \sin \theta (a > 0)$ 表示圆心在 $(0, a)$,半径为 a 的圆.

1.2.2 空间曲线的一般方程与参数方程

1.空间曲线的一般方程

空间曲线可以看作是两个曲面的交线,设

$$F(x, y, z) = 0 \text{ 和 } G(x, y, z) = 0$$

是两个曲面的方程,它们的交线为 C.则曲线 C 上任意点的坐标都同时满足这两个方程,反之不在 C 上的点的坐标不会同时满足这两个方程.因此,由两个方程联立所得的方程组

$$\begin{cases} F(x, y, z) = 0 \\ G(x, y, z) = 0 \end{cases} \qquad (1-2-4)$$

就是这两个曲面交线 C 的方程,方程(1-2-4)称为**空间曲线的一般方程**.

例 1.2.3 方程组

$$\begin{cases} x^2 + y^2 + z^2 = a^2 \\ \left(x - \dfrac{a}{2}\right)^2 + y^2 = \left(\dfrac{a}{2}\right)^2 \end{cases} \qquad (a > 0, z > 0)$$

表示什么样的曲线?

解　方程组的第一个方程表示球心在原点 O，半径为 a 的上半球面.方程组的第二个方程表示母线平行 z 轴的圆柱面，它的准线是 xOy 面上的以 $\left(\dfrac{a}{2},0\right)$ 为圆心、$\dfrac{a}{2}$ 为半径的圆.所以，方程组表示上述半球面和圆柱面的交线(图 1-17).

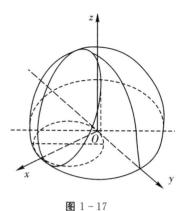

图 1-17

2.空间曲线的参数方程

对于空间曲线 C，C 上的动点的坐标 x、y、z 可表示成为参数 t 的函数

$$\begin{cases} x=x(t) \\ y=y(t) \\ z=z(t) \end{cases} \qquad (1-2-5)$$

随着 t 的变动可得到曲线 C 上的全部点,方程组(1-2-5)称为**空间曲线参数方程**.

空间曲线的一般方程也可以化为参数方程,下面通过例子来介绍其处理方法.

例 1.2.4　将空间曲线 $C:\begin{cases} x^2+y^2+z^2=\dfrac{9}{2} \\ x+z=1 \end{cases}$ 表示成参数方程.

解　由方程组消去 z 得

$$x^2+y^2+(1-x)^2=\frac{9}{2}$$

$$2x^2-2x+y^2+1=\frac{9}{2}$$

$$2\left(x-\frac{1}{2}\right)^2+y^2+\frac{1}{2}=\frac{9}{2}$$

$$\frac{\left(x-\dfrac{1}{2}\right)^2}{2}+\frac{y^2}{4}+=1$$

由于 C 在此椭圆柱面上,故 C 的方程可用如下形式来表示

$$\begin{cases} \dfrac{\left(x-\dfrac{1}{2}\right)^2}{2}+\dfrac{y^2}{4}=1 \\ x+z=1 \end{cases}$$

(1)如果我们以 x 作为参数,即令 $x=t$,则 $y=\pm 2\sqrt{1-\dfrac{1}{2}\left(t-\dfrac{1}{2}\right)^2}$,$z=1-t$.从而得到曲线的参数方程为

$$\begin{cases} x=t \\ y=\pm 2\sqrt{1-\dfrac{1}{2}\left(t-\dfrac{1}{2}\right)^2} \\ z=1-t \end{cases}$$

且参数的取值范围为 $1-\dfrac{1}{2}\left(t-\dfrac{1}{2}\right)^2\geqslant0,\dfrac{1}{2}-\sqrt{2}\leqslant t\leqslant\dfrac{1}{2}+\sqrt{2}$.

(2)如果令 $\dfrac{x-\dfrac{1}{2}}{\sqrt{2}}=\cos\theta$,由椭球柱面方程有 $\dfrac{y}{2}=\sin\theta$,而

$$z=1-x=1-\left(\dfrac{1}{2}+\sqrt{2}\cos\theta\right)=\dfrac{1}{2}-\sqrt{2}\cos\theta$$

则曲线又可表示成为

$$\begin{cases}x=\dfrac{1}{2}+\sqrt{2}\cos\theta\\[2mm]y=2\sin\theta\qquad\qquad(0\leqslant\theta\leqslant2\pi)\\[2mm]z=\dfrac{1}{2}-\sqrt{2}\cos\theta\end{cases}$$

1.2.3　空间曲线在坐标面上的投影区域

给定空间曲线 C,过 C 作母线平行于 z 轴的柱面,这个柱面称为曲线 C 关于 xOy 面的投影柱面,而投影柱面与 xOy 面的交线称为空间曲线 C 在 xOy 面上的投影曲线,简称为投影.

空间曲线 C 在其他坐标面上的投影可以类似定义.

设空间曲线 C 的一般方程为

$$\begin{cases}F(x,y,z)=0\\G(x,y,z)=0\end{cases}$$

方程组消去 z 得方程

$$H(x,y)=0 \qquad\qquad\qquad (1-2-6)$$

这个方程表示母线平行于 z 轴的柱面.由于这个方程是通过曲线 C 的方程组消去 z 后而得到的,故对于曲线 C 上的点 $M(x,y,z)$,其坐标 x、y 一定满足这个方程,这说明这个方程所表示的柱面必包含曲线 C.所以方程 $(1-2-6)$ 表示以曲线 C 为准线,母线平行于 z 轴的柱面,即为曲线 C 关于 xOy 面的**投影柱面**,它和 xOy 面即 $z=0$ 的交线

$$\begin{cases}H(x,y)=0\\z=0\end{cases} \qquad\qquad\qquad (1-2-7)$$

就是曲线 C 关于 xOy 面的**投影曲线**.

同理,将曲线 C 的方程组中分别消去变量 y 和 x 后得到方程 $G(x,z)=0$ 和 $F(y,z)=0$,它们分别表示曲线 C 关于 xOz 面和 yOz 面的投影柱面,再分别和 $x=0$ 或 $y=0$ 联立,就可得到包含曲线 C 在 xOz 面与 yOz 面上的投影的曲线方程

$$\begin{cases}G(x,z)=0\\y=0\end{cases} \quad\text{与}\quad \begin{cases}F(y,z)=0\\x=0\end{cases}$$

例 1.2.5　求上半球面 $z=\sqrt{4-x^2-y^2}$ 与锥面 $z^2=3(x^2+y^2)$ 的交线关于 xOy 面的投影柱面、投影曲线和它们围成的立体在 xOy 面上的投影区域.

解　方程组

$$\begin{cases} z=\sqrt{4-x^2-y^2} \\ z^2=3(x^2+y^2) \end{cases}$$

消去 z 得 $x^2+y^2=1$，这是母线平行于 z 轴的圆柱，即为已知曲线关于 xOy 面的投影柱面.而

$$\begin{cases} x^2+y^2=1 \\ z=0 \end{cases}$$

为已知曲线在 xOy 面上的投影曲线.由此半球面和圆锥面围成的立体在 xOy 面上的投影区域就是圆域 $x^2+y^2\leqslant1$，投影区域与投影曲线如图 $1-18$ 所示.

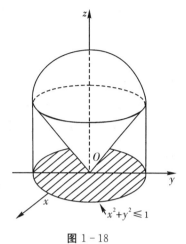

图 $1-18$

习 题 $1-2$

1.将下列曲线的极坐标方程化为直角坐标方程：

$(1)\rho=2\cos\theta+3\sin\theta$；　　$(2)\rho^2=a\cos2\theta$．

2.将下列曲线的直角坐标方程化为极坐标方程：

$(1)(x^2+y^2)^2=2a^2xy$；　　$(2)x-3y=0$．

3.求摆线 $\begin{cases} x=t-\sin t \\ y=1-\cos t \end{cases}$ 在 $0\leqslant t\leqslant2\pi$ 上的弧段与直线 $y=\dfrac{3}{2}$ 的交点．

4.将下列曲线的一般方程化为参数方程：

$(1)\begin{cases} x^2+y^2+z^2=9 \\ y=x \end{cases}$；　　$(2)\begin{cases} (x-1)^2+y^2+(z+1)^2=4 \\ z=0 \end{cases}$

5.求两个特殊的曲面(平面)的交线 $\begin{cases} 2x-3y+4z=12 \\ x+4y-2z=10 \end{cases}$ 在三个坐标面上的投影．

6.求曲面 $z=x^2+y^2$ 与 $x+y+z=1$ 的交线在 xOy 面上的投影．

1.3　空间直线、平面及其方程

平面与直线是空间中的两个重要概念,在本节及下一节,我们以向量为工具,在空间直角坐标系中讨论平面和直线.

1.3.1　平面的点法式方程

我们知道,过空间一点可以作而且只能作一个平面使其垂直于一已知直线,所以当平面上的一点和垂直于平面的非零向量已知时,平面的位置就完全确定了.与平面垂直的非零向量称为该平面的**法线向量**,简称法向量.

设平面 π 过点 $M_0(x_0,y_0,z_0)$ 且与向量 $\boldsymbol{n}=(A,B,C)$ 垂直,先建立平面 π 的方程.设 $M(x,y,z)$ 为平面 π 上的任一点,那么向量 $\overrightarrow{M_0M}$ 与 π 的法向量 $\boldsymbol{n}$ 垂直,即它们的数量积

$$\boldsymbol{n}\cdot\overrightarrow{M_0M}=0$$

由于 $\boldsymbol{n}=(A,B,C)$，$\overrightarrow{M_0M}=(x-x_0,y-y_0,z-z_0)$，所以

$$A(x-x_0)+B(y-y_0)+C(z-z_0)=0 \qquad (1-3-1)$$

显然在平面 π 上的任一点坐标都满足方程(1-3-1)，因此，方程(1-3-1)就是平面 π 的方程.由于此方程是由一点及一个法向量所确定，故称方程(1-3-1)为平面的**点法式方程**.

例 1.3.1　一平面过点 $M_0(3,-2,1)$ 且与 M_0 到 $M_1(-2,1,4)$ 的连线垂直，求其方程.

解　所求平面的法向量 $\overrightarrow{M_0M_1}=(-5,3,3)$，由平面的点法式方程(1-3-1)，所求平面方程为

$$-5(x-3)+3(y+2)+3(z-1)=0$$

即

$$5x-3y-3z-18=0$$

例 1.3.2　求过三点 $M_1(1,1,1)$、$M_2(-2,-2,2)$、$M_3(1,-1,2)$ 的平面方程.

解　设 $\boldsymbol{n}$ 为所求平面的法向量，由于 $\boldsymbol{n}$ 与 $\overrightarrow{M_1M_2}$、$\overrightarrow{M_1M_3}$ 都垂直，而 $\overrightarrow{M_1M_2}=(-3,-3,1)$，$\overrightarrow{M_1M_3}=(0,-2,1)$，所以可取

$$\boldsymbol{n}=\overrightarrow{M_1M_2}\times\overrightarrow{M_1M_3}=\begin{vmatrix} \boldsymbol{i} & \boldsymbol{j} & \boldsymbol{k} \\ -3 & -3 & 1 \\ 0 & -2 & 1 \end{vmatrix}=-\boldsymbol{i}+3\boldsymbol{j}+6\boldsymbol{k}$$

由平面的点法式方程(1-3-1)，所求平面方程为

$$-(x-1)+3(y-1)+6(z-1)=0$$

即

$$x+3y-z-8=0$$

1.3.2　平面的一般方程

由平面的点法式方程(1-3-1)表示的平面方程经化简后可得

$$Ax+By+Cz-(Ax_0+By_0+Cz_0)=0$$

令 $D=-(Ax_0+By_0+Cz_0)$，则式(1-3-1)可写成形式

$$Ax+By+Cz+D=0 \qquad (1-3-2)$$

这是一个三元一次方程，称为平面的**一般方程**.由此，任一平面都可以用三元一次方程表示，反过来，对于任一三元一次方程(1-3-2)，任取满足该方程的一组解 (x_0,y_0,z_0)，即

$$Ax_0+By_0+Cz_0+D=0$$

用式(1-3-2)减去上述等式，即得平面的点法式方程(1-3-1).所以，任一三元一次方程(1-3-2)的图形是一个平面.在平面的一般方程中，由 x、y、z 的系数作为分量所构成的向量 $\boldsymbol{n}=(A,B,C)$ 就是该平面的法向量.

以下介绍几种特殊位置的平面方程.

(1)若 $D=0$，方程 $Ax+By+Cz=0$ 表示过原点的一个平面.

(2)若 $A=0$，方程 $By+Cz+D=0$ 的法向量 $\boldsymbol{n}=(0,B,C)$ 在 x 轴上的投影为零，$\boldsymbol{n}$ 垂直于 x 轴，所以，方程 $By+Cz+D=0$ 表示一个平行于 x 轴的平面.

方程 $Ax+Cz+D=0$ 和 $Ax+By+D=0$ 分别表示一个平行于 y 轴和 z 轴的平面.以上

说明,平面方程中缺某个变量,该平面就平行于某个坐标轴.

(3)若 $A=0$,$B=0$,方程为 $Cz+D=0$ 或 $z=-\dfrac{D}{C}$,法向量 $\boldsymbol{n}=(0,0,C)$ 同时垂直于 x 轴和 y 轴,方程表示一个平行于 xOy 面的平面.

同样,方程 $Ax+D=0$ 和 $By+D=0$ 分别表示一个平行于 yOz 面和 xOz 面的平面.

(4)更特别地,若 $A=0$,$B=0$,$D=0$,方程 $z=0$ 是 xOy 平面,同样 $x=0$,$y=0$ 分别表示 yOz 平面和 xOz 平面.

例 1.3.3 求过两点 $M_1(1,1,1)$ 和 $M_2(0,1,-1)$ 且与平面 $x+y+z=0$ 垂直的平面方程.

解 由题意,所求平面的法向量 $\boldsymbol{n}$ 垂直于 $\overrightarrow{M_1M_2}$,又垂直于已知平面 $x+y+z=0$ 的法向量 $\boldsymbol{n}_1=(1,1,1)$,所以可取 $\boldsymbol{n}=\boldsymbol{n}_1\times\overrightarrow{M_1M_2}$,即

$$\boldsymbol{n}=\begin{vmatrix} \boldsymbol{i} & \boldsymbol{j} & \boldsymbol{k} \\ 1 & 1 & 1 \\ -1 & 0 & -2 \end{vmatrix}=-2\boldsymbol{i}+\boldsymbol{j}+\boldsymbol{k}=(-2,1,1)$$

故所求平面的点法式方程为

$$-2(x-1)+(y-1)+(z-1)=0$$

即

$$-2x+y+z=0$$

例 1.3.4 求过点 $(a,0,0)$、$(0,b,0)$、$(0,0,c)$ 的平面方程.

解 设所求平面的方程为 $Ax+By+Cz+D=0$,将上述三个点代入可以得到

$$Aa+D=0,\quad Bb+D=0,\quad Cc+D=0$$

令 $D=-1$,可得 $A=\dfrac{1}{a}$,$B=\dfrac{1}{b}$,$C=\dfrac{1}{c}$.即平面方程为

$$\frac{x}{a}+\frac{y}{b}+\frac{z}{c}=1$$

1.3.3 空间直线的一般方程与对称式方程

1.空间直线的一般方程

如果两个相交平面 π_1 和 π_2 的方程分别为 $A_1x+B_1y+C_1z+D_1=0$ 和 $A_2x+B_2y+C_2z+D_2=0$,那么它们的交线 L 上的任何点的坐标同时满足这两个平面方程,即满足方程组

$$\begin{cases} A_1x+B_1y+C_1z+D_1=0 \\ A_2x+B_2y+C_2z+D_2=0 \end{cases} \tag{1-3-3}$$

反过来,不在直线 L 上的点不可能同时在平面 π_1 和 π_2 上,即它的坐标不满足方程组 (1-3-3),所以,直线 L 可以用方程组(1-3-3)表示,方程组(1-3-3)称做空间直线的**一般方程**.如图 1-19 所示.

由于通过直线 L 的平面有无限多个,在这无限多个平面中任意取两个,把它们联立起来,所得的方程组都表示直线 L,所以直线 L 的一般方程不唯一.

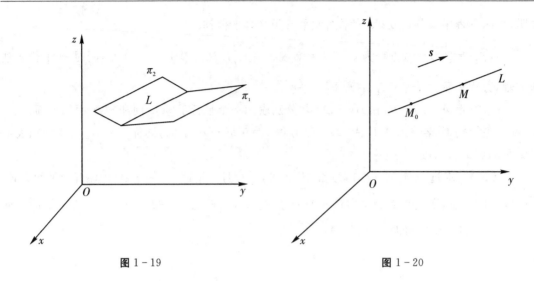

图 1 - 19   图 1 - 20

2.空间直线的对称式方程

我们称与直线 L 平行的任一非零向量为方向向量.当直线 L 上的一点 $M_0(x_0, y_0, z_0)$ 和它的方向向量 $s = (m, n, p)$ 已知时,直线 L 的位置就完全确定了.现在我们来建立直线 L 的方程.设 $M(x, y, z)$ 是直线 L 上的任一点,那么向量 $\overrightarrow{M_0M}$ 平行于 L 的方向向量 s (图 1 - 20),所以两向量的对应坐标成比例,由于 $s = (m, n, p)$, $\overrightarrow{M_0M} = (x - x_0, y - y_0, z - z_0)$,从而有

$$\frac{x - x_0}{m} = \frac{y - y_0}{n} = \frac{z - z_0}{p} \tag{1 - 3 - 4}$$

反过来,若点 M 不在直线 L 上,那么 $\overrightarrow{M_0M}$ 与 s 不平行,式(1 - 3 - 4)也不成立,所以式(1 - 3 - 4)是直线 L 的方程,称为直线的对称式方程.

例 1.3.5 已知直线过一点 $M_0(1, -2, 0)$ 且与平面 $2x - y + 3z + 1 = 0$ 垂直,求此直线的对称式方程.

解 所求直线与已知平面垂直,平面的法向量可以取为直线的方向向量 $s = (2, -1, 3)$,由对称式方程(1 - 3 - 4)得所求直线的对称式为

$$\frac{x - 1}{2} = \frac{y + 2}{-1} = \frac{z}{3}$$

习 题 1 - 3

1.满足下列条件的平面方程有什么特点?

(1)通过坐标原点;　(2)平行于 x 轴;　(3)平行于 y 轴与 z 轴;　(4)xOy 平面.

2.求通过点 $(1, 0, -1)$ 且与向量 $\overrightarrow{OA} = (2, 1, 1)$, $\overrightarrow{OB} = (1, -1, 0)$ 平行的平面方程.

3.一平面过点 $P(1, -3, 2)$,且垂直于点 $A(0, 0, 3)$ 和点 $B(1, -3, -4)$ 的连线,求平面的方程.

4.求过三点 $A(1, 0, 3)$、$B(0, 1, 0)$、$C(-2, -3, 1)$ 的平面方程.

5.求过点 $(1, 2, 1)$ 且垂直于两平面 $x + y = 0$ 和 $5y + z = 0$ 的平面方程.

6.求平行于 y 轴,且过点 $A(1, -5, 1)$、$B(3, 2, -1)$ 的平面方程.

7.求过 z 轴且与平面 $2x+y-\sqrt{5}z=0$ 的夹角为 $\dfrac{\pi}{4}$ 的平面方程.

第 1 章总习题

1.画出下列方程所表示的曲面：

$(1)2z-\dfrac{x^2}{9}-\dfrac{y^2}{4}=0$；　$(2)x^2-2y^2-2z^2=4$；

$(3)x^2+\left(y-\dfrac{a}{2}\right)^2=\left(\dfrac{a}{2}\right)^2$；　$(4)2z-x^2=0$.

2.已知准线方程为 $\begin{cases}\dfrac{x^2}{4}+\dfrac{y^2}{9}+\dfrac{z^2}{9}=1\\ z=2\end{cases}$，母线平行于 z 轴,画出此柱面.

3.设母线为 $\dfrac{x^2}{4}+\dfrac{y^2}{9}=1$，$z=0$，分别求以 x 轴和 y 轴为旋转轴的旋转面方程.

4.求两球面 $x^2+y^2+z^2=1$ 和 $x^2+(y-1)^2+(z-1)^2=1$ 的交线在 xOy 面的投影.

5.求平行于直线 $\dfrac{x-1}{2}=\dfrac{y+1}{0}=\dfrac{z-3}{-3}$，且经过点 $(\sqrt{2},3,-1)$ 的直线的对称式方程.

6.求点 $(-1,2,0)$ 在平面 $x+2y-z+1=0$ 上的投影.

第2章　一元函数与多元函数

函数反映的是客观世界中各种变量之间的相互依赖关系,微积分的研究对象主要是函数关系,极限方法是研究函数的一种基本方法,本章将介绍映射、函数等基本概念,以及它们的一些性质.

2.1　集合、区间和平面区域

2.1.1　集合的概念与基本运算

1.集合的概念 $A\{x\mid x\in A\}$

一般地,我们把研究对象统称为元素,把一些元素组成的总体叫集合(简称集).集合具有确定性(给定集合的元素必须是确定的)和互异性(给定集合中的元素是互不相同的).比如"身材较高的人"不能构成集合,因为它的元素不是确定的.

我们通常用大写拉丁字母 A、B、C、$\cdots$ 表示集合,用小写拉丁字母 a、b、$c\cdots$ 表示集合中的元素.如果 a 是集合 A 中的元素,就说 a 属于 A,记作:$a\in A$,否则就说 a 不属于 A,记作:$a\notin A$.

(1)全体非负整数组成的集合称为非负整数集(或自然数集),记作 **N**.

(2)所有正整数组成的集合称为正整数集,记作 **N⁺** 或 **N₊**.

(3)全体整数组成的集合称为整数集,记作 **Z**.

(4)全体有理数组成的集合称为有理数集,记作 **Q**.

(5)全体实数组成的集合称为实数集,记作 **R**.

2.集合的表示方法

(1)列举法:把集合的元素一一列举出来,并用"{}"括起来表示集合.

(2)描述法:用集合所有元素的共同特征来表示集合.

3.集合间的基本关系

(1)子集:一般地,对于两个集合 A、B,如果集合 A 中的任意一个元素都是集合 B 的元素,我们就说集合 A、B 有包含关系,称集合 A 为集合 B 的子集,记作 $A\subseteq B$ 或 $B\supseteq A$.

(2)相等:如果集合 A 是集合 B 的子集,且集合 B 是集合 A 的子集,此时集合 A 中的元素与集合 B 中的元素完全一样,因此集合 A 与集合 B 相等,记作 $A=B$.

(3)真子集:如果集合 A 是集合 B 的子集,但存在一个或多个元素属于 B 但不属于 A,我们称集合 A 是集合 B 的真子集.

(4)空集:我们把不含任何元素的集合称为空集,记作∅.并规定,空集是任何集合的子集.

(5)由上述集合之间的基本关系,可以得到下面的结论:

①任何一个集合是它本身的子集,即 $A\subseteq A$.

②对于集合 A、B、C,如果 A 是 B 的子集,B 是 C 的子集,则 A 是 C 的子集.

③我们可以把相等的集合称为"等集",这样的话子集包括"真子集"和"等集".

4.集合的基本运算

(1)并集:一般地,由所有属于集合 A 或属于集合 B 的元素组成的集合称为集合 A 与集合 B 的并集.记作 $A\cup B$.(在求并集时,它们的公共元素在并集中只能出现一次.)

即 $A\cup B=\{x\,|\,x\in A,$ 或 $x\in B\}$.

(2)交集:一般地,由所有属于集合 A 且属于集合 B 的元素组成的集合称为集合 A 与集合 B 的交集.记作 $A\cap B$.

即 $A\cap B=\{x\,|\,x\in A,$ 且 $x\in B\}$.

(3)补集:

①全集:一般地,如果一个集合含有我们所研究问题中所涉及的所有元素,那么就称这个集合为全集,通常记作 U.

②补集:对于一个集合 A,由全集 U 中不属于集合 A 的所有元素组成的集合称为集合 A 相对于全集 U 的补集,简称为集合 A 的补集,记作 $C_U A$.

即 $C_U A=\{x\,|\,x\in U,$ 且 $x\notin A\}$.

2.1.2　数轴上区间与邻域的概念

1.区间

设 a、b 是两个实数,且 $a<b$,介于 a、b 之间的一切实数所构成的集合称为区间,a 与 b 称为区间端点,按照是否包含区间端点,可分为

开区间　　　　　　　　　$(a,b)=\{x\,|\,a<x<b\}$

闭区间　　　　　　　　　$[a,b]=\{x\,|\,a\leqslant x\leqslant b\}$

半开半闭区间　　　　　　$(a,b]=\{a<x\leqslant b\}$

　　　　　　　　　　　　$[a,b)=\{a\leqslant x<b\}$

以上这些区间都称为有限区间,数 $b-a$ 称为这些区间的长度,这些区间可用数轴上的有限线段来表示.

此外还有所谓的无限区间

$$(a,+\infty)=\{x\,|\,x>a\},\quad [a,+\infty)=\{x\,|\,x\geqslant a\}$$

$$(-\infty,b)=\{x\,|\,x<b\},\quad (-\infty,b]=\{x\,|\,x\leqslant b\}$$

全体实数的集合 $\mathbf{R}$ 可记作 $(-\infty,+\infty)$,它是一个无限区间.这里 $+\infty$(读作正无穷大)、$-\infty$(读作负无穷大)只是一个记号,不是一个数.

以后在不区分区间类型时,就简单称之为"区间",并常用 I 表示.

2.邻域

邻域也是一个经常用到的实数集.设 a 与 δ 是两个实数,且 $\delta>0$,称实数集

$$\{x\,|\,|x-a|<\delta\}$$

为点 a 的 δ 邻域,记作 $U(a,\delta)$.即

$$U(a,\delta)=\{x\,|\,|x-a|<\delta\}$$

点 a 称为邻域中心,δ 称为邻域半径.

点 a 的 δ 邻域在数轴上是以 a 为中心,2δ 为长度的开区间 $(a-\delta,a+\delta)$.点 a 的 δ 邻域去掉中心点 a 后,称为点 a 的去心 δ 邻域,记作 $\mathring{U}(a,\delta)$,即

$$\mathring{U}(a,\delta)=\{x\,|\,0<|x-a|<\delta\}=(a-\delta,a)\bigcup(a,a+\delta)$$

以后在不需强调邻域半径时,就简单地记为 $U(a)$ 和 $\mathring{U}(a)$.

2.1.3　平面上的邻域和区域

1.平面点集

坐标平面上具有某种性质的点的集合,称为**平面点集**.例如下面两个点集

$$A=\{(x,y)\,|\,x^2+y^2<r^2\},\quad B=\{(x,y)\,|\,a\leqslant x\leqslant b,c\leqslant y\leqslant d\}$$

其中点集 A 是以原点 $O(0,0)$ 为中心,r 为半径的圆内所有点的集合.如果以 P 表示点 (x,y),$|OP|$ 表示点 P 到原点的距离,则点集 A 可表示为 $A=\{P\,|\,|OP|<r\}$.点集 B 是其对应边平行于坐标轴的矩形,可记为 $B=[a,b]\times[c,d]$,称为两线段 $[a,b]$ 与 $[c,d]$ 的**笛卡尔积**.

1)点的**邻域**

在平面上,以点 $P_0(x_0,y_0)$ 为中心,$\delta>0$ 为半径的圆内所有点 $P(x,y)$ 所成的点集,称为点 P_0 的 δ **邻域**,记作 $U(P_0,\delta)$,即

$$U(P_0,\delta)=\{P\,|\,|P_0P|<\delta\}$$
$$=\{(x,y)\,|\,\sqrt{(x-x_0)^2+(y-y_0)^2}<\delta\}$$

在 P_0 的 δ 邻域中去掉中心点 P_0 后的点集,称为 P_0 的**去心 δ 邻域**,记作 $\mathring{U}(P_0,\delta)$,即

$$\mathring{U}(P_0,\delta)=\{P\,|\,0<|P_0P|<\delta\}$$

如果不需要强调邻域半径 δ 的大小,则可用 $U(P_0)$ 表示点 P_0 的某个邻域,而用 $\mathring{U}(P_0)$ 表示 P_0 的某个去心邻域.

2)点集的**内点**、**边界点**及**聚点**

设 E 为一个平面点集,则平面上的一个点 P 与点集 E 的位置关系可能有以下三种情况.

(1)E 的**内点**.

如果存在点 P 的一个邻域 $U(P)$,使得

$$U(P)\subset E$$

则称点 P 是点集 E 的**内点**.

如图 2-1 所示,E 表示曲线所围内部的点集,则 P_1 是 E 的内点.

由定义可见,要使 P 成为 E 的内点,不仅 P 本身要属于 E,而且还要有 P 的一个邻域 $U(P)$,使得整个邻域的点都属于 E.

(2)E 的**边界点**.

如果点 P 的每一个邻域 $U(P)$ 内既有属于 E 的点,又有不属于 E 的点,则称点 P 为点集

E 的**边界点**.

如图 2-1 所示,点 P_3 为点集 E 的边界点.

注意:点集 E 的边界点 P 可能属于 E,也可能不属于 E.

E 的所有边界点的全体所组成的点集,称为 E 的**边界**,记作 ∂E.

下面我们再根据点 P 与点集 E 相联系的密切程度,定义点集 E 的聚点概念.

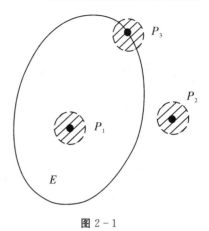

图 2-1

(3)E 的**聚点**

如果点 P 的每一个邻域 $U(P)$ 内都含有无穷多个属于 E 的点,则称点 P 为点集 E 的**聚点**.

E 的内点必是 E 的聚点,E 的边界点可能是 E 的聚点,也可能不是 E 的聚点.

E 的全部聚点所成的点集称为 E 的**导集**,记作 E'.

例如,设平面点集

$$E=\{(x,y)\,|\,1<x^2+y^2\leqslant 2\}$$

则满足 $1<x^2+y^2<2$ 的点 (x,y) 都是 E 的内点;圆周 $x^2+y^2=1$ 上的点 (x,y) 都是 E 的边界点,它们都不属于 E;而圆周 $x^2+y^2=2$ 上的点 (x,y) 也是 E 的边界点,它们都属于 E. E 的边界为

$$\partial E=\{(x,y)\,|\,x^2+y^2=1,x^2+y^2=2\}$$

E 的所有聚点所成导集为

$$E'=\{(x,y)\,|\,1\leqslant x^2+y^2\leqslant 2\}$$

2.开集、闭集及区域

如果点集 E 的每一个点都是 E 的内点,则称 E 为**开集**.如果 E 的聚点都是 E 的内点,即 $E'\subset E$,则称 E 为**闭集**.

例如,考察下面四个平面点集

$$A_1=\{(x,y)\,|\,1<x^2+y^2<2\}; \quad A_2=\{(x,y)\,|\,x\neq 0,y\neq 0\}$$
$$A_3=\{(x,y)\,|\,1\leqslant x^2+y^2\leqslant 2\}; \quad A_4=\{(x,y)\,|\,1<x^2+y^2\leqslant 2\}$$

则 A_1、A_2 都是开集,A_3 是闭集,A_4 既非开集也非闭集.没有聚点的点集是闭集,空集 $\varnothing$ 及全平面 R^2 既是开集也是闭集.

如果点集 G 是开集,并具有**连通性**,即开集 G 中任意两点,都可以用一组完全落在 G 中的折线相连接,则称 G 为区域或**开区域**.

由定义可见,区域指的是开区域,它是连通开集,不具有连通性的开集不能称为区域.例如前面的点集 A_1 是区域,A_2 只是开集而不是区域,因为它不具有连通性,例如 A_2 中的点 $P_1(1,1)$ 与点 $P_2(-1,1)$ 就不能用完全位于 A_2 内部的折线相连接,因为任何与 P_1、P_2 相连接的折线必与 y 轴相交,而交点是不属于 A_2 的点,A_2 可以看成是由四个区域并成的开集.

开区域以及它的边界上的所有点所构成的点集称为**闭区域**.例如前面的点集 A_3 就是闭区域.

全平面 R^2 既是开区域,也是闭区域.

对于点集 E,如果存在正数 r,使得对于任意 $(x,y) \in E$,都有 $\sqrt{x^2+y^2} < r$ 即 $E \subset U(O,r)$,其中 O 为坐标系的原点,则称 E 为**有界集**,不是有界集的点集称为**无界集**.

例如点集 $\{(x,y) \mid 1 \leqslant x^2+y^2 \leqslant 2\}$ 是有界闭区域,点集 $\{(x,y) \mid y > x\}$ 是无界开区域,$\{(x,y) \mid y \geqslant x\}$ 是无界闭区域.

习 题 2-1

1.判定下列点集中哪些是开集、闭集、区域、有界集、无界集?

(1) $\{(x,y) \mid y \neq 0\}$;   (2)去心邻域 $\mathring{U}(P,\delta)$;

(3) $\{(x,y) \mid x^2+y^2 \leqslant 2x\}$;   (4) $\{(x,y) \mid x^2+y^2=1\}$.

2.以方程 $x^2-5x+6=0$ 和方程 $x^2-x-2=0$ 的解为元素的集合中共有_____个元素.

3.对于集合 $A=\{2,4,6\}$,若 $a \in A$,则 $6-a \in A$,那么 a 的取值是_____.

4.集合 $\{x \mid x^2-2x+m=0\}$ 含有两个元素,则实数 m 满足的条件为_____.

5.已知集合 $A=\{x \in \mathbf{R} \mid ax^2+2x+1=0\}$,其中 $a \in \mathbf{R}$.若 1 是集合 A 中的一个元素,请用列举法表示集合 A.

2.2 一元函数与多元函数

2.2.1 一元函数的概念

1.一元函数的概念

客观世界的同一事物往往有几个不同的量在变化着,而且这几个量的变化不是孤立的,而是遵循着一定的变化规律而相互联系、相互依赖.例如,在自由落体运动过程中,物体所落下的路程 s 与下落的时间 t 是两个变量,它们之间存在着依赖关系

$$s = \frac{1}{2}gt^2$$

其中 g 是重力加速度,如果经过时间 T 物体落到地面,则当 t 在 $[0,T]$ 上任意取定一个数值时,由上式就可以确定 s 相应的数值.

又如,圆的面积 A 与半径 r 之间存在着如下依赖关系

$$A = \pi r^2$$

当 r 在 $(0,+\infty)$ 内任意取定一个数值时,由上式就可以确定 A 相应的数值.

上面例子中两个变量之间的这种相依关系,就是数学上所谓的**函数关系**.

定义 2.1 设 x 和 y 是两个变量,D_f 是一个非空数集.如果对每个 $x \in D_f$,变量 y 按照一定的规则总有确定的数值与之对应,则称 y 是 x 的函数,记为 $y=f(x)$.并称 x 为**自变量**,y 为**因变量**,x 的变化范围 D_f 称为函数 $y=f(x)$ 的**定义域**.

当 x 取 $x_0 \in D_f$ 时,与 x_0 相对应的 y 值记为 y_0 或 $f(x_0)$ 或 $y \mid_{x=x_0}$,称为函数 $y=f(x)$

在点 x_0 处的函数值.当 x 取遍 D_f 内的所有值时,x 所对应的函数值的全体的集合 $Z_f = \{y \mid y = f(x), x \in D_f\}$ 称为函数 $y = f(x)$ 的**值域**.

函数记号 $y = f(x)$ 中的字母"f"反映自变量与因变量的对应规则,即函数关系.对应规则也常用"φ""g""h""F"等表示,而函数关系也可以记为 $y = \varphi(x)$、$y = g(x)$、$y = h(x)$ 等.有时也可以简记作 $y = y(x)$,此时等号左边的 y 表示函数值,右边的 y 表示对应规则.

如果对每个 $x \in D_f$,变量 y 只有一个确定的值与之对应,这种函数称为**单值函数**;如果对每个 $x \in D_f$ 对应两个或两个以上的 y 值,这种函数称为**多值函数**,对多值函数,可以将其拆成若干个单值函数进行讨论.以后如无特别说明,我们所研究的函数都是单值函数.

在数学中,若不考虑函数关系的实际意义,只是抽象地研究用数学表达式表达的函数,这时若无特别强调,函数的定义域就是使这个函数的数学表达式有意义的自变量取值的集合.

如果 x_0 是定义域内的点,则说函数 $y = f(x)$ 在 x_0 有定义.

例 2.2.1 　求函数 $f(x) = \arcsin \dfrac{x-1}{5} + \sqrt{25 - x^2}$ 的定义域,并求 $f(0)$ 与 $f(1)$.

解 　要使算式有意义,必须

$$\left| \frac{x-1}{5} \right| \leqslant 1 \quad 且 \quad 25 - x^2 \geqslant 0$$

即 $|x-1| \leqslant 5$ 且 $|x| \leqslant 5$,从而 $-4 \leqslant x \leqslant 6$ 且 $-5 \leqslant x \leqslant 5$,于是函数的定义域为 $[-4, 5]$.

因为 $0 \in [-4, 5], 1 \in [-4, 5]$,所以 $f(0) = -\arcsin \dfrac{1}{5} + 5, f(1) = 2\sqrt{6}$.

函数的定义域和对应规则是确定函数的两个基本要素,两个函数当且仅当它们的定义域和对应规则都相同时,才能认为是同一函数.

例 2.2.2 　研究函数 $y = \lg x$ 与函数 $y = \dfrac{1}{2} \lg x^2$ 是不是相同的函数.

解 　函数 $y = \lg x$ 的定义域是 $(0, +\infty)$,而 $y = \dfrac{1}{2} \lg x^2$ 的定义域是 $(-\infty, +0) \bigcup (0, +\infty)$,如图 2-2 与图 2-3 所示.

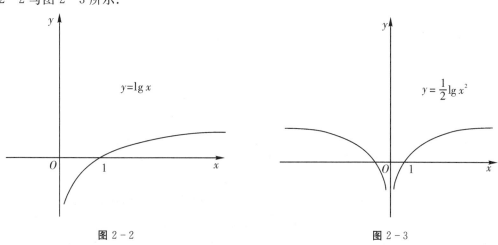

图 2-2 　　　　　　　　　　　　　　图 2-3

所以 $y = \lg x$ 与 $y = \dfrac{1}{2} \lg x^2$ 是定义在不同区间上的两个不同的函数.

例 2.2.3 研究函数 $y=x$ 与函数 $y=\sqrt{x^2}$ 是否为相同的函数.

解 函数 $y=x$ 与 $y=\sqrt{x^2}$ 都是定义在 $(-\infty,+\infty)$ 上的函数,但是当 $x\in(0,+\infty)$ 时,函数 $y=x$ 的函数值小于零,而函数 $y=\sqrt{x^2}$ 的函数值大于零,如图 2-4 与图 2-5 所示.

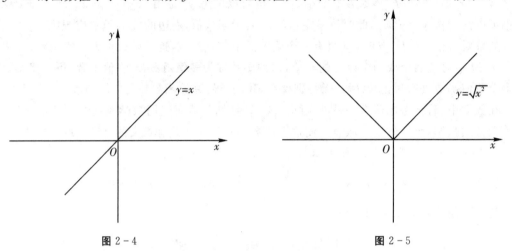

图 2-4   图 2-5

所以函数 $y=x$ 与 $y=\sqrt{x^2}$ 是定义域相同,但对应规则不同的两个函数.

由例 2.2.2 和例 2.2.3 可以看出,两个函数相等的充要条件是当且仅当它们的定义域相等、对应关系相同.

在平面直角坐标系中,取自变量 x 在横轴上变化,因变量在纵轴上变化,则平面点集 $\{(x,y)\mid y=f(x),x\in D_f\}$ 称为定义在 D_f 上的函数 $y=f(x)$ 的**图形**.

2.函数表示法

常用的函数表示法有公式法、表格法和图形法.

例 2.2.4 $\quad y=\arccos\dfrac{1}{\sqrt{2-x^2}}$

这是公式法表示的 y 作为 x 的函数,它的定义域为 $[-1,1]$,值域为 $\left[0,\dfrac{\pi}{4}\right]$.

例 2.2.5 某城市一年里各月的电视机零售量(单位:百台)如表 2-1 所示.

表 2-1

月份 t	1	2	3	4	5	6	7	8	9	10	11	12
零售量 S	10	15	7	8	8	7	5.5	7	8	8	9	9.5

表 2-1 表示了该城市电视机零售量 S 随月份 t 而变化的函数关系,它的定义域为
$$D_f=\{1,2,3,4,5,6,7,8,9,10,11,12\}$$

例 2.2.6 在气象观测站的百叶箱内气温自动记录仪把某一天的气温变化描绘在记录纸上,即图 2-6 所示的曲线.根据这个图就能知道,这一天内时间 t 从 0 点到 24 点气温 T 的变化情况.图 2-6 是用图像表示 T 是 t 的函数,其定义域为 $[0,24]$,值域为 $[15,30]$.

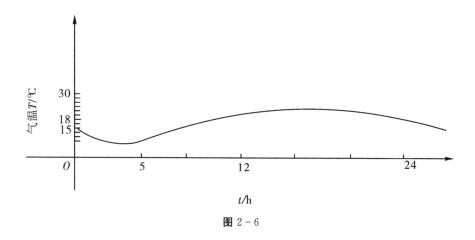

图 2 - 6

2.2.2　某些一元函数的特性

1.函数的有界性

设函数 $f(x)$ 的定义域为 D_f,数集 $X \subset D_f$,如果存在正数 M,使得对一切 $x \in X$ 所对应的函数值都满足不等式

$$|f(x)| \leqslant M$$

则称 $f(x)$ 在 X 内是**有界函数**.若这样的正数 M 不存在,则称 $f(x)$ 在 X 内是**无界函数**.

例如:函数 $f(x) = \dfrac{1}{x}$ 在开区间 $(0,1)$ 内是无界函数,而在 $\left[\dfrac{1}{2}, 1\right]$ 内是有界函数.

2.函数的单调性

设函数 $f(x)$ 在区间 I 上有定义,如果对于区间 I 上任意两点 x_1 与 x_2,当 $x_1 < x_2$ 时,恒有 $f(x_1) < f(x_2)$,则称函数 $f(x)$ 在区间 I 上**单调递增**;如果对于区间 I 上的任意两点 x_1 与 x_2,当 $x_1 < x_2$ 时,恒有 $f(x_1) > f(x_2)$.则称函数 $f(x)$ 在区间 I 上**单调递减**.

单调递增和单调递减函数统称为**单调函数**.

单调递增函数的图像是沿横轴正向上升的曲线(图 2 - 7),单调递减函数的图像是沿横轴的正向下降的曲线(图 2 - 8).

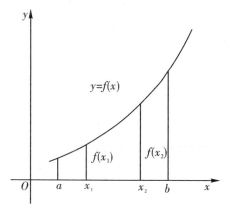

图 2 - 7

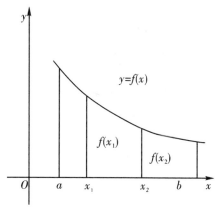

图 2 - 8

3.函数的奇偶性

设函数 $f(x)$ 的定义域 D_f 关于原点对称,如果对于任意的 $x \in D_f$ (从而 $-x \in D_f$)恒有

$$f(-x) = f(x)$$

则称函数 $f(x)$ 为**偶函数**;如果对任意的 $x \in D_f$,恒有

$$f(-x) = -f(x)$$

则称函数 $f(x)$ 为**奇函数**.

例如,$x^2 + 1$、$\sqrt{1-x^2}$、$\cos x$ 都是偶函数,x^3、$\tan x$、$\dfrac{1}{x}$ 都是奇函数.偶函数的图像关于 y 轴对称(图 2-9),奇函数的图像关于原点对称(图 2-10).

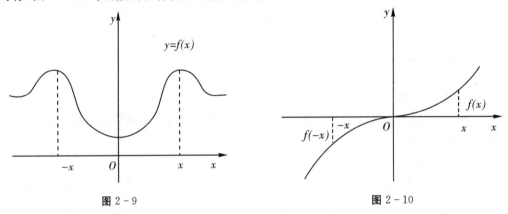

图 2-9   图 2-10

4.函数的周期性

对于定义域为 D_f 的函数 $f(x)$,如果存在正数 T,使得对一切 $x \in D_f$ 有 $(x \pm T) \in D_f$,且

$$f(x + T) = f(x)$$

则称函数 $f(x)$ 为**周期函数**,称 T 为 $f(x)$ 的周期,通常我们说的周期函数的周期是指它的**最小正周期**.

例如,$\sin x$、$\cos x$ 是以 2π 为周期的函数,$\tan x$、$\cot x$ 是以 π 为周期的函数.

周期函数在其定义域的每个长度为 T 的区间内具有相同的图像.因此,只要作出一个周期内的图像,将其沿 x 轴的正负两方向平移,就可得到函数在其他周期内的图像.

2.2.3 一元函数的反函数

一个函数由两个变量确定,一个是自变量,一个是因变量.在实际问题中,谁是自变量,谁是因变量要看实际问题而定.例如半径为 r 的球的体积 $V = \dfrac{4}{3}\pi r^3$,这里半径 r 是自变量,V 为因变量.反之,如果要从体积 V 来确定球的半径 r 时,有

$$r = \sqrt[3]{\frac{3V}{4\pi}}$$

这是自变量为 V,因变量为 r 的函数,称它为 $V = \dfrac{4}{3}\pi r^3$ 的反函数.

一般地,设函数 $y=f(x)$ 的定义域为 D_f,值域为 W,如果对任意的一个 $y\in W$,D_f 中总有唯一的 x 满足 $y=f(x)$,则 x 成为 y 的函数,称该函数为 $y=f(x)$ 的反函数,记为 $x=f^{-1}(y)$.

习惯上,用 x 代表自变量,y 代表因变量,因此函数 $y=f(x)$(称为直接函数)的反函数常记为 $y=f^{-1}(x)$.

由定义,函数 $y=f(x)$ 的定义域与值域分别是其反函数的值域和定义域.

注意:在同一坐标系下,函数 $y=f(x)$ 与其反函数 $x=f^{-1}(y)$ 表示同一条曲线;而 $y=f(x)$ 与其反函数 $y=f^{-1}(x)$ 的图像关于直线 $y=x$ 对称.

如果函数 $y=f(x)$ 是单值、单调函数,则它一定存在反函数.

2.2.4 一元初等函数

1.基本初等函数

在中学时期学过的常值函数、幂函数、指数函数、对数函数、三角函数和反三角函数这六类函数统称为**基本初等函数**.为便于后面的应用,将它们的主要性质归纳如下.

(1)**常值函数** $y=c$.

它的定义域为 $(-\infty,+\infty)$,其图像是平行于 x 轴,且在 y 轴上的截距为 c 的一条直线,如图 2-11 所示.

(2)**指数函数** $y=a^x(a>0,$ 且 $a\neq 1)$.

它的定义域为 $(-\infty,+\infty)$,值域为 $(0,+\infty)$,其图像总在 x 轴上方,且通过点 $(0,1)$,当 $a>1$ 时,函数单调递增;当 $0<a<1$ 时,函数单调递减,如图 2-12 所示.

(3)**对数函数** $y=\log_a x(a>0,$ 且 $a\neq 1)$.

它的定义域为 $(0,+\infty)$,值域为 $(-\infty,+\infty)$,其图像总通过点 $(1,0)$.当 $a>1$ 时,函数单调递增;当 $0<a<1$ 时,函数单调递减,如图 2-13 所示.综合图 2-12 和 2-13 可以看出:对数函数与指数函数互为反函数.

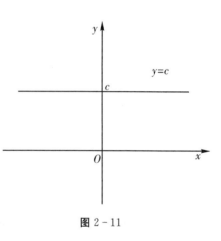

图 2-11

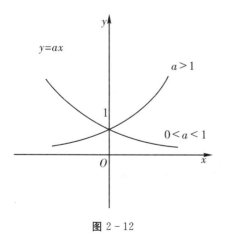

图 2-12

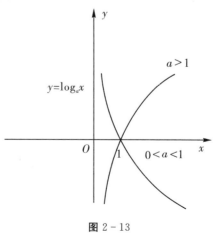

图 2-13

（4）**幂函数**　$y=x^a$（a 为常数）.

幂函数的定义域要看 a 是什么数而定,例如当 $a=\dfrac{1}{3}$ 时,其定义域为$(-\infty,+\infty)$,而当$a=\dfrac{1}{2}$时,它的定义域为$[0,+\infty)$.但不论 a 为何值,它在$(0,+\infty)$内总有意义,并且图像总通过点 $(1,1)$.

例如　幂函数 $y=x^2$ 的定义域为$(-\infty,+\infty)$,它是偶函数;它的反函数的一个单值分支 $y=\sqrt{x}$ 也是一个幂函数,其定义域为$[0,+\infty)$,如图 2-14 所示.

幂函数 $y=x^{-1}$ 的定义域为$(-\infty,0)\bigcup(0,+\infty)$,其图像关于原点对称,如图 2-15 所示.

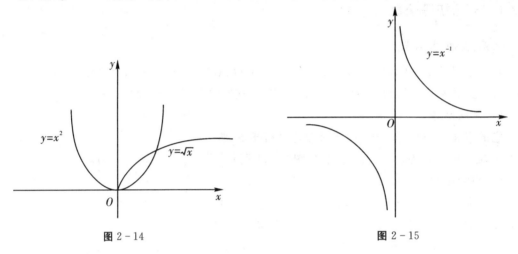

图 2-14　　　　　　　　　　　图 2-15

（5）**三角函数**

常用的三角函数有正弦函数、余弦函数、正切函数和余切函数.

正弦函数 $\sin x$ 和余弦函数 $\cos x$ 的定义域都是$(-\infty,+\infty)$,值域都是$[-1,1]$;它们都是以 2π 为周期的周期函数;正弦函数是奇函数,余弦函数是偶函数.

由于 $\cos x=\sin\left(x+\dfrac{\pi}{2}\right)$,所以把正弦函数的图像沿 x 轴向左平移$\dfrac{\pi}{2}$,即得余弦函数的图像,如图 2-16 所示.

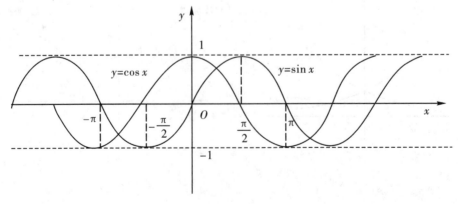

图 2-16

正切函数 tan x 与余切函数 cot x 都是以 π 为周期的函数,它们都是奇函数,值域都为 $(-\infty,+\infty)$.

正切函数的定义域是 $\left\{x \mid x \neq n\pi+\dfrac{\pi}{2}, n \in \mathbf{Z}\right\}$,如图 2-17 所示;余切函数的定义域是 $\{x \mid x \neq n\pi, n \in \mathbf{Z}\}$,如图 2-18 所示.

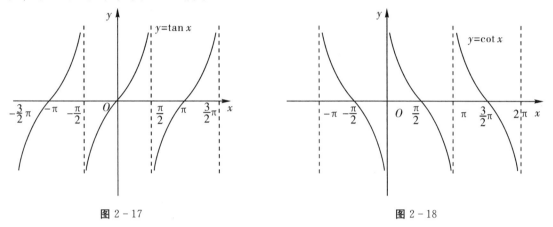

图 2-17　　　　　　　　　　　　　　　图 2-18

(6)反三角函数

常用的反三角函数有反正弦函数,反余弦函数,反正切函数和反余切函数.

反正弦函数 arcsin x 是正弦函数 sin x 在主值区间 $\left[-\dfrac{\pi}{2}, \dfrac{\pi}{2}\right]$ 上的反函数,因此反正弦函数的定义域是 $[-1,1]$,值域是 $\left[-\dfrac{\pi}{2}, \dfrac{\pi}{2}\right]$.反正弦函数是单调递增的奇函数,见图 2-19.

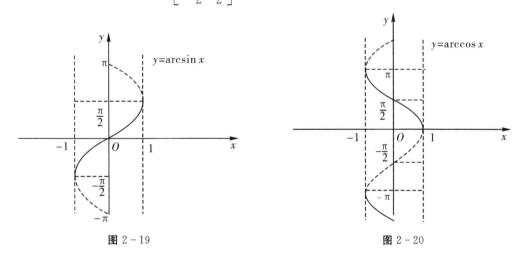

图 2-19　　　　　　　　　　　　　　　图 2-20

反余弦函数 arccos x 是余弦函数 cos x 在主值区间 $[0,\pi]$ 内的反函数,因此反余弦函数的定义域是 $[-1,1]$,值域是 $[0,\pi]$.反余弦函数是单调递减函数,如图 2-20 所示.

反正切函数 arctan x 是正切函数 tan x 在主值区间 $\left(-\dfrac{\pi}{2}, \dfrac{\pi}{2}\right)$ 内的反函数,因此反正切函数的定义域是 $(-\infty,+\infty)$,值域是 $\left(-\dfrac{\pi}{2}, \dfrac{\pi}{2}\right)$.反正切函数是单调递增的奇函数,如图 2-21

所示.

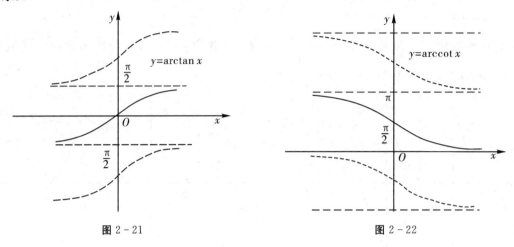

图 2 - 21   图 2 - 22

反余切函数 x 是余切函数 $\cot x$ 在主值区间 $(0,\pi)$ 内的反函数,因此其定义域是 $(-\infty,$
$+\infty)$,值域是 $(0,\pi)$.反余切函数是单调递减函数,如图 2 - 22 所示.

2. 复合函数

设 y 是 u 的函数 $y=f(u)$,其定义域为 D_f,而 u 又是 x 的函数 $u=g(x)$,其值域为 W,如
果 $D_f \bigcap W \neq \varnothing$,则称 $y=f(g(x))$ 为由函数 $y=f(u)$ 与 $u=g(x)$ 复合而成的**复合函数**. x 称
为自变量,y 称为因变量,u 称为**中间变量**.

例如,函数 $y=\sqrt{1-x^2}$ 可看作由 $y=\sqrt{u}$ 与 $u=1-x^2$ 复合而成.这是因为 $y=\sqrt{u}$ 的定义
域 $[0,+\infty)$ 与 $u=1-x^2$ 的值域 $(-\infty,1]$ 的交集非空.

必须注意,并不是任意两个函数都可以复合成一个复合函数,例如 $y=\arcsin u$ 与 $u=2+$
x^2 就不可能复合成一个复合函数,这是因为 $y=\arcsin u$ 的定义域 $[-1,1]$ 与 $u=2+x^2$ 的值
域 $[2,+\infty]$ 的交集为空集.

复合函数也可以由两个以上的函数复合而成.例如 $y=\sin^2\sqrt{1-x^2}$ 可以看作由 $y=u^2$,
$u=\sin v$,$v=\sqrt{w}$,$w=1-x^2$ 四个函数复合而成,其中 u、v、w 都是中间变量.

例 2.2.7 设 $f(x)=\dfrac{x}{\sqrt{1+x^2}}$,试求 $f(f(f(x)))$.

解 因为

$$f(f(x))=\frac{f(x)}{\sqrt{1+f^2(x)}}=\frac{\dfrac{x}{\sqrt{1+x^2}}}{\sqrt{1+\left(\dfrac{x}{\sqrt{1+x^2}}\right)^2}}=\frac{x}{\sqrt{1+2x^2}}$$

所以 $$f(f(f(x)))=f\left(\frac{x}{\sqrt{1+2x^2}}\right)=\frac{\dfrac{x}{\sqrt{1+2x^2}}}{\sqrt{1+2\left(\dfrac{x}{\sqrt{1+2x^2}}\right)}}=\frac{x}{\sqrt{1+3x^2}}$$

例 **2.2.8**　设

$$f(x)=\begin{cases}1, & |x|<1 \\ 0, & |x|=1, \quad g(x)=\mathrm{e}^x \\ -1, & |x|>1\end{cases}$$

求 $f(g(x))$ 和 $g(f(x))$.

解　$f(g(x))=f(\mathrm{e}^x)=\begin{cases}1, & \mathrm{e}^x<1 \\ 0, & \mathrm{e}^x=1 \\ -1, & \mathrm{e}^x>1\end{cases}=\begin{cases}1, & x<0 \\ 0, & x=0 \\ -1, & x>0\end{cases}$

$$g(f(x))=\mathrm{e}^{f(x)}=\begin{cases}\mathrm{e}, & |x|<1 \\ 1, & |x|=1 \\ \mathrm{e}^{-1}, & |x|>1\end{cases}$$

由基本初等函数经过有限次四则运算和有限次的复合步骤所构成,并可用一个式子表示的函数,称为**初等函数**.例如:

$$y=\mathrm{e}^{\sqrt{2-x^2}}, \quad y=\log_2(2+\tan^2 x), \quad y=\arctan\frac{x^2+1}{3x+4}$$

都是初等函数.

例 **2.2.1**　将下列函数分解为基本初等函数形式.

$(1)y=\mathrm{e}^{\sin^2 x}$; $(2)y=\ln(1+\sqrt{1+x})$.

解　(1)所给函数是由

$$y=\mathrm{e}^u, \quad u=v^2, \quad v=\sin x$$

三个函数复合而成.

(2)所给函数是由

$$y=\ln u, \quad u=1+v, \quad v=w^{\frac{1}{2}}, \quad w=1+x$$

四个函数复合而成.

例 **2.2.10**　由指数函数 e^x 与 e^{-x} 经四则运算构成的初等函数

$$\mathrm{sh}\, x=\frac{\mathrm{e}^x-\mathrm{e}^{-x}}{2}, \quad \mathrm{ch}\, x=\frac{\mathrm{e}^x+\mathrm{e}^{-x}}{2}, \quad \mathrm{th}\, x=\frac{\mathrm{e}^x-\mathrm{e}^{-x}}{\mathrm{e}^x+\mathrm{e}^{-x}}$$

分别称为**双曲正弦函数**、**双曲余弦函数**和**双曲正切函数**,它们在工程技术中经常用到.容易验证它们有和三角函数类似的公式

$$\mathrm{sh}(x\pm y)=\mathrm{sh}\, x\,\mathrm{ch}\, y\pm\mathrm{ch}\, x\,\mathrm{sh}\, y, \quad \mathrm{ch}\, x(x\pm y)=\mathrm{ch}\, x\,\mathrm{ch}\, y\pm\mathrm{sh}\, x\,\mathrm{sh}\, y,$$

$$\mathrm{ch}^2 x-\mathrm{sh}^2 x=1, \quad \mathrm{th}\, x=\frac{\mathrm{sh}\, x}{\mathrm{ch}\, x}$$

双曲正弦 $\mathrm{sh}\, x$ 的定义域是 $(-\infty,+\infty)$,它在定义域内单调递增,且为奇函数,如图 2-23 所示.

双曲余弦函数 $\mathrm{ch}\, x$ 的定义域是 $(-\infty,+\infty)$,它是一个偶函数,如图 2-23 所示.

双曲正切函数 $\mathrm{th}\, x$ 的定义域是 $(-\infty,+\infty)$,值域是 $(-1,1)$,它在定义域内单调递增,且为奇函数,如图 2-24 所示.

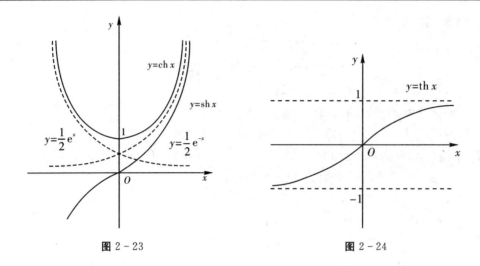

图 2 - 23　　　　　　　　　　　　图 2 - 24

2.2.5　一元分段函数与幂指函数

1. 一元分段函数

有时一个函数要用几个式子表示,这种在定义域的不同区间内,对应法则用不同式子表示的函数称为**分段函数**.应特别注意,分段函数是用几个式子合起来表示的一个函数,而不是表示几个函数.

下面举几个分段函数的例子.

例 2.2.11　函数 $y=\operatorname{sgn} x=\begin{cases} 1, & x>0 \\ 0, & x=0 \\ -1, & x<0 \end{cases}$ 称为符号函数,它的定义域是$(-\infty,+\infty)$,值域为$\{-1,0,1\}$,如图 2 - 25 所示.

对于任何实数 x,下列关系成立:$x=\operatorname{sgn} x \cdot |x|$.

例 2.2.12　设 x 为任一实数,函数 $y=[x]$ 称为取整函数,对每个 x,函数值是不超过 x 的最大整数.例如,$[4.78]=4$,$[-2.1]=-3$ 等,它的定义域为$(-\infty,+\infty)$,值域为全体整数数集 **Z**,如图 2 - 26 所示.

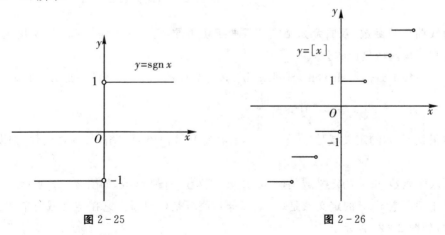

图 2 - 25　　　　　　　　　　　　图 2 - 26

例 2.2.13 求函数 $y=\begin{cases} \sqrt{1-x^2}, & |x|<1 \\ x^2-1, & 1<|x|\leqslant 2 \end{cases}$ 的定义域,并求 $f(0),f\left(\dfrac{3}{2}\right)$,作出函数图像.

解 函数的定义域为 $\{x\mid|x|<1\}\bigcup\{x\mid1<|x|\leqslant 2\}$,即 $[-2,-1)\bigcup(-1,1)\bigcup(1,2]$.

$$f(0)=\sqrt{1-0^2}=1, f\left(\dfrac{3}{2}\right)=\left(\dfrac{3}{2}\right)^2-1=\dfrac{5}{4},$$ 如图

2-27 所示.

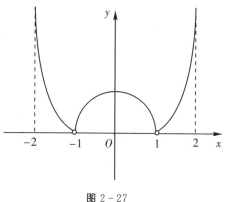

图 2-27

2.幂指函数

形如 $y=u(x)^{v(x)}$($u(x)>0$)的函数称为幂指函数,例如:$y=x^{\sin x}$($x>0$);$y=x^x$($x>0$)都是幂指函数.

由 $a^{\log_a b}=b$,我们可将幂指函数 $y=u(x)^{v(x)}$ 指数化,即 $u(x)^{v(x)}=\mathrm{e}^{\ln u(x)^{v(x)}}=\mathrm{e}^{v(x)\ln u(x)}$.例如:$x^{\sin x}=\mathrm{e}^{\ln x^{\sin x}}=\mathrm{e}^{\sin x\ln x}$.

2.2.6 多元函数的概念

在实际问题中,经常会遇到一个变量与多个变量间的依赖关系,举例如下.

例 2.2.14 矩形的面积 S 依赖于其长 x 和宽 y,即

$$S=xy$$

长、宽只能取正实数值,x、y 的取值范围构成一个平面点集 $\{(x,y)\mid x>0,y>0\}$,给定每个数对 (x,y) 的值,就可对应面积 S 的一个确定值.

例 2.2.15 两个并联的电阻 R_1、R_2,其总电阻 R 为

$$R=\dfrac{R_1 R_2}{R_1+R_2}$$

R_1、R_2 的变化范围为 $\{(R_1,R_2)\mid R_1>0,R_2>0\}$,给定每一对电阻值 (R_1,R_2),就确定了总电阻 R 的值.

去掉上面例子中变量的实际含义,以及变量间的具体对应关系,就抽象出下面二元函数的定义.

定义 2.2 设 D 是平面上的非空点集,D 到实数集 **R** 的映射

$$f:D\to\mathbf{R}$$

称为定义在 D 上的**二元函数**,记为

$$z=f(x,y), \quad (x,y)\in D$$

或

$$z=f(p), \quad p\subset D$$

其中点集 D 称为函数的**定义域**,x、y 称为**自变量**,z 称为**因变量**.有时我们也说:z 是 x、y 的函数.

当自变量 (x,y) 取值为 (x_0,y_0) 时,用记号 $f(x_0,y_0)$ 表示对应的 z 的函数值.当 (x,y) 在 D 中变化时,$z=f(x,y)$ 所对应的一切函数值组成的实数集称为函数 f 的**值域**,记为 $f(D)$,

即 $f(D)=\{z\,|\,z=f(x,y),(x,y)\in D\}$.

作为函数记号的字母 f,可以根据实际需要随意选用其他字母.例如 $z=\varphi(x,y)$、$z=z(x,y)$ 等都可用以表示 x、y 的二元函数.

关于二元函数的定义域,如果不是讨论实际应用的函数,而是讨论用表达式表达的函数时,其定义域就是使表达式有意义的 x、y 的范围所组成的点集.对这类函数,它的定义域不再特别标出.例如,二元函数

$$z=\ln(\sqrt{x}-\sqrt{y})$$

的定义域就是由不等式 $0\leqslant y<x$ 确定的平面点集 $D=\{(x,y)\,|\,0\leqslant y<x\}$.

在函数 $z=f(x,y)$ 的定义域 D 中任取一点 $P(x,y)\in D$,对应的函数值为 $z=f(x,y)$,这样的 x、y、z 的值确定三维空间中的一个点 $M(x,y,z)$,当 P 在 D 中变化时,点 M 就描绘出空间一个确定的点集

$$\{(x,y,z)\,|\,z=f(x,y),(x,y)\in D\}$$

这个点集通常是一张曲面,称为二元函数 $z=f(x,y)$ 的**图像**,如图 2-28 所示.

例如,函数 $z=ax+by$ 的图像是一个平面,$z=x^2+y^2$ 的图像是一个旋转抛物面,$z=\sqrt{1-x^2-y^2}$ 的图像是一个半球面.

如果将定义 2.2 中的平面点集 D 换作 n 维空间 R^n 中的点集 D,则映射 $f:D\to R$ 就称为定义在 D 上的 n **元函数**,记为

$$u=f(x_1,x_2,\cdots,x_n),\quad (x_1,x_2\cdots,x_n)\in D$$

或简记为

$$u=f(x),x=(x_1,x_2,\cdots,x_n)\in D$$

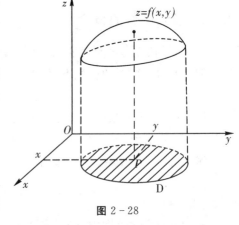

图 2-28

三维空间中,点的坐标通常用 x、y、z 表示,因此,三元函数常记作

$$u=f(x,y,z),\quad (x_1,x_2,x_3)\in D$$

三元函数的定义域 D 是空间中的点集,其图像已不能在三维空间中直观地描述.当 $n\geqslant4$ 时,n 元函数的定义域及图像亦如此,但我们仍然可以说:n 元函数的定义域为 n 维空间的点集,其图像是 $n+1$ 维空间中的**超曲面**.

多元函数的四则运算与一元函数情形类似,这里不再重述.

例 2.2.16 设 $f(x,y)=x\sin\dfrac{y}{x}$,则

$$f(2,\pi)=2,\quad f(\cos t,\sin t)=\cos t\cdot\sin(\tan t),\quad f(y,x)=y\sin\dfrac{x}{y},$$

$$f(x+y,xy)=(x+y)\sin\dfrac{xy}{x+y},\quad f(x,f(x,y))=x\sin\left(\sin\dfrac{y}{x}\right)$$

例 2.2.17　已知 $f\left(x+y,\dfrac{y}{x}\right)=x^2+y^2$，求 $f(x,y)$.

解　令 $x+y=u,\dfrac{y}{x}=v$，则

$$x=\frac{u}{1+v},\quad y=\frac{uv}{1+v}$$

代入已知等式，得

$$f(u,v)=\left(\frac{u}{1+v}\right)^2+\left(\frac{uv}{1+v}\right)^2=\frac{u^2(1+v^2)}{(1+v)^2}$$

因此

$$f(x,y)=\frac{x^2(1+y^2)}{(1+y)^2}$$

习题 $2-2$

1.求下列函数的定义域：

$(1)\,y=\arccos(4x^2-1)$；　　　　　　　　　　　　$(2)\,y=\tan(2x+3)$；

$(3)\,y=\sqrt{3-x}+\dfrac{1}{x}$；　　　　　　　　　　　$(4)\,y=\sqrt{\lg\dfrac{5x-x^2}{4}}$.

2.判断下列各对函数是否相同，为什么？

$(1)\,f(x)=x,\quad g(x)=\dfrac{x^2}{x}$；　　　　　　　　$(2)\,f(x)=\lg x^2,\quad g(x)=2\lg|x|$；

$(3)\,f(x)=x\cdot|x|,\quad g(x)=\begin{cases}x^2,&x\geqslant0\\-x^2,&x<0\end{cases}$；　$(4)\,f(x)=x+1,\quad g(x)=\dfrac{x^2-1}{x-1}$

3.已知 $f(x)=x^2-3x+2$，求 $f(0),f(1),f(-x),f\left(\dfrac{1}{x}\right),f(x+1)$.

4.已知 $f(x)=\begin{cases}\dfrac{x}{\sqrt{x^2-1}},&x>1\\2,&-1\leqslant x<1\\3x+4,&x<-1\end{cases}$，求 $f(0),f(-3),f(2)$.

5.已知 $\phi(x+1)=\begin{cases}x^2,&0\leqslant x\leqslant1\\2x,&1<x\leqslant2\end{cases}$，求 $\phi(x)$.

6.作出下列函数的图像：

$(1)\,y=\begin{cases}\sqrt{1-x^2},&|x|\leqslant1\\x-1,&1<|x|\leqslant2\end{cases}$；　$(2)\,y=\begin{cases}|\sin x|,&|x|<\dfrac{\pi}{3}\\0,&|x|\geqslant\dfrac{\pi}{3}\end{cases}$，

$(3)\,f(x)$ 是以 2 为周期的函数，且当 $x\in[0,1]$ 时，$f(x)=x^2$.

7.在温度计上，摄氏 $0°$ 对应华氏 $32°$，摄氏 $100°$ 对应华氏 $212°$，求摄氏温度与华氏温度之间的关系.

8.设生产与销售某产品的总收益是产量的二次函数,经统计得知:当产量分别为 0、2、4 时,总收益分别为 1、3、7.试确定总收益随产量变化的函数关系.

9.已知水渠的横断面为等腰梯形,斜角 $\varphi=45°$(图 2-29).当过水断面 $ABCD$ 的面积为定值 S_0 时,求 $L(L=AB+BC+CD)$ 与水深 h 之间的函数关系.

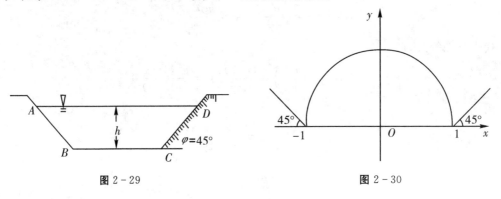

图 2-29　　　　　　　　　　　　　　图 2-30

10.函数 $f(x)$ 的图像如图 2-30 所示,试写出 $f(x)$ 的表达式.

11.试证下列函数在指定区间内的单调性:

(1)$y=1+3x^2$, $(-\infty,0)$; 　(2)$y=x+\lg x$, $(0,+\infty)$.

12.判别下列函数中那些是偶函数,那些是奇函数,那些是既非奇函数又非偶函数:

(1)$f(x)=3x-x^3$; 　(2)$f(x)=x\mathrm{e}^x$; 　(3)$f(x)=(1-x)^{\frac{2}{3}}+(1+x)^{\frac{2}{3}}$.

13.求下列函数的反函数:

(1)$f(x)=1+\ln(x+2)$; 　(2)$f(x)=\dfrac{2^x}{2^x+1}$.

14.已知 $y=u^2,u=\sqrt[3]{x+1},x=\sin t$,试将 y 表示为 t 的函数.

15.下列函数可以看成由哪些简单函数复合而成:

(1)$y=\sqrt{\ln\sqrt{x}}$; 　(2)$y=\lg^2\arccos x^3$; 　(3)$y=\mathrm{e}^{\sin^2 x}$;(4)$y=\tan^2\sqrt{5-2x}$.

16.设当 $0<u<1$ 时,函数 $f(u)$ 有定义,求下列函数的定义域:

(1)$f(\sin x)$; 　(2)$f(\ln x)$; 　(3)$f(\phi(x))$,其中 $\phi(x)=\begin{cases}1+x, & -\infty<x\leqslant 0 \\ 2^x, & 0<x<+\infty\end{cases}$

17.利用图像的叠加原理作下列函数的图形:

(1)$y=x+\dfrac{1}{x}$; 　(2)$x+\sin x$.

18.设 $f(x,y)=x\sqrt{x^2+y^2}-2xy$,求 $f(\cos t,\sin t)$ 及 $f(tx,ty)$.

2.3　简单的经济函数

2.3.1　单利、复利与多次付息

1.单利与复利

利息是指借款者向贷款者支付的报酬,它是根据本金的数额按一定比例计算出来的.利息有存款利息、贷款利息、债券利息、贴现利息等几种主要形式.

（1）单利计算公式.

设初始本金为 p(元),银行年利率为 r.则

第一年末本利和为 $s_1 = p + rp = p(1+r)$;

第二年末本利和为 $s_2 = p(1+r) + rp = p(1+2r)$;

……

第 n 年末的本利和为 $s_n = p(1+nr)$.

（2）复利计算公式.

设初始本金为 p(元),银行年利率为 r.则

第一年末本利和为 $s_1 = p + rp = p(1+r)$;

第二年末本利和为 $s_2 = p(1+r) + rp(1+r) = p(1+r)^2$;

……

第 n 年末的本利和为 $s_n = p(1+r)^n$.

2.多次付息

（1）单利付息情形.

因每次的利息都不计入本金,故若一年分 n 次付息,则年末的本利和为

$$s = p\left(1 + n\,\frac{r}{n}\right) = p(1+r)$$

即年末的本利和与支付利息的次数无关.

（2）复利付息情形.

因每次支付的利息都记入本金,故年末的本利和与支付利息的次数是有关系的.

设初始本金为 p(元),年利率为 r,若一年分 m 次付息,则一年末的本利和为

$$s = p\left(1 + \frac{r}{m}\right)^m$$

可见本利和是随付息次数 m 的增大而增加的.

而第 n 年末的本利和为

$$s_n = p\left(1 + \frac{r}{m}\right)^{mn}$$

例 2.3.1 现有初始本金 100 元,若银行年储蓄利率为 7%,问:

(1)按单利计算,3 年末的本利和为多少?

(2)按复利计算,3 年末的本利和为多少?

(3)按复利计算,需多少年能使本利和超过初始本金的一倍?

解 (1)已知 $p=100, r=0.07$,由单利计算公式得

$$s_3 = p(1+3r) = 100 \times (1+3\times 0.07) = 121 \ 元$$

即 3 年末的本利和为 121 元.

(2)由复利计算公式得

$$s_3 = p(1+r)^3 = 100 \times (1+0.07)^3 \approx 122.5 \ 元$$

(3)若 n 年后的本利和超过初始本金的一倍,即要

$$s_n = p(1+r)^n > 2p \xrightarrow{r=0.07} (1.07)^n > 2 \longrightarrow n\ln 1.07 > \ln 2 \longrightarrow n > \ln 2/\ln 1.07 \approx 10.2$$

即需 11 年本利和可超过初始本金一倍.

2.3.2 贴现

票据的持有人,为在票据到期以前获得资金,从票面金额中扣除未到期期间的利息后,得到所余金额的现金称为贴现.

钱存在银行里可以获得利息,如果不考虑贬值因素,那么若干年后的本利和就高于本金. 如果考虑贬值的因素,则在若干年后使用的未来值(相当于本利和)就有一个较低的现值.

考虑更一般的问题:确定第 n 年后价值为 R 元钱的现值.假设在这 n 年之间复利年利率 r 不变.

利用复利计算公式有

$$R = p(1+r)^n$$

得到第 n 年后价值为 R 元钱的现值为

$$p = \frac{R}{(1+r)^n}$$

式中 R 表示第 n 年后到期的票据金额,r 表示贴现率,而 p 表示现在进行票据转让时银行付给的贴现金额.

若票据持有者手中持有若干张不同期限及不同面额的票据,且每张票据的贴现率都是相同的,则一次性向银行转让票据而得到的现金

$$p = R_0 + \frac{R_1}{(1+r)} + \frac{R_2}{(1+r)^2} + \cdots + \frac{R_n}{(1+r)^n}$$

式中 R_0 为已到期的票据金额,R_n 为 n 年后到期的票据金额,$\frac{1}{(1+r)^n}$ 称为贴现因子,它表示在贴现率 r 下 n 年后到期的 1 元钱的贴现值.由它可给出不同年限及不同贴现率下的贴现因子表.

例 2.3.2 某人手中有三张票据,其中一年后到期的票据金额是 500 元,两年后到期的是 800 元,五年后到期的是 2000 元,已知银行的贴现率 6%,现在将三张票据向银行做一次性转

让,银行的贴现金额是多少?

解　由贴现计算公式,贴现金额为

$$p = \frac{R_1}{(1+r)} + \frac{R_2}{(1+r)^2} + \frac{R_5}{(1+r)^5}$$

其中 $R_1 = 500, R_2 = 800, R_5 = 2000, r = 0.06$.

故 $p = \dfrac{500}{(1+0.06)} + \dfrac{800}{(1+0.06)^2} + \dfrac{2000}{(1+0.06)^5} \approx 2678.21$ 元.

2.3.3　需求函数与供给函数

1.需求函数

需求函数是指在某一特定时期内,市场上某种商品的各种可能的购买量和决定这些购买量的诸因素之间的数量关系.

假定其他因素(如消费者的货币收入、偏好和相关商品的价格等)不变,则决定某种商品需求量的因素就是这种商品的价格.此时,需求函数表示的就是商品需求量和价格这两个经济量之间的数量关系

$$q = f(p)$$

其中,q 表示需求量,p 表示价格.需求函数的反函数 $p = f^{-1}(q)$ 称为价格函数,习惯上将价格函数也统称为需求函数.

2.供给函数

供给函数是指在某一特定时期内,市场上某种商品的各种可能的供给量和决定这些供给量的诸因素之间的数量关系.

3.市场均衡

对一种商品而言,如果需求量等于供给量,则这种商品就达到了**市场均衡**.以线性需求函数和线性供给函数为例,令

$$q_d = q_s$$
$$ap + b = cp + d$$
$$p = \frac{d-b}{a-c} \equiv p_0$$

这个价格 p_0 称为该商品的**市场均衡价格**.

市场均衡价格就是需求函数和供给函数两条直线的交点的横坐标.当市场价格高于均衡价格时,将出现**供过于求**的现象;而当市场价格低于均衡价格时,将出现**供不应求**的现象.当市场均衡时有

$$q_d = q_s = q_0$$

称 q_0 为**市场均衡数量**.

根据市场的不同情况,需求函数与供给函数还有二次函数、多项式函数与指数函数等,但其基本规律是相同的,都可找到相应的**市场均衡点**(p_0, q_0).

例 2.3.3 某种商品的供给函数和需求函数分别为

$$Q_d = 25P - 10, \quad Q_s = 200 - 5P$$

求该商品的市场均衡价格和市场均衡数量.

解 由均衡条件 $Q_d = Q_s$ 得

$$200 - 5P = 25P - 10 \longrightarrow 30p = 210 \longrightarrow P_0 = 7 \longrightarrow Q_0 = 25P_0 - 10 = 165$$

例 2.3.4 某批发商每次以 160 元/台的价格将 500 台电扇批发给零售商,在这个基础上零售商每次多进 100 台电扇,则每台批发价相应降低 2 元,批发商最大批发量为每次 1000 台.试将电扇批发价格表示为批发量的函数,并求零售商每次进 800 台电扇时的批发价格.

解 由题意看出所求函数的定义域为 $[500, 1000]$.已知每次多进 100 台,每台价格减少 2 元,设每次进电扇 x 台,则每次批发价减少 $\frac{2}{100}(x-500)$ 元/台,即所求函数为

$$P = 160 - \frac{2}{100}(x-500) = 160 - \frac{2x-1000}{100} = 170 - \frac{x}{50}$$

当 $x = 800$ 时,$P = 170 - \frac{800}{50} = 154$ 元/台.

即每次进 800 台电扇时的批发价格为 154 元/台.

2.3.4 成本函数、收益函数和利润函数

1.成本函数

产品成本是以货币形式表现的企业生产和销售产品的全部费用支出,成本函数表示费用总额与产量(或销售量)之间的依赖关系,产品成本可分为固定成本和变动成本两部分.所谓固定成本,是指在一定时期内不随产量变化的那部分成本;所谓变动成本,是指随产量变化而变化的那部分成本.一般地,以货币计值的(总)成本 C 是产量 x 的函数,即

$$C = C(x) \quad (x \geqslant 0)$$

称其为成本函数.当产量 $x = 0$ 时,对应的成本函数值 $C(0)$ 就是产品的固定成本值.

设 $C(x)$ 为成本函数,称 $\overline{C} = \frac{C(x)}{x}(x > 0)$ 为单位成本函数或平均成本函数.

成本函数是单调增加函数,其图像称为成本曲线.

例 2.3.5 某工厂生产某产品,每日最多生产 200 单位.它的日固定成本为 150 元,生产一个单位产品的可变成本为 16 元,求该厂日总成本函数及平均成本函数.

解 据 $C(x) = C_固 + C_变$,可得总成本 $C(x) = 150 + 16x, x \in [0, 200]$.

平均成本 $\overline{C}(x) = \frac{C(x)}{x} = 16 + \frac{150}{x}$.

例 2.3.6 某服装有限公司每年的固定成本 10000 元.要生产某个式样的服装 x 件,除固定成本外,每套(件)服装要花费 40 元,即生产 x 套这种服装的变动成本 $40x$ 元.

(1)求一年生产 x 套服装的总成本函数;

(2)画出变动成本、固定成本和总成本的函数图形;

(3)生产 100 套服装的总成本是多少? 400 套呢? 并计算生产 400 套服装比生产 100 套

服装多支出多少成本?

解 (1)因 $C(x)=C_固+C_变$,所以总成本

$$C(x)=40x+10000, x\in[0,+\infty)$$

(2)变动成本函数和固定成本函数如图 2-31 所示,总成本函数如图 2-32 所示.从实际情况来看,这些函数的定义域是非负整数 0、1、2、3 等等,因为服装的套数既不能取分数,也不能取负数,通常的做法是把这些图形的定义域描述成好像是由非负实数组成的整个集合.

(3)生产 100 套服装的总成本是

$$C(100)=40\times100+10000=14000 元$$

生产 400 套服装的总成本是

$$C(400)=40\times400+10000=26000 元$$

生产 400 套服装比生产 100 套服装多支出成本是

$$C(400)-C(100)=26000-14000=12000 元$$

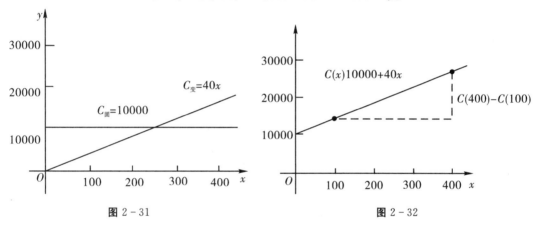

图 2-31   图 2-32

2.收入函数与利润函数

销售某种产品的收入 R,等于产品的单位价格 P 乘以销售量 x,即 $R=P\cdot x$,称其为收入函数.而销售利润 L 等于收入 R 减去成本 C,即 $L=R-C$,称其为利润函数.

当 $L=R-C>0$ 时,生产者盈利;

当 $L=R-C<0$ 时,生产者亏损;

当 $L=R-C=0$ 时,生产者盈亏平衡,使 $L(x)=0$ 的点 x_0 称为盈亏平衡点(又称为保本点).

例 2.3.7 某工厂生产某产品年产量为 x 台,每台售价 500 元,当年产量超过 800 台时,超过部分只能按 9 折出售,这样可多售出 200 台,如果再多生产,本年就销售不出去了.试写出本年的收益(入)函数.

解 因为产量超过 800 台时售价要按 9 折出售,又超过 1000 台(即 800 台+200 台)时,多余部分销售不出去,从而超出部分无收益.因此,要把产量分三阶段来考虑.依题意有

$$R(x)=\begin{cases}500x, & 0\leqslant x\leqslant800 \\ 500\times800+0.9\times500(x-800), & 800<x\leqslant1000 \\ 500\times800+0.9\times500\times200, & x>1000\end{cases}$$

$$= \begin{cases} 500x, & 0 \leqslant x \leqslant 800 \\ 400000 + 450(x-800), & 800 < x \leqslant 1000 \\ 490000, & x > 1000 \end{cases}$$

例 2.3.8　已知某厂生产单位产品时,可变成本为 15 元,每天的固定成本为 2000 元,如这种产品出厂价为 20 元,求

(1)利润函数;

(2)若不亏本,该厂每天至少生产多少单位这种产品.

解　(1)因为 $L(x) = R(x) - C(x)$,$C(x) = 2000 + 15x$,$R(x) = 20x$,所以

$$L(x) = 20x - (2000 + 15x) = 5x - 2000$$

(2)当 $L(x) = 0$ 时不亏本,于是有 $5x - 2000 = 0$,得 $x = 400$ 单位.即该厂每天至少生产 400 单位这种产品不亏本.

例 2.3.9　某电器厂生产一种新产品,在定价时不单是根据生产成本而定,还要请各销售单位来出价,即他们愿意以什么价格来购买.根据调查得出需求函数为 $x = -900P + 45000$.该厂生产该产品的固定成本是 270000 元,而单位产品的变动成本为 10 元,为获得最大利润,出厂价格应为多少?

解　收入函数为 $R(P) = P(-900P + 45000) = -900P^2 + 45000P$.

利润函数为

$$L(P) = R(P) - C(P) = -900(P^2 - 60p + 800) = -900(P-30)^2 + 90000$$

由于利润是一个二次函数,容易求得当价格 $P = 30$ 元时,利润 $L = 90000$ 元为最大利润.

在此价格下,可望销售量为

$$x = -900 \times 30 + 45000 = 18000 \text{ 单位}$$

例 2.3.10　已知某商品的成本函数与收入函数分别是

$$C = 12 + 3x + x^2$$
$$R = 11x$$

试求该商品的盈亏平衡点,并说明盈亏情况.

解　由 $L = 0$ 和已知条件得

$$11x = 12 + 3x + x^2 \longrightarrow x^2 - 8x + 12 = 0$$

从而得到两个盈亏平衡点分别为 $x_1 = 2$,$x_2 = 6$.由利润函数

$$L(x) = R(x) - C(x) = 11x - (12 + 3x + x^2) = 8x - 12 - x^2 = (x-2)(6-x)$$

易见当 $x < 2$ 时亏损,$2 < x < 6$ 时盈利,而当 $x > 6$ 时又转为亏损.

习题 2-3

1.火车站行李收费规定如下:当行李不超过 50 kg 时,按每千克 0.15 元收费;当超出 50 kg 时,超重部分按每千克 0.25 元收费.试建立行李收费 $f(x)$(元)与行李重量 x(kg)之间的函数关系.

2.某厂生产电冰箱,每台售价 1200 元,生产 1000 台以内可全部售出,超过 1000 台时经广告宣传后,又可多售出 520 台,假定支付广告费 2500 元,试将电冰箱的销售收入表示为销售量

的函数.

3.(1)设每只手表的价格为 70 元时,销售量为 10000 只;若每只手表价格提高 3 元,需求量就减少 3000 只.求需求函数 Q_d.

(2)设每只手表价格为 70 元时,手表厂可提供 10000 只手表;当价格每只增加 3 元时,手表厂可多提供 300 只.求供应函数 Q_s.

(3)求市场均衡价格和市场均衡数量.

第 2 章总习题

1.设 $y=\dfrac{1}{2x}f(t-x)$,且当 $x=1$ 时,$y=\dfrac{1}{2}t^2-t+5$,求 $f(x)$.

2.试作函数 $y=f(x)=\begin{cases}3x, & |x|>1 \\ x^3, & |x|<1 \\ 3, & |x|=1\end{cases}$ 的图形.

3.证明定义在 $[-l,l]$ 上的任何函数 $f(x)$ 都可以表示为一个偶数与一个奇数的和.

4.求函数 $f(x)=\begin{cases}x^2+3, & x>1 \\ 2x+1, & 0\leqslant x\leqslant 1 \\ x^3+1, & x<0\end{cases}$ 的反函数.

5.设 $f(x)$ 的定义域是 $[0,1]$,求 $f(x+a)+f(x-a)(a>0)$ 的定义域.

6.设 $f(x)=\begin{cases}x^2, & |x|\leqslant 1 \\ \dfrac{1}{x^2}, & |x|>1\end{cases}$,$g(x)=\ln x$,求 $f(g(x))$ 和 $g(f(x))$.

第3章 极限与连续性

函数是微积分的主要研究对象,连续是函数的一个重要性态.极限概念是微积分的理论基础,极限方法是研究微积分的一种最基本的方法.因此,掌握极限方法是学好微积分的关键.本章将讨论数列与函数极限的定义、性质和计算方法,并在此基础上讨论函数的连续性及其性质.

3.1 一元函数的极限

3.1.1 数列的极限

1.数列的定义

定义 3.1 按一定次序排列的无穷多个数

$$x_1, x_2, \cdots, x_n, \cdots$$

称为无穷数列,简称数列,记为 $\{x_n\}$.数列中的每一个数称为数列的项,x_n 称为数列的通项.

如

$$0, \frac{3}{2}, \frac{2}{3}, \cdots, 1+\frac{(-1)^n}{n}, \cdots$$

$$0, 1, 0, \cdots, \frac{1+(-1)^n}{2}, \cdots$$

$$2, 4, 8, \cdots, 2^n, \cdots$$

都是数列.

数列可以看作自变量为正整数 n 的函数:$x_n = f(n)$,当自变量 n 依次取 $1, 2, \cdots$ 时,对应的函数值就排成数列 $\{x_n\}$.

2.数列的极限

定义 3.2 设 $\{x_n\}$ 是一个数列,a 为一个确定的常数.如果当 n 无限增大时,x_n 无限接近于 a,则称 a 为数列 $\{x_n\}$ 的极限,或称数列 $\{x_n\}$ 收敛于 a,记为

$$\lim_{n\to\infty} x_n = a \quad \text{或} \quad x_n \to a(n\to\infty)$$

如果一个数列没有极限,就称该数列是**发散**的.

注:记号 $x_n \to a(n\to\infty)$ 读作:当 n 趋于无穷大时,x_n 趋于 a.

例 3.1.1 观察下列数列的变化趋势,确定是否收敛;若收敛,则指出收敛于何值.

(1) $\{2n\}$; (2) $\left\{\frac{1}{n}\right\}$; (3) $\{(-1)^n\}$; (4) $\left\{\frac{n}{n+1}\right\}$.

解　（1）数列 $\{2n\}$ 即为

$$2,4,6,\cdots,2n,\cdots$$

易见，当 n 无限增大时，$2n$ 也无限增大，故该数列是发散的；

（2）数列 $\left\{\dfrac{1}{n}\right\}$ 即为

$$1,\frac{1}{2},\frac{1}{3},\cdots,\frac{1}{n},\cdots$$

易见，当 n 无限增大时，$\dfrac{1}{n}$ 无限接近于 0，故该数列收敛于 0；

（3）数列 $\{(-1)^n\}$ 即为

$$-1,1,-1,\cdots,(-1)^n,\cdots$$

易见，当 n 无限增大时，$(-1)^n$ 反复取 $-1,1$ 两个数，并不无限接近于任何一个确定的数，故该数列是发散的；

（4）数列 $\left\{\dfrac{n}{n+1}\right\}$ 即为

$$\frac{1}{2},\frac{2}{3},\frac{3}{4},\cdots,\frac{n}{n+1},\cdots$$

当 n 无限增大时，$\dfrac{n}{n+1}$ 无限接近于 1，故该数列收敛于 1.

对于收敛数列 $\{x_n\}=\left\{\dfrac{n}{n+1}\right\}$. 因为 $|x_n-1|=\dfrac{1}{n+1}$，易见，当 n 无限增大时，x_n 与 1 的距离无限接近于 0，若以确定的数学语言来描述这种趋势，即有：对于任意给定的正数 ε（不论它多么小），总可以找到正整数 N，使得当 $n>N$ 时，有

$$|x_n-1|=\frac{1}{n+1}<\varepsilon$$

受此启发，我们给出用数学语言表达数列极限的定量描述.

定义 3.3　设 $\{x_n\}$ 是一个数列，a 为一个确定的常数.若对任意给定的正数 ε（不论它多么小），总存在正整数 N，使得当 $n>N$ 时，有

$$|x_n-a|<\varepsilon$$

则称 a 为数列 $\{x_n\}$ 的极限，或称数列 $\{x_n\}$ 收敛于 a，记为

$$\lim_{n\to\infty}x_n=a \quad \text{或} \quad x_n\to a\,(n\to\infty)$$

在几何上，数列 $\{x_n\}$ 可以看作数轴上的点列.$\lim\limits_{n\to\infty}x_n=a$ 意味着，无论正数 ε 多么小，当 $n>N$ 时，所有的点 x_n 落在 $U(a,\varepsilon)$ 即开区间 $(a-\varepsilon,a+\varepsilon)$ 内，而落在这个区间之外的点至多只有 N 个.

定义 3.3 常称为**数列极限的** $\varepsilon-N$ 定义.下面举例说明如何根据 $\varepsilon-N$ 定义来验证数列极限.

例 3.1.2　证明 $\lim\limits_{n\to\infty}\dfrac{2n+1}{n}=2$.

证明　由于

$$\left|\frac{2n+1}{n}-2\right|=\frac{1}{n}$$

所以,对于任意给定的正数 ε,解不等式 $\frac{1}{n}<\varepsilon$,得 $n>\frac{1}{\varepsilon}$,只需取正整数 $N=\left[\frac{1}{\varepsilon}\right]$,则当 $n>N$ 时,就有 $\left|\frac{2n+1}{n}-2\right|=\frac{1}{n}<\varepsilon$,故 $\lim\limits_{n\to\infty}\frac{2n+1}{n}=2$.

3.数列极限的性质

定理 3.1 (**唯一性**)若数列 $\{x_n\}$ 收敛,则其极限必唯一.

下面先介绍数列的有界性概念,然后给出收敛数列的有界性定理.

定义 3.4 对数列 $\{x_n\}$,若存在正数 M,使对一切自然数 n,恒有 $|x_n|\leqslant M$,则称数列 $\{x_n\}$ 有界,否则,称其无界.

定理 3.2 (**有界性**)若数列 $\{x_n\}$ 收敛,则数列必有界.

如果数列 $\{x_n\}$ 无界,则它一定发散;如果数列 $\{x_n\}$ 有界,则它不一定收敛,例如数列 $\{(-1)^n\}$ 有界,但它却是发散的.所以,数列有界是数列收敛的必要条件,而非充分条件.

定理 3.3 (**保号性**)如果 $\lim\limits_{n\to\infty}x_n=a$,且 $a>0$(或 $a<0$),则存在正整数 N,当 $n>N$ 时,都有 $x_n>0$(或 $x_n<0$).

推论 3.1 若 $\lim\limits_{n\to\infty}x_n=a$,且从某项起 $x_n\geqslant0$(或 $x_n\leqslant0$),则 $a\geqslant0$(或 $a\leqslant0$).

如果数列 $\{x_n\}$ 满足条件 $x_1\leqslant x_2\leqslant\cdots\leqslant x_n\leqslant\cdots$,则称**数列 $\{x_n\}$ 是单调增加的**;如果数列 $\{x_n\}$ 满足条件 $x_1\geqslant x_2\geqslant\cdots\geqslant x_n\geqslant\cdots$,则称**数列 $\{x_n\}$ 是单调减少的**.单调增加和单调减少数列统称为单调数列.

定理 3.4 (**单调有界准则**)单调有界数列必有极限.

有界数列不一定收敛.定理 3.4 表明:如果数列不仅有界,并且是单调,则数列的极限一定存在.例如,数列 $\left\{\frac{1}{n^2}\right\}$ 有界且单调递减,从而该数列是有极限的.

定义 3.5 在数列 $\{x_n\}$ 中任意抽取无穷多项并保持这些项在原数列 $\{x_n\}$ 中的先后次序,这样得到的一个数列称为原数列 $\{x_n\}$ 的子列.

设在数列 $\{x_n\}$ 中,第一次抽取 x_{n_1},第二次抽取 x_{n_2},第三次抽取 x_{n_3},$\cdots$,如此反复抽下去,就得到数列 $\{x_n\}$ 的一个子列 $x_{n_1},x_{n_2},\cdots,x_{n_k},\cdots$.

注:在子列 $\{x_{n_k}\}$ 中,x_{n_k} 是 $\{x_{n_k}\}$ 中的第 k 项,是原数列 $\{x_n\}$ 中第 n_k 项.显然,$n_k\geqslant k$.

* 定理 3.5 (**收敛数列与其子列之间的关系**)若数列 $\{x_n\}$ 收敛于 a,则它的任一子列也收敛,且极限也是 a.

由定理 3.5 可知,如果数列 $\{x_n\}$ 有两个子数列收敛于不同的数,则数列 $\{x_n\}$ 是发散的.例如数列 $\{x_n=(-1)^n\}$ 的子数列 $\{x_{2k-1}\}$ 收敛于 -1,而子数列 $\{x_{2k}\}$ 收敛于 1,因此数列 $\{x_n=(-1)^n\}$ 是发散的.同时这个例子说明,一个发散的数列也可能有收敛的子列.

3.1.2　一元函数的极限

数列可以看作是自变量为正整数 n 的函数:$x_n=f(n)$,因此数列极限是一种特殊函数(整标函数)的极限.若将数列极限概念中的自变量 n 和函数值 $f(n)$ 的特殊性撇开,可以引出函数极限的一般概念:在自变量 x 的某个变化过程中,如果 $f(x)$ 无限接近于一个确定的数 A,则 A 称为 x 在该变化过程中函数 $f(x)$ 的极限.根据自变量的变化过程的不同,主要研究以下两种情形:

(1)自变量趋向无穷大时函数的极限;

(2)自变量趋向有限值时函数的极限.

1.自变量趋向无穷大时函数的极限

如果在 $x \to \infty$ 的过程中,$f(x)$ 无限接近于确定的数 A,则 A 叫做函数 $f(x)$ 当 $x \to \infty$ 时的极限.这是描述性定义,为了更精确地描述这一过程,可用数学语言描述函数极限的定义:

定义 3.6 设当 $|x|$ 大于某一正数时函数 $f(x)$ 有定义,如果存在常数 A,对任给的正数 ε(不论它多么小),总存在正数 X,使得对于满足不等式 $|x| > X$ 的一切 x,总有
$$|f(x) - A| < \varepsilon$$
则称常数 A 为函数 $f(x)$ 当 $x \to \infty$ 时的极限,记作
$$\lim_{x \to \infty} f(x) = A \text{ 或 } f(x) \to A \, (x \to \infty)$$

$\lim\limits_{x \to \infty} f(x) = A$ 的几何解释如下:作直线 $y = A - \varepsilon$ 和 $y = A + \varepsilon$,不论这两条直线间的区域多么狭窄(即不论 ε 多么小),总有一个正数 X 存在,使得当 $x < -X$ 或 $x > X$ 时,函数 $y = f(x)$ 的图像都位于这两条直线之间,如图 3-1 所示.

如果 $x > 0$ 且无限增大(记作 $x \to +\infty$),那么只要把定义 3.6 中的 $|x| > X$ 改为 $x > X$,就得到 $\lim\limits_{x \to +\infty} f(x) = A$ 的定义.同样,如果 $x < 0$ 且 $|x|$ 无限增大(记作 $x \to -\infty$),那么只要把定义 3.6 中的 $|x| > X$ 改为 $x < -X$,就得到 $\lim\limits_{x \to -\infty} f(x) = A$ 的定义.

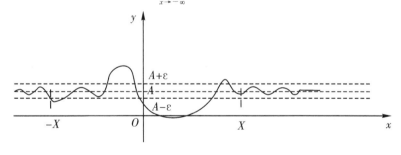

图 3-1

极限 $\lim\limits_{x \to +\infty} f(x) = A$ 与 $\lim\limits_{x \to -\infty} f(x) = A$ 称为**单侧极限**.

由上面的分析不难得出如下结论:

定理 3.6 $\lim\limits_{x \to \infty} f(x) = A$ 的充要条件是 $\lim\limits_{x \to +\infty} f(x) = \lim\limits_{x \to -\infty} f(x) = A$.

例 3.1.3 用极限定义证明 $\lim\limits_{x \to \infty} \dfrac{1}{x} = 0$.

证明 因为
$$\left| \frac{1}{x} - 0 \right| = \frac{1}{|x|}$$

于是,对任给的 $\varepsilon > 0$,取 $X = \dfrac{1}{\varepsilon}$,则当 $|x| > X$ 时,有

$$\left| \frac{1}{x} - 0 \right| < \varepsilon$$

故 $\lim\limits_{x \to \infty} \dfrac{1}{x} = 0$.

例 3.1.4 讨论 $\lim\limits_{x \to \infty} \arctan x$ 是否存在?

解 由反正切函数的图形可以看出

$$\lim\limits_{x \to +\infty} \arctan x = \frac{\pi}{2}, \quad \lim\limits_{x \to -\infty} \arctan x = -\frac{\pi}{2}$$

可见,极限 $\lim\limits_{x \to +\infty} \arctan x$ 与 $\lim\limits_{x \to -\infty} \arctan x$ 虽然都存在,但它们不相等,故由定理 3.6 可知,极限 $\lim\limits_{x \to -\infty} \arctan x$ 不存在.

2.自变量趋向有限值时函数的极限

设 $f(x)$ 在点 x_0 的某个去心邻域 $\mathring{U}(x_0, \delta)$ 内有定义.现在讨论当 $x \to x_0 (x \neq x_0)$ 时,对应的函数值 $f(x)$ 是否趋于某个定数 A.这类函数极限的精确定义如下:

定义 3.7 设函数 $f(x)$ 在点 x_0 的某一去心邻域 $\mathring{U}(x_0, \delta)$ 内有定义.如果存在常数 A,对任意给定的正数 ε(不论它多么小),总存在正数 δ,使得对于满足 $0 < |x - x_0| < \delta$ 的一切 x,总有

$$|f(x) - A| < \varepsilon$$

则称常数 A 为函数 $f(x)$ 当 $x \to x_0$ 时的极限,记作

$$\lim\limits_{x \to x_0} f(x) = A \text{ 或 } f(x) \to A (x \to x_0)$$

注:定义中 $0 < |x - x_0|$ 表示 $x \neq x_0$,所以 $x \to x_0$ 时 $f(x)$ 有没有极限与 $f(x)$ 在点 x_0 是否有定义无关.

$\lim\limits_{x \to x_0} f(x) = A$ 的几何解释如下:作两条平行直线 $y = A - \varepsilon$ 和 $y = A + \varepsilon$,不论这两条直线间的区域多么狭窄(即不论 ε 多么小),总有一个正数 δ 存在,使得当 x 属于 x_0 的 δ 去心邻域 $\mathring{U}(x_0, \delta)$ 时,$f(x)$ 的图像全部位于这两条直线之间,如图 3-2 所示.

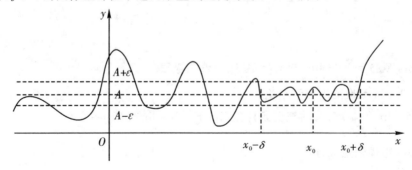

图 3-2

例 3.1.5 用定义证明 $\lim\limits_{x\to 2}\dfrac{x^2-4}{x-2}=4$.

证明 函数在点 $x=2$ 处没有定义,又因为

$$|f(x)-A|=\left|\dfrac{x^2-4}{x-2}-4\right|=|x-2|$$

故对任意给定的 $\varepsilon>0$,要使 $|f(x)-A|<\varepsilon$,只需取 $\delta=\varepsilon$,当 $0<|x-2|<\delta$ 时,有

$$\left|\dfrac{x^2-4}{x-2}-4\right|<\varepsilon$$

从而 $\lim\limits_{x\to 2}\dfrac{x^2-4}{x-2}=4$.

当自变量 x 从 x_0 的左侧(或右侧)趋于 x_0 时,函数 $f(x)$ 趋于常数 A,则称 A 为 $f(x)$ 在点 x_0 处的**左极限**(或**右极限**),记作 $\lim\limits_{x\to x_0^-}f(x)=A$(或 $\lim\limits_{x\to x_0^+}f(x)=A$).

定理 3.7 $\lim\limits_{x\to x_0}f(x)=A$ 的充要条件是 $\lim\limits_{x\to x_0^-}f(x)=\lim\limits_{x\to x_0^+}f(x)=A$.

例 3.1.6 设函数 $f(x)=\begin{cases}1, & x\leqslant 0\\ x, & x>0\end{cases}$,当 $x\to 0$ 时,$f(x)$ 的极限是否存在?

解 当 $x\to 0$ 时 $f(x)$ 的左极限是 $\lim\limits_{x\to 0^-}f(x)=\lim\limits_{x\to 0^-}1=1$,而 $x\to 0$ 时 $f(x)$ 的右极限 $\lim\limits_{x\to 0^+}f(x)=\lim\limits_{x\to 0^+}x=0$,因为左极限与右极限不相等,所以 $\lim\limits_{x\to 0}f(x)$ 不存在.

例 3.1.7 设函数 $f(x)=\begin{cases}\sin x, & x\leqslant 0\\ 2x^2, & x>0\end{cases}$,当 $x\to 0$ 时,$f(x)$ 的极限是否存在?

解 当 $x\to 0$ 时 $f(x)$ 的左极限是 $\lim\limits_{x\to 0^-}f(x)=\lim\limits_{x\to 0^-}\sin x=0$,当 $x\to 0$ 时 $f(x)$ 的右极限是 $\lim\limits_{x\to 0^+}f(x)=\lim\limits_{x\to 0^+}2x^2=0$,左极限=右极限,故有 $\lim\limits_{x\to 0}f(x)=0$.

3.函数极限的性质

类似于数列极限的性质,函数极限也有一些相应的性质.下面仅以 $x\to x_0$ 的极限形式给出函数极限性质的一些定理,其他形式的极限性质,只要相应地做一些修改即可得出.

定理 3.8 (**唯一性**)若 $\lim\limits_{x\to x_0}f(x)$ 存在,则其极限必唯一.

定理 3.9 (**局部有界性**)若 $\lim\limits_{x\to x_0}f(x)=A$,则存在常数 $M>0$ 和 $\delta>0$,使得当 $0<|x-x_0|<\delta$ 时,有 $|f(x)|\leqslant M$.

定理 3.10 (**局部保号性**)若 $\lim\limits_{x\to x_0}f(x)=A$,且 $A>0$(或 $A<0$),则存在常数 $\delta>0$,使得当 $0<|x-x_0|<\delta$ 时,有 $f(x)>0$(或 $f(x)<0$).

推论 3.2 若 $\lim\limits_{x\to x_0}f(x)=A$,且在 x_0 的某去心邻域内 $f(x)\geqslant 0$(或 $f(x)\leqslant 0$),则 $A\geqslant 0$(或 $A\leqslant 0$).

* **定理 3.11** (**函数极限与数列极限的关系**)若 $\lim\limits_{x\to x_0}f(x)$ 存在,$\{x_n\}$ 为函数 $f(x)$ 定义域内任一收敛于 x_0 的数列,且满足:$x_n\neq x_0(n\in \mathbf{Z}^+)$,则相应的函数值数列 $\{f(x_n)\}$ 必收敛,且 $\lim\limits_{n\to\infty}f(x_n)=\lim\limits_{x\to x_0}f(x)$.

习题 3-1

1.写出下列数列的通项：

(1)$\dfrac{1}{3},\dfrac{3}{5},\dfrac{5}{7},\dfrac{7}{9},\cdots$；   (2)$2,\dfrac{3}{2},\dfrac{4}{3},\dfrac{5}{4},\cdots$；

(3)$1,4,9,16,\cdots$；   (4)$\dfrac{2}{1},-\dfrac{3}{2},\dfrac{4}{3},-\dfrac{5}{4},\dfrac{6}{5},\cdots$

2.下列各题中,哪些数列收敛,哪些数列发散？若数列收敛,写出它们的极限：

(1)$x_n=\dfrac{1}{4^n}$；   (2)$x_n=\dfrac{1}{3n-1}$；   (3)$x_n=5+\dfrac{1}{n^2}$；

(4)$x_n=(-1)^n n$；   (5)$x_n=\dfrac{2n-1}{4n+1}$；   (6)$x_n=(-1)^n\dfrac{1}{n}$；

(7)$x_n=\dfrac{3^n+1}{2^n}$；   (8)$x_n=(-1)^n\left(\dfrac{99}{100}\right)^n$.

3.观察下列函数的变化趋势,并给出极限：

(1)$\displaystyle\lim_{x\to\infty}\dfrac{3x+1}{4x+1}$；   (2)$\displaystyle\lim_{x\to+\infty}\dfrac{\sin x}{\sqrt{x}}$；   (3)$\displaystyle\lim_{x\to1}\dfrac{x^2-1}{x^2-x}$.

4.当 $x\to1$ 时,$y=2x-1\to1$.问 δ 等于多少,使得当 $|x-1|<\delta$ 时,有 $|y-1|<0.0001$.

5.下列极限不存在,请说明原因：

(1)$\displaystyle\lim_{x\to0}\dfrac{|x|}{x}$；   (2)$\displaystyle\lim_{x\to\infty}\arctan x$；   (3)$\displaystyle\lim_{x\to0}e^{\frac{1}{x}}$；   (4)$\displaystyle\lim_{x\to\infty}\cos x$.

3.2　无穷大量与无穷小量

3.2.1　无穷小量及其运算性质

1.无穷小量

定义 3.8　若 $\displaystyle\lim_{x\to x_0}f(x)=0$,则称函数 $f(x)$ 为当 $x\to x_0$ 时的无穷小量,简称无穷小.

将 $x\to x_0$ 换成 $x\to x_0^+,x\to x_0^-,x\to+\infty,x\to-\infty,x\to\infty$ 可定义不同变化过程中的无穷小.
例如：

(1)因 $\displaystyle\lim_{x\to0}\sin x=0$,所以函数 $\sin x$ 为当 $x\to0$ 时的无穷小；

(2)因 $\displaystyle\lim_{x\to\infty}\sin\dfrac{1}{x}=0$,所以函数 $\sin\dfrac{1}{x}$ 为当 $x\to\infty$ 时的无穷小；

(3)因 $\displaystyle\lim_{n\to\infty}\dfrac{(-1)^n}{n^2}=0$,所以数列 $\left\{\dfrac{(-1)^n}{n^2}\right\}$ 为当 $n\to\infty$ 时的无穷小.

注:根据定义 3.8,无穷小本质上是某个变化过程中的变量(函数)；无穷小不能和很小的数混淆,但零是作为无穷小的唯一常数.

当我们有了无穷小概念以后，函数极限存在的充要条件又可化为无穷小的描述.

定理 3.12　$\lim\limits_{\substack{x \to x_0 \\ x \to \infty}} f(x) = A$ 的充要条件是 $f(x) - A = \alpha(x)$，其中 $\lim\limits_{\substack{x \to x_0 \\ x \to \infty}} \alpha(x) = 0$.

证明　**必要性**　设 $\lim\limits_{x \to x_0} f(x) = A$，则对任意的 $\varepsilon > 0$，存在 $\delta > 0$，使得当 $0 < |x - x_0| < \delta$ 时，有

$$|f(x) - A| < \varepsilon$$

则 $|\alpha(x)| = |f(x) - A| < \varepsilon$，即 $\lim\limits_{x \to x_0} \alpha(x) = 0$.

充分性　设 $f(x) - A = \alpha(x)$，又 $\lim\limits_{x \to x_0} \alpha(x) = 0$，则对任意的 $\varepsilon > 0$，存在 $\delta > 0$，使得当 $0 < |x - x_0| < \delta$ 时，有

$$|\alpha(x)| = |f(x) - A| < \varepsilon$$

故 $\lim\limits_{x \to x_0} f(x) = A$. 类似可证 $x \to \infty$ 的情形.

这一定理将函数的极限运算问题转化为常数与无穷小的代数运算问题.

2. 无穷小量的运算性质

由无穷小的定义可推得如下的性质定理.

定理 3.13　有限个无穷小之和仍为无穷小.

注：无穷个无穷小之和未必是无穷小.

例如，当 $n \to \infty$ 时，$\dfrac{1}{n}$ 是无穷小，但

$$\lim_{n \to \infty} \left(\overbrace{\frac{1}{n} + \frac{1}{n} + \cdots + \frac{1}{n}}^{n\text{个}} \right) = 1$$

即当 $n \to \infty$ 时，$\overbrace{\dfrac{1}{n} + \dfrac{1}{n} + \cdots + \dfrac{1}{n}}^{n\text{个}}$ 不是无穷小.

定理 3.14　有界函数与无穷小的乘积是无穷小.

推论 3.3　常数与无穷小的乘积是无穷小.

推论 3.4　有限个无穷小的乘积是无穷小.

例 3.2.1　求 $\lim\limits_{x \to \infty} \dfrac{\sin x}{x}$.

解　因为 $\lim\limits_{x \to \infty} \dfrac{\sin x}{x} = \lim\limits_{x \to \infty} \dfrac{1}{x} \cdot \sin x$.

当 $x \to \infty$ 时，$\dfrac{1}{x}$ 是无穷小，$\sin x$ 是有界函数，故 $\lim\limits_{x \to \infty} \dfrac{\sin x}{x} = 0$.

例 3.2.2　求 $\lim\limits_{x \to 0^+} x \arctan \dfrac{1}{x}$.

解　当 $x \to 0^+$ 时，x 是无穷小，$\arctan \dfrac{1}{x}$ 是有界函数，故 $\lim\limits_{x \to 0^+} x \arctan \dfrac{1}{x} = 0$.

3.2.2　无穷大量

在自变量的某一变化过程中,如果对应的函数值的绝对值 $|f(x)|$ 无限增大,则称 $f(x)$ 为该过程中的**无穷大量**,简称**无穷大**.

定义 3.9　设 $f(x)$ 在 x_0 的某一去心邻域内(或 $|x|$ 大于某一正数)有定义.如果对于任意给定的正数 M(不论它多么大),总存在一个正数 δ(或正数 X),当 $0<|x-x_0|<\delta$(或 $|x|>X$)时,所对应的函数值 $f(x)$ 都满足不等式

$$|f(x)|>M$$

则称 $f(x)$ 为当 $x\to x_0$(或 $x\to\infty$)时的无穷大.

按极限定义来说,当 $x\to x_0$(或 $x\to\infty$)时为无穷大的函数 $f(x)$,其极限是不存在的,但为了便于叙述函数的这一性态,常说函数的极限是无穷大,并记为

$$\lim_{x\to x_0}f(x)=\infty(或\lim_{x\to\infty}f(x)=\infty)$$

在定义 3.9 中,将 $|f(x)|>M$ 改为 $f(x)>M$(或 $f(x)<-M$),记为

$$\lim_{\substack{x\to x_0\\x\to\infty}}f(x)=+\infty(或\lim_{\substack{x\to x_0\\x\to\infty}}f(x)=-\infty)$$

并称 $f(x)$ 为当 $x\to x_0$(或 $x\to\infty$)时是**正无穷大**(或**负无穷大**).

注:根据定义,无穷大本质上是某个变化过程中的变量(函数);无穷大不能和很大的数混淆.

3.2.3　无穷小量与无穷大量的关系

定理 3.15　在自变量的同一变化过程中,如果 $f(x)$ 为无穷大,则 $\dfrac{1}{f(x)}$ 为无穷小;如果 $f(x)$ 为无穷小,且 $f(x)\neq 0$,则 $\dfrac{1}{f(x)}$ 为无穷大.

证明　设 $\lim\limits_{x\to x_0}f(x)=\infty$,$\forall\varepsilon>0,M=\dfrac{1}{\varepsilon}$,存在 $\delta>0$,当 $0<|x-x_0|<\delta$ 时,有

$$|f(x)|>M=\frac{1}{\varepsilon}$$

从而

$$\left|\frac{1}{f(x)}\right|<\varepsilon$$

故 $\dfrac{1}{f(x)}$ 为 $x\to x_0$ 时的无穷小.

反之,设 $\lim\limits_{x\to x_0}f(x)=0$,且 $f(x)\neq 0$.

对 $\forall M>0,\varepsilon=\dfrac{1}{M}$,存在 $\delta>0$,当 $0<|x-x_0|<\delta$ 时,有

$$|f(x)|<\varepsilon=\frac{1}{M}$$

由于当 $0<|x-x_0|<\delta$ 时 $f(x)\neq 0$,从而

$$\left|\frac{1}{f(x)}\right| > M$$

故 $\dfrac{1}{f(x)}$ 为 $x \to x_0$ 时的无穷大.

类似地可证当 $x \to \infty$ 时的情形.

例 3.2.3　求 $\lim\limits_{x \to 1}\left(\dfrac{1}{x-1} - \dfrac{3}{x^3-1}\right)$.

分析：当 $x \to 1$ 时,上式中的两项均为无穷大量,故不能直接运用极限运算法则.一般方法是先通分,再取极限.

解　$\lim\limits_{x \to 1}\left(\dfrac{1}{x-1} - \dfrac{3}{x^3-1}\right) = \lim\limits_{x \to 1}\dfrac{x^2+x-2}{x^3-1} = \lim\limits_{x \to 1}\dfrac{(x-1)(x+2)}{(x-1)(x^2+x+1)} = \lim\limits_{x \to 1}\dfrac{x+2}{x^2+x+1} = 1$

注意：两个无穷大量之差的极限不一定为无穷大,也不一定为零,解题时要多加注意.

习题 $3-2$

1.判断:

(1)很小的数是无穷小.（　　）

(2)零是无穷小.（　　）

(3)两个无穷小的商是无穷小.（　　）

(4)两个无穷大的和是无穷大.（　　）

(5)$\dfrac{1}{x}$ 是无穷大量.（　　）

2.讨论 x 在何种变化趋势中函数为无穷小或是无穷大:

(1)$y = \dfrac{1}{x-1}$；　(2)$y = \sqrt{x}$；　(3)$y = \left(\dfrac{1}{3}\right)^x$；　(4)$y = \ln x$.

3.求下列极限并说明理由:

(1)$\lim\limits_{x \to \infty}\dfrac{1+\sin x}{x^2}$；　(2)$\lim\limits_{x \to +\infty}\dfrac{\arctan x}{x}$；　(3)$\lim\limits_{x \to 0}\dfrac{x+1}{x^2}$.

4.函数 $y = x^2\cos x$ 在 $(-\infty, +\infty)$ 内是否有界? 当 $x \to +\infty$ 时,该函数是否为无穷大?

3.3　极限运算

本节讨论求极限的方法,主要建立极限的四则运算法则和复合函数的极限运算法则以及无穷小的等价替换.在下面的讨论中,记号"lim"没有标明自变量的变化过程,是指对 $x \to x_0$ 和 $x \to \infty$ 以及单侧极限都成立.下面以 $x \to x_0$ 的情形进行论证.

3.3.1　极限的运算法则

为了便于利用极限的运算法则计算函数的极限,先给出本章 3.4 节中的一个结论:若 $f(x)$ 是初等函数,x_0 是函数 $f(x)$ 定义区间内的点,则 $\lim\limits_{x \to x_0} f(x) = f(x_0)$.

定理 3.16　设 $\lim f(x) = A$, $\lim g(x) = B$, 则

(1) $\lim[f(x) \pm g(x)] = \lim f(x) \pm \lim g(x) = A \pm B$;

(2) $\lim[f(x) \cdot g(x)] = \lim f(x) \cdot \lim g(x) = A \cdot B$;

(3) $\lim \dfrac{f(x)}{g(x)} = \dfrac{\lim f(x)}{\lim g(x)} = \dfrac{A}{B}(B \neq 0)$.

证明　因为 $\lim f(x) = A$, $\lim g(x) = B$, 所以

$$f(x) - A = \alpha, \quad g(x) - B = \beta(\alpha \to 0, \beta \to 0)$$

(1) 由无穷小的运算性质, 得

$$[f(x) \pm g(x)] - (A \pm B) = \alpha \pm \beta \to 0$$

即　　　　　　$$\lim[f(x) \pm g(x)] = \lim f(x) \pm \lim g(x) = A \pm B$$

(2) 由无穷小的运算性质, 得

$$f(x) \cdot g(x) - A \cdot B = (A + \alpha)(B + \beta) - AB = (A\beta + B\alpha) + \alpha\beta \to 0$$

即　　　　　　$$\lim[f(x) \cdot g(x)] = \lim f(x) \cdot \lim g(x) = A \cdot B$$

关于(3)的证明, 留给读者.

注　定理 3.16 中的(1)和(2)可推广到有限个函数的情形.

推论 3.5　设 $\lim f(x) = A$, C 为常数, 则 $\lim Cf(x) = C\lim f(x) = CA$.

推论 3.6　设 $\lim f(x) = A$, n 为正整数, 则 $\lim[f(x)]^n = [\lim f(x)]^n = A^n$.

例 3.3.1　求 $\lim\limits_{x \to 1}(x^3 + 4x - 2)$.

解　$\lim\limits_{x \to 1}(x^3 + 4x - 2) = \lim\limits_{x \to 1}(x^3) + \lim\limits_{x \to 1}(4x) - \lim\limits_{x \to 1}2$

$$= \lim\limits_{x \to 1}x^3 + 4\lim\limits_{x \to 1}x - 2 = 1^3 + 4 \times 1 - 2 = 3$$

例 3.3.2　求 $\lim\limits_{x \to 2}\dfrac{x^3 + 1}{2x^2 - 2}$.

解　因为 $\lim\limits_{x \to 2}(2x^2 - 2) = 2 \times (2)^2 - 2 = 6 \neq 0$, 所以由商的极限运算法则可知

$$\lim\limits_{x \to 2}\frac{x^3 + 1}{2x^2 - 2} = \frac{\lim\limits_{x \to 2}(x^3 + 1)}{\lim\limits_{x \to 2}(2x^2 - 2)} = \frac{(2)^3 + 1}{2 \times (2)^2 - 2} = \frac{9}{6} = \frac{3}{2}$$

例 3.3.3　求 $\lim\limits_{x \to 3}\dfrac{x^2 - 2x + 2}{x^2 - 9}$.

解　因为 $\lim\limits_{x \to 3}(x^2 - 9) = 3^2 - 9 = 0$, 所以不能用商的极限运算法则. 又因为 $\lim\limits_{x \to 3}(x^2 - 2x + 2) = 3^2 - 2 \times 3 + 2 = 5 \neq 0$, 所以

$$\lim\limits_{x \to 3}\frac{x^2 - 9}{x^2 - 2x + 2} = \frac{\lim\limits_{x \to 3}(x^2 - 9)}{\lim\limits_{x \to 3}(x^2 - 2x + 2)} = \frac{0}{5} = 0$$

由无穷小与无穷大的关系可知, $\lim\limits_{x \to 3}\dfrac{x^2 - 2x + 2}{x^2 - 9} = \infty$.

例 3.3.4　求 $\lim\limits_{x \to 1}\dfrac{x^2 - 1}{x^2 + 2x - 3}$.

解　当 $x \to 1$ 时, 分子和分母的极限都是零. 这时首先约去无穷小因子 $(x - 1)$, 然后再求极限.

$$\lim_{x\to 1}\frac{x^2-1}{x^2+2x-3}=\lim_{x\to 1}\frac{(x+1)(x-1)}{(x+3)(x-1)}=\lim_{x\to 1}\frac{x+1}{x+3}=\frac{1}{2}$$

例 3.3.5 求 $\lim\limits_{x\to\infty}\dfrac{7x^4+x^3+1}{2x^4-x^3-5}$.

解 当 $x\to\infty$ 时,分子、分母的极限都为无穷大,因而不能用商的极限运算法则.为此用 x^4 去除分子、分母,得

$$\lim_{x\to\infty}\frac{7x^4+x^3+1}{2x^4-x^3-5}=\lim_{x\to\infty}\frac{7+\dfrac{1}{x}+\dfrac{1}{x^4}}{2-\dfrac{1}{x}-\dfrac{5}{x^4}}=\frac{7}{2}$$

例 3.3.6 求 $\lim\limits_{x\to\infty}\dfrac{x^2+2x-1}{3x^3-5}$.

解 与例 3.3.5 类似,先用 x^3 去除分子、分母,得

$$\lim_{x\to\infty}\frac{x^2+2x-1}{3x^3-5}=\lim_{x\to\infty}\frac{\dfrac{1}{x}+\dfrac{2}{x^2}-\dfrac{1}{x^3}}{3-\dfrac{5}{x^3}}=\frac{0}{3}=0$$

例 3.3.7 求 $\lim\limits_{x\to\infty}\dfrac{3x^3-5}{x^2+2x-1}$.

解 应用例 3.3.6 的结果,再根据无穷小与无穷大的关系,得

$$\lim_{x\to\infty}\frac{3x^3-5}{x^2+2x-1}=\infty$$

例 3.3.5、3.3.6、3.3.7 是下列一般情形的特例.一般地,当 $a_0\neq 0,b_0\neq 0$,且 m,n 为非负正数时,有

$$\lim_{x\to\infty}\frac{a_0x^n+a_1x^{n-1}+\cdots+a_n}{b_0x^m+b_1x^{m-1}+\cdots+b_m}=\begin{cases}\dfrac{a_0}{b_0}, & m=n\\[2mm] 0, & m>n\\[2mm] \infty, & m<n\end{cases}$$

例 3.3.8 求 $\lim\limits_{n\to\infty}\left(\dfrac{1}{n^2}+\dfrac{2}{n^2}+\cdots+\dfrac{n}{n^2}\right)$.

解 当 $n\to\infty$ 时,上式是无限多个无穷小之和,利用数列的求和公式:

$$\lim_{n\to\infty}\left(\frac{1}{n^2}+\frac{2}{n^2}+\cdots+\frac{n}{n^2}\right)=\lim_{n\to\infty}\frac{1}{n^2}(1+2+\cdots+n)$$

$$=\lim_{n\to\infty}\frac{1}{n^2}\frac{n(n+1)}{2}=\frac{1}{2}\lim_{n\to\infty}\frac{n^2+n}{n^2}=\frac{1}{2}$$

定理 3.17 (复合函数的极限运算法则)设函数 $y=f(g(x))$ 是由函数 $y=f(u)$ 与函数 $u=g(x)$ 复合而成,$f(g(x))$ 在点 x_0 的某去心邻域内有定义,若

$$\lim_{x\to x_0}g(x)=u_0, \quad \lim_{u\to u_0}f(u)=A$$

且存在 $\delta_0>0$,当 $x\in\dot{U}(x_0,\delta_0)$ 时,$g(x)\neq u_0$,则

$$\lim_{x \to x_0} f(g(x)) = \lim_{u \to u_0} f(u) = A$$

将定理 3.17 中的 $x \to x_0$ 换成 $x \to \infty$,可得类似定理.

定理 3.17 表明,若函数 $f(u)$ 和 $g(x)$ 满足定理的条件,则作代换 $u = g(x)$,可把求 $\lim\limits_{x \to x_0} f(g(x))$ 化为求 $\lim\limits_{u \to u_0} f(u)$,其中 $u_0 = \lim\limits_{x \to x_0} g(x)$.

例 3.3.9　求 $\lim\limits_{x \to 0^-} e^{\frac{1}{x}}$.

解　令 $u = \dfrac{1}{x}$,当 $x \to 0^-$ 时,$u \to -\infty$,所以

$$\lim_{x \to 0^-} e^{\frac{1}{x}} = \lim_{u \to -\infty} e^u = 0$$

准则 I　如果数列 $\{x_n\}$、$\{y_n\}$ 和 $\{z_n\}$ 满足下列条件:

(1) $y_n \leqslant x_n \leqslant z_n (n = 1, 2, 3, \cdots)$;

(2) $\lim\limits_{n \to \infty} y_n = \lim\limits_{n \to \infty} z_n = A$.

则 $\lim\limits_{n \to \infty} x_n = A$.

数列极限存在的准则可以推广到函数的极限.

准则 I′　如果

(1) 当 $x_0 \in \overset{\circ}{U}(x_0, \delta)$(或 $|x| > M$)时,有 $g(x) \leqslant f(x) \leqslant h(x)$;

(2) $\lim\limits_{\substack{x \to x_0 \\ (x \to \infty)}} g(x) = A$,$\lim\limits_{\substack{x \to x_0 \\ (x \to \infty)}} h(x) = A$.

则 $\lim\limits_{\substack{x \to x_0 \\ (x \to \infty)}} f(x) = A$.

准则 I 和准则 I′ 称为**夹逼准则**.

例 3.3.10　求 $\lim\limits_{n \to \infty} \sqrt{1 + \dfrac{1}{n}}$.

解　设 $x_n = \sqrt{1 + \dfrac{1}{n}}$,则

$$1 < x_n = \sqrt{1 + \frac{1}{n}} < 1 + \frac{1}{n}$$

又因为 $\lim\limits_{n \to \infty} 1 = \lim\limits_{n \to \infty} \left(1 + \dfrac{1}{n}\right) = 1$,故 $\lim\limits_{n \to \infty} x_n = 1$. 即 $\lim\limits_{n \to \infty} \sqrt{1 + \dfrac{1}{n}} = 1$.

例 3.3.11　求 $\lim\limits_{x \to 0} \cos x$.

解　因为

$$0 \leqslant 1 - \cos x = 2 \sin^2 \frac{x}{2} \leqslant 2 \times \left(\frac{x}{2}\right)^2 = \frac{x^2}{2}$$

由准则 I′ 可知,$\lim\limits_{x \to 0} (1 - \cos x) = 0$,即 $\lim\limits_{x \to 0} \cos x = 1$.

3.3.2　两个重要极限

下面讨论两个重要极限:$\lim\limits_{x \to 0} \dfrac{\sin x}{x} = 1$,$\lim\limits_{x \to \infty} \left(1 + \dfrac{1}{x}\right)^x = e$.

$1.\lim\limits_{x \to 0} \dfrac{\sin x}{x} = 1$

证明 因为 $\dfrac{\sin x}{x}$ 是偶函数,故只需证明 $x \to 0^+$ 的情况.

作单位圆(图 3-3),设圆心角 $\angle AOB = x\left(0 < x < \dfrac{\pi}{2}\right)$,点

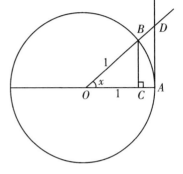

图 3-3

A 处的切线与 OB 的延长线交于 D,且 $OA \perp BC$,则

$$BC = \sin x, \quad AD = \tan x$$

由于 $\triangle AOB$ 的面积 $<$ 扇形 AOB 的面积 $< \triangle AOD$ 的面积,所以

$$\frac{1}{2}\sin x < \frac{1}{2}x < \frac{1}{2}\tan x$$

即 $\sin x < x < \tan x$.

因为 $\sin x > 0$,故同除以 $\sin x$ 得

$$1 < \frac{x}{\sin x} < \frac{\tan x}{\sin x} \text{ 或 } \cos x < \frac{\sin x}{x} < 1$$

因为 $\lim\limits_{x \to 0}\cos x = 1$,所以由准则 I$'$ 得 $\lim\limits_{x \to 0}\dfrac{\sin x}{x} = 1$.

注:"$\lim\limits_{x \to 0}\dfrac{\sin x}{x} = 1$" 可以推广为 "$\lim\limits_{\square \to 0}\dfrac{\sin \square}{\square} = 1$".其中 □ 可以是一个变量,也可以是一个表达式.

例 3.3.12 求 $\lim\limits_{x \to 0}\dfrac{\tan x}{x}$.

解 $\lim\limits_{x \to 0}\dfrac{\tan x}{x} = \lim\limits_{x \to 0}\left(\dfrac{\sin x}{x} \cdot \dfrac{1}{\cos x}\right) = \lim\limits_{x \to 0}\dfrac{\sin x}{x} \cdot \dfrac{1}{\lim\limits_{x \to 0}\cos x} = 1$

例 3.3.13 求 $\lim\limits_{x \to 0}\dfrac{\sin 2x}{x}$.

解 $\lim\limits_{x \to 0}\dfrac{\sin 2x}{x} = \lim\limits_{x \to 0}\dfrac{\sin 2x}{2x} \times 2 = 2\lim\limits_{x \to 0}\dfrac{\sin 2x}{2x} = 2$

例 3.3.14 求 $\lim\limits_{x \to 0}\dfrac{\arcsin x}{x}$.

解 令 $t = \arcsin x$,则 $x = \sin t$.当 $x \to 0$ 时,则 $t \to 0$,于是

$$\lim\limits_{x \to 0}\frac{\arcsin x}{x} = \lim\limits_{t \to 0}\frac{t}{\sin t} = 1$$

$2.\lim\limits_{x \to \infty}\left(1 + \dfrac{1}{x}\right)^x = e$

先考察 $\lim\limits_{n \to \infty}\left(1 + \dfrac{1}{n}\right)^n$.

利用二项展开式,可得

$$x_n = \left(1+\frac{1}{n}\right)^n = 1+\frac{n}{1!}\cdot\frac{1}{n}+\frac{n(n-1)}{2!}\cdot\frac{1}{n^2}+\cdots+\frac{n(n-1)\cdots(n-n+1)}{n!}\cdot\frac{1}{n^n}$$

$$= 1+1+\frac{1}{2!}\cdot\left(1-\frac{1}{n}\right)+\cdots+\frac{1}{n!}\left(1-\frac{1}{n}\right)\left(1-\frac{2}{n}\right)\cdots\left(1-\frac{n-1}{n}\right)$$

$$< 1+1+\frac{1}{2!}+\cdots+\frac{1}{n!}$$

$$< 1+1+\frac{1}{2}+\cdots+\frac{1}{2^{n-1}}<3$$

又 $x_n < x_{n+1}$，所以数列 $\{x_n\}$ 单调有界，由单调有界准则可知 $\lim\limits_{n\to\infty}\left(1+\frac{1}{n}\right)^n$ 存在，记为

$$\lim_{n\to\infty}\left(1+\frac{1}{n}\right)^n = e$$

事实上，对于一般的实数 x，仍有 $\lim\limits_{x\to\infty}\left(1+\frac{1}{x}\right)^x = e$，其中 $e=2.718281\cdots$.

令 $t=\frac{1}{x}$，$\lim\limits_{x\to\infty}\left(1+\frac{1}{x}\right)^x = e$ 可转化为 $\lim\limits_{t\to 0}(1+t)^{\frac{1}{t}} = e$.

注：(1)" $\lim\limits_{x\to\infty}\left(1+\frac{1}{x}\right)^x = e$ "可以推广为" $\lim\limits_{\square\to\infty}\left(1+\frac{1}{\square}\right)^{\square} = e$ "，其中 $\square$ 可以是一个变量，也可以是一个表达式.

(2)" $\lim\limits_{x\to 0}(1+x)^{\frac{1}{x}} = e$ "可以推广为" $\lim\limits_{\square\to 0}(1+\square)^{\frac{1}{\square}} = e$ "，其中 $\square$ 可以是一个变量，也可以是一个表达式.

例 3.3.15 求 $\lim\limits_{x\to\infty}\left(1-\frac{1}{x}\right)^x$.

解 $\lim\limits_{x\to\infty}\left[1+\left(-\frac{1}{x}\right)\right]^{-(-x)} = \lim\limits_{x\to\infty}\dfrac{1}{\left[1+\left(\frac{1}{-x}\right)\right]^{-x}} = \dfrac{1}{e}$

例 3.3.16 求 $\lim\limits_{x\to 0}(1-3\sin x)^{\frac{1}{x}}$.

解 $\lim\limits_{x\to 0}(1-3\sin x)^{\frac{1}{x}} = \lim\limits_{x\to 0}\left[(1-3\sin x)^{\frac{1}{-3\sin x}}\cdot\frac{-3\sin x}{x}\right] = \left[\lim\limits_{x\to 0}\left[(1-3\sin x)^{\frac{1}{-3\sin x}}\right]^{\frac{-3\sin x}{x}}\right.$

$$= \left[\lim\limits_{x\to 0}\left[(1-3\sin x)^{\frac{1}{-3\sin x}}\right]^{\lim\limits_{x\to 0}\frac{-3\sin x}{x}} = e^{\lim\limits_{x\to 0}\frac{3\sin x}{-x}} = e^{-3}\right.$$

例 3.3.17 求 $\lim\limits_{x\to\infty}\left(\frac{x}{x-1}\right)^{2x}$.

解 $\lim\limits_{x\to\infty}\left(\frac{x}{x-1}\right)^{2x} = \lim\limits_{x\to\infty}\left[\left(1+\frac{1}{x-1}\right)^x\right]^2 = \lim\limits_{x\to\infty}\left[\left(1+\frac{1}{x-1}\right)^{x-1}\right]^2\left(1+\frac{1}{x-1}\right)^2 = e^2$

3.3.3 无穷小量的比较

根据无穷小的运算性质，两个无穷小的和、差、积仍为无穷小，但两个无穷小的商却会出现各种不同的情况.例如，当 $x\to 0$ 时，x、x^2、$\sin x$、$\tan x$ 都是无穷小，而 $\lim\limits_{x\to 0}\dfrac{x^2}{x}=0$，$\lim\limits_{x\to 0}\dfrac{x}{x^2}=\infty$，

$\lim\limits_{x\to 0}\dfrac{\sin x}{\tan x}=1$. 无穷小之比的极限不同, 也反映了无穷小趋于零的"快慢"程度不同.

定义 3.10　设 α、β 是在自变量 x 的同一变化过程中的无穷小.

(1)若 $\lim\dfrac{\beta}{\alpha}=0$, 则称 β 是比 α 高阶的无穷小, 记为 $\beta=0(\alpha)$, 或称 α 是比 β 低阶的无穷小.

(2)若 $\lim\dfrac{\beta}{\alpha}=c\neq 0$, 则称 β 与 α 是同阶无穷小. 特别当 $c=1$ 时, 称 β 与 α 是等价无穷小, 并记为 $\alpha\sim\beta$.

根据定义 3.10, 当 $x\to 0$ 时, x^2 是比 x 高阶的无穷小, x 是比 x^2 低阶的无穷小, $\sin x$ 与 $\tan x$ 是等价无穷小.

当 $x\to 0$ 时, 有下列常用等价无穷小关系:

$$\sin x\sim x, \quad \tan x\sim x, \quad \arcsin x\sim x, \quad \arctan x\sim x$$

$$1-\cos x\sim\frac{1}{2}x^2, \quad \ln(1+x)\sim x, \quad \mathrm{e}^x-1\sim x, \quad \sqrt[n]{1+x}-1\sim\frac{x}{n}$$

定理 3.18　设 $\alpha\sim\alpha'$, $\beta\sim\beta'$, 且 $\lim\dfrac{\beta'}{\alpha'}$ 存在, 则 $\lim\dfrac{\beta}{\alpha}=\lim\dfrac{\beta'}{\alpha'}$.

证明　$\lim\dfrac{\beta}{\alpha}=\lim\left(\dfrac{\beta}{\beta'}\cdot\dfrac{\beta'}{\alpha'}\cdot\dfrac{\alpha'}{\alpha}\right)=\lim\dfrac{\beta}{\beta'}\lim\dfrac{\beta'}{\alpha'}\lim\dfrac{\alpha'}{\alpha}=\lim\dfrac{\beta'}{\alpha'}$

定理 3.18 说明在求两个无穷小之比极限的过程中, 分子及分母可以用等价无穷小替换, 从而可以使计算简化.

例 3.3.18　求 $\lim\limits_{x\to 0}\dfrac{\sin 2x}{\tan 7x}$.

解　当 $x\to 0$ 时, $\sin 2x\sim 2x$, $\tan 7x\sim 7x$, 所以

$$\lim_{x\to 0}\frac{\sin 2x}{\tan 7x}=\lim_{x\to 0}\frac{2x}{7x}=\frac{2}{7}$$

例 3.3.19　求 $\lim\limits_{x\to 0}\dfrac{1-\cos x}{x^3+2x^2}$.

解　当 $x\to 0$ 时, $1-\cos x\sim\dfrac{1}{2}x^2$, 所以

$$\lim_{x\to 0}\frac{\frac{1}{2}x^2}{x^3+2x^2}=\lim_{x\to 0}\frac{1}{2x+4}=\frac{1}{4}$$

例 3.3.20　求 $\lim\limits_{x\to 0}\dfrac{\sqrt[3]{1+x}-1}{\ln(1+3x)}$.

解　当 $x\to 0$ 时, $\sqrt[3]{1+x}-1\sim\dfrac{x}{3}$, $\ln(1+3x)\sim 3x$, 所以

$$\lim_{x\to 0}\frac{\sqrt[3]{1+x}-1}{\ln(1+3x)}=\lim_{x\to 0}\frac{\frac{x}{3}}{3x}=\frac{1}{9}$$

例 3.3.21 求 $\lim\limits_{x\to 0}\dfrac{\ln(1+\tan x)}{\sin x}$.

解 当 $x\to 0$ 时,$\ln(1+\tan x)\sim \tan x\sim x$,$\sin x\sim x$,所以

$$\lim_{x\to 0}\frac{\ln(1+\tan x)}{\sin x}=\lim_{x\to 0}\frac{\tan x}{x}=\lim_{x\to 0}\frac{x}{x}=1$$

习题 3-3

1.计算下列极限:

$(1)\lim\limits_{x\to 2}\dfrac{x^2}{x-3}$;

$(2)\lim\limits_{x\to\sqrt{2}}\dfrac{x^2-2}{x+1}$;

$(3)\lim\limits_{x\to\infty}\left(1-\dfrac{1}{x+5}\right)$;

$(4)\lim\limits_{x\to 1}\dfrac{x^2+3x-4}{x^2-x}$;

$(5)\lim\limits_{x\to 1}\dfrac{\sqrt{5x-4}-\sqrt{x}}{x-1}$;

$(6)\lim\limits_{x\to\infty}\dfrac{x^2-x+2}{1-x^2}$;

$(7)\lim\limits_{x\to 0}\dfrac{4x^3-2x^2+x}{3x^2+2x}$;

$(8)\lim\limits_{x\to\infty}\left(2+\dfrac{2}{x^3}-\dfrac{1}{x}\right)$;

$(9)\lim\limits_{h\to 0}\dfrac{(x+h)^2-x^2}{h}$;

$(10)\lim\limits_{x\to 0^+}e^{-\frac{1}{x}}\sin x$;

$(11)\lim\limits_{x\to 0}\dfrac{\sqrt{1-x}-1}{x}$;

$(12)\lim\limits_{x\to +\infty}(\sqrt{x^2+1}-x)$;

$(13)\lim\limits_{x\to\infty}\sqrt{x}(\sqrt{x+1}-\sqrt{x})$;

$(14)\lim\limits_{x\to -\infty}e^x\arctan x$;

$(15)\lim\limits_{x\to 1}\left(\dfrac{1}{1-x}-\dfrac{3}{1-x^3}\right)$.

2.计算下列极限:

$(1)\lim\limits_{n\to\infty}\left(1+\dfrac{1}{2}+\dfrac{1}{4}+\cdots+\dfrac{1}{2^n}\right)$;

$(2)\lim\limits_{n\to\infty}\dfrac{1+2+\cdots+n}{\sqrt{1+n^4}}$;

$(3)\lim\limits_{n\to\infty}\dfrac{(n^2-1)(n^2+1)(n^3+2)}{3n^7}$;

$(4)\lim\limits_{n\to\infty}\dfrac{1+2^2+\cdots+n^2}{n^3}$.

3.若 $\lim\limits_{x\to 1}\dfrac{x^2+x+k}{x-1}=3$,求 k 的值.

4.若 $\lim\limits_{x\to\infty}\left(\dfrac{x^2+x-1}{x+1}-ax-b\right)=0$,求 a、b 的值.

5.求 $\lim\limits_{n\to\infty}\dfrac{a^n}{1+a^n}$,其中 $a>0$ 为常数.

6.计算下列极限:

$(1)\lim\limits_{x\to 0}\dfrac{\tan 4x}{x}$;

$(2)\lim\limits_{x\to 0}\dfrac{\sin 2x}{\tan 3x}$;

$(3)\lim\limits_{x\to 0}x\cot x$;

$(4)\lim\limits_{x\to 0}\dfrac{\tan 2x-\sin x}{x}$;

$(5)\lim\limits_{x\to a}\dfrac{\sin x-\sin a}{x-a}$;

$(6)\lim\limits_{x\to 0}\dfrac{1-\cos 2x}{x\sin x}$;

$(7)\lim\limits_{x\to \pi}\dfrac{\sin x}{\pi-x}$;

$(8)\lim\limits_{x\to 0}\dfrac{\tan x-\sin x}{x^3}$.

7.计算下列极限:

$(1)\lim\limits_{x\to\infty}(1-2x)^{\frac{1}{\sin x}}$;

$(2)\lim\limits_{x\to\infty}\left(\dfrac{x}{1+x}\right)^x$;

$(3)\lim\limits_{x\to 0}(1-x)^{\frac{k}{x}}$;

$(4)\lim\limits_{x\to\frac{\pi}{2}}(1+\cot x)^{\tan x}$;

$(5)\lim\limits_{x\to 0}(1+3x)^{\frac{1}{x}}$;

$(6)\lim\limits_{x\to\infty}\left(\dfrac{x}{x+1}\right)^{x+2}$.

8.利用极限准则证明：

$(1)\lim\limits_{n\to\infty}\left(\dfrac{1}{n+\dfrac{1}{n}}+\dfrac{1}{n+\dfrac{2}{n}}+\cdots+\dfrac{1}{n+\dfrac{n}{n}}\right)$；

$(2)\lim\limits_{n\to\infty}\left(\dfrac{1}{n^2+\pi}+\dfrac{1}{n^2+2\pi}+\cdots+\dfrac{1}{n^2+n\pi}\right)$.

9.已知 $\lim\limits_{x\to\infty}\left(\dfrac{x+2a}{x-a}\right)^x=8$，求 a 的值.

3.4　一元函数的连续性

3.4.1　连续函数的概念

自然界中有许多现象和事物不仅是运动变化的，而且这种变化往往是连续不断的.如气温的变化、河水的流动都是随着时间而连续地变化，这些现象反映在数学上就是函数的连续性，其特点就是当时间变动很微小时，这些量的变化也很微小.根据这种特点，我们先引入增量的概念，然后描述连续性，并给出函数连续性的定义.

设变量 u 由它的初始值 u_0 变到终值 u_1，终值与初值之差 u_1-u_0 叫做变量 u 在 u_0 处的增量，记作

$$\Delta u=u_1-u_0$$

增量 Δu 可正，可负，也可以为零.

设函数 $y=f(x)$ 在点 x_0 的某个邻域内有定义，当自变量 x 在该邻域内从 x_0 变到 $x_0+\Delta x$ 时，函数值由 $f(x_0)$ 变到 $f(x_0+\Delta x)$，因而函数 $y=f(x)$ 对应的增量为

$$\Delta y=f(x_0+\Delta x)-f(x_0)$$

注：Δu 不是 Δ 与 u 的乘积，而是一个不可分割的整体.

定义 3.11　设函数 $y=f(x)$ 在点 x_0 的某个邻域内有定义，如果当自变量 x 在 x_0 的增量 Δx 趋于零时，对应的函数增量 Δy 趋于零，即

$$\lim\limits_{\Delta x\to 0}\Delta y=0 \quad 或 \quad \lim\limits_{\Delta x\to 0}[f(x_0+\Delta x)-f(x_0)]=0$$

则称函数 $y=f(x)$ 在点 x_0 处连续.

若记 $x=x_0+\Delta x$，则当 $\Delta x\to 0$ 时 $x\to x_0$，有

$$\lim\limits_{x\to x_0}f(x)=\lim\limits_{\Delta x\to 0}[\Delta y+f(x_0)]=\lim\limits_{\Delta x\to 0}\Delta y+f(x_0)=f(x_0)$$

因此 $y=f(x)$ 在点 x_0 处连续的定义也可叙述为：

定义 3.12　如果函数 $y=f(x)$ 在点 x_0 的某邻域内有定义，且在点 x_0 处的极限值等于在 x_0 处的函数值 $f(x_0)$，即

$$\lim\limits_{x\to x_0}f(x)=f(x_0)$$

则称 $y=f(x)$ 在点 x_0 处连续.

例 3.4.1 证明函数 $f(x)=\begin{cases} x\cos x, & x\neq 0 \\ 0, & x=0 \end{cases}$ 在点 $x=0$ 处连续.

证明 因为 $\lim\limits_{x\to 0} x\cos x=0=f(0)$,由定义 3.12 可知,函数 $f(x)$ 在点 $x=0$ 处连续.

若 $\lim\limits_{x\to x_0^-} f(x)=f(x_0)$(或 $\lim\limits_{x\to x_0^+} f(x)=f(x_0)$),则称 $y=f(x)$ 在点 x_0 处**左连续**(或**右连续**).

根据左、右连续不难得出如下定理.

定理 3.19 函数 $f(x)$ 在点 x_0 处连续的充要条件是函数 $f(x)$ 在点 x_0 处左、右连续.

例 3.4.2 已知函数 $f(x)=\begin{cases} x^2-1, & x<0 \\ x-b, & x\geqslant 0 \end{cases}$ 在点 $x=0$ 处连续,求 b 的值.

解 $\lim\limits_{x\to 0^-} f(x)=\lim\limits_{x\to 0^-}(x^2-1)=-1,\lim\limits_{x\to 0^+} f(x)=\lim\limits_{x\to 0^+}(x-b)=-b$

因为 $f(x)$ 在点 $x=0$ 处连续,所以 $\lim\limits_{x\to 0^-} f(x)=\lim\limits_{x\to 0^+} f(x)$,从而得 $b=1$.

3.4.2 连续函数的基本性质及初等函数的连续性

在区间内每一点处都连续的函数,称为区间内的**连续函数**,并称该区间为函数的**连续区间**.

如果函数在开区间 (a,b) 内连续,并且在左端点 $x=a$ 处右连续,在右端点 $x=b$ 处左连续,则称函数 $f(x)$ **在闭区间 $[a,b]$ 上连续**.

从几何图形上看,一元连续函数在坐标平面上的图像是一条连绵不断的曲线.

例 3.4.3 证明函数 $y=\sin x$ 在 $(-\infty,+\infty)$ 内连续.

证明 任取 $x_0\in(-\infty,+\infty)$,当 x 在 x_0 处有增量 Δx 时,相应的函数增量为

$$\Delta y=\sin(x_0+\Delta x)-\sin x_0=2\sin\frac{\Delta x}{2}\cos\left(x_0+\frac{\Delta x}{2}\right)$$

由 $\left|\cos\left(x_0+\dfrac{\Delta x}{2}\right)\right|\leqslant 1$,得

$$|\Delta y|\leqslant\left|2\sin\frac{\Delta x}{2}\right|<|\Delta x|$$

当 $\Delta x\to 0$ 时,$\Delta y\to 0$,所以函数 $y=\sin x$ 在点 x_0 处连续,由于 $x_0\in(-\infty,+\infty)$ 是任意取的,因此函数 $y=\sin x$ 在 $(-\infty,+\infty)$ 内连续.

同理可证:$y=\cos x$ 在 $(-\infty,+\infty)$ 内连续.

利用函数在某点处连续的定义,采用与函数极限的四则运算法则和复合函数的极限法则,可得连续函数的和、差、积、商的连续性.

定理 3.20 设函数 $f(x)$、$g(x)$ 在点 $x=x_0$ 处连续,则函数 $f(x)\pm g(x)$、$f(x)\cdot g(x)$、$\dfrac{f(x)}{g(x)}(g(x_0)\neq 0)$ 也在 $x=x_0$ 处连续.

例如 $\tan x=\dfrac{\sin x}{\cos x},\cot x=\dfrac{\cos x}{\sin x}$,因为 $\sin x$ 与 $\cos x$ 在 $(-\infty,+\infty)$ 内连续,故 $\tan x$、$\cot x$ 在其定义域内连续.

定理 3.21　若函数 $y=f(x)$ 在区间 I 上严格单调且连续,则其反函数 $y=f^{-1}(x)$ 在区间 I 上也严格单调且连续.

例 3.4.4　由于 $y=\sin x$ 在 $\left[-\dfrac{\pi}{2},\dfrac{\pi}{2}\right]$ 上严格单调且连续,故其反函数 $y=\arcsin x$ 在区间 $[-1,1]$ 上也严格单调且连续.

同理可证其他反三角函数也在相应的定义区间连续.

定理 3.21　若函数 $u=g(x)$ 在点 x_0 处连续,$y=f(u)$ 在点 u_0 处连续,且 $u_0=g(x_0)$,则复合函数 $y=f(g(x))$ 在点 x_0 处连续.即

$$\lim_{x\to x_0}f(g(x))=f(\lim_{x\to x_0}g(x))$$

定理 3.21 表明,若函数 $f(u)$、$g(x)$ 满足定理的条件,极限符号与函数符号可以交换顺序.

例 3.4.5　求 $\lim\limits_{x\to 0^+}\dfrac{\log_2(1+x)}{x}$.

解　$\lim\limits_{x\to 0^+}\dfrac{\log_2(1+x)}{x}=\lim\limits_{x\to 0^+}\log_2(1+x)^{\frac{1}{x}}=\log_2\lim\limits_{x\to 0^+}(1+x)^{\frac{1}{x}}=\log_2 e$

前面已指出三角函数和反三角函数在各自的定义域内连续,同样可证指数函数在定义域内连续,因而它的反函数,对数函数也在定义域内连续.

对于幂函数,由于 $y=x^a=e^{a\ln x}\ (x>0)$,应用定理 3.21 和指数函数、对数函数的连续性知,幂函数在定义域内连续.

这样就得到全体基本初等函数在各自的定义域内连续.

由于初等函数是由基本初等函数经过有限次四则运算和复合运算所得,因此**一切初等函数在其定义区间内连续**.

根据这一结论和函数在某一点处连续的定义,求初等函数在定义区域内某处的极限,只需求该点处的函数值即可.

例 3.4.6　求 $\lim\limits_{x\to 1}\dfrac{e^x}{x+1}$.

解　因为 $\dfrac{e^x}{x+1}$ 是初等函数,且 $x=1$ 在其定义区间内,所以

$$\lim_{x\to 1}\frac{e^x}{x+1}=\frac{e^1}{1+1}=\frac{e}{2}$$

3.4.3　函数的间断点及其分类

如果函数 $f(x)$ 在点 x_0 处不连续,则称函数 $f(x)$ 在 x_0 处**间断**,称点 x_0 为 $f(x)$ 的**间断点**.

由函数在某点连续的定义可知,如果函数 $f(x)$ 在点 x_0 处有下列三种情形之一,则点 x_0 为函数 $f(x)$ 的间断点.

(1) $f(x)$ 在点 x_0 处没有定义;

(2) $f(x)$ 虽在点 x_0 处有定义,但 $\lim\limits_{x\to x_0}f(x)$ 不存在;

(3) $f(x)$ 虽在点 x_0 处有定义,且 $\lim\limits_{x\to x_0}f(x)$ 存在,但 $\lim\limits_{x\to x_0}f(x)\neq f(x_0)$.

函数的间断点可分为下面的两类:

1.第一类间断点

设点 x_0 为 $f(x)$ 的间断点,且 $\lim\limits_{x\to x_0^-}f(x)$,$\lim\limits_{x\to x_0^+}f(x)$ 都存在,则称点 x_0 为 $f(x)$ 的第一类间断点.第一类间断点又可分为以下两种:

(1)当 $\lim\limits_{x\to x_0^-}f(x)=\lim\limits_{x\to x_0^+}f(x)\neq f(x_0)$ 时,称点 x_0 为 $f(x)$ 的**可去间断点**;

(2)当 $\lim\limits_{x\to x_0^-}f(x)\neq\lim\limits_{x\to x_0^+}f(x)$ 时,称点 x_0 为 $f(x)$ 的**跳跃间断点**.

例 3.4.7 讨论函数 $f(x)=\dfrac{x^2-4}{x-2}$ 在 $x=2$ 处的连续性.

解 因为 $f(x)$ 在 $x=2$ 无定义,所以 $x=2$ 是 $f(x)$ 的间断点,又

$$\lim_{x\to 2}f(x)=\lim_{x\to 2}\frac{x^2-4}{x-2}=4$$

故 $x=2$ 是函数 $f(x)=\dfrac{x^2-4}{x-2}$ 的可去间断点(图 3-4).

若补充定义 $f(2)=4$,则 $g(x)=\begin{cases}\dfrac{x^2-4}{x-2}, & x\neq 2\\ 4, & x=2\end{cases}$ 在 $x=2$ 处的连续.

例 3.4.8 讨论函数 $f(x)=\begin{cases}x-1, & x>0\\ 0, & x=0\\ x+1, & x<0\end{cases}$ 在 $x=0$ 处的连续性.

解 $\lim\limits_{x\to 0^-}f(x)=-1$,$\lim\limits_{x\to 0^-}(x-1)=-1$,$\lim\limits_{x\to 0^+}f(x)=\lim\limits_{x\to 0^+}(x+1)=1$,$\lim\limits_{x\to 0^-}f(x)\neq\lim\limits_{x\to 0^+}f(x)$ 在点 $x=0$ 处左、右极限不相等,故 $x=0$ 是 $y=f(x)$ 的跳跃间断点(图 3-5).

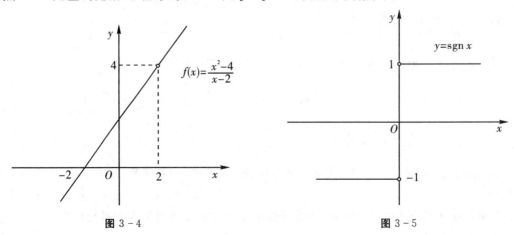

图 3-4　　　　　　　　　图 3-5

2.第二类间断点

设点 x_0 为 $f(x)$ 的间断点,若 $\lim\limits_{x\to x_0^-}f(x)$,$\lim\limits_{x\to x_0^+}f(x)$ 至少有一个不存在,称点 x_0 为 $f(x)$ 的第二类间断点.第二类间断点又可分为**无穷间断点**和**振荡间断点**.

例 3.4.9　讨论函数 $y = \dfrac{1}{x}$ 在 $x = 0$ 处的连续性.

解　因为函数 $y = \dfrac{1}{x}$ 在 $x = 0$ 处无定义,所以 $x = 0$ 是间断点;又 $\lim\limits_{x \to 0} \dfrac{1}{x} = \infty$,故 $x = 0$ 是函数 $y = \dfrac{1}{x}$ 的第二类间断点,属无穷间断点.

例 3.4.10　讨论函数 $y = \sin \dfrac{1}{x}$ 在 $x = 0$ 处的连续性.

解　因为函数 $y = \sin \dfrac{1}{x}$ 在 $x = 0$ 处无定义,所以 $x = 0$ 是间断点;又 $y = \sin \dfrac{1}{x}$ 在 -1 和 1 之间来回振荡,故 $x = 0$ 是函数 $y = \dfrac{1}{x}$ 的第二类间断点,属振荡间断点.

3.4.4　闭区间上连续函数的性质

连续函数在闭区间上有四个重要的性质,下面以定理的形式不加证明的叙述它们.

定义 3.13　设函数 $f(x)$ 在区间 I 上有定义,若存在 $x_0 \in I$,对一切 $x \in I$,都有
$$f(x_0) \geqslant f(x) \, (f(x_0) \leqslant f(x))$$
则称 $f(x)$ 在 I 上有最大(小)值,并称 $f(x_0)$ 为 $f(x)$ 在 I 上的最大(小)值.

例如,函数 $f(x) = 2 - \cos x$ 在 $\left[0, \dfrac{\pi}{2}\right]$ 上有最大值 2 和最小值 1.

定义 3.14　若 $f(x_0) = 0$,则称 x_0 为函数 $f(x)$ 的零点.

定理 3.23　(最大最小值定理)设函数 $f(x)$ 在闭区间 $[a, b]$ 上连续,则 $f(x)$ 在 $[a, b]$ 上必有最大值和最小值.

定理 3.24　(有界性定理)设函数 $f(x)$ 在闭区间 $[a, b]$ 上连续,则 $f(x)$ 在 $[a, b]$ 上必有界.

定理 3.25　(零点定理)设函数 $f(x)$ 在闭区间 $[a, b]$ 上连续,且 $f(a)$ 与 $f(b)$ 异号(即 $f(a) \cdot f(b) < 0$),则至少存在一点 $\xi \in (a, b)$,使得 $f(\xi) = 0$.

定理 3.26　(介值定理)设函数 $f(x)$ 在闭区间 $[a, b]$ 上连续,且在端点取不同的函数值 $f(a) = A$ 和 $f(b) = B$,$A \neq B$,则对于 A, B 间的任一数值 C,在开区间 (a, b) 内至少有一点 ξ,使得 $f(\xi) = C$.

注:在闭区间 $[a, b]$ 上连续的函数 $y = f(x)$ 必能取得介于该区间上的最大值 M 与最小值 m 之间的任何值.

例 3.4.11　试证方程 $x^3 + 3x - 1 = 0$ 在区间 $(0, 1)$ 至少有一个实根.

证　令 $f(x) = x^3 + 3x - 1$,显然 $f(x)$ 在 $[0, 1]$ 上连续,且 $f(0) = -1$,$f(1) = 3$,由零点定理可知,至少存在一点 $\xi \in (0, 1)$,使得 $f(\xi) = 0$,即
$$\xi^3 + 3\xi - 1 = 0$$
所以方程 $x^3 + 3x - 1 = 0$ 在区间 $(0, 1)$ 至少有一个实根 ξ.

习题 3－4

1.考察下列函数的连续性,并画出函数的图形:

$$(1) f(x)=\begin{cases} \dfrac{1}{x}, & x>0 \\ x, & x\leqslant 0 \end{cases}; \quad (2) f(x)=\begin{cases} 2\sqrt{x}, & 0\leqslant x<1 \\ 1, & x=1 \\ 1+x, & x>1 \end{cases}.$$

2.判断下列函数的间断点,并确定其类型,如果是可去间断点,则补充定义,使函数连续:

$$(1) y=\frac{x^2-4}{x^2-x-2}; \quad (2) y=\cos^2\frac{1}{x}; \quad (3) y=\frac{1}{1-\dfrac{1}{\ln x}}; \quad (4) y=\begin{cases} x-1, & x>0 \\ 3x+1, & x\leqslant 0 \end{cases}.$$

3.设函数 $f(x)=\begin{cases} e^x, & x<0 \\ a+x, & x\geqslant 0 \end{cases}$ 在 $x=0$ 处连续,求 a.

4.设函数 $f(x)=\begin{cases} \dfrac{\ln(1+2x)}{x}, & x>0 \\ 2x+k, & x\leqslant 0 \end{cases}$ 在 $(-\infty,+\infty)$ 内连续,求 k.

5.证明方程 $x^3-2x-3=0$ 至少有一根介于 1 与 2 之间.

6.证明方程 $x=a\sin x+b (a>0,b>0)$ 至少有一正根,且它不超过 $a+b$.

3.5 二元函数的极限与连续性

3.5.1 二元函数的极限

下面我们讨论二元函数 $z=f(x,y)$,当 $P(x,y)\to P_0(x_0,y_0)$ 时的极限.

定义 3.15 设二元函数 $z=f(x,y)$ 的定义域为 D,$P_0(x_0,y_0)$ 及其附近有定义(P 点可除外).如果存在常数 A,对任意给定的 $\varepsilon>0$,存在 $\delta>0$,使得当 $P(x,y)\in D\cap\mathring{U}(P_0,\delta)$ 时,有

$$|f(x,y)-A|<\varepsilon$$

则称常数 A 为函数 $f(x,y)$ 当 $(x,y)\to(x_0,y_0)$ 时的极限,记为

$$\lim_{(x,y)\to(x_0,y_0)}f(x,y)=A \text{ 或 } f(x,y)\to A((x,y)\to(x_0,y_0))$$

也可记为

$$\lim_{P\to P_0}f(P)=A \text{ 或 } f(P)\to A(P\to P_0)$$

二元函数的极限有时也称为**二重极限**.

例 3.5.1 证明极限 $\lim\limits_{(x,y)\to(0,0)}\dfrac{xy}{x^2+y^2}$ 不存在.

证明 设动点 $P(x,y)$ 沿直线 $y=kx$ 趋向原点 $(0,0)$,则有

$$\lim_{(x,y)\to(0,0)}\frac{xy}{x^2+y^2}=\lim_{x\to0}\frac{x\cdot kx}{x^2+k^2x^2}=\frac{k}{1+k^2}$$

由此可见,当点 $P(x,y)$ 沿不同直线趋向原点时,函数趋向不同的值,因此该二元函数的极限不存在.

注：$\lim\limits_{(x,y)\to(x_0,y_0)}f(x,y)=A$ 是指点 $P(x,y)$ 按任意方式趋近于 $P_0(x_0,y_0)$ 时,函数 $f(x,y)$ 无限接近于 A.如果 $P(x,y)$ 按某一特殊方式趋近于 $P_0(x_0,y_0)$ 时,$f(x,y)$ 无限接近于 A,此时不能断定函数 $f(x,y)$ 的极限存在.但若 $P(x,y)$ 以不同方式趋近于 $P_0(x_0,y_0)$ 时,$f(x,y)$ 无限接近于不同的值,此时我们断定函数 $f(x,y)$ 的极限不存在.

关于二元函数极限的运算,有与一元函数类似的运算法则.

例 3.5.2　求 $\lim\limits_{(x,y)\to(0,1)}\dfrac{\tan(xy)}{x}$.

解　$\lim\limits_{(x,y)\to(0,1)}\dfrac{\tan(xy)}{x}=\lim\limits_{(x,y)\to(0,1)}\dfrac{\tan(xy)}{xy}\cdot y=\lim\limits_{xy\to0}\dfrac{\tan(xy)}{xy}\cdot\lim\limits_{y\to1}y=1$

例 3.5.3　求 $\lim\limits_{\substack{x\to\infty\\y\to\infty}}\dfrac{x+y}{x^2+y^2}$.

解　因为当 $xy\neq0$ 时,有

$$0\leqslant\left|\frac{x+y}{x^2+y^2}\right|\leqslant\frac{|x|+|y|}{x^2+y^2}\leqslant\frac{|x|+|y|}{2|xy|}=\frac{1}{2|y|}+\frac{1}{2|x|}\to0(x\to\infty,y\to\infty)$$

所以

$$\lim\limits_{\substack{x\to\infty\\y\to\infty}}\frac{x+y}{x^2+y^2}=0$$

例 3.5.4　求 $\lim\limits_{\substack{x\to0\\y\to0}}\dfrac{\sqrt{xy+1}-1}{xy}$.

解　$\lim\limits_{\substack{x\to0\\y\to0}}\dfrac{\sqrt{xy+1}-1}{xy}=\lim\limits_{\substack{x\to0\\y\to0}}\dfrac{(\sqrt{xy+1}-1)(\sqrt{xy+1}+1)}{xy(\sqrt{xy+1}+1)}=\lim\limits_{\substack{x\to0\\y\to0}}\dfrac{xy+1-1}{xy(\sqrt{xy+1}+1)}$

$\qquad=\lim\limits_{\substack{x\to0\\y\to0}}\dfrac{1}{(\sqrt{xy+1}+1)}=\dfrac{1}{2}$

3.5.2　二元函数的连续性

定义 3.16　设二元函数 $z=f(x,y)$ 在点 $P_0(x_0,y_0)$ 及其附近有定义.若 $\lim\limits_{(x,y)\to(x_0,y_0)}f(x,y)=f(x_0,y_0)$,则称函数 $f(x,y)$ 在点 $P_0(x_0,y_0)$ 连续.

若二元函数 $f(x,y)$ 在 D 上有定义,且 $f(x,y)$ 在 D 上的每一点都连续,则称函数 $f(x,y)$ 在 D 上连续.

与一元函数类似,二元连续函数经过四则运算和复合运算后仍为二元连续函数,且二元初等函数在其定义区域内都是连续的.

类似于闭区间上一元连续函数的性质,多元连续函数 $f(P)=f(x_1,x_2,\cdots,x_n)$ 在有界闭区域上有如下的性质定理.

定理 3.27　**(最大最小值定理)** 设多元函数 $f(P)$ 在有界闭区域 D 上连续,则 $f(P)$ 在 D 上必有最大值和最小值.

定理 3.28 (有界性定理)设多元函数 $f(P)$ 在有界闭区域 D 上连续,则 $f(P)$ 在 D 上必有界.

定理 3.29 (介值定理)设多元函数 $f(P)$ 在有界闭区域 D 上连续,M、m 分别是 $f(P)$ 在 D 上的最大值、最小值.若 $m < C < M$,则至少存在一点 $P_0 \in D$,使得 $f(P_0) = C$.

习题 3-5

1.求下列各极限:

(1) $\lim\limits_{(x,y)\to(2,1)} \dfrac{xy+1}{x+y^2}$;

(2) $\lim\limits_{(x,y)\to(0,0)} \dfrac{xy}{\sqrt{xy+9}-3}$;

(3) $\lim\limits_{(x,y)\to(3,0)} \dfrac{\sin xy}{y}$;

(4) $\lim\limits_{(x,y)\to(0,0)} \dfrac{\sin(x^2+y^2)}{\ln(1+x^2+y^2)}$;

(5) $\lim\limits_{(x,y)\to(2,0)} \dfrac{\sqrt{1+xy}-1}{y}$;

(6) $\lim\limits_{(x,y)\to(0,0)} \dfrac{1-\cos(x^2+y^2)}{(x^2+y^2)^2 \cdot e^{xy}}$.

2.证明下列极限不存在:

(1) $\lim\limits_{(x,y)\to(0,0)} \dfrac{x^2-y^2}{x^2+y^2}$;

(2) $\lim\limits_{(x,y)\to(0,0)} \dfrac{xy}{\sqrt{x^2+y^2}}$.

3.讨论函数

$$f(x,y) = \begin{cases} \dfrac{1-\cos xy}{x^2}, & x \neq 0 \\ 0, & x = 0 \end{cases}$$

的连续性.

第 3 章总习题

1.选择题:

(1)数列 $\{x_n\}$ 有界是数列收敛的_____条件.

A.充要   B.充分   C.必要   D.既非充分又非必要

(2)设函数 $f(x)$ 在点 x_0 有定义,是 $f(x)$ 在点 x_0 连续的_____条件.

A.充要   B.充分   C.必要   D.无关

(3)设 $x \to +\infty$ 时,$f(x)$、$g(x)$ 都是无穷大,则当 $x \to +\infty$ 时,下列结论正确的是_____.

A.$\dfrac{f(x)+g(x)}{f(x)g(x)} \to 0$

B.$[f(x)+g(x)] \to +\infty$

C.$[f(x)-g(x)] \to 0$

D.$\dfrac{f(x)}{g(x)} \to 1$

(4)设函数 $f(x) = \dfrac{\sin(x-1)}{x^2-1}$,则_____.

A.$x=-1$ 和 $x=1$ 都是第一类间断点

B.$x=-1$ 和 $x=1$ 都是第二类间断点

C.$x=-1$ 是第一类间断点,$x=1$ 是第二类间断点

D. $x = -1$ 是第二类间断点, $x = 1$ 都是第一类间断点

(5) $\lim\limits_{x \to 1} \dfrac{x^2+1}{x+1} \mathrm{e}^{\frac{1}{x-1}} \lim\limits_{x \to 1} \dfrac{x^2-1}{x+1} \mathrm{e}^{\frac{1}{x-1}}$ 为 _____.

A. 2 　　　　　　　　　B. 0 　　　　　　　　　C. ∞ 　　　　　　　　　D. 不存在但不为 ∞

2. 填空题:

(1) $\lim\limits_{n \to \infty} (\sqrt{n+1} - \sqrt{n}) =$ _____.

(2) 设 $\lim\limits_{x \to 1} \dfrac{x^2+ax-3}{x-1} = 4$, 则 $a =$ _____.

(3) 设 $\lim\limits_{x \to \infty} \dfrac{\sin x + \arctan x}{x-1} =$ _____.

(4) 当 $a =$ _____ 时, 函数 $f(x) = \begin{cases} \dfrac{\sin ax}{x}, & x \neq 0 \\ 2, & x = 0 \end{cases}$ 在 $(-\infty, +\infty)$ 内连续.

(5) 设 $f(x) = \lim\limits_{n \to \infty} \dfrac{(n-1)x}{nx^2+1}$, 则 $f(x)$ 的间断点为 _____.

3. 根据数列极限的定义证明 $\lim\limits_{n \to 1} \dfrac{3n^2+1}{n^2+1} = 3$.

4. 若 $\lim\limits_{n \to \infty} x_n = a$, 证明 $\lim\limits_{n \to \infty} |x_n| = |a|$, 并举例说明反过来未必成立.

5. 若 $\lim\limits_{k \to \infty} x_{2k-1} = a$ 和 $\lim\limits_{k \to \infty} x_{2k} = a$, 证明 $\lim\limits_{n \to \infty} x_n = a$.

6. 计算下列数列极限:

(1) $\lim\limits_{n \to \infty} \left[\left(\dfrac{2}{3}\right)^n + \dfrac{n^2-1}{2n^2+1} \right]$; 　　　　(2) $\lim\limits_{n \to \infty} \left(\dfrac{n-1}{n+1}\right)^n$;

(3) $\lim\limits_{n \to \infty} n \ln\left(1 + \dfrac{2}{n}\right)$; 　　　　　　　(4) $\lim\limits_{n \to \infty} \dfrac{\arctan n^2}{n+2}$.

7. 计算下列函数极限:

(1) $\lim\limits_{x \to \infty} \dfrac{\sin \dfrac{1}{x}}{x}$; 　　　(2) $\lim\limits_{x \to 0} \dfrac{x + \sin 3x}{x + \tan x}$; 　　　(3) $\lim\limits_{x \to 0} \dfrac{\sin x}{\sqrt{x+1}-1}$;

(4) $\lim\limits_{x \to 0} \dfrac{\sin x \left(\sqrt{1+\dfrac{x}{2}} - 1\right)}{\mathrm{e}^{x^2}-1}$; 　　　(5) $\lim\limits_{x \to 0} \dfrac{2x^2+x+1}{x^2+2x+3}$; 　　　(6) $\lim\limits_{x \to \infty} \dfrac{x^2+3x}{x^2+2x+1}$;

(7) $\lim\limits_{x \to 1} \dfrac{x^2-3x+2}{x^2+2x-3}$; 　　　(8) $\lim\limits_{x \to +\infty} \left(\dfrac{x-1}{x}\right)^{x^2}$; 　　　(9) $\lim\limits_{x \to 0} (1 + \tan x)^{\frac{1}{x}}$;

(10) $\lim\limits_{x \to +\infty} \dfrac{\mathrm{e}^x - \mathrm{e}^{-x}}{3\mathrm{e}^x - \mathrm{e}^{-x}}$; 　　　(11) $\lim\limits_{x \to 4} \dfrac{\sqrt{2x+1}-3}{\sqrt{x-2}-\sqrt{2}}$; 　　　(12) $\lim\limits_{x \to +\infty} (\sin\sqrt{x+1} - \sin\sqrt{x})$.

8. 已知 $\lim\limits_{x \to \infty} \left(\dfrac{x^2+1}{x+1} - ax - b\right) = 0$, 求常数 a 和 b.

9. 若函数 $f(x)$ 在 $[a, b]$ 上连续, $a < x_1 < x_2 < \cdots < x_n < b (n \geqslant 3)$, 则在 (x_1, x_n) 内至少有

一点 ξ, 使 $f(\xi) = \dfrac{f(x_1) + f(x_2) + \cdots + f(x_n)}{n}$.

10.指出下列函数的间断点及其类型:

(1) $f(x) = \cos^2 \dfrac{1}{x}$; (2) $f(x) = \begin{cases} \dfrac{\tan x}{|x|}, & x \neq 0 \\ 1, & x = 0 \end{cases}$; (3) $f(x) = \lim\limits_{n \to \infty} \dfrac{1 - x^{2n}}{1 + x^{2n}} x$.

11.计算下列函数极限:

(1) $\lim\limits_{(x,y) \to (0,0)} \dfrac{1 - \sqrt{xy+1}}{xy}$;

(2) $\lim\limits_{(x,y) \to (0,3)} \dfrac{\ln(1 + x^2 y^2)}{x \tan xy}$;

(3) $\lim\limits_{(x,y) \to (0,2)} (1 + xy)^{\frac{1}{x}}$;

(4) $\lim\limits_{(x,y) \to (+\infty, +\infty)} (x^2 + y^2) e^{-(x^2 + y^2)}$.

第 4 章　导数与微分

4.1　导数和偏导数

4.1.1　微分学产生的背景

导数的概念是微分学中最基本的概念之一,有着广泛的实际背景.在解决实际问题时,除了需要了解变量之间的函数关系以外,有时还需要研究函数相对于自变量的变化快慢的程度.例如运动物体的瞬时速度、电流强度、国民经济发展速度、曲线的切线的斜率等等.下面先看其中的两个实际问题,这两个问题在历史上都与导数概念的产生有直接的关系.

1.瞬时速度

设质点作直线运动,它所经过的位移 s 与时间 t 的函数关系为 $s=s(t)$.

现在来考察该质点在 $t=t_0$ 时的运动速度,当时间 t_0 改变到 $t+\Delta t$ 时物体在 Δt 这段时间内所经过的位移是

$$\Delta s=s(t_0+\Delta t)-s(t_0)$$

于是质点在这段时间内的平均速度为

$$\bar{u}=\frac{\Delta s}{\Delta t}=\frac{s(t_0+\Delta t)-s(t_0)}{\Delta t}$$

当质点作匀速直线运动时,其速度 $\bar{u}$ 是不随时间改变的常量(也是时刻 t_0 的瞬时速度).但当质点作变速直线运动时,其速度随时间而变化.显然,对确定的 t_0,时间间隔 $|\Delta t|$ 越小,$\bar{u}$ 就越接近时刻 t_0 的瞬时速度 $v(t_0)$,因而在上式中令 $\Delta t\to 0$,若 $\bar{u}=\dfrac{\Delta s}{\Delta t}$ 的极限存在,就称此极限值为质点在时刻 t_0 的**瞬时速度**.即

$$v(t_0)=\lim_{\Delta t\to 0}\bar{u}=\lim_{\Delta t\to 0}\frac{\Delta s}{\Delta t}=\lim_{\Delta t\to 0}\frac{s(t_0+\Delta t)-s(t_0)}{\Delta t}$$

可见,瞬时速度反映了位移 s 相对于时间 t 变化的"快慢"程度,所以速度 $v(t_0)$ 又称为位移 $s=s(t)$ 在时刻 t_0 的(瞬时)变化率.

2.切线的斜率

在中学数学中,圆的切线可以定义为"与圆只有一个交点的直线".但是对于其他曲线,用这一描述作为切线的定义就不一定合适,下面我们给出曲线切线的一般定义,由此得到求曲线斜率的方法.设曲线 $y=f(x)$ 的图形如图 4-1 所示,点 $M(x_0,y_0)$ 为曲线上一定点,在曲线上另取一点 $N(x_0+\Delta x,y_0+\Delta y)$.作割线 MN,设其倾斜角(与 x 轴正向的夹角)为 φ,则割线

MN 的斜率为

$$\tan\varphi=\frac{\Delta y}{\Delta x}=\frac{f(x_0+\Delta x)-f(x_0)}{\Delta x}$$

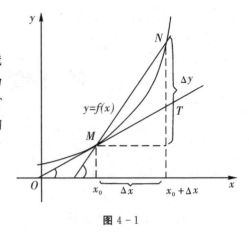

当 $\Delta x\to 0$ 时，点 N 沿曲线趋于点 M，如果割线
MN 绕点 M 旋转而趋于极限位置 MT，则称 MT 为
曲线在点 M 处的**切线**.显然，割线 MN 趋于切线 MT
时，其倾斜角 φ 也趋于切线 MT 的倾斜角 α，因此切
线 MT 的斜率为：

$$k=\tan\alpha=\lim_{\Delta x\to 0}\tan\varphi=\lim_{\Delta x\to 0}\frac{\Delta y}{\Delta x}$$
$$=\lim_{\Delta x\to 0}\frac{f(x_0+\Delta x)-f(x_0)}{\Delta x}$$

图 4-1

因此，可以将切线理解为割线的"极限".

4.1.2　一元函数的导数

上面所讨论的两个问题，虽然它们的具体含义不相同，但从数量关系上看，其分析和计算
方法是一致的，而且最终归结为下面的极限：

$$\lim_{\Delta x\to 0}\frac{f(x_0+\Delta x)-f(x_0)}{\Delta x}$$

在自然科学和工程技术问题中，还有许多类似的非均匀变化的变化率问题，都可归结为上
述形式的极限问题.因此，撇开这些问题的具体意义，提炼其在数量关系上的共性，可一般地引
入以下概念.

定义 4.1　设一元函数 $y=f(x)$ 在点 x_0 的某邻域内有定义，让 x 在 x_0 取得增量 Δx，则
函数得到相应的增量 $\Delta y=f(x_0+\Delta x)-f(x_0)$，若极限

$$\lim_{\Delta x\to 0}\frac{\Delta y}{\Delta x}=\lim_{\Delta x\to 0}\frac{f(x_0+\Delta x)-f(x_0)}{\Delta x}$$

存在，则称一元函数 $y=f(x)$ 在点 x_0 处**可导**，并称此极限值为一元函数 $y=f(x)$ 在点 x_0 处
的**导数**.记为

$$f'(x)\big|_{x=x_0},\quad y'\big|_{x=x_0},\quad f'(x_0),\quad \frac{\mathrm{d}y}{\mathrm{d}x}\Big|_{x=x_0}\text{或}\frac{\mathrm{d}f}{\mathrm{d}x}\Big|_{x=x_0}$$

即

$$f'(x_0)=\lim_{\Delta x\to 0}\frac{\Delta y}{\Delta x}=\lim_{\Delta x\to 0}\frac{f(x_0+\Delta x)-f(x_0)}{\Delta x}\qquad(4-1-1)$$

若令 $x=x_0+\Delta x$，则当 $\Delta x\to 0$ 时 $x\to x_0$，因此式(4-1-1)又可写为

$$f'(x_0)=\lim_{x\to x_0}\frac{f(x)-f(x_0)}{x-x_0}\qquad(4-1-2)$$

如果式(4-1-1)(或式(4-1-2))的极限不存在，就称一元函数 $y=f(x)$ 在点 x_0 处**不可
导**，如果式(4-1-1)(或式(4-1-2))的比值趋于无穷大(即不存在有限确定的极限值，但是
函数有明确的趋向)，为方便起见，也称一元函数 $f(x)$ 在点 x_0 处的导数为无穷大，记为

$f'(x_0)=\infty$.

注意：因变量的增量与自变量的增量之比 $\dfrac{\Delta y}{\Delta x}$ 指的是因变量 y 在区间 $[x_0,x_0+\Delta x]$ 或 $[x_0+\Delta x,x_0]$ 上的**平均变化率**，而导数 $f'(x_0)$ 则精确地描述了因变量 y 在点 x_0 处的**瞬时变化率**，它反映了在点 x_0 处因变量随自变量的变化而变化的快慢程度.

因此，导数的概念可以广义地理解为，**凡两个连续变化量之间的相对(瞬时)变化率，用导数来刻划都是合理的，即都可以用导数来表示**.例如瞬时速度可理解为单位时间内位移的(瞬时)变化率，(瞬时)加速度可理解为单位时间内速度的(瞬时)变化率，非均匀密度曲线型(曲面型、空间立体型)构件的线(面、体)密度可理解为单位长度(面积、体积)内质量的变化率，等等. 这也正是数学家和物理学家们当时引入导数概念的初衷.

以上介绍了函数在一点处的导数.如果函数 $f(x)$ 在区间 I 内每一点 x 处均可导，则称 $f(x)$ **在区间 I 内可导**，这时对任一 $x\in I$，都对应着 $f(x)$ 的一个确定的导数值，这样就构成了一个新的函数，这个函数称为原来函数 $f(x)$ 的导函数，记为

$$f'(x),\quad y'(x),\quad \frac{\mathrm{d}y}{\mathrm{d}x},\quad \frac{\mathrm{d}f(x)}{\mathrm{d}x}$$

即

$$f'(x)=\lim_{h\to 0}\frac{f(x+h)-f(x)}{h}$$

例 4.1.1　利用导数定义求函数 $f(x)=\dfrac{1}{x}$ 在点 $x_0=1$ 处的导数.

解　由导数的定义，有

$$f'(1)=\lim_{\Delta x\to 0}\frac{\Delta y}{\Delta x}=\lim_{\Delta x\to 0}\frac{f(1+\Delta x)-f(1)}{\Delta x}$$

$$=\lim_{\Delta x\to 0}\frac{\dfrac{1}{1+\Delta x}-1}{\Delta x}=\lim_{\Delta x\to 0}\frac{-1}{1+\Delta x}=-1$$

有的实际问题中需要讨论仅当 $x<x_0$ 或仅当 $x>x_0$ 时函数的瞬时变化率，与函数 $y=f(x)$ 在点 x 处的左、右极限相类似，如果

$$\lim_{\Delta x\to 0^-}\frac{\Delta y}{\Delta x}=\lim_{\Delta x\to 0^-}\frac{f(x_0+\Delta x)-f(x_0)}{\Delta x}=\lim_{x\to x_0^-}\frac{f(x)-f(x_0)}{x-x_0}$$

存在，则称此极限值为 $f(x)$ 在点 x_0 处的左导数，记为 $f'_-(x_0)$.同理，如果

$$\lim_{\Delta x\to 0^+}\frac{\Delta y}{\Delta x}=\lim_{\Delta x\to 0^+}\frac{f(x_0+\Delta x)-f(x_0)}{\Delta x}=\lim_{\Delta x\to 0^+}\frac{f(x)-f(x_0)}{x-x_0}$$

存在，则称此极限值为 $f(x)$ 在点 x_0 处的右导数，记为 $f'_+(x_0)$.

左导数和右导数统称为单侧导数.

显然，一元函数 $f(x)$ 在点 x 处可导的充要条件是：函数 $f(x)$ 在点 x_0 处的左导数和右导数均存在且相等.

在讨论分段函数在分段点处的可导性时常常会用到单侧导数.

例 4.1.2 讨论函数 $f(x) = |x|$ 在点 $x = 0$ 处的左、右导数,并由此判断该函数在 $x = 0$ 处是否可导.

解 由于

$$\frac{\Delta y}{\Delta x} = \frac{f(0 + \Delta x) - f(0)}{\Delta x} = \frac{|\Delta x|}{\Delta x}$$

所以

$$f'_-(0) = \lim_{\Delta x \to 0^-} \frac{\Delta y}{\Delta x} = \lim_{\Delta x \to 0^-} \frac{|\Delta x|}{\Delta x} = \lim_{\Delta x \to 0^-} \frac{-\Delta x}{\Delta x} = -1$$

$$f'_+(0) = \lim_{\Delta x \to 0^+} \frac{\Delta y}{\Delta x} = \lim_{\Delta x \to 0^+} \frac{|\Delta x|}{\Delta x} = \lim_{\Delta x \to 0^+} \frac{\Delta x}{\Delta x} = 1$$

显然,$f'_-(0) \neq f'_+(0)$,所以函数 $f(x) = |x|$ 在点 $x = 0$ 处不可导.

4.1.3 一元函数可导与连续的关系

定理 4.1 如果函数 $y = f(x)$ 在点 x_0 处可导,则函数 $y = f(x)$ 在点 x_0 处连续.

证 函数 $y = f(x)$ 在点 x_0 可导,所以 $\lim\limits_{\Delta x \to 0} \dfrac{\Delta y}{\Delta x} = f'(x_0)$,于是

$$\lim_{\Delta x \to 0} \Delta y = \lim_{\Delta x \to 0} \frac{\Delta y}{\Delta x} \cdot \Delta x = \lim_{\Delta x \to 0} \frac{\Delta y}{\Delta x} \cdot \lim_{\Delta x \to 0} \Delta x = f'(x_0) \times 0 = 0$$

即函数 $f(x)$ 在点 x_0 处连续.

这个定理的逆命题不成立,即若函数在某一点连续,在该点处却不一定可导.如例 4.1.2 中的函数 $y = |x|$ 在点 $x = 0$ 处显然连续,但是它在 $x = 0$ 处不可导.

例 4.1.3 设函数

$$f(x) = \begin{cases} x + 1, & x < -1 \\ x^3, & -1 \leqslant x \leqslant 0 \\ x^2 \sin \dfrac{1}{x}, & x > 0 \end{cases}$$

试讨论函数 $f(x)$ 在点 $x = 0$ 和 $x = -1$ 处的连续性和可导性.

解 在 $x = 0$ 处,因为

$$f'_+(0) = \lim_{\Delta x \to 0^+} \frac{f(0 + \Delta x) - f(0)}{\Delta x} = \lim_{\Delta x \to 0^+} \frac{\Delta x^2 \sin \dfrac{1}{\Delta x}}{\Delta x} = \lim_{\Delta x \to 0^+} \Delta x \sin \frac{1}{\Delta x} = 0$$

$$f'_-(0) = \lim_{\Delta x \to 0^-} \frac{f(0 + \Delta x) - f(0)}{\Delta x} = \lim_{\Delta x \to 0^-} \frac{(\Delta x)^3}{\Delta x} = 0$$

所以 $f'(0) = f'_-(0) = f'_+(0) = 0$,即函数 $f(x)$ 在点 $x = 0$ 处可导,从而在 $x = 0$ 处连续.

在 $x = -1$ 处,因为

$$\lim_{x \to -1^-} f(x) = \lim_{x \to -1^-} (x + 1) = 0, \quad \lim_{x \to -1^+} f(x) = \lim_{x \to -1^+} x^3 = -1$$

所以 $\lim\limits_{x \to -1^-} f(x) \neq \lim\limits_{x \to -1^+} f(x)$,故函数 $f(x)$ 在点 $x = -1$ 处不连续,从而在 $x = -1$ 处不可导.

4.1.4 二元函数的偏导数

一元函数从研究函数的变化率引入导数的概念,对于多元函数同样需要讨论它的变化率,

但多元函数的自变量不止一个,因变量与自变量的关系要比一元函数的复杂的多.接下来以二元函数为例讨论函数关于其中一个自变量的变化率,即多元函数的偏导数,这里以二元函数为主作介绍,对三元以上的函数可类似定义.首先引入所谓增量的概念.

设函数 $z = f(x, y)$ 在点 $P(x, y)$ 的某邻域内有定义,当自变量 x、y 分别有增量 Δx、Δy 时,点从 $P(x, y)$ 变到其邻域内另一点 $P_1(x + \Delta x, y + \Delta y)$,这两点函数值的差值 $f(x + \Delta x, y + \Delta y) - f(x, y)$ 称为函数 $z = f(x, y)$ 在点 $P(x, y)$ 的**全增量**,记作 Δz,即

$$\Delta z = f(x + \Delta x, y + \Delta y) - f(x, y) \qquad (4 - 1 - 3)$$

计算全增量一般比较复杂,实际问题中常常将全增量简化为仅考虑二元函数关于其中一个自变量的变化率,即

$$\Delta z_x = f(x_0 + \Delta x, y_0) - f(x_0, y_0), \Delta z_y = f(x_0, y_0 + \Delta y) - f(x_0, y_0)$$

这时分别称 Δz_x 和 Δz_y 为二元函数 $z = f(x, y)$ 关于 x 和 y 的**部分增量或偏增量**.

在许多实际问题中,常常只需考虑部分增量关于相应自变量增量的变化率即可.

定义 4.2　设二元函数 $z = f(x, y)$ 在点 (x_0, y_0) 的某邻域内有定义,当固定 $y = y_0$ 而自变量 x 在 x_0 处有偏增量 $\Delta z_x = f(x_0 + \Delta x, y_0) - f(x_0, y_0)$ 时,如果极限

$$\lim_{\Delta x \to 0} \frac{\Delta z_x}{\Delta x} = \lim_{\Delta x \to 0} \frac{f(x_0 + \Delta x, y_0) - f(x_0, y_0)}{\Delta x}$$

存在,则称此极限值为二元函数 $z = f(x, y)$ 在点 (x_0, y_0) 处**对自变量 x 的偏导数**,记为

$$\frac{\partial z}{\partial x}\Big|_{(x_0, y_0)}, \quad \frac{\partial f}{\partial x}\Big|_{(x_0, y_0)}, \quad f_x(x, y)\big|_{(x_0, y_0)}, \quad z_x(x, y)\big|_{(x_0, y_0)}, \quad f_x(x_0, y_0)$$

即

$$\frac{\partial z}{\partial x}\Big|_{(x_0, y_0)} = f_x(x_0, y_0) = \lim_{\Delta x \to 0} \frac{\Delta z_x}{\Delta x} = \lim_{\Delta x \to 0} \frac{f(x_0 + \Delta x, y_0) - f(x_0, y_0)}{\Delta x}$$

同样可定义二元函数 $z = f(x, y)$ 在点 (x_0, y_0) 处**对自变量 y 的偏导数**为

$$\frac{\partial z}{\partial y}\Big|_{(x_0, y_0)} = \lim_{\Delta x \to 0} \frac{\Delta z_y}{\Delta y} = f_y(x_0, y_0) = \lim_{\Delta y \to 0} \frac{f(x_0, y_0 + \Delta y) - f(x_0, y_0)}{\Delta y}$$

并记为

$$\frac{\partial z}{\partial y}\Big|_{(x_0, y_0)}, \quad \frac{\partial f}{\partial y}\Big|_{(x_0, y_0)}, \quad f_y(x, y)\big|_{(x_0, y_0)}, \quad z_y(x, y)\big|_{(x_0, y_0)}, \quad f_y(x_0, y_0)$$

如果二元函数 $z = f(x, y)$ 在区域 D 内每一点处对 x 的偏导数都存在,那么这个偏导数就是 x, y 的函数,它称为对 x 的**偏导函数**,记作

$$\frac{\partial z}{\partial x}, \quad \frac{\partial f}{\partial x}, \quad z_x, \quad f_x(x, y)$$

同理可定义二元函数 $z = f(x, y)$ 在区域 D 内对 y 的**偏导函数**,并相应地记作

$$\frac{\partial z}{\partial y}, \quad \frac{\partial f}{\partial y}, \quad z_y, \quad f_y(x, y)$$

即

$$\frac{\partial z}{\partial x} = f_x(x, y) = \lim_{\Delta x \to 0} \frac{\Delta z_x}{\Delta x} = \lim_{\Delta x \to 0} \frac{f(x + \Delta x, y) - f(x, y)}{\Delta x}$$

$$\frac{\partial z}{\partial y} = f_y(x,y) = \lim_{\Delta y \to 0} \frac{\Delta z_y}{\Delta y} = \lim_{\Delta y \to 0} \frac{f(x,y+\Delta y) - f(x,y)}{\Delta y}$$

以后在不引起混淆的地方,偏导函数就简称**偏导数**.

例 4.1.4   求 $z = x^2 y$ 在点 $(1,1)$ 处的偏导数.

解   由偏导数的定义可知

$$f_x(1,1) = \lim_{\Delta x \to 0} \frac{f(1+\Delta x, 1) - f(1,1)}{\Delta x}$$

$$= \lim_{\Delta x \to 0} \frac{(1+\Delta x)^2 - 1}{\Delta x} = \lim_{\Delta x \to 0} \frac{\Delta x^2 + 2\Delta x}{\Delta x}$$

$$= \lim_{\Delta x \to 0} (\Delta x + 2) = 2$$

$$f_y(1,1) = \lim_{\Delta y \to 0} \frac{f(1, 1+\Delta y) - f(1,1)}{\Delta y}$$

$$= \lim_{\Delta x \to 0} \frac{(1+\Delta y) - 1}{\Delta y} = 1$$

4.1.5   导数的几何意义与经济意义

由切线斜率和导数的定义可知,一元函数 $y = f(x)$ 在点 x_0 处的导数 $f'(x)$ 在几何上表示曲线 $y = f(x)$ 在点 $(x_0, f(x_0))$ 处的切线的斜率.即

$$f'(x_0) = \tan \alpha$$

其中 α 是切线的倾斜角,如图 $4-2$ 所示.

由直线的点斜式方程得,曲线 $y = f(x)$ 在点 $(x_0, f(x_0))$ 处的切线方程为

$$y - f(x_0) = f'(x_0)(x - x_0)$$

法线方程为

$$y - f(x_0) = -\frac{1}{f'(x_0)}(x - x_0) \quad (f'(x_0) \neq 0)$$

当 $f'(x_0) = 0$ 时,法线方程为 $x - x_0 = 0$.

如果 $f(x)$ 在点 $x = x_0$ 连续,而导数为无穷大,则曲线在点 $(x_0, f(x_0))$ 的切线垂直于 x 轴,其方程为 $x - x_0 = 0$,对应的法线方程为 $y - f(x_0) = 0$.

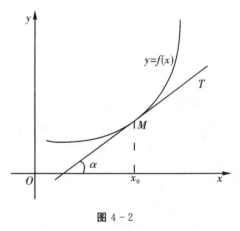

图 $4-2$

例 4.1.5   求曲线 $y = \sqrt{x}$ 在点 $(4,2)$ 处的切线方程.

解   因为 $y' = (\sqrt{x})' = \frac{1}{2\sqrt{x}}$, $y'|_{x=4} = \frac{1}{2\sqrt{4}} = \frac{1}{4}$,故所求切线方程为

$$y - 2 = \frac{1}{4}(x - 4)$$

即 $-x + 4y - 4 = 0$.

偏导数的几何意义:根据偏导数 $f_x(x_0, y_0)$ 的定义,它是一元函数 $z = f(x, y_0)$ 在点 $x = x_0$ 对 x 的导数,由一元函数导数的几何意义可知,它就是曲面 $z = f(x, y)$ 与平面 $y = y_0$ 的

交线

$$\Gamma_1: \begin{cases} z = f(x,y) \\ y = y_0 \end{cases}$$

在点 $M_0(x_0, y_0, f(x_0, y_0))$ 处的切线 $M_0 T_1$ 在 x 轴方向的斜率,如图 4-3 所示.

$$f_x(x_0, y_0) = \tan \alpha$$

同样,$f_y(x_0, y_0)$ 就是曲面 $z = f(x,y)$ 与平面 $x = x_0$ 的交线

$$\Gamma_2: \begin{cases} z = f(x,y) \\ x = x_0 \end{cases}$$

在点 $M_0(x_0, y_0, f(x_0, y_0))$ 处的切线 $M_0 T_2$ 在 y 轴方向的斜率,如图 4-3 所示.

$$f_y(x_0, y_0) = \tan \beta$$

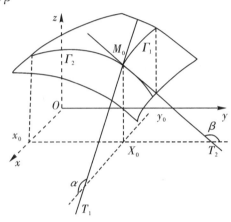

导数的物理意义因物理量的不同而不同.例如,变速直线运动中单位时间内位移的变化率即**瞬时速度**,单位时间内速度的变化率即**瞬时加速度**;非均匀密度曲线型(曲面型、空间立体型)构件中,单位长度(面积、体积)内质量的变化率即**线(面、体)密度**;加热后的物体在冷却过程中,单位时间内物体温度的变化率即**冷却速度**,等等.

导数的经济意义就是微观经济学中的边际量.微观经济学中一个很重要的内容是边际分析,所谓**边际分析**就是分析自变量变动与因变量变动的关系,自变量变动所引起的因变量变动量就称为**边际量**.常见的

图 4-3

边际量主要有**边际效益、边际成本、边际利润**等等.边际成本是指增加一个单位产量相应增加的单位成本.边际成本和单位平均成本不一样,单位平均成本考虑了全部的产品,而边际成本忽略了最后一个产品之前的.例如,每辆汽车的平均成本包括生产第一辆车的很大的固定成本(在每辆车上进行分配),而边际成本根本不考虑固定成本.在数学上,边际成本(MC,marginalcost)用总成本(TC,totalcost)和数量(Q,quantity)的导数或偏导数来表示.此外,**需求弹性**是指因价格与收入等因素而引起的需求的相应的变动率.详见第 5 章 5.8 节.

习题 4-1

1.设 $f(x) = x^3$,试用定义求 $f'(2)$.

2.设 $f'(x_0)$ 存在,试利用导数的定义求下列极限:

(1) $\lim\limits_{\Delta x \to 0} \dfrac{f(x_0 - \Delta x) - f(x_0)}{\Delta x}$;

(2) $\lim\limits_{\Delta x \to 0} \dfrac{f(x_0 + \Delta x) - f(x_0 - 2\Delta x)}{2\Delta x}$;

(3) $\lim\limits_{h \to 0} \dfrac{f(x_0 + h) - f(x_0 - h)}{h}$.

3.利用偏导数的定义计算 $f(x,y) = x^2 + y$ 在 $(0,1)$ 处的偏导数 $f_x(0,1)$, $f_y(0,1)$.

4.求曲线 $y = x^2 - x + 2$ 在点 $(1,2)$ 处的切线方程和法线方程.

5.设函数 $f(x)=\begin{cases} e^x, & x \geqslant 0 \\ ax+b, & x<0 \end{cases}$ 在点 $x=0$ 处可导，求常数 a 和 b 的值.

6.讨论下列函数在指定点 x_0 处的连续性与可导性：

$(1)f(x)=\begin{cases} x^2, & x \geqslant 1 \\ \dfrac{1}{x-1}, & x<1 \end{cases}, x_0=1;$ $(2)f(x)=\begin{cases} \ln(1+x), & x \geqslant 0 \\ x, & x<0 \end{cases}, x_0=0;$

$(3)f(x)=\begin{cases} x^2 \sin \dfrac{1}{x}, & x \neq 0 \\ 0, & x=0 \end{cases}, x_0=0.$

4.2 一元函数的求导

4.2.1 用定义计算导数和偏导数

由导数和偏导数的定义可知，用定义求导数和偏导数的过程可归纳为：求增量、算比值、取极限.下面举例说明求导方法.

例 4.2.1 试利用定义求以下基本初等函数的导数.

$(1)y=C$； $(2)y=x^n$； $(3)y=\sin x$； $(4)y=a^x (a>0$ 且 $a \neq 1)$.

解 $(1)y'=\lim\limits_{\Delta x \to 0} \dfrac{\Delta y}{\Delta x}=\lim\limits_{\Delta x \to 0} \dfrac{f(x+\Delta x)-f(x)}{\Delta x}=\lim\limits_{\Delta x \to 0} \dfrac{0-0}{\Delta x}=0$,即 $(C)'=0$.

$(2)y'=\lim\limits_{\Delta x \to 0} \dfrac{\Delta y}{\Delta x}=\lim\limits_{\Delta x \to 0} \dfrac{(x+\Delta x)^n - x^n}{\Delta x}$

$=\lim\limits_{\Delta x \to 0}[C_n^1 x^{n-1}+C_n^2 x^{n-2} \Delta x+\cdots+C_n^n (\Delta x)^{n-1}]=nx^{n-1}$

特别地，当 $n=1$ 时，$x'=1$.可以证明，对于一般的幂函数 $y=x^\mu (\mu$ 为任意实数)也有

$$(x^\mu)'=\mu x^{\mu-1}$$

例如

$$(\sqrt{x})'=(x^{\frac{1}{2}})'=\frac{1}{2}x^{\frac{1}{2}-1}=\frac{1}{2}x^{-\frac{1}{2}}=\frac{1}{2\sqrt{x}}; \quad \left(\frac{1}{x}\right)'=(x^{-1})'=-x^{-1-1}=-x^{-2}=\frac{-1}{x^2}$$

$(3)y'=\lim\limits_{\Delta x \to 0} \dfrac{\Delta y}{\Delta x}=\lim\limits_{\Delta x \to 0} \dfrac{\sin(x+\Delta x)-\sin x}{\Delta x}=\lim\limits_{\Delta x \to 0} \dfrac{2\cos\left(x+\dfrac{\Delta x}{2}\right)\sin \dfrac{\Delta x}{2}}{\Delta x}$

$=\lim\limits_{\Delta x \to 0}\cos(x+\dfrac{\Delta x}{2}) \cdot \dfrac{\sin \dfrac{\Delta x}{2}}{\dfrac{\Delta x}{2}}=\cos x$

即 $(\sin x)'=\cos x$,同理可得 $(\cos x)'=-\sin x$.

$(4)y'=\lim\limits_{\Delta x \to 0} \dfrac{\Delta y}{\Delta x}=\lim\limits_{\Delta x \to 0} \dfrac{a^{x+\Delta x}-a^x}{\Delta x}=\lim\limits_{\Delta x \to 0} \dfrac{a^x(a^{\Delta x}-1)}{\Delta x}$

令 $a^{\Delta x}-1=h$,则当 $\Delta x \to 0$ 时 $h \to 0$,于是

$$y' = a^x \lim_{\Delta x \to 0} \frac{a^{\Delta x} - 1}{\Delta x} = a^x \lim_{h \to 0} \frac{h}{\log_a(1+h)} = a^x \lim_{h \to 0} \frac{1}{\log_a(1+h)^{\frac{1}{h}}} = \frac{a^x}{\log_a \mathrm{e}} = a^x \ln a$$

即 $(a^x)' = a^x \ln a$，特别，当 $a = \mathrm{e}$ 有 $(\mathrm{e}^x)' = \mathrm{e}^x$.

例 4.2.2 讨论函数

$$f(x) = \begin{cases} \sin x, & x < 0 \\ \ln(1+x), & x \geqslant 0 \end{cases}$$

在 $x = 0$ 处的连续性与可导性.

解 讨论分段函数在一点处的可导性，通常要用左、右导数的定义分别计算该点处的左、右导数值，再据此判断函数在该点处是否可导.

$$f'_-(0) = \lim_{\Delta x \to 0^-} \frac{\Delta y}{\Delta x} = \lim_{\Delta x \to 0^-} \frac{f(0 + \Delta x) - f(0)}{\Delta x} = \lim_{\Delta x \to 0^-} \frac{\sin(0 + \Delta x) - 0}{\Delta x} = 1$$

$$f'_+(0) = \lim_{\Delta x \to 0^+} \frac{\Delta y}{\Delta x} = \lim_{\Delta x \to 0^+} \frac{f(0 + \Delta x) - f(0)}{\Delta x} = \lim_{\Delta x \to 0^+} \frac{\ln(1 + 0 + \Delta x) - 0}{\Delta x} = 1$$

显见 $f'_-(0) = f'_+(0) = 1$，即函数在 $x = 0$ 处的左、右导数值均存在且相等，所以 $f'(0) = 1$，函数在 $x = 0$ 处可导，因而在 $x = 0$ 处也连续.

由例 4.1.1 和例 4.1.2 可见，利用导数定义计算导数值需要归结为求函数极限，其计算随着函数形式的不同可能会变得繁琐和困难，而上节的讨论告诉我们，求一元初等函数 $y = f(x)$ 对 x 的导数 $f'(x)$ 时，无需都用定义计算，可以利用已经求得的基本初等函数的导函数计算，计算时只需记住"先求导，后代点"的原则即可.

例 4.2.3 求 $y = x^{\frac{5}{2}}$ 在点 $x = 1$ 处的导数.

解 $y' = (x^{\frac{5}{2}})' = \frac{5}{2} x^{\frac{5}{2} - 1} = \frac{5}{2} x^{\frac{3}{2}}$，故 $y'(1) = \frac{5}{2} \times 1^{\frac{3}{2}} = \frac{5}{2}$.

注意：绝不能"先代点，后求导"，否则导致计算错误. 如本例中先代点即得 $y(1) = 1$，再对此求导得 $(y(1))' = 1' = 0$，导致错误.

由本例可见，只要能求出初等函数的导函数，就可以很方便地求出初等函数在任意一点处的导数值，但这一方法需要知道基本初等函数的导函数和求导数的一般法则. 下节将介绍所有基本初等函数的求导公式和几个求导的运算法则，借助于这些公式和法则就可以很方便地求出常见初等函数的导数.

4.2.2 导数的四则运算法则

定理 4.2 若函数 $u = u(x)$ 及 $v = v(x)$ 在点 x 处可导，则其和、差、积、商（除分母为零的点外）都在点 x 处可导，且运算法则如下：

(1) $[u(x) \pm v(x)]' = u'(x) \pm v'(x)$；

(2) $[u(x)v(x)]' = u'(x)v(x) + u(x)v'(x)$；

(3) $\left(\dfrac{u(x)}{v(x)}\right)' = \left[\dfrac{u(x)}{v(x)}\right]' = \dfrac{u'(x)v(x) - u(x)v'(x)}{(v(x))^2}$ $(v(x) \neq 0)$.

证 这里仅证明法则 (2)，其他可类似证明.

$$[u(x)v(x)]' = \lim_{\Delta x \to 0} \frac{u(x+\Delta x)v(x+\Delta x) - u(x)v(x)}{\Delta x}$$

$$= \lim_{\Delta x \to 0} \left[\frac{u(x+\Delta x) - u(x)}{\Delta x} \cdot v(x+\Delta x) + u(x) \cdot \frac{v(x+\Delta x) - v(x)}{\Delta x} \right]$$

$$= \lim_{\Delta x \to 0} \frac{u(x+\Delta x) - u(x)}{\Delta x} \cdot \lim_{\Delta x \to 0} v(x+\Delta x) + u(x) \cdot \lim_{\Delta x \to 0} \frac{v(x+\Delta x) - v(x)}{\Delta x}$$

$$= u'(x)v(x) + u(x)v'(x)$$

在法则(2)中,当 $v(x) = C$(C 为常数)时,有

$$(Cu)' = Cu' + C'u = Cu'$$

也就是说,在求乘积的导数时常数因子可以提到导数符号外面.

例 4.2.4　求函数 $y = 3x^4 - x^3 + \dfrac{4}{x^2} - 8$ 的导数.

解　$y' = \left(3x^4 - x^3 + \dfrac{4}{x^2} - 8 \right)' = (3x^4)' - (x^3)' + \left(\dfrac{4}{x^2} \right)' - (8)'$

$$= 3(x^4)' - (x^3)' + 4\left(\frac{1}{x^2} \right)' - 0 = 3 \times 4x^3 - 3x^2 + 4\left(-\frac{2}{x^3} \right)$$

$$= 12x^3 - 3x^2 - \frac{8}{x^3}$$

例 4.2.5　求函数 $y = \sin 2x + \cos \dfrac{\pi}{5}$ 的导数.

解　$y' = \left(\sin 2x + \cos \dfrac{\pi}{5} \right)' = (2\sin x \cos x)' + \left(\cos \dfrac{\pi}{5} \right)'$

$$= 2((\sin x)' \cos x + \sin x (\cos x)') + 0$$

$$= 2(\cos^2 x - \sin^2 x) = 2\cos 2x$$

例 4.2.6　求函数 $y = e^x(x^3 + \cos x)$ 的导数.

解　$y' = (e^x)'(x^3 + \cos x) + e^x(x^3 + \cos x)'$

$$= e^x(x^3 + \cos x) + e^x(3x^2 - \sin x)$$

$$= e^x(x^3 + 3x^2 + \cos x - \sin x)$$

例 4.2.7　求函数 $y = \tan x$ 的导数.

解　$y' = (\tan x)' = \left(\dfrac{\sin x}{\cos x} \right)' = \dfrac{(\sin x)' \cos x - \sin x (\cos x)'}{\cos^2 x}$

$$= \frac{\cos^2 x + \sin^2 x}{\cos^2 x} = \sec^2 x$$

即

$$(\tan x)' = \sec^2 x$$

类似可求得

$$(\cot x)' = -\csc^2 x$$

例 4.2.8　求函数 $y = \sec x$ 的导数.

解　$y' = (\sec x)' = \left(\dfrac{1}{\cos x} \right)' = \dfrac{1' \times \cos x - 1 \times (\cos x)'}{\cos^2 x} = \dfrac{\sin x}{\cos^2 x} = \tan x \sec x$

$$(\sec x)' = \tan x \sec x$$

类似可得

$$(\csc x)' = -\cot x \csc x$$

4.2.3　反函数的导数

定理 4.3　若函数 $x = \varphi(y)$ 在某区间内单调可导且 $\varphi'(y) \neq 0$，则它的反函数 $y = f(x)$ 在对应的区间内也可导，且

$$f'(x) = \frac{1}{\varphi'(y)}$$

证　因为 $x = \varphi(y)$ 单调可导，所以其反函数 $y = f(x)$ 在相应的区间内单调且连续.

设 $y = f(x)$ 在点 x 处有增量 $\Delta x (\Delta x \neq 0)$，则由 $y = f(x)$ 的单调性可知

$$\Delta y = f(x + \Delta x) - f(x) \neq 0$$

所以 $\dfrac{\Delta y}{\Delta x} = \dfrac{1}{\dfrac{\Delta x}{\Delta y}}$.

由于 $y = f(x)$ 连续，所以当 $\Delta x \to 0$ 时 $\Delta y \to 0$. 故

$$f'(x) = \lim_{\Delta x \to 0} \frac{\Delta y}{\Delta x} = \lim_{\Delta x \to 0} \frac{1}{\dfrac{\Delta x}{\Delta y}} = \frac{1}{\lim_{\Delta y \to 0} \dfrac{\Delta x}{\Delta y}} = \frac{1}{\varphi'(y)}$$

定理 4.3 可以简单地说成：反函数的导数等于直接函数的导数的倒数.

例 4.2.9　求函数 $y = \log_a x \, (a > 0, a \neq 1)$ 的导数.

解　函数 $y = \log_a x$ 是函数 $x = a^y$ 的反函数. 由于函数 $x = a^y$ 在 $(-\infty, +\infty)$ 内单调可导且 $(a^y)' = a^y \ln a$，所以 $y = \log_a x$ 在对应区间 $(0, \infty)$ 内可导且

$$(\log_a x)' = \frac{1}{(a^y)'} = \frac{1}{a^y \ln a} = \frac{1}{x \ln a}$$

即

$$(\log_a x)' = \frac{1}{x \ln a}$$

特别地，当 $a = \mathrm{e}$ 时，$(\ln x)' = \dfrac{1}{x}$.

例 4.2.10　求函数 $y = \arcsin x$ 的导数.

解　函数 $y = \arcsin x$ 是函数 $x = \sin y$ 的反函数，由于函数 $x = \sin y$ 在 $\left(-\dfrac{\pi}{2}, \dfrac{\pi}{2}\right)$ 内单调可导，所以 $y = \arcsin x$ 在对应区间 $(-1, 1)$ 内可导且

$$(\arcsin x)' = \frac{1}{(\sin y)'} = \frac{1}{\cos y} = \frac{1}{\sqrt{1 - \sin^2 y}} = \frac{1}{\sqrt{1 - x^2}}$$

即

$$(\arcsin x)' = \frac{1}{\sqrt{1 - x^2}}$$

同样可求得

$$(\arccos x)' = -\frac{1}{\sqrt{1 - x^2}}$$

例 4.2.11 求函数 $y=\arctan x$ 的导数.

解 函数 $y=\arctan x$ 是函数 $x=\tan y$ 的反函数,由于函数 $x=\tan y$ 在区间 $\left(-\dfrac{\pi}{2},\dfrac{\pi}{2}\right)$ 内单调可导,所以 $y=\arctan x$ 在对应的区间$(-\infty,+\infty)$内可导,且

$$(\arctan x)'=\frac{1}{(\tan y)'}=\frac{1}{\sec^2 y}=\frac{1}{1+\tan^2 y}=\frac{1}{1+x^2}$$

即

$$(\arctan x)'=\frac{1}{1+x^2}$$

同样可求出

$$(\,x\,)'=-\frac{1}{1+x^2}$$

4.2.4　一元复合函数的导数

到目前为止我们已推导了所有基本初等函数的求导公式,但对于形如

$$e^{x^2},\quad \sqrt{x^2+2x},\quad \sin(\ln x)$$

等复合函数,甚至是一般的初等函数,其导数是否存在? 如果可导,如何求出其导数? 下面的定理可以回答以上两个问题.

定理 4.4 如果函数 $u=\varphi(x)$在点 x 处可导,而函数 $y=f(u)$在对应的点 $u=\varphi(x)$处可导,则复合函数 $y=f(\varphi(x))$在点 x 处可导,且其导数为

$$\frac{\mathrm{d}y}{\mathrm{d}x}=\frac{\mathrm{d}y}{\mathrm{d}u}\cdot\frac{\mathrm{d}u}{\mathrm{d}x}$$

简记为

$$y'_x=f'_u\cdot u'_x \quad 或 \quad y'=(f(\varphi(x)))'=f'(u)\cdot\varphi'(x)$$

证 设 x 有改变量 Δx,则 u 有相应的改变量 Δu,y 有相应的改变量 Δy.即

$$\Delta u=\varphi(x+\Delta x)-\varphi(x),\quad \Delta y=f(u+\Delta u)-f(u)$$

当 $\Delta u\neq 0$ 时有

$$\frac{\Delta y}{\Delta x}=\frac{\Delta y}{\Delta u}\cdot\frac{\Delta u}{\Delta x}$$

因为 $u=\varphi(x)$在点 x 处可导,故在点 x 处连续,所以当 $\Delta x\to 0$ 时 $\Delta u\to 0$.

于是 $\displaystyle\lim_{\Delta x\to 0}\frac{\Delta y}{\Delta x}=\lim_{\Delta x\to 0}\frac{\Delta y}{\Delta u}\cdot\frac{\Delta u}{\Delta x}=\lim_{\Delta u\to 0}\frac{\Delta y}{\Delta u}\cdot\lim_{\Delta x\to 0}\frac{\Delta u}{\Delta x}=f'(u)\cdot\varphi'(x)$

当 $\Delta u=0$ 时,可以证明定理同样成立.

定理 4.4 称为一元**复合函数求导法则或链式法则**,它可以推广到函数是由多个中间变量复合而成的情形,例如设 $y=f(u),u=\varphi(v),v=\varphi(x)$,则

$$\frac{\mathrm{d}y}{\mathrm{d}x}=\frac{\mathrm{d}y}{\mathrm{d}u}\cdot\frac{\mathrm{d}u}{\mathrm{d}v}\cdot\frac{\mathrm{d}v}{\mathrm{d}x}$$

读者有必要注意,当复合函数求导法则简写为

$$[f(\varphi(x))]'=f'(u)\varphi'(x)=f'(\varphi(x))\varphi'(x)$$

时,$[f(\varphi(x))]'$表示整个复合函数对自变量 x 的导数,而 $f'(\varphi(x))$则是函数 f 对中间变量 u

的导数，也即是用 $u=\varphi(x)$ 代入 $f'(u)$ 的结果，两者不能混为一谈.

例 4.2.12　求函数 $y=\sin(\ln x)$ 的导数.

解　函数 $y=\sin(\ln x)$ 可看作由 $y=\sin(u)$，$u=\ln x$ 复合而成.因此
$$y'_x=y'_u \cdot u'_x=(\sin u)'_u \cdot (\ln x)'_x$$
$$=(\cos u) \cdot \frac{1}{x}=\frac{1}{x} \cdot \cos(\ln x)$$

例 4.2.13　求函数 $y=\mathrm{e}^{x^2+2x}$ 的导数.

解　函数 $y=\mathrm{e}^{x^2+2x}$ 可看作由 $y=\mathrm{e}^u$，$u=x^2+2x$ 复合而成,因此
$$y'_x=y'_u \cdot u'_x=(\mathrm{e}^u)'_u \cdot (x^2+2x)'_x=\mathrm{e}^u(2x+2)=2(x+1)\mathrm{e}^{x^2+2x}$$

例 4.2.14　设 $y=\left(\dfrac{1+x}{1-x}\right)^3$，求 y'.

解　将函数视为由函数 $y=u^3$，$u=\dfrac{1+x}{1-x}$ 所构成的复合函数,于是
$$y'_x=y'_u \cdot u'_x=(u^3)'_u \cdot \left(\frac{1+x}{1-x}\right)'_x=3u^3 \cdot \frac{2}{(1-x)^2}=\frac{6(1+x)^2}{(1-x)^4}$$

利用定理 4.4 求复合函数的导数时,首先要分析所给函数由哪些函数复合而成,也就是说要把所给函数拆成若干个简单函数(简单函数的表现形式:一般是指基本初等函数及其和差积商运算后的表达式).而这些简单函数的导数一般可由求导公式及相应运算法则求得,再应用定理 3 就能够求出所给复合函数的导数了.

对复合函数的分解比较熟悉后,不必写出复合函数的中间变量,可直接按下面例题的方式进行计算.

例 4.2.15　求函数 $y=\cos \dfrac{x}{1+x^2}$ 的导数.

解　$y'=\left(\cos \dfrac{x}{1+x^2}\right)'=\left(-\sin \dfrac{x}{1+x^2}\right) \cdot \left(\dfrac{x}{1+x^2}\right)'=-\left(\sin \dfrac{x}{1+x^2}\right)\dfrac{1+x^2-2x^2}{(1+x^2)^2}$

　　　$=\dfrac{x^2-1}{(1+x^2)^2}\sin \dfrac{x}{1+x^2}$

例 4.2.16　求函数 $y=\ln(x+\sqrt{a^2+x^2})$ 的导数.

解　$y'=\left[\ln(x+\sqrt{a^2+x^2})\right]'=\dfrac{1}{x+\sqrt{a^2+x^2}}(x+\sqrt{a^2+x^2})'$

　　　$=\dfrac{1}{x+\sqrt{a^2+x^2}}\left[1+\dfrac{1}{2}(a^2+x^2)^{-\frac{1}{2}}(a^2+x^2)'\right]$

　　　$=\dfrac{1}{x+\sqrt{a^2+x^2}}\left(1+\dfrac{2x}{2\sqrt{a^2+x^2}}\right)=\dfrac{1}{\sqrt{a^2+x^2}}$

例 4.2.17　设 $f(x)$ 可导,求函数 $y=f(\sin^2 2x)$ 的导数.

解　$y'=\left[f(\sin^2 2x)\right]'=f'(\sin^2 2x)(\sin^2 2x)'$

　　　$=2f'(\sin^2 2x)\sin 2x \times \cos 2x \times 2=2f'(\sin^2 2x)\sin 4x$

利用复合函数求导法则,可证明一般幂函数的求导公式.

例 4.2.18　求函数 $y = x^a$（a 为任意实数）的导数（$x > 0$）.

解　$y = x^a$ 可改写为 $y = e^{a \ln x}$，因此

$$y' = (e^{a \ln x})' = e^{a \ln x}(a \ln x)' = ax^a \cdot \frac{1}{x} = ax^{a-1}$$

4.2.5　一元初等函数求导方法小结

至此，我们已完整介绍了一元初等函数求导数的方法，总体归纳起来，就是"**一组公式，三个法则**"."**一组公式**"就是指求导过程中必须牢记住的一组基本初等函数的求导公式，"**三个法则**"则是指导数的四则运算法则、反函数求导法则和复合函数求导法则.它们既是一元初等函数求导的一般方法，也是多元函数偏导数的计算基础，因而更是（偏）导数诸多应用中都离不开的根本方法.

为便于查阅，现将基本初等函数的求导公式及一元函数的求导法则归纳如下：

1.基本函数的求导公式

(1) $(C)' = 0$（C 为常数）；

(2) $(x^a)' = ax^{a-1}$；

(3) $(a^x)' = a^x \ln a$；

(4) $(e^x)' = e^x$；

(5) $(\sin x)' = \cos x$；

(6) $(\cos x)' = -\sin x$；

(7) $(\tan x)' = \sec^2 x$；

(8) $(\cot x)' = -\csc^2 x$；

(9) $(\sec x)' = \sec x \cdot \tan x$；

(10) $(\csc x)' = -\csc x \cdot \cot x$；

(11) $(\arcsin x)' = \dfrac{1}{\sqrt{1-x^2}}$；

(12) $(\arccos x)' = -\dfrac{1}{\sqrt{1-x^2}}$；

(13) $(\arctan x)' = \dfrac{1}{1+x^2}$；

(14) $(\text{arccot}\, x)' = -\dfrac{1}{1+x^2}$；

(15) $(\log_a x)' = \dfrac{1}{x \ln a}$；

(16) $(\ln x)' = \dfrac{1}{x}$.

2.函数的四则运算的求导法则

设 $u = u(x)$，$v = v(x)$ 均可导，则

(1) $(u \pm v)' = u' \pm v'$；

(2) $(Cu) = Cu'$（C 是常数）；

(3) $(uv)' = u'v + uv'$；

(4) $\left(\dfrac{u}{v} \right)' = \dfrac{u'v - uv'}{v^2}$（$v \neq 0$）.

3.复合函数的求导法则

如果函数 $u = \varphi(x)$ 在点 x 处可导，而函数 $y = f(u)$ 在对应的点 $u = \varphi(x)$ 处可导，则复合函数 $y = f(\varphi(x))$ 在点 x 处可导，且其导数为

$$\frac{dy}{dx} = \frac{dy}{du} \cdot \frac{du}{dx}$$

4.2.6　幂指函数求导与取对数求导法

第 2 章中已介绍过幂指函数的概念.作为复合函数求导法则的一个应用实例，在这里给出

幂指函数的求导公式.

设幂指函数 $y=[u(x)]^{v(x)}\ (u(x)>0)$ 可导,将其改写为 $y=\mathrm{e}^{v(x)\ln u(x)}$,则由复合函数求导法则有

$$y'=(\mathrm{e}^{v(x)\ln u(x)})'=\mathrm{e}^{v(x)\ln u(x)}\cdot[v(x)\ln u(x)]'$$

$$=[u(x)]^{v(x)}\cdot\left[v'(x)\ln u(x)+v(x)\cdot\frac{u'(x)}{u(x)}\right]$$

这个公式记忆不便,所以要求读者掌握住将幂指函数转化为指数函数与对数函数的复合函数,进而利用复合函数求导法则对其求导的方法.

例 4.2.19 求函数 $y=x^{\cot x}$ 的导数.

解 $y'=(x^{\cot x})'=(\mathrm{e}^{\cot x\ln x})'=\mathrm{e}^{\cot x\cdot\ln x}(\cot x\cdot\ln x)'$

$$=x^{\cot x}\left(-\csc^2 x\cdot\ln x+\cot x\cdot\frac{1}{x}\right)=x^{\cot x}\left(\frac{1}{x}\cot x-\csc^2 x\ln x\right)$$

换一种方式,我们也可用先对幂指函数 $y=[u(x)]^{v(x)}$ 两边取对数,进而利用复合函数求导法则求导的方法求出其导数.

两边同时取对数,得

$$\ln y(x)=\ln[u(x)]^{v(x)}=v(x)\ln u(x)$$

利用复合函数求导法则,上式两边同时对自变量 x 求导(注意 $y=y(x)$),得

$$\frac{1}{y}y'=[v(x)\ln u(x)]'=v'(x)\ln u(x)+v(x)\cdot\frac{u'(x)}{u(x)}$$

即

$$y'=y\cdot\left[v'(x)\ln u(x)+v(x)\cdot\frac{u'(x)}{u(x)}\right]=[u(x)]^{v(x)}\left[v'(x)\ln u(x)+v(x)\cdot\frac{u'(x)}{u(x)}\right]$$

例 4.2.20 求函数 $y=\left(\frac{x}{x+1}\right)^x\ (x>0)$ 的导数 y'.

解 这是幂指函数,需先对等式两边取对数,得

$$\ln y=x\ln\left(\frac{x}{x+1}\right)$$

或

$$\ln y=x[\ln x-\ln(1+x)]$$

上式两边对 x 求导,注意到 y 是 x 的函数,得

$$\frac{1}{y}y'=\ln x-\ln(1+x)+x\left(\frac{1}{x}-\frac{1}{1+x}\right)$$

于是 $\qquad y'=y\left(\ln\frac{x}{1+x}+\frac{1}{1+x}\right)=\left(\frac{x}{1+x}\right)^x\left(\ln\frac{x}{1+x}+\frac{1}{1+x}\right)$

这种先对函数取对数,再利用复合函数求导法则在等式两边同时对自变量求导的方法,称为**取对数求导法**.这一方法除可求出幂指函数的导数外,还可求解一些由多个因式作积商运算而得到的函数的导数.

例 4.2.21 求函数 $y=\sqrt{\dfrac{(x-1)(x^2+2)\mathrm{e}^{-x}}{(2+\sin x)(x+1)}}$ $(x>1)$ 的导数 y'.

解 显然,直接用复合函数求导法则计算较繁琐,现对等式两边取对数,得

$$\ln y=\frac{1}{2}\left[\ln(x-1)+\ln(x^2+2)-x-\ln(2+\sin x)-\ln(x+1)\right]$$

上式两边对 x 求导,注意到 y 是 x 的函数,有

$$\frac{1}{y}y'=\frac{1}{2}\left(\frac{1}{x-1}+\frac{2x}{x^2+2}-1-\frac{\cos x}{2+\sin x}-\frac{1}{x+1}\right)$$

即

$$y'=\frac{y}{2}\left(\frac{1}{x-1}+\frac{2x}{x^2+2}-1-\frac{\cos x}{2+\sin x}-\frac{1}{x+1}\right)$$

4.2.7 由参数方程所确定的一元函数的导数

如果变量 x 与 y 之间的函数关系 $y=y(x)$ 由参数方程

$$\begin{cases}x=\varphi(t)\\y=\psi(t)\end{cases}\tag{4-2-1}$$

所确定,则称此函数关系所表达的函数 $y=y(x)$ 为由**参数方程(4-2-1)所确定的函数**.

例如,在中学数学课程里我们就已学习了圆和椭圆的参数方程分别为

$$\begin{cases}x=R\cos t\\y=R\sin t\end{cases}\quad\text{及}\quad\begin{cases}x=a\cos t\\y=b\sin t\end{cases}$$

物理学中研究物体运动轨迹时也常常用到参数方程,如弹头的弹道曲线可用参数方程表示为

$$\begin{cases}x=v_0 t\cos\alpha\\y=v_0 t\sin\alpha-\dfrac{1}{2}gt^2\end{cases}\tag{4-2-2}$$

其中 g 是重力加速度,α 为弹头发射方向与地平面的仰角(不计空气阻力).

如果消去式(4-2-2)中的参数 t,便得

$$y=x\tan\alpha-\frac{g\cdot\sec^2\alpha}{2v_0^2}x^2\tag{4-2-3}$$

这是因变量 y 与自变量 x 的显式表达式,即参数方程(4-2-2)所确定的函数.

在实际问题中,常常会遇到要计算由参数方程(4-2-1)所确定的函数的导数问题.即使能先从式(4-2-1)中消去 t 得到它的显函数表达式,再求其导数,计算也太繁琐,但一般情况下消去参数 t 较困难甚至不可能,因而我们希望能直接由参数方程式(4-2-1)求出它所确定的函数的导数.

注意到参数方程(4-2-1)所确定的函数 $y=y(x)$ 可看作是由函数 $y=\psi(t)$ 与函数 $x=\varphi(t)$ 的反函数 $t=\varphi^{-1}(x)$ 复合而成的函数 $y=\psi(\varphi^{-1}(x))$.设 $y=\psi(t)$ 与 $x=\varphi(t)$ 均可导,且 $\varphi'(t)\neq 0$.于是,运用复合函数和反函数的求导法则,有

$$\frac{\mathrm{d}y}{\mathrm{d}x} = \frac{\mathrm{d}y}{\mathrm{d}t} \cdot \frac{\mathrm{d}t}{\mathrm{d}x} = \frac{\mathrm{d}y}{\mathrm{d}t} \cdot \frac{1}{\dfrac{\mathrm{d}x}{\mathrm{d}t}} = \frac{\psi'(t)}{\varphi'(t)} \tag{4-2-4}$$

即

$$\frac{\mathrm{d}y}{\mathrm{d}x} = \frac{\psi'(t)}{\varphi'(t)} = \frac{\dfrac{\mathrm{d}y}{\mathrm{d}t}}{\dfrac{\mathrm{d}x}{\mathrm{d}t}}$$

例 4.2.22　已知椭圆的参数方程为 $\begin{cases} x = a\cos t \\ y = b\sin t \end{cases}$，求椭圆在 $t = \dfrac{\pi}{4}$ 处的切线方程和法线方程.

解　当 $t = \dfrac{\pi}{4}$ 时，椭圆上对应的点为 $M\left(\dfrac{\sqrt{2}}{2}a, \dfrac{\sqrt{2}}{2}b\right)$.

椭圆在点 M 的切线斜率为

$$K = \frac{\mathrm{d}y}{\mathrm{d}x}\Big|_{t=\frac{\pi}{4}} = \frac{(b\sin t)'}{(a\cos t)'}\Big|_{t=\frac{\pi}{4}} = \frac{b\cos t}{-a\sin t}\Big|_{t=\frac{\pi}{4}} = -\frac{b}{a}$$

于是椭圆在点 M 处的切线方程为 $y - \dfrac{\sqrt{2}}{2}b = -\dfrac{b}{a}\left(x - \dfrac{\sqrt{2}}{2}a\right)$，即

$$bx + ay - \sqrt{2}\,ab = 0$$

椭圆在点 M 处的法线方程为

$$y - \frac{\sqrt{2}}{2}b = \frac{a}{b}\left(x - \frac{\sqrt{2}}{2}a\right)$$

即

$$ax - by = \frac{\sqrt{2}}{2}(a^2 - b^2)$$

4.2.8　高阶导数

一元函数 $y = f(x)$ 的导数 $y' = f'(x)$ 可理解为函数 $f(x)$ 对自变量 x 求了一次导数，称为 y（对 x）的**一阶导数**，显然，它还是 x 的函数.如果 $f'(x)$ 还是可导的，则可继续对其求导，其导数称为 y（对 x）的**二阶导数**.同理，二阶导数的导数称为三阶导数，依此类推，一般地，$y = f(x)$ 的 n 阶导数可定义为 $y = f(x)$ 的 $n-1$ 阶导数的导数，即

y 对 x 的**一阶导数**定义为 $\dfrac{\mathrm{d}y}{\mathrm{d}x}$，简记为 $y' = f'(x)$；

y 对 x 的**二阶导数**定义为 $\dfrac{\mathrm{d}^2 y}{\mathrm{d}x^2} = \dfrac{\mathrm{d}}{\mathrm{d}x}\left(\dfrac{\mathrm{d}y}{\mathrm{d}x}\right)$，简记为 $y'' = (y')' = f''(x)$；

y 对 x 的**三阶导数**定义为 $\dfrac{\mathrm{d}^3 y}{\mathrm{d}x^3} = \dfrac{\mathrm{d}}{\mathrm{d}x}\left(\dfrac{\mathrm{d}^2 y}{\mathrm{d}x^2}\right)$，简记为 $y''' = (y'')' = f'''(x)$；

……

y 对 x 的 n **阶导数**定义为 $\dfrac{\mathrm{d}^n y}{\mathrm{d}x^n} = \dfrac{\mathrm{d}}{\mathrm{d}x}\left(\dfrac{\mathrm{d}^{n-1} y}{\mathrm{d}x^{n-1}}\right)$，简记为 $y^{(n)} = [f^{(n-1)}(x)]' = f^{(n)}(x)$.

二阶及二阶以上的导数统称为**高阶导数**.特别，$y = f(x)$ 的**零阶导数**是指 $y = f(x)$ 自身（即不求导数），即 $y^{(0)} = f^{(0)}(x) = f(x)$.

注意:四阶及其以上阶的导数记号一律不再使用撇号而改用括弧内标数字，而三阶及以下阶的导数则只用撇号而不用括弧内标数字.

高阶导数的源问题主要来自物理学.例如，质点作变速直线运动的速度 $v(t)$ 是位移函数 $s(t)$ 对时间 t 的导数，即

$$v(t) = \frac{\mathrm{d}s}{\mathrm{d}t} \quad 或 \quad v(t) = s'(t)$$

而加速度 $a(t)$ 又是速度 $v(t)$ 对时间 t 的变化率，即加速度 $a(t)$ 是速度 $v(t)$ 对时间 t 的导数

$$a(t) = \frac{\mathrm{d}v}{\mathrm{d}t} = \frac{\mathrm{d}}{\mathrm{d}t}\left(\frac{\mathrm{d}s}{\mathrm{d}t}\right) = \frac{\mathrm{d}^2 s}{\mathrm{d}t^2} \quad 或 \quad a(t) = [s'(t)]' = s''(t)$$

即加速度是位移的二阶导数，这一现象可以视为二阶导数的物理意义.

根据高阶导数的定义，求函数的 n 阶导数的过程，就是依次反复求一元函数的一阶、二阶、……、n 阶导数的过程，这也是高阶导数的计算方法.

例 4.2.23 求函数 $y = x^n$ 的 n 阶导数，其中 n 为正整数.

解 $y' = nx^{n-1}$，$y'' = n(n-1)x^{n-2}$，$y^{(3)} = n(n-1)(n-2)x^{n-3}$，……，

$y^{(n)} = n!$，$y^{(n+1)} = 0$，$y^{(n+2)} = 0$，……

例 4.2.24 求函数 $y = \mathrm{e}^x$ 的 n 阶导数.

解 $y' = \mathrm{e}^x$，$y'' = \mathrm{e}^x$，……，$y^{(n)} = \mathrm{e}^x$

例 4.2.25 求函数 $y = \sin x$ 的 n 阶导数.

解 $y' = \cos x = \sin\left(x + \dfrac{\pi}{2}\right)$

$$y'' = \cos\left(x + \frac{\pi}{2}\right) = \sin\left(x + \frac{\pi}{2} + \frac{\pi}{2}\right) = \sin\left(x + 2 \times \frac{\pi}{2}\right)$$

$$y^{(3)} = \cos\left(x + 2 \times \frac{\pi}{2}\right) = \sin\left(x + 2 \times \frac{\pi}{2} + \frac{\pi}{2}\right) = \sin\left(x + 3 \times \frac{\pi}{2}\right)$$

……

$$y^{(n)} = \sin\left(x + n \times \frac{\pi}{2}\right)$$

即

$$(\sin x)^{(n)} = \sin\left(x + n \times \frac{\pi}{2}\right)$$

类似可得

$$(\cos x)^{(n)} = \cos\left(x + n \times \frac{\pi}{2}\right)$$

例 4.2.26 求函数 $y = \ln(1+x)$ 的 n 阶导数.

解 $y' = \dfrac{1}{1+x}$, $y'' = \dfrac{-1}{(1+x)^2}$, $y^{(3)} = \dfrac{1 \times 2}{(1+x)^3}$, $y^{(4)} = -\dfrac{1 \times 2 \times 3}{(1+x)^4}$, $\cdots$,

$$y^{(n)} = (-1)^{n-1} \frac{(n-1)!}{(1+x)^n}$$

前面已介绍过由参数方程 $(4-2-1)$ 所确定的函数的导数,这个函数也可以求二阶导数. 如果 $x = \varphi(t)$ 与 $y = \Psi(t)$ 二阶可导,那么从式 $(4-2-4)$ 可得到函数的二阶导数公式

$$\frac{\mathrm{d}^2 y}{\mathrm{d} x^2} = \frac{\mathrm{d}}{\mathrm{d} x}\left(\frac{\mathrm{d} y}{\mathrm{d} x}\right) = \frac{\mathrm{d}}{\mathrm{d} t}\left(\frac{\mathrm{d} y}{\mathrm{d} x}\right) \cdot \frac{\mathrm{d} t}{\mathrm{d} x}$$

$$= \frac{\mathrm{d}}{\mathrm{d} t}\left(\frac{\mathrm{d} y}{\mathrm{d} x}\right)\frac{1}{\dfrac{\mathrm{d} x}{\mathrm{d} t}} = \frac{\mathrm{d}}{\mathrm{d} t}\left(\frac{\Psi'(t)}{\varphi'(t)}\right) \cdot \frac{1}{\varphi'(t)} = \frac{\Psi''(t)\varphi'(t) - \Psi'(t)\varphi''(t)}{\varphi'''(t)}$$

例 4.2.27 计算由摆线的参数方程 $\begin{cases} x = a(t - \sin t) \\ y = a(1 - \cos t) \end{cases}$ 所确定的函数的二阶导数 $\dfrac{\mathrm{d}^2 y}{\mathrm{d} x^2}\Big|_{t=\frac{\pi}{2}}$.

解 $\dfrac{\mathrm{d} y}{\mathrm{d} x} = \dfrac{\dfrac{\mathrm{d} y}{\mathrm{d} t}}{\dfrac{\mathrm{d} x}{\mathrm{d} t}} = \dfrac{a \sin t}{a(1 - \cos t)} = \cot \dfrac{t}{2} \quad (t \neq 2n\pi, n \text{ 为整数})$

$$\frac{\mathrm{d}^2 y}{\mathrm{d} x^2} = \frac{\dfrac{\mathrm{d}\left(\dfrac{\mathrm{d} y}{\mathrm{d} x}\right)}{\mathrm{d} t}}{\dfrac{\mathrm{d} x}{\mathrm{d} t}} = \frac{\mathrm{d}}{\mathrm{d} t}\left(\cot \frac{t}{2}\right) \cdot \frac{1}{a(1 - \cos t)}$$

$$= -\frac{1}{2}\csc^2 \frac{t}{2} \cdot \frac{1}{a(1 - \cos t)} = -\frac{1}{a(1 - \cos t)^2}$$

所以

$$\frac{\mathrm{d}^2 y}{\mathrm{d} x^2}\Big|_{t=\frac{\pi}{2}} = -\frac{1}{a}$$

从上面的例子可见,尽管一元函数的形式多样,但只要熟练掌握"一组公式,三个法则",即便求导的计算过程略长,只要勤加练习,熟能生巧,就可顺利求出各种形式的函数的导数.

习题 $4-2$

1.求下列函数的导数:

(1) $y = \sqrt{x}(2 + x^3)$;

(2) $y = 3^x + x^5$;

(3) $y = 5x^3 - 2^x + 3\mathrm{e}^x$;

(4) $y = x^2 \cos x$;

(5) $y = \mathrm{e}^x(x^2 - 3x + 2)$;

(6) $y = \arcsin x + 4\log_2 x$;

(7) $y = \dfrac{\ln x}{x}$;

(8) $y = (x^2 + 1)\arctan x$;

(9) $y = 3\sec x + \cot x$;

(10) $y = \dfrac{x + \cos x}{x \cos x}$.

(11)$y=2a^x \cdot \cos x$；　　　　　　　　(12)$y=\tan x+2\sec x+1$.

2.求下列函数在指定点处的导数：

(1)$y=\cos x-\cot x$,求 $y'\left(\dfrac{\pi}{4}\right)$ 和 $y'\left(\dfrac{\pi}{2}\right)$；

(2)$y=e^x(x^2-3x+1)$,求 $y'(0)$；

(3)$y=\dfrac{3}{3-x}+\dfrac{x^3}{3}$,求 $y'(0)$.

3.求下列函数的导数：

(1)$y=(3x+4)^3$；　　　　　　　　　(2)$y=\cos(2x^2+3x-1)$；

(3)$y=\sin\sqrt{x}$；　　　　　　　　　(4)$y=\ln(1+x^3)$；

(5)$y=e^{-x^2}$；　　　　　　　　　　(6)$y=\ln(\ln x)$；

(7)$y=[\arcsin(x^2)]^2$；　　　　　　(8)$y=\ln(x+\sqrt{a^2+x^2})$；

(9)$y=2^{\mathrm{arccot}\sqrt{x}}$；　　　　　　　　(10)$y=(\arccos x)^3$；

(11)$\ln\tan\dfrac{1}{x}$；　　　　　　　　(12)$y=e^{ax} \cdot \cos bx$；

(13)$y=x^{\sin x}$；　　　　　　　　　(14)$y=e^x+e^{e^x}$.

4.设函数 $y=f(x)$ 可导,求下列函数的导数 y'：

(1)$y=f(x\sin x)$；　　　　　　　　(2)$y=f(\sin^2 x)+f(\cos^2 x)$；

(3)$y=[f(\ln x)]^3$.

5.用对数求导法则求 $y=(\sin x)^x+2$ 的导数 y'.

6.求下列函数的二阶导数：

(1)$y=3x^2+\ln x$；　　　　　　　　(2)$y=e^{-x}\sin x$；

(3)$y=xe^x$；　　　　　　　　　　(4)$y=\ln(1-x^2)$.

7.求由下列参数方程所确定的函数的一阶导数 $\dfrac{\mathrm{d}y}{\mathrm{d}x}$ 和二阶导数 $\dfrac{\mathrm{d}^2 y}{\mathrm{d}x^2}$.

(1)$\begin{cases} x=2^{-t}；\\ y=2^{2t} \end{cases}$　　　　　　　　(2)$\begin{cases} x=\ln(1+t^2)\\ y=t-\arctan t \end{cases}$.

4.3　多元函数的求导

4.3.1　基本方法

从偏导数的概念可知,偏导数仅仅关注因变量关于某一自变量的变化情况,而忽略其余自变量的变化,所以偏导数本质上就是面对多元函数来考虑某个变量的一元导数,从而偏导数的计算就是将其余变量视为常量,仅仅对该变量求导.也就是说,可以用一元函数求导的方法来对多元函数求偏导数.求 $\dfrac{\partial f}{\partial x}$ 时,只要把 y 暂时看成常量而对 x 求导；求 $\dfrac{\partial f}{\partial x}$ 时,则把 x 暂时看作常量而对 y 求导.

这样,一元函数求导方法中的"一组公式,三个法则"同样也就成为多元函数求偏导数的基础.

例 4.3.1 求 $z = x^2 + 3xy + y^2$ 在点 $(1,2)$ 处的偏导数.

解 对自变量 x 求偏导数时,仅把 x 看作变量,而把 y 看作常量,就有

$$\frac{\partial z}{\partial x} = 2x + 3y, \quad \frac{\partial z}{\partial y} = 3x + 2y$$

$$\frac{\partial z}{\partial x}\bigg|_{\substack{x=1\\y=2}} = 2 \times 1 + 3 \times 2 = 8, \quad \frac{\partial z}{\partial y}\bigg|_{\substack{x=1\\y=2}} = 3 \times 1 + 2 \times 2 = 7$$

例 4.3.2 求函数 $f(x,y) = x \arctan \frac{y}{x}$ 的偏导数.

解 对自变量 x 求偏导数时,仅把 x 看作变量,而把 y 看作常量,就有

$$f_x(x,y) = \arctan \frac{y}{x} + x \cdot \frac{1}{1 + \left(\frac{y}{x}\right)^2} \cdot \left(-\frac{y}{x^2}\right)$$

$$= \arctan \frac{y}{x} - \frac{xy}{x^2 + y^2}$$

同理,对自变量 y 求偏导数时,仅把 y 看作变量,而把 x 看作常量,同样有

$$f_y(x,y) = x \cdot \frac{1}{1 + \left(\frac{y}{x}\right)^2} \cdot \frac{1}{x} = \frac{x^2}{x^2 + y^2}$$

例 4.3.3 求 $z = x^y$ 的偏导数.

解 注意到对 x 求偏导数时,z 是 x 的幂函数;而对 y 求偏导数时,z 是 y 的指数函数,所以不难得到

$$z_x = yz^{y-1}, \quad z_y = x^y \ln x$$

例 4.3.4 求 $u = \dfrac{x}{x^2 + y^2 + z^2}$ 的偏导数.

解
$$\frac{\partial u}{\partial x} = \frac{x^2 + y^2 + z^2 - x \times 2x}{(x^2 + y^2 + z^2)^2} = \frac{y^2 + z^2 - x^2}{(x^2 + y^2 + z^2)^2}$$

$$\frac{\partial u}{\partial y} = -\frac{x \times 2y}{(x^2 + y^2 + z^2)^2} = \frac{-2xy}{(x^2 + y^2 + z^2)^2}$$

$$\frac{\partial u}{\partial z} = -\frac{x \times 2z}{(x^2 + y^2 + z^2)^2} = \frac{-2xz}{(x^2 + y^2 + z^2)^2}$$

偏导数的概念可以推广到二元以上的多元函数.例如三元函数 $u = f(x,y,z)$,固定 y、z,把函数 $f(x,y,z)$ 看作 x 的一元函数,对 x 求导就得到对 x 的偏导数 $\dfrac{\partial u}{\partial x}$;同理,固定 x、z 对 y 求导,就得到对 y 的偏导数 $\dfrac{\partial u}{\partial y}$;固定 x、y 对 z 求导,就得到对 z 的偏导数 $\dfrac{\partial u}{\partial z}$.一般地,对 n 元函数 $u = f(x_1, x_2, \cdots, x_n)$,把其余 $n-1$ 个变量视为常数,而把函数 $u = f(x_1, x_2, \cdots, x_n)$ 视为某一变量 $x_j (j = 1, 2, \cdots, n)$ 的一元函数,就可得到 n 个偏导数

$$\frac{\partial u}{\partial x_1}, \quad \frac{\partial u}{\partial x_2}, \quad \cdots, \quad \frac{\partial u}{\partial x_n}$$

4.3.2　高阶偏导数

若二元函数 $z=f(x,y)$ 在区域 D 内的两个偏导数均存在,则在 D 内 $f_x(x,y)$、$f_y(x,y)$ 仍是 x、y 的函数,如果这两个函数的偏导数也存在,则称其为 $z=f(x,y)$ 的**二阶偏导数**,按照求导次序的不同,有以下四个二阶偏导数:

$$\frac{\partial}{\partial x}\left(\frac{\partial z}{\partial x}\right)=\frac{\partial^2 z}{\partial x^2}=f_{xx}(x,y),\qquad \frac{\partial}{\partial y}\left(\frac{\partial z}{\partial x}\right)=\frac{\partial^2 z}{\partial x\partial y}=f_{xy}(x,y)$$

$$\frac{\partial}{\partial x}\left(\frac{\partial z}{\partial y}\right)=\frac{\partial^2 z}{\partial y\partial x}=f_{yx}(x,y),\qquad \frac{\partial}{\partial y}\left(\frac{\partial z}{\partial y}\right)=\frac{\partial^2 z}{\partial y^2}=f_{yy}(x,y)$$

其中 $\dfrac{\partial^2 z}{\partial x\partial y}$、$\dfrac{\partial^2 z}{\partial y\partial x}$ 称为**二阶混合偏导数**,$\dfrac{\partial^2 z}{\partial x^2}$、$\dfrac{\partial^2 z}{\partial y^2}$ 称为**二阶纯偏导数**.

类似的可以定义 $z=f(x,y)$ 的三阶、四阶以及 n 阶偏导数.二阶以及二阶以上的偏导数称为**高阶偏导数**,而前面所定义的偏导数可称为**一阶偏导数**.

例 4.3.5　求 $z=x^3 y+4xy^2-x+5$ 的二阶偏导数.

解　$\dfrac{\partial z}{\partial x}=3x^2 y+4y^2-1,\quad \dfrac{\partial z}{\partial y}=x^3+8xy$

$$\frac{\partial^2 z}{\partial x^2}=6xy,\quad \frac{\partial^2 z}{\partial y\partial x}=3x^2+8y,\quad \frac{\partial^2 z}{\partial x\partial y}=3x^2+8y,\quad \frac{\partial^2 z}{\partial y^2}=8x$$

从本例中可见两个二阶混合偏导数相等,这并非偶然,因为我们有下述定理.

定理 4.5　如果 $z=f(x,y)$ 的两个混合偏导数 $\dfrac{\partial^2 z}{\partial x\partial y}$ 与 $\dfrac{\partial^2 z}{\partial y\partial x}$ 在区域 D 内连续,则在 D 内有 $\dfrac{\partial^2 z}{\partial x\partial y}=\dfrac{\partial^2 z}{\partial y\partial x}$.

证明从略.

也就是说,二阶混合偏导数在连续的情况下与求导的先后顺序无关.如果不作特别说明,本书中的例题和习题中均自然假定所给二元函数均满足定理 4.5 中的条件,因而总有 $\dfrac{\partial^2 z}{\partial x\partial y}=\dfrac{\partial^2 z}{\partial y\partial x}$.

例 4.3.6　设 $z=\arctan\dfrac{y}{x}$,求 $\dfrac{\partial^2 z}{\partial x^2},\dfrac{\partial^2 z}{\partial x\partial y},\dfrac{\partial^2 z}{\partial y^2}$.

解　$\dfrac{\partial z}{\partial x}=\dfrac{1}{1+\left(\dfrac{y}{x}\right)^2}\cdot\left(\dfrac{y}{x}\right)'_x=-\dfrac{y}{x^2+y^2},\quad \dfrac{\partial z}{\partial y}=\dfrac{1}{1+\left(\dfrac{y}{x}\right)^2}\cdot\left(\dfrac{y}{x}\right)'_y=\dfrac{x}{x^2+y^2}$

$$\frac{\partial^2 z}{\partial x^2}=\left(-\frac{y}{x^2+y^2}\right)'_x=\frac{2xy}{(x^2+y^2)^2},\quad \frac{\partial^2 z}{\partial y^2}=\left(\frac{x}{x^2+y^2}\right)'_x=\frac{-2xy}{(x^2+y^2)^2}$$

$$\frac{\partial^2 z}{\partial x\partial y}=\left(-\frac{y}{x^2+y^2}\right)'_y=\frac{-(x^2+y^2)-(-y)y}{(x^2+y^2)^2}=\frac{y^2-x^2}{(x^2+y^2)^2}$$

例 4.3.7 证明函数 $u = \dfrac{1}{r}, r = \sqrt{x^2 + y^2 + z^2}$ 满足拉普拉斯(Laplace)方程:

$$\frac{\partial^2 u}{\partial x^2} + \frac{\partial^2 u}{\partial y^2} + \frac{\partial^2 u}{\partial z^2} = 0$$

证 $\dfrac{\partial u}{\partial x} = -\dfrac{1}{r^2}\dfrac{\partial r}{\partial x} = -\dfrac{1}{r^2}\dfrac{x}{r} = -\dfrac{x}{r^3}, \quad \dfrac{\partial^2 u}{\partial x^2} = -\dfrac{1}{r^3} + \dfrac{3x}{r^4} \cdot \dfrac{\partial r}{\partial x} = -\dfrac{1}{r^3} + \dfrac{3x^2}{r^5}$

由于函数关于自变量的对称性,因此

$$\frac{\partial^2 u}{\partial y^2} = -\frac{1}{r^3} + \frac{3y^2}{r^5}, \quad \frac{\partial^2 u}{\partial z^2} = -\frac{1}{r^3} + \frac{3z^2}{r^5}$$

所以

$$\frac{\partial^2 u}{\partial x^2} + \frac{\partial^2 u}{\partial y^2} + \frac{\partial^2 u}{\partial z^2} = -\frac{3}{r^3} + \frac{3(x^2 + y^2 + z^2)}{r^5} = -\frac{3}{r^3} + \frac{3r^2}{r^5} = 0$$

4.3.3 多元复合函数的求导法则

多元复合函数的复合情形和复合方式由于因变量和中间变量是多元函数而变得十分复杂,如何正确给出每个具体复合函数的求(偏)导公式就成为多元复合函数求(偏)导数的关键.根据中间变量及自变量个数的不同,我们将按多元复合函数不同的复合情形给出相应的求导法则.

首先引入一种最基本的情形,即函数(因变量)只含一个中间变量,但含有多个自变量.例如,$z = f(u)$ 在点 u 可导,$u = \varphi(x, y)$ 在对应点 (x, y) 的两个偏导数均存在,由一元函数复合求导法则知,$z = f(\varphi(x, y))$ 在点 (x, y) 的两个偏导数也存在,即

$$\frac{\partial z}{\partial x} = f'(u)\frac{\partial u}{\partial x} = f'(\varphi(x, y)) \cdot \varphi_x(x, y)$$

$$\frac{\partial z}{\partial y} = f'(u)\frac{\partial u}{\partial y} = f'(\varphi(x, y)) \cdot \varphi_y(x, y)$$

我们将反复使用这一简单的情形而推导出以下求导公式.

1. 多个中间变量,一个自变量情形

定理 4.6 设 $z = f(u, v)$ 在点 (u, v) 可微,$u = u(t)$ 及 $v = v(t)$ 在对应点 t 可导,则复合函数

$$z = f(u(t), v(t))$$

在点 t 可导,且复合函数的导数为

$$\frac{\mathrm{d}z}{\mathrm{d}t} = \frac{\partial z}{\partial u}\frac{\mathrm{d}u}{\mathrm{d}t} + \frac{\partial z}{\partial v}\frac{\mathrm{d}v}{\mathrm{d}t} = f_u \cdot u'(t) + f_v \cdot v'(t) \tag{4-3-1}$$

证 设 t 有增量 Δt,则 $u = \varphi(t)$、$v = \psi(t)$ 相应地有增量 Δu、Δv,函数 $z = f(u, v)$ 有增量 Δz,由于 $z = f(u, v)$ 在点 (u, v) 可微,故有

$$\Delta z = \frac{\partial z}{\partial u}\Delta u + \frac{\partial z}{\partial v}\Delta v + o(\rho)$$

上式两边同除以 Δt,得

$$\frac{\Delta z}{\Delta t}=\frac{\partial z}{\partial u}\frac{\Delta u}{\Delta t}+\frac{\partial z}{\partial v}\frac{\Delta v}{\Delta t}+\frac{o(\rho)}{\Delta t}$$

上式令 $\Delta t\to 0$ 取极限,就得到求导公式(4-3-1).这是因为 $u=\varphi(t)$,$v=\psi(t)$ 在点 t 连续,当 $\Delta t\to 0$ 时,$\Delta u\to 0$,$\Delta v\to 0$,因而 $\rho=\sqrt{(\Delta u)^{2}+(\Delta v)^{2}}\to 0$,所以有

$$\lim_{\Delta t\to 0}\frac{o(\rho)}{\Delta t}=\lim_{\Delta t\to 0}\frac{o(\rho)}{\rho}\cdot\frac{\sqrt{(\Delta u)^{2}+(\Delta v)^{2}}}{\Delta t}$$

$$=\lim_{\Delta t\to 0}\frac{o(\rho)}{\rho}\cdot\left(\pm\sqrt{\left(\frac{\Delta u}{\Delta t}\right)^{2}+\left(\frac{\Delta v}{\Delta t}\right)^{2}}\right)=0\cdot\left(\pm\sqrt{\left(\frac{\mathrm{d}u}{\mathrm{d}t}\right)^{2}+\left(\frac{\mathrm{d}v}{\mathrm{d}t}\right)^{2}}\right)=0$$

这种情形下的导数 $\dfrac{\mathrm{d}z}{\mathrm{d}t}$ 称为**全导数**.

例 4.3.8   设 $z=u^{v}$,$u=\ln x$,$v=\cos x$,求 $\dfrac{\mathrm{d}z}{\mathrm{d}x}$.

解 $\dfrac{\mathrm{d}z}{\mathrm{d}x}=\dfrac{\partial z}{\partial u}\cdot\dfrac{\mathrm{d}u}{\mathrm{d}x}+\dfrac{\partial z}{\partial v}\cdot\dfrac{\mathrm{d}v}{\mathrm{d}x}$

$$=vu^{v-1}\cdot\frac{1}{x}+u^{v}\ln u\cdot(-\sin x)$$

$$=u^{v}\left(\frac{v}{ux}-\sin x\cdot\ln u\right)$$

$$=(\ln x)^{\cos x}\left(\frac{\cos x}{x\ln x}-\sin x\cdot\ln\ln x\right)$$

2.多个中间变量及多个自变量情形

定理 4.7   设二元函数 $z=f(u,v)$ 在点 (u,v) 处具有一阶连续偏导数,$u=u(x,y)$ 及 $v=v(x,y)$ 在相应点 (x,y) 有偏导数,则复合函数

$$z=f(u(x,y),v(x,y))$$

在点 (x,y) 有偏导数,且两个偏导数为

$$\frac{\partial z}{\partial x}=\frac{\partial z}{\partial u}\frac{\partial u}{\partial x}+\frac{\partial z}{\partial v}\frac{\partial v}{\partial x}=f_{u}\cdot u_{x}+f_{v}\cdot v_{x}$$

$$\frac{\partial z}{\partial y}=\frac{\partial z}{\partial u}\frac{\partial u}{\partial y}+\frac{\partial z}{\partial v}\frac{\partial v}{\partial y}=f_{u}\cdot u_{y}+f_{v}\cdot v_{y}$$

定理 4.7 可由定理 4.6 直接推得.这是因为求 $\dfrac{\partial z}{\partial x}$ 时,将 y 看作常数,因此中间变量 u 及 v 仍可看作一元函数而应用定理 4.6.

推而广之,任何复杂的复合情形,在对某一指定自变量求偏导数时,其复合结构大都与定理 4.6 的复合结构一致,所以定理 4.6 实际上可被认为是多元复合函数求导的根本方法.因此,多元复合函数求(偏)导数的求导法则可以叙述为复合函数对某自变量的(偏)导数,等于函数对中间变量的(偏)导数与该中间变量对该自变量的(偏)导数的乘积之和,该自变量与几个中间变量相关联,对该自变量的(偏)导数就有几项这种乘积的和.

上述三种基本情形都可以改为两个以上变量的情形.例如定理 4.6 可改为:设 $z=f(u,v,w)$ 在点 (u,v,w) 可微,$u=u(t)$,$v=v(t)$,$w=w(t)$ 在相应点 t 可导,则复合函数

$$z = f(u(t), v(t), w(t))$$

在点 t 可导,且复合函数的导数为

$$\frac{\mathrm{d}z}{\mathrm{d}t} = \frac{\partial z}{\partial u}\frac{\mathrm{d}u}{\mathrm{d}t} + \frac{\partial z}{\partial v}\frac{\mathrm{d}v}{\mathrm{d}t} + \frac{\partial z}{\partial w}\frac{\mathrm{d}w}{\mathrm{d}t}$$

$$= f_u \cdot u'(t) + f_v \cdot v'(t) + f_w \cdot w'(t)$$

例 4.3.9　设 $z = u^2 - v^2$, $u = \mathrm{e}^{x+y}$, $v = \ln(x^2 + y^2)$, 求 $\dfrac{\partial z}{\partial x}$, $\dfrac{\partial z}{\partial y}$.

解　$\dfrac{\partial z}{\partial x} = \dfrac{\partial z}{\partial u}\dfrac{\partial u}{\partial x} + \dfrac{\partial z}{\partial v}\dfrac{\partial v}{\partial x} = 2u \cdot \mathrm{e}^{x+y} - 2v \cdot \dfrac{2x}{x^2+y^2} = 2\mathrm{e}^{2x+2y} - \dfrac{4x}{x^2+y^2}\ln(x^2+y^2)$

$\dfrac{\partial z}{\partial y} = \dfrac{\partial z}{\partial u}\dfrac{\partial u}{\partial y} + \dfrac{\partial z}{\partial v}\dfrac{\partial v}{\partial y} = 2u \cdot \mathrm{e}^{x+y} - 2v \cdot \dfrac{2y}{x^2+y^2} = 2\mathrm{e}^{2x+2y} - \dfrac{4y}{x^2+y^2}\ln(x^2+y^2)$

有必要指出,对于具体的多元复合函数,求导法则不是必要的.例如,在例 4.3.8 中,只需将所有中间变量都代入到函数中,使因变量直接变成为自变量的函数,就可以用一元复合求导公式求解了.即 $z = \mathrm{e}^{2(x+y)} - [\ln(x^2+y^2)]^2$,于是

$$\frac{\partial z}{\partial x} = \mathrm{e}^{2(x+y)} \cdot [2(x+y)]'_x - 2\ln(x^2+y^2) \cdot \frac{1}{x^2+y^2} \cdot (x^2+y^2)'_x$$

$$= 2\mathrm{e}^{2(x+y)} - \ln(x^2+y^2) \cdot \frac{4x}{x^2+y^2}$$

同理可求出 $\dfrac{\partial z}{\partial y}$.

多元复合函数的求导法则更多地是用于含有抽象函数的复合函数求导中,这时必须利用求导法则来求解.

例 4.3.10　若 $z = f(u, x, y)$ 和 $u = \varphi(x, y)$ 都有连续偏导数,求 $\dfrac{\partial z}{\partial x}$, $\dfrac{\partial z}{\partial y}$.

解　复合函数 $z = f(u(x, y), x, y)$ 可看作是 $z = f(u, v, w)$ 中 $v = x, w = y$ 的特殊情形,这时 $f(u, x, y)$ 中的 x,y 既是自变量,又是中间变量,初学者很容易混淆,要特别注意区分.

显见,$\dfrac{\partial v}{\partial x} = 1$, $\dfrac{\partial w}{\partial x} = 0$, $\dfrac{\partial v}{\partial y} = 0$, $\dfrac{\partial w}{\partial y} = 1$,由复合函数求导法则可得

$$\frac{\partial z}{\partial x} = \frac{\partial f}{\partial u} \cdot \frac{\partial u}{\partial x} + \frac{\partial f}{\partial x}, \quad \frac{\partial z}{\partial y} = \frac{\partial f}{\partial u} \cdot \frac{\partial u}{\partial y} + \frac{\partial f}{\partial y}$$

这一结论在隐函数求导中会用到.

例 4.3.11　设 $z = f(x^2+y^2, xy)$,其中 f 具有连续偏导数,求 $\dfrac{\partial z}{\partial x}$, $\dfrac{\partial^2 z}{\partial x \partial y}$.

解　引进中间变量,函数 z 可看作如下的复合函数

$$z = f(u, v), \text{ 而 } u = x^2+y^2, v = xy$$

由定理 4.3.3 可得

$$\frac{\partial z}{\partial x} = f_u \cdot u_x + f_v \cdot v_x = 2x f_u + y f_v$$

$$\frac{\partial^2 z}{\partial x \partial y} = 2x \frac{\partial f_u}{\partial y} + \left[f_v + y \frac{\partial f_v}{\partial y} \right]$$

考虑到 f_u、f_v 都是 f 对中间变量 u、v 的偏导数,与 f 有相同的复合结构,从而有相同的求导公式,于是

$$\frac{\partial^2 z}{\partial x \partial y} = 2x\left[\frac{\partial f_u}{\partial u} \cdot \frac{\partial u}{\partial y} + \frac{\partial f_u}{\partial v} \cdot \frac{\partial v}{\partial y}\right] + f_v + y\left[\frac{\partial f_v}{\partial u} \cdot \frac{\partial u}{\partial y} + \frac{\partial f_v}{\partial v} \cdot \frac{\partial v}{\partial y}\right]$$

$$= 2x[2yf_{uu} + xf_{uv}] + f_v + y[2yf_{vu} + xf_{vv}]$$

$$= 4xyf_{uu} + (2x^2 + 2y^2)f_{uv} + f_v + xyf_{vv}$$

为了避免引进中间变量的麻烦,通常用记号 $f_1{}'$ 表示对第一个中间变量的偏导数,即 $f_1{}' = f_u$,而用 $f_2{}'$ 表示对第二个中间变量的偏导数,即 $f_2{}' = f_v$,同样引用记号 $f_{12}{}'' = f_{uv}$,$f_{21}{}'' = f_{vu}$,$f_{22}{}'' = f_{vv}$ 等等.引用新的记号,例 4.3.11 可表示为

$$\frac{\partial z}{\partial x} = 2xf_1{}' + yf_2{}'$$

$$\frac{\partial^2 z}{\partial x \partial y} = 4xyf_{11}{}'' + (2x^2 + 2y^2)f_{12}{}'' + f_2{}' + xyf_{22}{}''$$

习题 4-3

1.求下列函数的偏导数:

(1)$z = x^2 - 2xy + y^3$; (2)$z = x^{\sin y}$;

(3)$z = \arctan \dfrac{y}{x}$; (4)$u = (x-y)(y-z)(z-x)$.

2.求下列函数的高阶偏导数 $\dfrac{\partial^2 z}{\partial x^2}, \dfrac{\partial^2 z}{\partial x \partial y}, \dfrac{\partial^2 z}{\partial y^2}$:

(1)$z = x^4 + y^4 - 4x^2 y^2$; (2)$z = xy + \sin(x+y)$;

(3)$z = x^2 \ln(x+y)$; (4)$z = \arctam \dfrac{y}{x}$.

3.设 $z = \mathrm{e}^{-\left(\frac{1}{x} + \frac{1}{y}\right)}$,求证:$x^2 \cdot \dfrac{\partial z}{\partial x} + y^2 \cdot \dfrac{\partial z}{\partial y} = 2z$.

4.验证:

(1)$z = \ln \sqrt{x^2 + y^2}$ 满足方程 $\dfrac{\partial^2 z}{\partial x^2} + \dfrac{\partial^2 z}{\partial y^2} = 0$;

(2)$r = \sqrt{x^2 + y^2 + z^2}$ 满足方程 $\dfrac{\partial^2 r}{\partial x^2} + \dfrac{\partial^2 r}{\partial y^2} + \dfrac{\partial^2 r}{\partial z^2} = 0$.

5.设 $z = \mathrm{e}^{x-2y}$,$x = \sin t$,$y = t^3$,求 $\dfrac{\mathrm{d}z}{\mathrm{d}t}$.

6.求下列函数的二阶偏导数(其中 f 有连续二阶编导数):

(1)$z = f(xy, y)$; (2)$z = f\left(x, \dfrac{x}{y}\right)$;

(3)$z = f(\sin x, \sin y, \mathrm{e}^{x+y})$.

4.4　隐函数的(偏)导数

4.4.1　由 $F(x,y)=0$ 所确定的一元隐函数的导数

因变量与自变量之间的对应关系可以用不同的方式表达.前面讨论的函数,例如 $y=\ln(1+x^2),z=\sin(3x+2y)$ 等,这种函数表达方式的特点是因变量可以用含有自变量的一个表达式表示,用这种方式表达的函数称为**显函数**.

在实际问题中,往往还会碰到由方程来表示两个变量之间的函数关系.例如,圆的标准方程 $x^2+y^2-R^2=0$ 也可表示 y 与 x 的函数关系,因为由此方程可以得到显函数表示 $y=\pm\sqrt{R^2-x^2}$.

一般地,如果在二元方程 $F(x,y)=0$ 中,当 x 在某区间内任取一值时,相应地总存在唯一的一个一元函数 $y=y(x)$ 满足这个方程,则称函数 $y=y(x)$ 是由方程 $F(x,y)=0$ 在该区间内确定的一个**一元隐函数**.同理,如果在三元方程 $F(x,y,z)=0$ 中,当 (x,y) 在某平面区域内任取一点时,相应地总存在唯一的一个二元函数 $z=z(x,y)$ 满足这个方程,则称函数 $z=z(x,y)$ 是由方程 $F(x,y,z)=0$ 在该区域内确定的一个**二元隐函数**.依次类推,就可定义由一个 n 元方程所确定的一个 $n-1$ 元隐函数.

由于显函数在明确对应法则上具有明显优势,一般都将隐函数化为显函数表示,将隐函数转化为显函数的过程称为**隐函数的显化**.

然而在通常情况下,将隐函数显化为显函数较困难,甚至不能显化,因此需要寻找直接由方程 $F(x,y)=0$ 或 $F(x,y,z)=0$ 确定的隐函数 $y=y(x)$ 或 $z=z(x,y)$ 的(偏)导数的方法.事实上,可以利用前面介绍过的复合函数求(偏)导数的方法来对隐函数求(偏)导数.下面通过例子来说明这种求导方法.

例 4.4.1　求由方程 $xy-e^x+e^y=0$ 确定的隐函数 $y=y(x)$ 的导数.

解　方程两边分别对 x 求导.注意到 e^y 是 y 的函数,而 y 又是 x 的函数,因此可以视 y 为中间变量,由复合函数的求导法则得

$$y+xy'-e^x+e^y \cdot y'=0$$

解出 y',得

$$y'=\frac{e^x-y}{x+e^y} \quad (x+e^y\neq0)$$

例 4.4.2　求由方程 $xyz-x+2y-3z+1=0$ 所确定的隐函数 $z=z(x,y)$ 的偏导数 z_x,z_y,$z_x\big|_{(1,1)}$ 以及 $z_{xy}\big|_{(1,1)}$.

解　方程两边分别对 x 和 y 求导,并注意到 $z=z(x,y)$,得

$$y(z+xz_x)-1-3z_x=0 \text{ 及 } x(z+yz_y)+2-3z_y=0$$

由此解得

$$z_x=\frac{1-yz}{xy-3}, \quad z_y=-\frac{2+xz}{xy-3}$$

由原方程知,当$(x,y)=(1,1)$时$z=1$,于是

$$z_x\mid_{(1,1)}=\frac{1-yz}{xy-3}\bigg|_{(1,1)}=0$$

$y(z+xz_x)-1-3z_x=0$两边同时对自变量y求偏导数,有

$$z+yz_y+x(z_x+yz_{xy})-3z_{xy}=0$$

把$(x,y)=(1,1)$代入$z_y=-\dfrac{2+xz}{xy-3}$中得到$z_y\mid_{(1,1)}=-3$,再将$x=y=z=1,z_x=0,z_y=-3$代入上式,即可求得$z_{xy}\mid_{(1,1)}=-2$.

上述两个例题似乎在暗示我们,即使不用求导公式也可以利用一元复合函数求导数的思想方法求出隐函数的(偏)导数.的确,利用复合函数求(偏)导法则,上述计算方法已经解决了隐函数求(偏)导数的问题.但是还有一个重大问题尚未解决:对任意给出的方程$F(x,y)=0$或$F(x,y,z)=0$,是否一定就能确定唯一一个隐函数$y=y(x)$或$z=z(x,y)$?答案是否定的.例如$F(x,y)=x^2+y^2+1=0$就不能在实数范围内确定出一个一元隐函数.所以,还需要知道一个方程应该满足什么条件才能够确定唯一一个隐函数,此外,如果能提供相应的求(偏)导数的计算公式,也可以多一种计算隐函数(偏)导数的方法.

隐函数存在定理1　设函数$F(x,y)$在点$P_0(x_0,y_0)$的某一邻域内具有连续偏导数,且$F(x_0,y_0)=0,F_y(x_0,y_0)\neq0$,则方程$F(x,y)=0$在$P_0$邻域内可唯一确定一个满足条件$y_0=y(x_0),F(x,f(x))\equiv0$且具有连续导数的函数$y=y(x)$,同时有

$$\frac{\mathrm{d}y}{\mathrm{d}x}=-\frac{F_x}{F_y}$$

定理的证明从略.下面仅对隐函数求导公式进行形式的推导.在恒等式

$$F(x,f(x))\equiv0$$

的两端关于x求导,左边求导时用复合函数求导法则,得到

$$F_x+F_y\frac{\mathrm{d}y}{\mathrm{d}x}=0$$

由于$F_y(x_0,y_0)\neq0$,又$F_y(x,y)$连续,所以在(x_0,y_0)的邻域内$F_y\neq0$,因此得到

$$\frac{\mathrm{d}y}{\mathrm{d}x}=-\frac{F_x}{F_y}$$

在用这个公式求隐函数的导数时,应注意F_x、F_y都是对中间变量x、y求导,在求F_x时,y看作常数.但如果再从这个公式进一步求隐函数的二阶导数时,$F_x(x,y)$和$F_y(x,y)$中的y应是x的函数.

例4.4.3　验证方程$x^2+y^2-1=0$在点$(0,1)$的邻域内能确定唯一的隐函数$y=y(x)$,并求隐函数的一、二阶导数$\dfrac{\mathrm{d}y}{\mathrm{d}x}$及$\dfrac{\mathrm{d}^2y}{\mathrm{d}x^2}$在点$x=0$的值.

解　设$F(x,y)=x^2+y^2-1$,则$F_x=2x,F_y=2y$,显然在点$(0,1)$的邻域内F_x、F_y连续,又有$F(0,1)=0,F_y(0,1)=2\neq0$,由隐函数存在定理1知,方程$x^2+y^2-1=0$在点$(0,1)$的邻域内确定唯一的隐函数$y=y(x)$,满足$y(0)=1$,其导数为

$$\frac{\mathrm{d}y}{\mathrm{d}x}=-\frac{F_x}{F_y}=-\frac{2x}{2y}=-\frac{x}{y}$$

二阶导数为

$$\frac{\mathrm{d}^2 y}{\mathrm{d}x^2}=\frac{\mathrm{d}}{\mathrm{d}x}\left(-\frac{x}{y}\right)=-\frac{y-x\dfrac{\mathrm{d}y}{\mathrm{d}x}}{y^2}=-\frac{y-x\left(-\dfrac{x}{y}\right)}{y^2}=-\frac{y^2+x^2}{y^3}=-\frac{1}{y^3}$$

因此有

$$\frac{\mathrm{d}y}{\mathrm{d}x}\bigg|_{x=0}=-\frac{x}{y}\bigg|_{x=0}=-\frac{0}{1}=0,\quad \frac{\mathrm{d}^2 y}{\mathrm{d}x^2}\bigg|_{x=0}=-\frac{1}{y^3}\bigg|_{x=0}=-\frac{1}{1^3}=-1.$$

4.4.2　由 $F(x,y,z)=0$ 所确定的二元隐函数的偏导数

隐函数存在定理 2　设函数 $F(x,y,z)$ 在点 $P_0(x_0,y_0,z_0)$ 的某一邻域内具有连续的偏导数，且 $F(x_0,y_0,z_0)=0$，$F_z(x_0,y_0,z_0)\neq0$，则方程 $F(x,y,z)=0$ 在点 P_0 的邻域内可唯一确定一个满足 $z_0=f(x_0,y_0)$，$F(x,y,f(x,y))\equiv0$ 且具有连续偏导数的函数 $z=f(x,y)$，并且

$$\frac{\partial z}{\partial x}=-\frac{F_x}{F_z},\quad \frac{\partial z}{\partial y}=-\frac{F_y}{F_z}$$

同理，求（偏）导数公式可作如下形式的推导．由于

$$F=(x,y,f(x,y))\equiv0$$

两边对 x 和 y 求导，应用复合函数求导法则，得

$$F_x+F_z\frac{\partial z}{\partial x}=0,\quad F_y+F_z\frac{\partial z}{\partial y}=0$$

因为 $F_z(x_0,y_0,z_0)\neq0$，且 $F_z(x,y,z)$ 在点 $P_0(x_0,y_0,z_0)$ 连续，所以在 P_0 的某邻域内 $F_z\neq0$，同样由上面两个等式可解出 $\dfrac{\partial z}{\partial x}$ 及 $\dfrac{\partial z}{\partial y}$ 而得到公式．

注：本书中假定所给方程均满足隐函数存在定理中的条件，例题及习题中不再验证隐函数的存在性而直接认为所给隐函数存在．

例 4.4.4　设 $x^2+y^2+z^2=4z$，求 $\dfrac{\partial z}{\partial x},\dfrac{\partial^2 z}{\partial x\partial y}$．

解　设 $F(x,y,z)=x^2+y^2+z^2-4z$，则

$$F_x=2x,\quad F_z=2z-4$$

由隐函数求导公式得

$$\frac{\partial z}{\partial x}=-\frac{F_x}{F_z}=\frac{x}{2-z}$$

于是

$$\frac{\partial^2 z}{\partial x\partial y}=\frac{x\dfrac{\partial z}{\partial y}}{(2-z)^2}=\frac{x\left(\dfrac{y}{2-z}\right)}{(2-z)^2}=\frac{xy}{(2-z)^3}$$

例 4.4.5　设函数 $u=f(x,y,z)$，$\varphi(x^2,\mathrm{e}^y,z)=0$，$y=\sin x$，其中 f、φ 都具有一阶连续偏导数，且 $\dfrac{\partial\varphi}{\partial z}\neq0$，求 $\dfrac{\mathrm{d}u}{\mathrm{d}x}$．

解 函数关系为 $u = f(x,y,z)$，而 $y = \sin x, z = z(x)$，其中 $z = z(x)$ 是由方程 $\varphi(x^2, e^{\sin x}, z) = 0$ 确定的隐函数.

由复合函数求导公式得

$$\frac{du}{dx} = f_x + f_y \frac{dy}{dx} + f_z \frac{dz}{dx}$$

其中 $\dfrac{dy}{dx} = \cos x.$ 而 $\dfrac{dz}{dx}$ 由隐函数求导公式有

$$\frac{dz}{dx} = -(\varphi_1' \times 2x + \varphi_2' \times e^{\sin x} \times \cos x)/\varphi_z$$

代入上式，就得到

$$\frac{du}{dx} = f_x + f_y \cos x - \frac{f_z}{\varphi_z}(\varphi_1' \times 2x + \varphi_2' \times e^{\sin x} \times \cos x)$$

4.4.3 由方程组所确定的隐函数的偏导数

在一定条件下，由多个方程也可共同确定多个隐函数.例如，由两个方程构成的方程组

$$\begin{cases} F(x,y,u,v) = 0 \\ G(x,y,u,v) = 0 \end{cases}$$

在一定条件下也可对应唯一一对具有连续偏导数的函数 $u = u(x,y)$ 和 $v = v(x,y)$，其偏导数可以利用一元复合函数求导法则按以下方法得到.事实上，若能由上述方程组确定 $u = u(x,y), v = v(x,y)$ 的存在性，则可由两个恒等式

$$F(x,y,u(x,y),v(x,y)) \equiv 0 \quad \text{和} \quad G(x,y,u(x,y),v(x,y)) \equiv 0$$

的两边分别对 x 求导，由复合函数求导法则得

$$\begin{cases} F_x + F_u \dfrac{\partial u}{\partial x} + F_v \dfrac{\partial v}{\partial x} = 0 \\ G_x + G_u \dfrac{\partial u}{\partial x} + G_v \dfrac{\partial v}{\partial x} = 0 \end{cases} \quad \text{或} \quad \begin{cases} F_u \dfrac{\partial u}{\partial x} + F_v \dfrac{\partial v}{\partial x} = -F_x \\ G_u \dfrac{\partial u}{\partial x} + G_v \dfrac{\partial v}{\partial x} = -G_x \end{cases}$$

这是未知量为 $\dfrac{\partial u}{\partial x}$、$\dfrac{\partial v}{\partial x}$ 的线性方程组，只要 $F_u G_v - F_v G_u \neq 0$，就可唯一地求解出两个偏导数 $\dfrac{\partial u}{\partial x}$ 和 $\dfrac{\partial v}{\partial x}$.同理，上述两个恒等式的两边分别对 y 求导，类似地也可解出 $\dfrac{\partial u}{\partial y}$ 和 $\dfrac{\partial v}{\partial y}$.

例 4.4.6 设 $xu - yv = 0, yu + xv = 1$，求 $\dfrac{\partial u}{\partial x}, \dfrac{\partial u}{\partial y}, \dfrac{\partial v}{\partial x}, \dfrac{\partial v}{\partial y}$.

解 将方程组 $\begin{cases} xu - yv = 0 \\ yu + xv = 1 \end{cases}$ 看作 $x、y$ 的恒等式，其中 $u、v$ 是 $x、y$ 的函数，两边对 x 求导得

$$\begin{cases} u + x \dfrac{\partial u}{\partial x} - y \dfrac{\partial v}{\partial x} = 0 \\ y \dfrac{\partial u}{\partial x} + v + x \dfrac{\partial v}{\partial x} = 0 \end{cases} \quad \text{或} \quad \begin{cases} x \dfrac{\partial u}{\partial x} - y \dfrac{\partial v}{\partial x} = -u \\ y \dfrac{\partial u}{\partial x} + x \dfrac{\partial v}{\partial x} = -v \end{cases}$$

解此方程组即得

$$\frac{\partial u}{\partial x} = -\frac{xu+yv}{x^2+y^2}, \quad \frac{\partial v}{\partial x} = \frac{yu-xv}{x^2+y^2}$$

将方程组两边对 y 求导,类似地可解得

$$\frac{\partial u}{\partial y} = \frac{xv-yu}{x^2+y^2}, \quad \frac{\partial v}{\partial y} = -\frac{xu+yv}{x^2+y^2}$$

如果隐函数能由两个三元方程

$$\begin{cases} F(x,y,z)=0 \\ G(x,y,z)=0 \end{cases}$$

确定,则它应可确定两个函数(因变量),从而只能有一个自变量,不妨设 x 是自变量,则隐函数 $y=y(x), z=z(x)$ 对 x 的两个导数 $\dfrac{\mathrm{d}y}{\mathrm{d}x}$ 及 $\dfrac{\mathrm{d}z}{\mathrm{d}x}$,也可用类似于例 4.4.6 的方法求解.

例 4.4.7 设方程组

$$\begin{cases} x+y+z=0 \\ x^2+y^2+z^2=6 \end{cases}$$

可以确定一对一元隐函数 $y=y(x), z=z(x)$,求 $\dfrac{\mathrm{d}y}{\mathrm{d}x}, \dfrac{\mathrm{d}z}{\mathrm{d}x}$.

解 将方程组两边对 x 求导(其中 y、z 是 x 的函数),得

$$\begin{cases} 1+\dfrac{\mathrm{d}y}{\mathrm{d}x}+\dfrac{\mathrm{d}z}{\mathrm{d}x}=0 \\ 2x+2y\dfrac{\mathrm{d}y}{\mathrm{d}x}+2z\dfrac{\mathrm{d}z}{\mathrm{d}x}=0 \end{cases} \quad 或 \quad \begin{cases} \dfrac{\mathrm{d}y}{\mathrm{d}x}+\dfrac{\mathrm{d}z}{\mathrm{d}x}=-1 \\ y\dfrac{\mathrm{d}y}{\mathrm{d}x}+z\dfrac{\mathrm{d}z}{\mathrm{d}x}=-x \end{cases}$$

当 $y-z\neq0$ 时,解得

$$\frac{\mathrm{d}y}{\mathrm{d}x}=\frac{z-x}{y-z}, \quad \frac{\mathrm{d}z}{\mathrm{d}x}=\frac{x-y}{y-z}$$

习题 4-4

1.求下列方程所确定的隐函数的导数 $\dfrac{\mathrm{d}y}{\mathrm{d}x}$.

(1) $y^2+2xy+3=0$;　　　　　　　　(2) $xy=\mathrm{e}^{x+y}$;

(3) $\mathrm{e}^{xy}+y^3-5x=0$;　　　　　　　(4) $\cos x\cos y=c$;

(5) $y=1+x\mathrm{e}^y$;　　　　　　　　　(6) $\arctan\dfrac{y}{x}=\ln\sqrt{x^2+y^2}$.

2.求由下列方程所确定的隐函数 $z=z(x,y)$ 的偏导数 $\dfrac{\partial z}{\partial x}$ 和 $\dfrac{\partial z}{\partial y}$.

(1) $xyz+x+y-z=0$;　　　　　　　(2) $\mathrm{e}^z-xyz=0$;

(3) $z^3-3xyz=a^3$;　　　　　　　　(4) $\dfrac{x}{z}=\ln\dfrac{z}{y}$.

3.设 $z=z(x,y)$ 是由方程 $x=\ln\dfrac{z}{y}$ 确定的隐函数,求 $\dfrac{\partial z}{\partial x}\Big|_{(0,1)}$.

4.设 $\dfrac{x}{z} = e^{y+z}$ 确定 $z = z(x,y)$,求 $\dfrac{\partial^2 z}{\partial x \partial y}$.

5.求由下列方程组所确定的函数的导数或偏导数.

(1)设 $\begin{cases} x+y+z=0 \\ x^2+y^2+z^2=1 \end{cases}$,求 $\dfrac{dx}{dz}, \dfrac{dy}{dz}$;

(2)设 $\begin{cases} x=e^u+u\sin v \\ y=e^u-u\cos v \end{cases}$,求 $\dfrac{\partial u}{\partial x}, \dfrac{\partial u}{\partial y}, \dfrac{\partial v}{\partial x}, \dfrac{\partial v}{\partial y}$.

4.5 微分与全微分

导数和偏导数表示函数在一点处的瞬时变化率,它描述了函数(因变量)在一点处相对于(某一)自变量变化的快慢程度,即相对变化率.在实际应用中,有时还需要了解函数在某一点当自变量取得一个微小改变量时,函数值取得相应改变量的大小,即函数的增量.由于实际问题中的函数表达式多较复杂,某些函数值计算中对函数增量或全增量的精确值往往难以求出,而应用上一般不需要其精确值,只需在确保一定精度的条件下,尽量用较简便的方法求出函数(全)增量的近似值即可.微分学中(全)微分概念的产生,较彻底地解决了这一问题.

4.5.1 一元函数微分的概念及几何意义

先分析一个具体的问题.

一正方形金属薄片受热膨胀,其边长 x_0 变为 $x_0+\Delta x$,问此薄片的面积改变了多少(图 4-4)?

易见,当边长 x 在点 x_0 处产生增量 Δx,面积 A 对应的增量为

$$\Delta A = (\Delta x + x_0)^2 - x_0^2 = 2x_0 \Delta x + (\Delta x)^2$$

上式中的 ΔA 是两个部分的和:第一部分 $2x_0\Delta x$ 是 Δx 的线性函数(即图 4-4 中两个细长阴影矩形的面积之和);第二部分 $(\Delta x)^2$ 是当 $\Delta x \to 0$ 时,比 Δx 高阶的无穷小量(对应于图中右上角小正方形的面积).因此,当 $|\Delta x|$ 很小时,该薄片面积的改变量 $\Delta A \approx 2x_0\Delta x$,这时把 $2x_0\Delta x$ 称为函数 $A = x^2$ 在点 x_0 处相应于自变量增量 Δx 的微分.

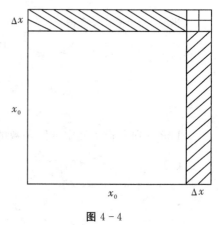

图 4-4

定义 4.3 设函数 $y = f(x)$ 在点 x_0 的某邻域内有定义,$x_0+\Delta x$ 在该邻域内.如果函数的增量 $\Delta y = f(x_0+\Delta x) - f(x_0)$ 可表示为 Δx 的线性函数 $A\Delta x$ 与 Δx 的一个高阶无穷小量 $o(\Delta x)$ 的和($\Delta x \to 0$),即

$$\Delta y = A\Delta x + o(\Delta x)$$

其中 A 是不依赖于 Δx 的常数,$A\Delta x$ 称为函数增量的线性主要部分(简称线性主部),则称函数 $y = f(x)$ 在点 x_0 处可微,而称 $A\Delta x$ 为函数 $y = f(x)$ 在点 x_0 处相应于自变量的增量 Δx 的微分,记为 dy,即

$$\mathrm{d}y = A\Delta x$$

由微分的定义知，Δy 与 $\mathrm{d}y$ 只相差一个比 Δx 更高阶的无穷小 $o(\Delta x)$，所以可以认为 $\Delta y \approx \mathrm{d}y$，即一元函数的微分就是函数增量的近似值，这也是微分的本质含义．因此，当 $|\Delta x|$ 很小，且 $A \neq 0$ 时，就可用微分替代增量，从而简化增量的计算．

下面讨论一元函数可微的条件．

定理 4.8　一元函数 $y = f(x)$ 在点 x_0 处可微的充要条件是函数 $y = f(x)$ 在点 x_0 处可导，且 $A = f'(x_0)$．

证　必要性．设函数 $y = f(x)$ 在点 x_0 处可微，即

$$\Delta y = f(x_0 + \Delta x) - f(x_0) = A\Delta x + o(\Delta x)$$

上式两边同除以 Δx 得

$$\frac{\Delta y}{\Delta x} = A + \frac{o(\Delta x)}{\Delta x}$$

所以

$$\lim_{\Delta x \to 0} \frac{\Delta y}{\Delta x} = A + \lim_{\Delta x \to 0} \frac{o(\Delta x)}{\Delta x} = A$$

即函数 $y = f(x)$ 在 x_0 处可导，且 $f'(x_0) = A$．

充分性．设函数 $y = f(x)$ 在点 x_0 处可导，即

$$\lim_{\Delta x \to 0} \frac{\Delta y}{\Delta x} = f'(x_0)$$

由极限与无穷小量的关系，上式可写为

$$\frac{\Delta y}{\Delta x} = f'(x_0) + \alpha$$

其中 $\alpha \to 0(\Delta x \to 0)$，所以

$$\Delta y = f'(x_0)\Delta x + \alpha \Delta x$$

因 $f'(x_0)$ 与 Δx 无关，且 $\lim\limits_{\Delta x \to 0} \dfrac{\alpha \Delta x}{\Delta x} = \lim\limits_{\Delta x \to 0} \alpha = 0$，所以 $\alpha \Delta x = o(\Delta x)$，即函数 $y = f(x)$ 在点 x_0 处可微．

由此可见，函数 $y = f(x)$ 在一点处可导与可微等价，且当 $f(x)$ 在点 x_0 处可微时，其微分一定是

$$\mathrm{d}y = f'(x_0)\Delta x$$

例 4.5.1　求函数 $y = x^3$ 在 $x = 2, \Delta x = 0.01$ 处的增量与微分．

解　函数在 $x = 2$ 处的增量为

$$\Delta y = (2 + 0.01)^3 - 2^3 = 0.120601$$

而函数在 $x = 2$ 处的微分为

$$\mathrm{d}y = f'(2) \cdot \Delta x = 3 \times 2^2 \times 0.01 = 0.12$$

可见两者的误差很小，且微分似更易计算．

函数 $y = f(x)$ 在任意点 x 处的微分，称为函数的微分，记作 $\mathrm{d}y$ 或 $\mathrm{d}f(x)$，即

$$\mathrm{d}y = f'(x)\Delta x$$

显然函数的微分与 x 和 Δx 有关.

通常把自变量 x 的增量 Δx 称为自变量的微分,记作 $\mathrm{d}x$,即 $\mathrm{d}x = \Delta x$,于是函数 $y = f(x)$ 的微分又可记作 $\mathrm{d}y = f'(x)\mathrm{d}x$,从而有 $\dfrac{\mathrm{d}y}{\mathrm{d}x} = f'(x)$.

也就是说,函数的微分与自变量的微分之商等于该函数的导数,因此,导数又称为微商.前面我们把导数记号 $\dfrac{\mathrm{d}y}{\mathrm{d}x}$ 视为一个整体记号,现在就可以视为两个微分 $\mathrm{d}y$ 与 $\mathrm{d}x$ 之商了,这也是把导数记为 $\dfrac{\mathrm{d}y}{\mathrm{d}x}$ 的根本原因.

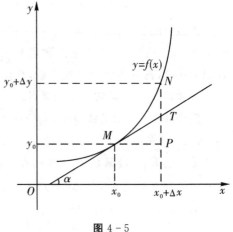

图 4 - 5

为了对微分有比较直观的认识,我们简要说明一元函数微分的几何意义.

在直角坐标系中,函数 $y = f(x)$ 的图形是一条曲线,在曲线上取两点 $M(x_0, y_0)$ 和 $N(x_0 + \Delta x, y_0 + \Delta y)$,过点 M 作曲线的切线 MT,设其倾斜角为 α,则

$$\Delta y = f(x_0 + \Delta x) - f(x_0) = PN$$
$$\mathrm{d}y = f'(x_0)\Delta x = (\tan \alpha) \cdot (\Delta x) = PT$$

因此,当 Δy 是曲线 $y = f(x)$ 在点 $M(x_0, y_0)$ 处的纵坐标的增量时,$\mathrm{d}y$ 就是曲线 $y = f(x)$ 在点 $M(x_0, y_0)$ 处的切线 MT 的纵坐标的增量.当 $|\Delta x|$ 很小时,可用 $\mathrm{d}y$ 近似代替 Δy,其误差 $|\Delta y - \mathrm{d}y|$ 比 Δx 小得多.因此在点 M 附近,可用切线段 MT 近似替代曲线段 MN,这也是微分学中的重要思想方法之一.

4.5.2 一元函数的微分公式与运算法则

由函数 $y = f(x)$ 的微分表达式

$$\mathrm{d}y = f'(x)\mathrm{d}x$$

知道,要求 $\mathrm{d}y$,只需求出 $f'(x)$,再乘以自变量的微分 $\mathrm{d}x$ 即可.因此由导数公式与求导运算法则,可得如下的微分公式和微分运算法则.

1.基本初等函数的微分公式

(1) $\mathrm{d}C = 0$(C 为常数);

(2) $\mathrm{d}(x^a) = ax^{a-1}\mathrm{d}x$;

(3) $\mathrm{d}(a^x) = a^x \ln a\,\mathrm{d}x$;

(4) $\mathrm{d}(\mathrm{e}^x) = \mathrm{e}^x\,\mathrm{d}x$;

(5) $\mathrm{d}(\log_a x) = \dfrac{1}{x \ln a}\mathrm{d}x$;

(6) $\mathrm{d}(\ln x) = \dfrac{1}{x}\mathrm{d}x$;

(7) $\mathrm{d}(\sin x) = \cos x\,\mathrm{d}x$;

(8) $\mathrm{d}(\cos x) = -\sin x\,\mathrm{d}x$;

(9) $\mathrm{d}(\tan x) = \sec^2 x\,\mathrm{d}x$;

(10) $\mathrm{d}(\cot x) = -\csc^2 x\,\mathrm{d}x$;

(11) $\mathrm{d}(\arcsin x) = \dfrac{1}{\sqrt{1-x^2}}\mathrm{d}x$;

(12) $\mathrm{d}(\arccos x) = -\dfrac{1}{\sqrt{1-x^2}}\mathrm{d}x$;

(13) $\mathrm{d}(\arctan x) = \dfrac{1}{1+x^2}\mathrm{d}x$;

(14) $\mathrm{d}(\mathrm{arccot}\,x) = -\dfrac{1}{1+x^2}\mathrm{d}x$.

2.函数的四则运算的微分法则

设函数 $u=u(x)$，$v=v(x)$ 可微，则

(1)$\mathrm{d}(u\pm v)=\mathrm{d}u\pm\mathrm{d}v$；　　　　　　　(2)$\mathrm{d}(uv)=v\mathrm{d}u+u\mathrm{d}v$；

(3)$\mathrm{d}(Cu)=C\mathrm{d}u$，($C$ 为常数)；　　　　(4)$\mathrm{d}\left(\dfrac{u}{v}\right)=\dfrac{v\mathrm{d}u-u\mathrm{d}v}{v^2}(v\neq0)$.

3.复合函数的微分法则

设 $y=f(u)$，$u=\varphi(x)$ 均可微，则复合函数 $y=f(\varphi(x))$ 的微分为

$$\mathrm{d}y=f'(u)\varphi'(x)\mathrm{d}x$$

由于 $\mathrm{d}u=\varphi'(x)\mathrm{d}x$，所以

$$\mathrm{d}y=f'(u)\mathrm{d}u$$

由此可见，无论是以 u 表示自变量还是表示中间变量的可微函数，微分形式 $\mathrm{d}y=f'(u)\mathrm{d}u$ 都保持不变，这一性质称为一阶微分形式不变性.

例 4.5.2　设 $y=\sin(2x+1)$，求 $\mathrm{d}y$.

记 $u=2x+1$，利用复合函数的微分公式可得

$$\mathrm{d}y=\mathrm{d}(\sin u)=\cos u\mathrm{d}u=\cos(2x+1)\mathrm{d}(2x+1)$$
$$=\cos(2x+1)\times2\mathrm{d}x=2\cos(2x+1)\mathrm{d}x$$

例 4.5.3　求函数 $y=\arcsin\sqrt{1-x^2}$ 的微分 $\mathrm{d}y$.

解　记 $u=\sqrt{v}$，$v=1-x^2$，利用复合函数的微分公式可得

$$\mathrm{d}y=(\arcsin u)'\mathrm{d}u=\frac{1}{\sqrt{1-u^2}}\mathrm{d}(\sqrt{v})=\frac{1}{\sqrt{1-u^2}}\cdot\frac{1}{2\sqrt{v}}\mathrm{d}v$$

$$=\frac{1}{\sqrt{1-u^2}}\cdot\frac{1}{2\sqrt{v}}\cdot(-2x)\mathrm{d}x=-\frac{x}{|x|}\cdot\frac{1}{\sqrt{1-x^2}}\mathrm{d}x=\pm\frac{1}{\sqrt{1-x^2}}\mathrm{d}x$$

例 4.5.4　求函数 $y=y(x)$ 由方程 $x+y=\tan(xy)$ 所确定，求 y'.

解　方程两边微分可得

$$\mathrm{d}(x+y)=\mathrm{d}(\tan(xy))$$

即

$$\mathrm{d}x+\mathrm{d}y=\sec^2(xy)\cdot\mathrm{d}(xy)=\sec^2(xy)\cdot(y\mathrm{d}x+x\mathrm{d}y)$$

从而

$$\mathrm{d}y=\frac{y\sec^2(xy)-1}{1-x\sec^2(xy)}\mathrm{d}x\quad\text{或}\quad\frac{\mathrm{d}y}{\mathrm{d}x}=\frac{y\sec^2(xy)-1}{1-x\sec^2(xy)}$$

4.5.3　多元函数的全微分

多元函数计算全增量一般比较复杂，与一元函数的微分类似，我们希望用自变量增量 Δx、Δy 的线性函数来近似地代替函数的全增量 Δz，从而引入如下定义.

定义 4.4　若函数 $z=f(x,y)$ 在点 $P(x,y)$ 的全增量

$$\Delta z=f(x+\Delta x,y+\Delta y)-f(x,y)$$

可表示为

$$\Delta z = A\Delta x + B\Delta y + o(\rho)$$

当 $\rho = \sqrt{(\Delta x)^2 + (\Delta y)^2} \to 0$ 时,A、B 是与 Δx、Δy 无关的常数,则称 $z = f(x, y)$ 在点 (x, y) 可微,而 $A\Delta x + B\Delta y$ 称为函数 $z = f(x, y)$ 在点 (x, y) 的全微分,记作 $\mathrm{d}z$,即

$$\mathrm{d}z = A\Delta x + B\Delta y$$

从而

$$\Delta z = A\Delta x + B\Delta y + o(\rho) = \mathrm{d}z + o(\rho) \approx \mathrm{d}z$$

即全微分就是二元函数全增量的近似值,这与一元函数微分是函数增量的近似值一致.

下面讨论多元函数在一点可微的条件及全微分的最终表达式.

定理 4.9 (可微的必要条件)如果函数 $z = f(x, y)$ 在点 (x, y) 处可微,则

(1) $f(x, y)$ 在点 (x, y) 处连续;

(2) 偏导数 $\dfrac{\partial z}{\partial x}$、$\dfrac{\partial z}{\partial y}$ 存在(这时也简称二元函数可导),且全微分可表示为

$$\mathrm{d}z = \frac{\partial z}{\partial x}\Delta x + \frac{\partial z}{\partial y}\Delta y$$

证 (1)因为

$$\lim_{(\Delta x, \Delta y) \to (0,0)} \Delta z = \lim_{(\Delta x, \Delta y) \to (0,0)} [A\Delta x + B\Delta y + o(\rho)] = 0$$

即

$$\lim_{(\Delta x, \Delta y) \to (0,0)} f(x + \Delta x, y + \Delta y) = \lim_{(\Delta x, \Delta y) \to (0,0)} f(x, y)$$

因此,函数 $z = f(x, y)$ 在点 (x, y) 连续.

(2)因为函数 $f(x, y)$ 在点 (x, y) 处可微,故在点 (x, y) 的某邻域内有

$$\Delta z = A\Delta x + B\Delta y + o(\rho)$$

特别地,取 $\Delta x \neq 0, \Delta y = 0$ 时上式也成立,这时 $\rho = |\Delta x|$,于是上式成为

$$f(x + \Delta x, y) - f(x, y) = A\Delta x + o(|\Delta x|)$$

两边除以 Δx,令 $\Delta x \to 0$,取极限得

$$\frac{\partial z}{\partial x} = \lim_{\Delta x \to 0} \frac{f(x + \Delta x, y) - f(x, y)}{\Delta x} = \lim_{\Delta x \to 0} \left[A + \frac{o(|\Delta x|)}{\Delta x} \right] = A$$

同理可证 $\dfrac{\partial z}{\partial y} = B$,于是

$$\mathrm{d}z = A\Delta x + B\Delta y = \frac{\partial z}{\partial x}\Delta x + \frac{\partial z}{\partial y}\Delta y$$

习惯上,将自变量 x、y 的增量 Δx、Δy 分别记为 $\mathrm{d}x$、$\mathrm{d}y$,并称为自变量 x、y 的微分.这样,函数 $z = f(x, y)$ 的全微分可写成

$$\mathrm{d}z = \frac{\partial z}{\partial x}\mathrm{d}x + \frac{\partial z}{\partial y}\mathrm{d}y$$

例 4.5.5 计算 $z = x^2 y + y^2$ 的全微分.

解 因为

$$\frac{\partial z}{\partial x} = 2xy, \qquad \frac{\partial z}{\partial y} = x^2 + 2y$$

所以

$$\mathrm{d}z = 2xy\,\mathrm{d}x + (x^2 + 2y)\,\mathrm{d}y$$

例 4.5.6　求 $z = xy + \sin(x + y)$ 的全微分.

解　因为

$$\frac{\partial z}{\partial x} = y + \cos(x + y), \qquad \frac{\partial z}{\partial y} = x + \cos(x + y)$$

在全平面连续,所以函数 z 在全平面可微,全微分为

$$dz = \frac{\partial z}{\partial x} dx + \frac{\partial z}{\partial y} dy$$

$$= [y + \cos(x + y)] dx + [x + \cos(x + y)] dy$$

例 4.5.7　求函数 $z = x^y$ 在点 $(2,1)$ 的全微分.

解　$\dfrac{\partial z}{\partial x} = y x^{y-1}, \dfrac{\partial z}{\partial y} = x^y \ln x, \qquad \dfrac{\partial z}{\partial x}\bigg|_{(2,1)} = 1, \qquad \dfrac{\partial z}{\partial y}\bigg|_{(2,1)} = 2\ln 2$

因此
$$dz\big|_{(2,1)} = dx + 2\ln 2\, dy$$

可以将二元函数可微及全微分的概念及表示推广到一般多元函数中去.例如,若三元函数 $u = f(x, y, z)$ 在点 (x, y, z) 处可微,则在该点的全微分为

$$du = \frac{\partial u}{\partial x} dx + \frac{\partial u}{\partial y} dy + \frac{\partial u}{\partial z} dz$$

其中 $dx = \Delta x, dy = \Delta y, dz = \Delta z$ 是自变量的微分(即自变量的增量).

例 4.5.8　求函数 $u = z e^{\frac{y}{x}}$ 的全微分.

解　$\dfrac{\partial u}{\partial x} = z e^{\frac{y}{x}} \cdot \left(-\dfrac{y}{x^2}\right) = -\dfrac{yz}{x^2} e^{\frac{y}{x}}, \qquad \dfrac{\partial u}{\partial y} = z e^{\frac{y}{x}} \cdot \dfrac{1}{x} = \dfrac{z}{x} e^{\frac{y}{x}}, \qquad \dfrac{\partial u}{\partial z} = e^{\frac{y}{x}}$

因此

$$du = \frac{\partial u}{\partial x} dx + \frac{\partial u}{\partial y} dy + \frac{\partial u}{\partial z} dy = e^{\frac{y}{x}} \left(-\frac{yz}{x^2} dx + \frac{z}{x} dy + dz\right)$$

函数 $z = f(x, y)$ 在点 (x, y) 连续,且偏导数 $\dfrac{\partial z}{\partial x}$、$\dfrac{\partial z}{\partial y}$ 存在,只是函数 $z = f(x, y)$ 在点 (x, y) 可微的必要条件,还不是充分条件.事实上,有反例表明,存在这样的二元函数 $z = f(x, y)$,它在某一点 (x_0, y_0) 处的两个偏导数 $\dfrac{\partial z}{\partial x}$、$\dfrac{\partial z}{\partial y}$ 均存在,但却不可微.如果函数 $z = f(x, y)$ 在点 (x, y) 的偏导数存在,但不可微,虽然形式上可写出 $\dfrac{\partial z}{\partial x} \Delta x + \dfrac{\partial z}{\partial y} \Delta y$,但却不能称其为全微分.换言之,函数在一点处可微,则在该点的全微分存在,在一点处不可微,则在该点的全微分不存在.

定理 4.10　(充分条件)如果函数 $z = f(x, y)$ 的偏导数 $\dfrac{\partial z}{\partial x}$、$\dfrac{\partial z}{\partial y}$ 在点 (x, y) 连续,则函数在该点可微.

定理 4.10 的证明从略.

类似于一元函数一阶微分形式不变性,多元函数也具有全微分形式不变性.例如,对二元函数 $z = f(u, v)$,无论 u、v 是自变量还是中间变量,全微分

$$dz = \frac{\partial z}{\partial u} du + \frac{\partial z}{\partial v} dv$$

总是成立的.利用这一性质,可以同时求出多元函数的所有一阶偏导数.

例 4.5.9 设 $z=\arctan\dfrac{y}{x}$,求 $\dfrac{\partial z}{\partial x}$,$\dfrac{\partial z}{\partial y}$.

解 $\mathrm{d}z=\mathrm{d}\left(\arctan\dfrac{y}{x}\right)=\dfrac{1}{1+\left(\dfrac{y}{x}\right)^{2}}\mathrm{d}\left(\dfrac{y}{x}\right)=\dfrac{x^{2}}{x^{2}+y^{2}}\cdot\dfrac{x\,\mathrm{d}y-y\,\mathrm{d}x}{x^{2}}$

$$=\dfrac{-y}{x^{2}+y^{2}}\mathrm{d}x+\dfrac{x}{x^{2}+y^{2}}\mathrm{d}y$$

所以

$$\dfrac{\partial z}{\partial x}=\dfrac{-y}{x^{2}+y^{2}},\quad\dfrac{\partial z}{\partial y}=\dfrac{x}{x^{2}+y^{2}}$$

4.5.4　微分与全微分在近似计算中的应用

前面讲过,如果函数 $y=f(x)$ 在点 x_{0} 处可微($f'(x_{0})\neq0$),则当 $|\Delta x|$ 很小时,Δy 近似等于 $\mathrm{d}y$,即

$$\Delta y\approx\mathrm{d}y=f'(x_{0})\mathrm{d}x$$

上式又可以写为

$$\Delta y=f(x_{0}+\Delta x)-f(x_{0})\approx f'(x_{0})\Delta x$$

或

$$f(x_{0}+\Delta x)\approx f(x_{0})+f'(x_{0})\Delta x$$

用这个近似公式,可求得函数在点 x_{0} 附近的值.

例 4.5.10 计算 $\cos 30°30'$ 的近似值.

解 把 $30°30'$ 化成弧度,得

$$30°30'=\dfrac{\pi}{6}+\dfrac{\pi}{360}$$

取 $x_{0}=\dfrac{\pi}{6}$,$\Delta x=\dfrac{\pi}{360}$,应用上述近似计算公式,得

$$\cos 30°30'=\cos\left(\dfrac{\pi}{6}+\dfrac{\pi}{360}\right)\approx\cos\dfrac{\pi}{6}-\sin\dfrac{\pi}{6}\cdot\dfrac{\pi}{360}=\dfrac{\sqrt{3}}{2}-\dfrac{\pi}{720}\approx0.8704$$

如果二元函数 $z=f(x,y)$ 在点 (x,y) 的两个偏导数 $f_{x}(x,y)$,$f_{y}(x,y)$ 连续,由定理 4.10 知,函数在点 (x,y) 可微,因而有

$$\Delta z=f(x+\Delta x,y+\Delta y)-f(x,y)=f_{x}(x,y)\Delta x+f_{y}(x,y)\Delta y+o(\rho)$$

当 $|\Delta x|$,$|\Delta y|$ 很小时,略去高阶无穷小 $o(\rho)$,就得到近似等式

$$\Delta z\approx\mathrm{d}z=f_{x}(x,y)\Delta x+f_{y}(x,y)\Delta y$$

上式也可写成

$$f(x+\Delta x,y+\Delta y)\approx f(x,y)+f_{x}(x,y)\Delta x+f_{y}(x,y)\Delta y$$

利用这一近似计算公式同样可以计算二元函数在一点附近的近似值.

例 4.5.11 计算 $(1.04)^{2.02}$ 的近似值.

解 设 $f(x,y)=x^{y}$,取 $x=1$,$y=2$,$\Delta x=0.04$,$\Delta y=0.02$.

则有 $\qquad f(1,2)=1, \quad f_x(x,y)=yx^{y-1}, \quad f_y(x,y)=x^y\ln x$

$$f_x(1,2)=2, \quad f_y(1,2)=0$$

所以,应用近似计算公式有 $(1.04)^{2.02}\approx1+2\times0.04+0\times0.02=1.08.$

习题 $4-5$

1.已知 $y=2x-x^3$,计算在 $x=2$ 处当 Δx 分别为 $1,0.1,0.01$ 时的 $\Delta y,\mathrm{d}y$ 及 $\Delta y-\mathrm{d}y$.

2.利用微分运算法则,求下列函数的微分:

$(1)y=x+2x^2-\dfrac{1}{3}x^3+x^4;$ $\qquad\qquad (2)y=x\ln x-x;$

$(3)y=x^2\sin x;$ $\qquad\qquad\qquad\qquad (4)y=\dfrac{x}{1-x^2};$

$(5)y=\mathrm{e}^{ax}\sin bx;$ $\qquad\qquad\qquad (6)y=(\mathrm{e}^x+\mathrm{e}^{-x})^2.$

3.求函数 $z=xy^2+x^2$ 在点 $(1,2)$ 处当 $\Delta x=0.01,\Delta y=-0.02$ 时的全增量 Δz 和全微分 $\mathrm{d}z.$

4.求函数 $z=\ln(1+x^2+y^2)$ 在点 $(1,2)$ 处的全微分.

5.求下列函数的全微分:

$(1)z=\sqrt{x^2+y^2};$ $\qquad\qquad\qquad (2)z=\arctan\dfrac{x}{y};$

$(3)z=\ln\tan\dfrac{y}{x};$ $\qquad\qquad\qquad (4)u=\mathrm{e}^{xyz};$

$(5)z=\ln(x+\sqrt{x^2+y^2});$ $\qquad\qquad (6)z=x^2\ln(xy).$

6.计算 $(1.97)^{1.05}$ 的近似值 $(\ln2=0.693).$

第 4 章总习题

1.设函数 $f(x)$ 在 $x=a$ 的某领域内有定义,则 $f(x)$ 在 $x=a$ 处可导的充分条件是(　　　)

A.$\lim\limits_{h\to+\infty}h\left[f\left(a+\dfrac{1}{h}\right)-f(a)\right]$ 存在 $\qquad$ B.$\lim\limits_{h\to0}\dfrac{f(a+2h)-f(a+h)}{h}$ 存在

C.$\lim\limits_{h\to0}\dfrac{f(a+h)-f(a-h)}{2h}$ 存在 $\qquad$ D.$\lim\limits_{h\to0}\dfrac{f(a)-f(a-h)}{h}$ 存在

2.当 k 取何值时,函数 $f(x)=\begin{cases} x^k\sin\dfrac{1}{x}, & x\neq0 \\ 0, & x=0 \end{cases}$ 在 $x=0$ 处可导.

3.设 $f'(x)$ 存在,求 $\lim\limits_{h\to0}\dfrac{f(x+2h)-f(x-3h)}{h}.$

4.设 $f(x)=\begin{cases} \mathrm{e}^{x^2}, & x\leqslant1 \\ ax+b, & x>1 \end{cases}$,确定 a、b 的值,使 $f(x)$ 在 $x=1$ 处可导.

5.求曲线 $y=\tan x$ 上点 $\left(\dfrac{\pi}{3},\sqrt{3}\right)$ 处的切线方程和法线方程.

6.设 $f(x)=2x^2+x|x|$,求 $f'(x).$

7.求下列函数的导数：

$(1) y = 3a^x - \dfrac{1}{\sqrt{x}}$;

$(2) y = \sqrt[3]{x} \cos x$;

$(3) y = \ln \tan \dfrac{1}{x}$;

$(4) y = \arctan \dfrac{x+1}{x-1}$;

$(5) y = x^a + a^x + a^a$;

$(6) y = \left(\dfrac{a}{b}\right)^x \cdot \left(\dfrac{b}{x}\right)^a \cdot \left(\dfrac{x}{a}\right)^n \ (a>0, b>0)$;

$(7) y = \ln \sqrt{\dfrac{1-\sin x}{1+\sin x}}$;

$(8) y = \sqrt{x + \sqrt{x}}$.

8.设 $f(x)$ 为可导函数，求 $\dfrac{\mathrm{d}y}{\mathrm{d}x}$.

$(1) y = f(\mathrm{e}^x + x^{\mathrm{e}})$;

$(2) y = f(\mathrm{e}^x) \mathrm{e}^{f(x)}$.

9.求下列函数的二阶导数：

$(1) y = x^3 \arctan x$;

$(2) y = \ln(x + \sqrt{1+x^2})$.

10.设 $f(x,y) = \begin{cases} \dfrac{x^2 y}{x^2 + y^2}, & (x,y) \neq (0,0) \\ 0, & (x,y) = (0,0) \end{cases}$，求 $f_x(x,y), f_y(x,y)$.

11.$f(x,y) = x^2 \arctan \dfrac{y}{x} - y^2 \arctan \dfrac{x}{y}$，求 $\dfrac{\partial^2 f}{\partial x \partial y}$.

12.设 $u = x^y$，而 $x = \varphi(t), y = \psi(t)$ 都是可微函数，求 $\dfrac{\mathrm{d}u}{\mathrm{d}t}$.

13.设 $z = f(u,v,w)$ 具有连续偏导数，而 $u = \eta - \zeta, v = \zeta - \xi, w = \xi - \eta$，求 $\dfrac{\partial z}{\partial \xi}, \dfrac{\partial z}{\partial \eta}, \dfrac{\partial z}{\partial \zeta}$.

14.设 $z = f(u,x,y), u = x\mathrm{e}^y$，其中 f 具有连续的二阶偏导数，求 $\dfrac{\partial^2 z}{\partial x \partial y}$.

15.设 $x = \mathrm{e}^u \cos v, y = \mathrm{e}^u \sin v, z = uv$，求 $\dfrac{\partial z}{\partial x}, \dfrac{\partial z}{\partial y}$.

16.设 $z = u(x,y)\mathrm{e}^{ax+by}$ 满足方程

$$\frac{\partial^2 z}{\partial x \partial y} - \frac{\partial z}{\partial x} - \frac{\partial z}{\partial y} + z = 0$$

其中 u 满足 $\dfrac{\partial^2 u}{\partial x \partial y} = 0$，试求常数 a、b 的值.

第 5 章　微分学的应用

5.1　微分学在几何中的应用

5.1.1　平面曲线的切线与法线

由第 4 章 4.1 节导数的概念可知,平面曲线 $y = f(x)$ 在点 $(x_0, f(x_0))$ 处的切线斜率为 $k = f'(x_0)$,因而曲线在点 $(x_0, f(x_0))$ 处的切线方程为

$$y - f(x_0) = f'(x)(x - x) \qquad (5-1-1)$$

法线方程为

$$y - f(x_0) = -\frac{1}{f'(x_0)}(x - x) \quad (f'(x) \neq 0) \qquad (5-1-2)$$

特别地,当 $f'(x) = 0$ 时,切线方程为 $y = y_0$,法线方程为 $x = x_0$;当 $f'(x_0) = \infty$ 时,切线方程为 $x = x_0$,法线方程为 $y = y_0$.

若平面曲线的方程 $y = y(x)$ 可由参数方程 $\begin{cases} x = \varphi(t) \\ y = \psi(t) \end{cases}$ 表示,且当 $t = t_0$ 时 $x = x_0$, $y = y_0$,由参数方程的求导公式知,该曲线在点 (x_0, y_0) 处的切线斜率为

$$k = \frac{dy}{dx}\bigg|_{t=t_0} = \frac{\psi'(t_0)}{\varphi'(t_0)}$$

因而曲线在点 (x_0, y_0) 处的切线方程为

$$y - y_0 = \frac{\psi'(t_0)}{\varphi'(t_0)}(x - x_0) \text{ 或 } \psi'(t_0)(x - x_0) - \varphi'(t_0)(y - y_0) = 0 \qquad (5-1-3)$$

法线方程为

$$y - y_0 = -\frac{\varphi'(t_0)}{\psi'(t_0)}(x - x_0) \text{ 或 } \varphi'(t_0)(x - x_0) + \psi'(t_0)(y - y_0) = 0 \qquad (5-1-4)$$

更一般地,若平面曲线的方程 $y = y(x)$ 可由隐式方程 $F(x, y) = 0$ 表示,则由隐函数定理知,该曲线在点 (x_0, y_0) 处的切线斜率为

$$k = y'(x_0) = -\frac{F_x}{F_y}\bigg|_{\substack{x=x_0 \\ y=y_0}} = -\frac{F_x(x_0, y_0)}{F_y(x_0, y_0)}$$

因而曲线在点 (x_0, y_0) 处的切线方程为

$$y - y_0 = -\frac{F_x(x_0, y_0)}{F_y(x_0, y_0)}(x - x_0) \quad \text{或} \quad F_x(x_0, y_0)(x - x_0) + F_y(x_0, y_0)(y - y_0) = 0$$

$$(5-1-5)$$

法线方程为

$$y-y_0=\frac{F_y(x_0,y_0)}{F_x(x_0,y_0)}(x-x_0) \quad \text{或} \quad F_y(x_0,y_0)(x-x_0)-F_x(x_0,y_0)(y-y_0)=0$$

$$(5-1-6)$$

例 5.1.1 求以下方程所表示的平面曲线在指定点处的切线和法线方程.

(1) $y=\ln(x+\sqrt{1+x^2})$ 在原点 $(0,0)$ 处；

(2) $\begin{cases} x=\ln(1+t^2) \\ y=t-\arctan t \end{cases}$ 在点 $t=1$ 处；

(3) $y=1-xe^y$ 在点 $(0,1)$ 处.

解 (1) 因为 $y'=\dfrac{1}{\sqrt{1+x^2}}$，故在原点 $(0,0)$ 处,切线的斜率 $k=y'(0)=1$,易得原点 $(0,0)$ 处的切线方程为 $y=x$,法线方程为 $y=-x$.

(2) 因为 $y'=\dfrac{(t-\arctan t)'}{(\ln(1+t^2))'}=\dfrac{t}{2}$,故在点 $t=1$ 处,切线的斜率 $k=\dfrac{1}{2}$,注意到 $t=1$ 时对应的点为 $\left(\ln 2,1-\dfrac{\pi}{4}\right)$,于是该点处的切线方程为

$$y-\left(1-\frac{\pi}{4}\right)=\frac{1}{2}(x-\ln 2) \quad \text{或} \quad x-2y+2-\frac{\pi}{2}-\ln 2=0$$

法线方程为

$$y-\left(1-\frac{\pi}{4}\right)=-2(x-\ln 2) \quad \text{或} \quad 2x+y+\frac{\pi}{4}-2\ln 2-1=0$$

(3) 记 $F(x,y)=y-1+xe^y$,因为 $F_x=e^y$, $F_y=1+xe^y$,所以

$$y'=-\frac{F_x}{F_y}=-\frac{e^y}{1+xe^y}$$

故在点 $(0,1)$ 处,切线的斜率 $k=y'(0)=-e$,于是该点处的切线方程为

$$y=-e(x-1) \quad \text{或} \quad ex+y-1=0$$

法线方程为

$$y=\frac{1}{e}(x-1) \quad \text{或} \quad x-ey+1=0$$

习题 5-1

1.求以下方程所表示的平面曲线在指定点处的切线和法线方程：

(1) $y=x^3$ 在点 $(2,8)$ 处；

(2) $y=\cos^2 x$ 在点 $\left(\dfrac{\pi}{4},\dfrac{1}{2}\right)$ 处；

(3) $\begin{cases} x=\ln t \\ y=\ln^2 t+t \end{cases}$ 在点 $(1,1+e)$ 处；

(4) $x^2+y^2=25$ 在点 $(3,-4)$ 处.

5.2　中值定理

本节讨论微分学的基本定理——中值定理,中值定理不仅是某些导数应用的理论基础,也是导数的直接应用,利用中值定理可以解决一些实际问题.

5.2.1　罗尔定理

由中学知识可知,若函数 $y=f(x)$ 在点 x_0 的某领域内有定义,且在该领域内有

$$f(x) \leqslant f(x_0)(或\ f(x) \geqslant f(x_0))$$

则称 $f(x_0)$ 为函数 $y=f(x)$ 的极大值(或极小值),极大值和极小值统称极值,点 x_0 称为极值点.这里先给出函数取得极值的一个必要条件.

费马引理:若函数 $y=f(x)$ 在点 x_0 处可导并取得极值,则 $f'(x_0)=0$.

证　不妨设 x_0 为函数 $y=f(x)$ 的极大值点,则当 $x_0+\Delta x$ 在 x_0 的领域内时,有

$$\Delta y = f(x_0+\Delta x) - f(x_0) = f(x) - f(x_0) \leqslant 0$$

因为函数 $f(x)$ 在点 x_0 处可导,所以

当 $\Delta x<0$ 时,$\dfrac{\Delta y}{\Delta x} = \dfrac{f(x_0+\Delta x)-f(x_0)}{\Delta x} \geqslant 0$,即 $f'(x_0)=f'_-(x_0)=\dfrac{\Delta y}{\Delta x} \geqslant 0$;

当 $\Delta x>0$ 时,$\dfrac{\Delta y}{\Delta x} = \dfrac{f(x_0+\Delta x)-f(x_0)}{\Delta x} \leqslant 0$,即 $f'(x_0)=f'_+(x_0)=\dfrac{\Delta y}{\Delta x} \leqslant 0$.

从而 $f'(x_0)=0$.

罗尔定理:如果函数 $f(x)$ 满足

(1)在闭区间 $[a,b]$ 上连续;

(2)在开区间 (a,b) 内可导;

(3)在区间端点的函数值相等,即 $f(a)=f(b)$.

则在 (a,b) 内至少有一点 $\zeta\ (a<\zeta<b)$,使函数 $f(x)$ 在该点的导数等于零,即 $f'(\zeta)=0$.

罗尔定理的几何意义如图 5-1 所示,它表明曲线弧 AB 上至少有一点 C,在该点处的切线平行于 x 轴.

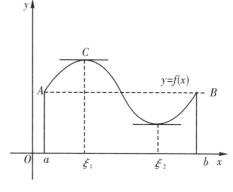

图 5-1

证　因为 $f(x)$ 在 $[a,b]$ 上连续,故 $f(x)$ 在区间 $[a,b]$ 上必有最大值 M 和最小值 m.

(1)如果 $M=m$,则 $f(x)=M$,由此得 $f'(x)=0$.对一切 $\zeta\in(a,b)$,都有 $f'(\zeta)=0$.

(2)如果 $M\neq m$,由于 $f(a)=f(b)$,故 $f(x)$ 的最大最小值不可能同时在端点处取得.不妨设 $M\neq f(a)$,则在区间 (a,b) 内至少存在一点 ζ 使 $f(\zeta)=M$.由于 M 是 $f(x)$ 在闭区间 $[a,b]$ 上的最大值,因而也是 ζ 的某领域内的极大值,又因 $f(x)$ 可导,由费马引理即得 $f'(\zeta)=0$.

证毕.

注意:如果罗尔定理的三个条件中有一个不满足,其结论一般不成立.读者可自行举例

说明.

例 5.2.11 验证罗尔定理对函数 $f(x)=x\sqrt{3-x}$ 在 $[0,3]$ 上的正确性,并求出定理中 ζ 的值.

解 由于 $f(x)=x\sqrt{3-x}$ 在 $[0,3]$ 上连续,又 $f'(x)=\sqrt{3-x}-\dfrac{x}{2\sqrt{3-x}}$ 在 $(0,3)$ 内有意义,所以 $f(x)$ 在 $(0,3)$ 内可导,且 $f(0)=f(3)=0$,因此 $f(x)$ 在 $[0,3]$ 上满足罗尔定理的条件. 由 $f'(x)=0$ 解得 $x=2$,而存在 $\zeta=2\in(0,3)$,使得 $f'(x)=0$.

应用上常常用罗尔定理证明方程 $f(x)=0$ 根的唯一性(根的存在性多用零点定理证明),因为由罗尔定理不难得到以下结论:

若 $f(x)$ 可导,方程 $f(x)=0$ 在某区间内有两个不同实根 x_1、$x_2(x_1<x_2)$,则方程 $f'(x)=0$ 在区间 (x_1,x_2) 内至少有一实根.

例 5.2.2 设 $f(x)=x^2-x-2=(x+1)(x-2)$,不求导数,试说明方程 $f'(x)=0$ 有几个实根,并指出所在区间.

解 由于 $f(x)$ 为多项式,故 $f(x)$ 在 $[-1,2]$ 上连续,在 $(-1,2)$ 内可导,且 $f(-1)=f(2)=0$,因而函数 $f(x)$ 满足罗尔定理的条件.

在 $[-1,2]$ 上应用罗尔定理,至少存在一点 $\zeta\in(-1,2)$ 使得 $f'(\zeta)=0$,而 ζ 为 $f'(x)=0$ 的一个根,因此方程 $f'(x)=0$ 至少有一个实根;又因为 $f'(x)=0$ 为一次方程,最多有一个实根.

综上所述,方程 $f'(x)=0$ 只有一个实根且在 $(-1,2)$ 内.

例 5.2.3 证明方程 $x^5-5x+1=0$ 有且仅有一个小于 1 的正实根.

证 存在性.设 $f(x)=x^5-5x+1$,则 $f(x)$ 在 $[0,1]$ 上连续,且 $f(0)=1,f(1)=-3$.由介值定理知,存在 $x_0\in(0,1)$,使 $f(x_0)=0$,即方程有小于 1 的正实根存在.

唯一性.设有 $x_1\in(0,1),x_1\neq x_0$,使 $f(x_1)=0$.由于 $f(x)$ 在 x_0、x_1 之间满足罗尔定理的条件,故至少存在一个 $\zeta(\zeta$ 在 x_0、x_1 之间),使得 $f'(\zeta)=0$,但与 $f'(x)=5(x^4-1)<0(x\in(0,1))$ 矛盾.

所以方程仅有唯一实根.

5.2.2 拉格朗日中值定理

罗尔定理中的第三个条件 $f(a)=f(b)$ 对于大多数函数而言难以满足,造成应用上的不便,能否去掉这个条件而使应用变方便呢,下面的定理给出了肯定的答案.

几何上,罗尔定理可理解为函数 $y=f(x)$ 在区间 (a,b) 内至少有一条切线平行于水平弦 AB(因为 $f(a)=f(b)$).一般地,若 $f(a)\neq f(b)$,即 A,B 两点处的纵坐标不一样高,这时在区间 (a,b) 内,曲线 $y=f(x)$ 仍然至少有一条切线平行于弦 AB,其斜率

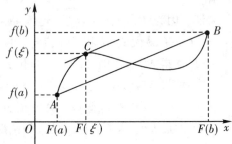

图 5-2

为 $\dfrac{f(b)-f(a)}{b-a}$，如图 5-2 所示．即 $\dfrac{f(b)-f(a)}{b-a}=f'(\xi)$ 或 $f(b)-f(a)=f'(\xi)(b-a)$．

拉格朗日中值定理：如果函数 $f(x)$ 在闭区间 $[a,b]$ 上连续，在开区间 (a,b) 内可导，则在 (a,b) 内至少有一点 $\xi(a<\xi<b)$，使得

$$f(b)-f(a)=f'(\xi)(b-a) \tag{5-2-1}$$

注意：与罗尔定理的条件相比较，没有 $f(a)=f(b)$ 的条件，其结论亦可记为

$$\frac{f(b)-f(a)}{b-a}=f'(\xi)$$

证　弦 AB 方程为 $y=f(a)+\dfrac{f(b)-f(a)}{b-a}(x-a)$．构造辅助函数 $F(x)$ 为曲线 $y=f(x)$ 与弦 AB 的纵坐标之差，即

$$F(x)=f(x)-\left[f(a)+\frac{f(b)-f(a)}{b-a}(x-a)\right]$$

因为曲线 $y=f(x)$ 与弦 AB 在两端点处的函数值必相等，即 $F(a)=F(b)=0$．容易验证函数 $F(x)$ 满足罗尔定理的三个条件，故在 (a,b) 内至少存在一点 ξ，使得 $F'(\xi)=0$．

即

$$F'(\xi)=f'(\xi)-\frac{f(b)-f(a)}{b-a}=0 \quad \text{或} \quad f(b)-f(a)=f'(\xi)(b-a)$$

显然，在拉格朗日中值定理中，若 $f(a)=f(b)$，则 $f'(\xi)=0$，这时所得结论即为罗尔定理，所以拉格朗日中值定理是罗尔定理的推广，罗尔定理则是拉格朗日中值定理的特例．

作为拉格朗日中值定理的一个应用，下面导出微分学中很有用的两个推论．

推论 5.1　如果函数 $f(x)$ 在区间 I 内的导数恒为零，则 $f(x)$ 在区间 I 上是一个常数．

证　在区间 I 上任取两点 x_1、x_2，$(x_1<x_2)$，应用拉格朗日中值定理可得

$$f(x_2)-f(x_1)=f'(\xi)(x_2-x_1)(x_1<\xi<x_2)$$

由假定，$f'(\xi)=0$，所以 $f(x_2)-f(x_1)=0$，即 $f(x_2)=f(x_1)$，由 x_1、x_2 的任意性即知 $f(x)$ 在区间 I 上是一个常数．

推论 5.2　如果函数 $f(x)$、$g(x)$ 在区间 I 内满足 $f'(x)=g'(x)$，那么在区间 I 上有

$$f(x)=g(x)+C$$

证　令 $F(x)=f(x)-g(x)$，易知 $F'(x)=0$，故 $F(x)=f(x)-g(x)=C$．

例 5.2.4　验证函数 $f(x)=x^3+2x$ 在区间 $[0,2]$ 上满足拉格朗日中值的定理条件，并求定理中的 ζ 值．

解　由于 $f(x)=x^3+2x$ 在 $[0,2]$ 上连续，又 $f'(x)=3x^2+2$ 在 $(0,2)$ 内可导，从而 $f(x)$ 在 $[0,2]$ 上满足拉格朗日中值定理的条件，因此有

$$f(2)-f(0)=f'(\zeta)(2-0)$$

即

$$12-0=(3\zeta^2+2)(2-0)$$

解得

$$\zeta=\pm\frac{2\sqrt{3}}{3}\left(\text{舍去}-\frac{2\sqrt{3}}{3}\right)$$

故存在 $\zeta=\dfrac{2\sqrt{3}}{3}\in(0,2)$ 使得定理成立．

例 5.2.5 证明 $\arcsin x + \arccos x = \dfrac{\pi}{2}(-1 \leqslant x \leqslant 1)$.

证 设 $f(x) = \arcsin x + \arccos x, x \in [-1,1]$，由于

$$f'(x) = \frac{1}{\sqrt{1-x^2}} + \left(-\frac{1}{\sqrt{1-x^2}}\right) = 0，故 \ f(x) \equiv C, x \in [-1,1].$$

又因 $f(0) = \arcsin 0 + \arccos 0 = 0 + \dfrac{\pi}{2} = \dfrac{\pi}{2}$，即 $C = \dfrac{\pi}{2}$.

故 $\arcsin x + \arccos x = \dfrac{\pi}{2}$.

例 5.2.6 证明当 $x > 0$ 时，$\dfrac{x}{1+x} < \ln(1+x) < x$.

证 设 $f(x) = \ln(1+x)$，则 $f(x)$ 在 $[0,x]$ 上满足拉格朗日定理条件，从而

$$f(x) - f(0) = f'(\xi)(x-0)(0 < \xi < x)$$

又因 $f(0) = 0, f'(x) = \dfrac{1}{1+x}$，由上式即得

$$\ln(1+x) = \frac{x}{1+\xi}$$

又因 $0 < \xi < x$，故 $1 < 1+\xi < 1+x$，从而 $\dfrac{1}{1+x} < \dfrac{1}{1+\xi} < 1$. 由此得

$$\frac{x}{1+x} < \frac{x}{1+\xi} < x \quad 即 \quad \frac{x}{1+x} < \ln(1+x) < x.$$

5.2.3　柯西中值定理

柯西中值定理：如果函数 $f(x)$ 及 $F(x)$ 在闭区间 $[a,b]$ 上连续，在开区间 (a,b) 内可导，且 $F'(x)$ 在 (a,b) 内每一点处均不为零，则在 (a,b) 内至少有一点 $\xi(a < \xi < b)$，使得

$$\frac{f(b) - f(a)}{F(b) - F(a)} = \frac{f'(\xi)}{F'(\xi)}$$

柯西中值定理的几何意义如图 5-3 所示，如果曲线弧 AB 的参数方程为 $\begin{cases} X = F(x) \\ Y = f(x) \end{cases} (a \leqslant x \leqslant b)$，其中 x 视为参数，则曲线上点 C 的切线的斜率为 $\dfrac{\mathrm{d}Y}{\mathrm{d}X} =$ $\dfrac{f'(x)}{F'(x)}$，而弦 AB 的斜率为 $\dfrac{f(b) - f(a)}{F(b) - F(a)}$.

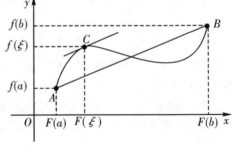

图 5-3

设点 C 处对应参数 $x = \xi$，则若点 C 处的切线平行于弦 AB，就满足关系 $\dfrac{f(b) - f(a)}{F(b) - F(a)} = \dfrac{f'(\xi)}{F'(\xi)}$.

证 作辅助函数 $\varphi(x) = f(x) - f(a) - \dfrac{f(b) - f(a)}{F(b) - F(a)}[F(x) - F(a)]$

则 $\varphi(x)$ 满足罗尔定理条件，于是在 (a,b) 内至少存在一点 ξ，使得 $\varphi'(\xi) = 0$. 即

$$f'(\xi) - \frac{f(b) - f(a)}{F(b) - F(a)} \cdot F'(\xi) = 0, \quad \frac{f(b) - f(a)}{F(b) - F(a)} = \frac{f'(\xi)}{F'(\xi)}$$

特别地,如果 $F(x) = x$,则 $F(b) - F(a) = b - a$,$F'(x) = 1$,由

$$\frac{f(b) - f(a)}{F(b) - F(a)} = \frac{f'(\xi)}{F'(\xi)}$$

易得

$$\frac{f(b) - f(a)}{b - a} = f'(\xi)$$

可见,当 $F(x) = x$ 时,柯西中值定理就是拉格朗日中值定理,故柯西中值定理是拉格朗日中值定理的推广,拉格朗日中值定理则是柯西中值定理的特例.

柯西中值定理主要用于一些理论证明,例如下节将要用到的洛必达法则的证明.

习题 5 - 2

1.验证罗尔定理对函数 $y = \sin x$ 在区间 $[0, \pi]$ 上的正确性.

2.验证函数 $f(x) = 2x - x^2$ 在区间 $[1, 3]$ 上拉格朗日定理的正确性.

3.不用求出函数 $f(x) = (x + 1)(x + 2)(x - 1)(x - 2)$ 的导数,说明方程 $f'(x) = 0$ 仅有几个实根,并指出它们所在的区间.

4.证明方程 $x^5 + x - 1 = 0$ 只有一个正根.

5.设 $a > b > 0$,证明

$$1 - \frac{b}{a} < \ln \frac{a}{b} < \frac{a}{b} - 1$$

6.设 $0 < a < b$,证明

$$\frac{b - a}{1 + b^2} < \arctan b - \arctan a < \frac{b - a}{1 + a^2}$$

5.3 洛必达法则

由前面内容可知,两个无穷小量之比的极限或两个无穷大量之比的极限可能存在,也可能不存在.存在时,其极限也不尽相同.因此将两个无穷小量或无穷大量之比的极限通常称为 $\dfrac{0}{0}$ 型或 $\dfrac{\infty}{\infty}$ 型未定式.以前只能求某些比较简单的未定式的极限,下面将依据柯西中值定理推导出一个求未定式极限的简单而有效的方法——洛必达法则.

5.3.1 $\dfrac{0}{0}$ 型及 $\dfrac{\infty}{\infty}$ 型未定式极限求法

如果当 $x \to a$(或 $x \to \infty$)时,两个函数 $f(x)$ 与 $F(x)$ 都是无穷小量或都是无穷大量,那么极限 $\lim\limits_{\substack{x \to a \\ (x \to \infty)}} \dfrac{f(x)}{F(x)}$ 可能存在,也可能不存在.通常把这种极限称为 $\dfrac{0}{0}$ 或 $\dfrac{\infty}{\infty}$ 型未定式,例如

$$\lim_{x\to 0}\frac{\tan x}{x}\left(\frac{0}{0}\right),\quad \lim_{x\to 0^+}\frac{\ln\sin ax}{\ln\sin bx}\left(\frac{\infty}{\infty}\right)(a>0,b>0)$$

定理 5.1　（洛必达法则）

设(1)当 $x\to a$ 时,$\lim\limits_{x\to a}f(x)=0$,$\lim\limits_{x\to a}F(x)=0$;

(2)在点 a 的某去心邻域内 $f'(x)$ 及 $F'(x)$ 都存在且 $F'(x)\ne 0$;

(3)$\lim\limits_{x\to a}\dfrac{f'(x)}{F'(x)}$ 存在(或为无穷大),则

$$\lim_{x\to a}\frac{f(x)}{F(x)}=\lim_{x\to a}\frac{f'(x)}{F'(x)}$$

证　补充定义 $f(a)=0$,$F(a)=0$,使 $f(x)$ 和 $F(x)$ 都在点 $x=a$ 处连续,在 $\mathring{U}(a,\delta)$ 内任取一点 x,在以 a 与 x 为端点的区间上,$f(x)$ 和 $F(x)$ 都满足柯西中值定理的条件.故有

$$\frac{f(x)}{F(x)}=\frac{f(x)-f(a)}{F(x)-F(a)}=\frac{f'(\xi)}{F'(\xi)}(\xi\text{ 介于 }x\text{ 与 }a\text{ 之间})$$

当 $x\to a$ 时,$\xi\to a$,由于 $\lim\limits_{x\to a}\dfrac{f'(x)}{F'(x)}=A$,故 $\lim\limits_{\xi\to a}\dfrac{f'(\xi)}{F'(\xi)}=A$,从而

$$\lim_{x\to a}\frac{f(x)}{F(x)}=\lim_{\xi\to a}\frac{f'(\xi)}{F'(\xi)}=A$$

类似可证明,当 $x\to a$,$x\to\infty$ 时,对于 $\dfrac{\infty}{\infty}$ 型未定式,也有相应的洛必达法则.即

定理 5.2　（洛必达法则）

设(1)当 $x\to a$(或 $x\to\infty$)时,函数 $f(x)$ 及 $F(x)$ 都是无穷大量;

(2)在点 a 的某去心邻域内(或当 $|x|>N$ 时),$f'(x)$ 及 $F'(x)$ 都存在且 $F'(x)\ne 0$;

(3)$\lim\limits_{x\to a}\dfrac{f'(x)}{F'(x)}\left(\text{或}\lim\limits_{x\to\infty}\dfrac{f'(x)}{F'(x)}\right)$ 存在或为无穷大,则

$$\lim_{x\to a}\frac{f(x)}{F(x)}=\lim_{x\to a}\frac{f'(x)}{F'(x)}\left(\text{或}\lim_{x\to\infty}\frac{f(x)}{F(x)}=\lim_{x\to\infty}\frac{f'(x)}{F'(x)}\right)$$

注意:(1)定理 5.1 和定理 5.2 中,将 $x\to a$ 换为任何其他极限过程,结论仍然成立;

(2)如果 $\dfrac{f'(x)}{F'(x)}$ 仍属 $\dfrac{0}{0}$ 型或 $\dfrac{\infty}{\infty}$ 型,$f'(x)$、$F'(x)$ 都满足定理的条件,则可继续使用洛必达法则.即

$$\lim_{x\to a}\frac{f(x)}{F(x)}=\lim_{x\to a}\frac{f'(x)}{F'(x)}=\lim_{x\to a}\frac{f''(x)}{F''(x)}=\cdots$$

例 5.3.1　求 $\lim\limits_{x\to 1}\dfrac{x^3-3x+2}{x^3-x^2-x+1}$.

解　所求极限为 $\dfrac{0}{0}$ 型极限,由洛必达法则,有

$$\lim_{x\to 1}\frac{x^3-3x+2}{x^3-x^2-x+1}=\lim_{x\to 1}\frac{3x^2-3}{3x^2-2x-1}=\lim_{x\to 1}\frac{6x}{6x-2}=\frac{3}{2}$$

注意:上式中的 $\lim\dfrac{6x}{6x-2}$ 已不是未定式,不能对它应用洛必达法则,否则要导致错误结

果.在反复应用洛必达法则的过程中,要特别注意验证每次所求的极限是不是未定式,如果不是未定式,就不能用洛必达法则.

例 5.3.2　求 $\lim\limits_{x\to 0}\dfrac{1-\dfrac{\sin x}{x}}{1-\cos x}$.

解　所求极限为 $\dfrac{0}{0}$ 型极限,由洛必达法则,有

$$\lim\limits_{x\to 0}\frac{1-\dfrac{\sin x}{x}}{1-\cos x}=\lim\limits_{x\to 0}\frac{x-\sin x}{x(1-\cos x)}$$

由于当 $x\to 0$ 时,$1-\cos x\sim\dfrac{x^2}{2}$,因此

$$\lim\limits_{x\to 0}\frac{x-\sin x}{x(1-\cos x)}=\lim\limits_{x\to 0}\frac{x-\sin x}{\dfrac{x^3}{2}}=2\lim\limits_{x\to 0}\frac{1-\cos x}{3x^2}=2\lim\limits_{x\to 0}\frac{\dfrac{x^2}{2}}{3x^2}=\frac{1}{3}$$

例 5.3.3　求 $\lim\limits_{x\to 0}\dfrac{\tan x-x}{x^2\tan x}$.

解　$\lim\limits_{x\to 0}\dfrac{\tan x-x}{x^2\tan x}=\lim\limits_{x\to 0}\dfrac{\tan x-x}{x^3}=\lim\limits_{x\to 0}\dfrac{\sec^2 x-1}{3x^2}\left(\text{所求极限为}\dfrac{0}{0}\text{型}\right)$

由洛必达法则,有

$$\text{上式}=\lim\limits_{x\to 0}\frac{2\sec^2 x\tan x}{6x}=\frac{1}{3}\lim\limits_{x\to 0}\frac{\tan x}{x}=\frac{1}{3}$$

本例表明,洛必达法则可以和其他求极限方法(化简、等价无穷小替换、两个重要极限等)结合使用,可简化问题,使运算更简便.

例 5.3.4　求 $\lim\limits_{x\to +\infty}\dfrac{\dfrac{\pi}{2}-\arctan x}{\dfrac{1}{x}}$.

解　本题为 $x\to +\infty$ 时的 $\dfrac{0}{0}$ 型未定式,应用洛必达法则可得

$$\lim\limits_{x\to +\infty}\frac{\dfrac{\pi}{2}-\arctan x}{\dfrac{1}{x}}=\lim\limits_{x\to +\infty}\frac{-\dfrac{1}{1+x^2}}{-\dfrac{1}{x^2}}=\lim\limits_{x\to +\infty}\frac{x^2}{1+x^2}=1$$

例 5.3.5　求下列极限.

(1) $\lim\limits_{x\to +\infty}\dfrac{\ln x}{x^\mu}$;　　　　　　　　　(2) $\lim\limits_{x\to +\infty}\dfrac{x^n}{\mathrm{e}^x}$(其中 n 为正整数)

解　所求极限为 $\dfrac{\infty}{\infty}$ 型极限,由洛必达法则,有

(1) $\lim\limits_{x\to +\infty}\dfrac{\ln x}{x^\mu}=\lim\limits_{x\to +\infty}\dfrac{\dfrac{1}{x}}{\mu x^{\mu-1}}=\lim\limits_{x\to +\infty}\dfrac{1}{\mu x^\mu}=0$;

(2)反复使用 n 次洛必达法则,有

$$\lim_{x\to+\infty}\frac{x^n}{e^x}=\lim_{x\to+\infty}\frac{nx^{n-1}}{e^x}=\lim_{x\to+\infty}\frac{n(n-1)x^{n-2}}{e^x}=\cdots=\lim_{x\to+\infty}\frac{n!}{e^x}=0$$

本例表明,当 $x\to+\infty$ 时,$\ln x$、$x^\mu(\mu>0)$、e^x 都是无穷大量,但它们趋于无穷大的速度却有明显差异,极限式(1)说明幂函数 $x^\mu(\mu>0)$ 趋于无穷大的速度远快于对数函数 $\ln x$,极限式(2)说明指数函数 e^x 趋于无穷大的速度远快于幂函数 $x^\mu(\mu>0)$.

例 5.3.6 　求 $\lim\limits_{x\to0^+}\dfrac{\ln\sin ax}{\ln\sin bx}(a>0,b>0)$.

解 　所求极限为 $\dfrac{\infty}{\infty}$ 型极限,由洛必达法则,有

$$\lim_{x\to0^+}\frac{\ln\sin ax}{\ln\sin bx}=\lim_{x\to0^+}\frac{a\cos ax\cdot\sin bx}{b\cos bx\cdot\sin ax}=\lim_{x\to0^+}\frac{\cos bx}{\cos ax}=1$$

例 5.3.7 　求 $\lim\limits_{x\to\frac{\pi}{2}}\dfrac{\tan x}{\tan 3x}$.

解 　所求极限为 $\dfrac{\infty}{\infty}$ 型极限,由洛必达法则,有

$$\lim_{x\to\frac{\pi}{2}}\frac{\tan x}{\tan 3x}=\lim_{x\to\frac{\pi}{2}}\frac{\sec^2 x}{3\sec^2 3x}=\frac{1}{3}\lim_{x\to\frac{\pi}{2}}\frac{\cos^2 3x}{\cos^2 x}$$

$$=\frac{1}{3}\lim_{x\to\frac{\pi}{2}}\frac{-6\cos 3x\sin 3x}{-2\cos x\sin x}=\lim_{x\to\frac{\pi}{2}}\frac{\sin 6x}{\sin 2x}=\lim_{x\to\frac{\pi}{2}}\frac{6\cos 6x}{2\cos 2x}=3$$

洛必达法则是求未定式极限的一种有效方法,若能与其他求极限方法(例如等价无穷小替换等)结合使用,效果会更好.

注意:不是所有的 $\dfrac{0}{0}$ 型和 $\dfrac{\infty}{\infty}$ 型极限都可用洛必达法则计算.事实上,如果所求极限不满足洛必达法则的条件 $\left(通常是不满足\lim\dfrac{f'(x)}{F'(x)}存在或为无穷大\right)$,就不能用洛必达法则计算,而应使用其他方法求解.

例 5.3.8 　求 $\lim\limits_{x\to\infty}\dfrac{x-\sin x}{x+\sin x}$.

解 　由于极限 $\lim\limits_{x\to\infty}\dfrac{(x-\sin x)'}{(x+\sin x)'}=\lim\limits_{x\to\infty}\dfrac{1-\cos x}{1+\cos x}$ 不存在,故不满足洛必达法则的条件,因而不能使用洛必达法则求解(而不能就此认为原极限不存在),正确的求解方法为

$$\lim_{x\to\infty}\frac{x-\sin x}{x+\sin x}=\lim_{x\to\infty}\frac{1-\dfrac{\sin x}{x}}{1+\dfrac{\sin x}{x}}=\frac{1-0}{1+0}=1$$

5.3.2　$0\cdot\infty$、$\infty-\infty$、1^∞、∞^0、0^0 型的未定式解法

这里所讨论的五类未定式极限,其关键思想是将这些类型的未定式设法化为前面已经讨

论过的,可使用洛必达法则的 $\dfrac{0}{0}$ 型及 $\dfrac{\infty}{\infty}$ 型.

1. $0 \cdot \infty$ 型

$\lim f(x) g(x)$,其中 $\lim f(x) = 0$,$\lim g(x) = \infty$. 对这一类型的未定式,可采用"**积化商**"的原则,即化为

$$f(x) \cdot g(x) = \frac{f(x)}{\dfrac{1}{g(x)}} \left(\frac{0}{0} 型\right)$$

或

$$f(x) \cdot g(x) = \frac{g(x)}{\dfrac{1}{f(x)}} \left(\frac{\infty}{\infty} 型\right)$$

从而可直接用洛必达法则求解.

2. $\infty - \infty$ 型

$\lim [f(x) - g(x)]$,其中 $\lim f(x)$,$\lim g(x)$ 是同号的无穷大量. 对这一类型的未定式,可采用"**差化商**"的原则,利用因式分解或恒等变形后通分等方法,将 $\lim [f(x) - g(x)]$($\infty - \infty$ 型未定式)化为 $\dfrac{0}{0}$ 或 $\dfrac{\infty}{\infty}$ 型未定式,从而也可直接用洛必达法则求解.

3. 0^0、1^∞、∞^0 型(幂指未定式)

$\lim [f(x)]^{g(x)}$,其中 $f(x) > 0$,包括以下三类极限:

(1) 0^0 型($f(x) \to 0^+$,$g(x) \to 0$);

(2) ∞^0 型($f(x) \to +\infty$,$g(x) \to 0$);

(3) 1^∞ 型($f(x) \to 1$,$g(x) \to \infty$).

这三种类型的未定式统称为**幂指(函数)未定式**,由于

$$\lim [f(x)]^{g(x)} = \lim e^{\ln [f(x)]^{g(x)}} = \lim e^{g(x) \ln f(x)} = e^{\lim g(x) \ln f(x)}$$

故以上三种未定式都可归结为求极限 $\lim [g(x) \ln f(x)]$. 又因为

当 $f(x) \to 0^+$,$g(x) \to 0$ 时,$\ln f(x) \to -\infty$,$g(x) \cdot \ln f(x)$ 为 $0 \cdot \infty$ 型;

当 $f(x) \to +\infty$,$g(x) \to 0$ 时,$\ln f(x) \to +\infty$,$g(x) \cdot \ln f(x)$ 为 $0 \cdot \infty$ 型;

当 $f(x) \to 1$,$g(x) \to \infty$ 时,$\ln f(x) \to 0$,$g(x) \cdot \ln f(x)$ 为 $0 \cdot \infty$ 型.

所以在上述三种情形下,这一极限都是 $0 \cdot \infty$ 型,从而可用积化商的方法化为 $\dfrac{0}{0}$ 或 $\dfrac{\infty}{\infty}$ 型未定式,最终都可以利用洛必达法则求解.

显然,若 $\lim [g(x) \ln f(x)] = A$,则原极限值为 e^A;若 $\lim [g(x) \ln f(x)] = +\infty$,则原极限值为 $+\infty$;若 $\lim [g(x) \ln f(x)] = -\infty$,则原极限值为 0.

例 5.3.9　求 $\lim\limits_{x \to +\infty} x^{-2} e^x$.

解　这一极限可视为 $0 \cdot \infty$ 型,可将其化为 $\dfrac{\infty}{\infty}$ 型极限

$$\lim_{x \to +\infty} x^{-2} e^x = \lim_{x \to +\infty} \frac{e^x}{2x} = \lim_{x \to +\infty} \frac{e^x}{2} = +\infty$$

例 5.3.10　求 $\lim\limits_{x \to 0} \left(\dfrac{1}{\sin x} - \dfrac{1}{x} \right)$.

解　这是 $\infty - \infty$ 型,可通分将其化为 $\dfrac{0}{0}$ 型极限

$$\lim_{x \to 0} \left(\frac{1}{\sin x} - \frac{1}{x} \right) = \lim_{x \to 0} \frac{x - \sin x}{x \cdot \sin x} = \lim_{x \to 0} \frac{1 - \cos x}{\sin x + x \cos x} = 0$$

例 5.3.11　求 $\lim\limits_{x \to 0^+} x^x$.

解　这是 0^0 型未定式,所以

$$\lim_{x \to 0^+} x^x = \lim_{x \to 0^+} e^{x \ln x} = e^{\lim\limits_{x \to 0^+} x \ln x} = e^{\lim\limits_{x \to 0^+} \frac{\ln x}{\frac{1}{x}}} = e^{\lim\limits_{x \to 0^+} \frac{\frac{1}{x}}{-\frac{1}{x^2}}} = e^0 = 1$$

例 5.3.12　求 $\lim\limits_{x \to 1} x^{\frac{1}{1-x}}$.

解　这是 1^∞ 型未定式,由 $x^{\frac{1}{1-x}} = e^{\frac{\ln x}{1-x}}$ 得

$$\lim_{x \to 1} x^{\frac{1}{1-x}} = e^{\lim\limits_{x \to 1} \frac{\ln x}{1-x}} = e^{\lim\limits_{x \to 1} \frac{\frac{1}{x}}{-1}} = e^{-1}$$

例 5.3.13　求 $\lim\limits_{x \to 0^+} (\cot x)^{\frac{1}{\ln x}}$.

解　这是 ∞^0 型未定式,由 $(\cot x)^{\frac{1}{\ln x}} = e^{\frac{1}{\ln x} \cdot \ln(\cot x)}$,又

$$\lim_{x \to 0^+} \frac{1}{\ln x} \cdot \ln(\cot x) = \lim_{x \to 0^+} \frac{-\dfrac{1}{\cot x} \cdot \dfrac{1}{\sin^2 x}}{\dfrac{1}{x}} = \lim_{x \to 0^+} \frac{-x}{\cos x \cdot \sin x} = -1$$

故 $\lim\limits_{x \to 0^+} (\cot x)^{\frac{1}{\ln x}} = e^{-1}$.

例 5.3.14　求 $\lim\limits_{x \to +\infty} \dfrac{e^x - e^{-x}}{e^x + e^{-x}}$.

解　如果直接使用洛必达法则,则

$$\lim_{x \to +\infty} \frac{e^x - e^{-x}}{e^x + e^{-x}} = \lim_{x \to +\infty} \frac{e^x + e^{-x}}{e^x - e^{-x}} = \lim_{x \to +\infty} \frac{e^x - e^{-x}}{e^x + e^{-x}}$$

会出现循环而不能求出极限,这时只需将原式变形即可得到

$$\lim_{x \to +\infty} \frac{e^x - e^{-x}}{e^x + e^{-x}} = \lim_{x \to +\infty} \frac{e^{2x} - 1}{e^{2x} + 1} = \lim_{x \to +\infty} \frac{2e^{2x}}{2e^{2x}} = 1$$

因此,在使用洛必达法则之前,对所求极限表达式进行恰当的恒等变形,也是能有效使用洛必达法则的必备条件.

习题 5 - 3

1.用洛必达法则求下列极限:

(1) $\lim\limits_{x \to 0} \dfrac{e^x - e^{-x}}{\sin x}$;　　　　　　　(2) $\lim\limits_{x \to 1} \dfrac{x-1}{x^n - 1}$ (n 为正整数);　　　　(3) $\lim\limits_{x \to \frac{\pi}{4}} \dfrac{\tan x - 1}{\sin x - \cos x}$;

$(4)\lim\limits_{x\to\pi}\dfrac{\sin 3x}{\tan 5x}$;　　　　$(5)\lim\limits_{x\to 0^+}\dfrac{\ln\sin 3x}{\ln\sin x}$;　　　　$(6)\lim\limits_{x\to 0^+}\dfrac{\ln x}{\cot x}$;

$(7)\lim\limits_{x\to +\infty}\dfrac{\ln\left(1+\dfrac{1}{x}\right)}{x}$;　　　　$(8)\lim\limits_{x\to 0}\dfrac{\ln(1+x^2)}{\sec x-\cos x}$;　　　　$(9)\lim\limits_{x\to 0}x\cot 2x$.

2.验证极限 $\lim\limits_{x\to\infty}\dfrac{x+\sin x}{x}$ 存在,但不能用洛必达法则得出.

5.4　一元函数的单调性与凹凸性

利用导数可以非常方便地研究函数(曲线)的几何形态,这里主要指函数的单调性和凹凸性,可以给出判定单调性和凹凸性的较简便的判据.

5.4.1　单调性的判别法

单调性的概念在第 2 章里已讲过,我们先从几何直观上再次认识.观察图 5-4,由图可见,如果 $f(x)$ 在某区间 $[a,b]$ 上单调递增(递减),则其图形是一条沿 x 轴正向上升(下降)的曲线,这时显而易见曲线上各点处切线的斜率(即 $f'(x)$)是非负(非正)的,即在区间 (a,b) 内有 $y'=f'(x)\geqslant 0(y'=f'(x)\leqslant 0)$,可见导数符号与函数单调性有着密切联系.因而我们自然会反过来问,能否用导数的符号来判定函数的单调性呢? 下面的定理肯定地回答了这一问题.

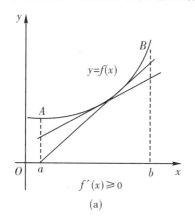
(a)

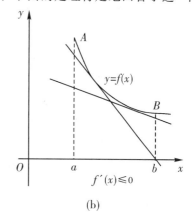
(b)

图 5-4

定理 5.3　设函数 $y=f(x)$ 在 $[a,b]$ 上连续,在 (a,b) 内可导.

(1)如果在 (a,b) 内 $f'(x)>0$,那么,函数 $y=f(x)$ 在 $[a,b]$ 上单调增加;

(2)如果在 (a,b) 内 $f'(x)<0$,那么,函数 $y=f(x)$ 在 $[a,b]$ 上单调减少.

证　对于任意的 x_1、$x_2\in[a,b]$,不妨设 $x_1<x_2$,由拉格朗日中值定理,得

$$f(x_2)-f(x_1)=f'(\xi)(x_2-x_1)(x_1<\xi<x_2)$$

由于 $x_2-x_1>0$,因此如果在 (a,b) 内 $f'(x)>0$,则 $f'(\xi)>0$,从而 $f(x_2)>f(x_1)$,函数 $y=f(x)$ 在 $[a,b]$ 上单调增加;如果在 (a,b) 内 $f'(x)<0$,则 $f'(\xi)<0$,从而 $f(x_2)<f(x_1)$,函数 $y=f(x)$ 在 $[a,b]$ 上单调减少.

定理 5.3 中的闭区间 $[a,b]$ 可以换为任何其他形式的区间,只是若区间包含有端点,要求在端点处函数单侧连续.

例 5.4.1 讨论函数 $y = x - \sin x$ 在闭区间 $[-\pi,\pi]$ 上的单调性.

解 因为函数在 $[-\pi,\pi]$ 上连续,在 $(-\pi,\pi)$ 内

$$y' = 1 - \cos x \geqslant 0$$

且等号仅在 $x = 0$ 处成立,所以由定理 5.3 可知,函数 $y = x - \sin x$ 在 $[-\pi,\pi]$ 上单调增加.

例 5.4.2 讨论函数 $y = e^x - x - 1$ 的单调性.

解 由于 $y' = e^x - 1$,又定义域 $D:(-\infty,+\infty)$.在 $(-\infty,0)$ 内,$y' < 0$,所以,函数在 $(-\infty,0]$ 上单调减少;在 $(0,+\infty)$ 内 $y' > 0$,函数在 $[0,+\infty)$ 上单调增加.

注意:函数的单调性是一个区间上的性质,需要用导数在这一区间上的符号来判定,而不能用一点处的导数符号来判别一个区间上的单调性.

5.4.2 单调区间求法

定义 5.1 如果函数 $y = f(x)$ 在其定义域的某个区间内是单调的,则该区间称为函数的单调区间.

函数的导数等于零的点及函数的导数不存在点,可能是函数的单调区间的分界点.

求函数 $y = f(x)$ 单调区间的方法:

用方程 $f'(x) = 0$ 的根及导数不存在的点将函数 $y = f(x)$ 的定义域分为若干部分区间,然后判断各部分区间内函数 $y = f(x)$ 的导数 $f'(x)$ 的符号.

例 5.4.3 确定函数 $f(x) = 2x^3 - 9x^2 + 12x - 3$ 的单调区间.

解 函数定义区间 $D:(-\infty,+\infty)$,

$f'(x) = 6x^2 - 18x + 12 = 6(x-1)(x-2)$

解方程 $f'(x) = 0$ 得 $x_1 = 1, x_2 = 2$.

得出该函数在定义域 $(-\infty,+\infty)$ 内有两个驻点 $x_1 = 1, x_2 = 2$,这两个点将 $(-\infty,+\infty)$ 分成三个区间 $(-\infty,1]$、$[1,2]$、$[2,+\infty)$,在这三个区间内函数导数的符号与函数的单调性,列表如表 5-1 所示.

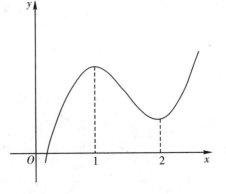

图 5-5

表 5-1

x	$(-\infty,1]$	$[1,2]$	$[2,+\infty)$
$f'(x)$	+	−	+
$f(x)$	增	减	增

所以函数的单调增加区间为 $(-\infty,1]$、$[2,+\infty)$;函数的单调减少区间为 $[1,2]$,如图 5-5 所示.

例 5.4.4 确定以下函数的单调区间.

$(1)f(x)=\sqrt[3]{x^2}$; $\qquad\qquad$ $(2)f(x)=x^3$.

解 (1)函数定义域 $D:(-\infty,+\infty),f'(x)=\dfrac{2}{3\sqrt[3]{x}}(x\neq0)$,

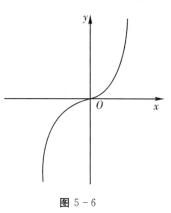

图 5－6

方程 $f'(x)=0$ 无解;但当 $x=0$ 时,其导数不存在.

又当 $-\infty<x<0$ 时,$f'(x)<0$,函数在 $(-\infty,0]$ 上单调减少;当 $0<x<+\infty$ 时,$f'(x)>0$,函数在 $[0,+\infty)$ 上单调增加.所以函数的单调增加区间为 $[0,+\infty)$;函数的单调减少区间为 $(-\infty,0]$.

$(2)y=x^3,y'\big|_{x=0}=0$ 但在 $(-\infty,+\infty)$ 上单调增加,如图 5－6 所示.

由例 5.4.3 可知:**若函数 $f(x)$ 在区间 I 内连续,且除了有限个驻点或有限个不可导点外,都有 $f'(x)>0$(或 $f'(x)<0$),则函数在区间 I 内单调增加(或单调减少).**也就是说,函数在个别点的导数为零或不可导,不影响函数区间内的单调性.

利用函数的单调性,我们还可以证明不等式,这也是诸多不等式证明方法中较简便的方法之一.

例 5.4.5 证明:当 $x>0$ 时,不等式 $x>\ln(1+x)$ 成立.

证 设 $f(x)=x-\ln(1+x)$,则 $f'(x)=\dfrac{x}{1+x}$.由 $f(x)$ 在 $[0,+\infty)$ 连续,且在 $[0,+\infty)$ 上 $f'(x)>0$,所以,$f(x)$ 在 $[0,+\infty)$ 上单调增加,且 $f(0)=0$.

因此,当 $x>0$ 时,$x-\ln(1+x)>f(0)=0$,即 $x>\ln(1+x)$.

5.4.3 曲线凹凸性的概念

函数的单调性可以反映出函数图形的上升和下降,但是已知函数的单调性却不能完全明确其图像的形状.例如,已知函数在某区间上单调递增,其上升方式的函数图形至少有两种,即向上凸(AB 段)的和向下凹(BC 段)的,如图 5－7 所示.也就是说,它们的凹凸性(弯曲方向)可以不同.那么如何确定曲线的弯曲方向呢?

为此,我们先给出函数 $y=f(x)$ 在某区间上图形是凹(凸)弧的定义.

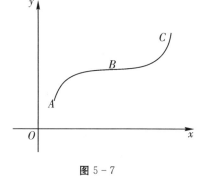

图 5－7

定义 5.2 设函数 $f(x)$ 在区间 I 上每一点处都有切线,如果在区间 I 上任意两点间对应的曲线弧段总是位于这两点间的弦的下方,则称在区间 I 上的这段曲线弧(图形)是(向下)凹的(或凹弧),见图 5－8(a);如果在区间 I 上任意两点间对应的曲线弧段总是位于这两点间的弦的上方,则称在区间 I 上的这段曲线弧(图形)是(向上)凸的(或凸弧),见图 5－8(b).

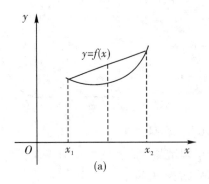

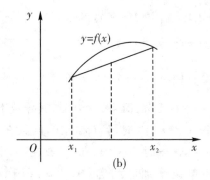

图 5 - 8

5.4.4　曲线凹凸性的判定

图 5 - 9 表明,若曲线弧是上凹的,则曲线弧上任一点处切线的斜率 $f'(x)$(与 x 轴正向的倾角)随着 x 的增加而增加,由单调性的判别法知,这时 $[f'(x)]' = f''(x) > 0$;若曲线弧是上凸的,则曲线弧上任一点处切线的斜率 $f'(x)$(与 x 轴正向的倾角)随着 x 的增加而减少,由单调性的判别法知,这时 $[f'(x)]' = f''(x) < 0$.反之,我们可以用二阶导数的符号来判定函数曲线的凹凸性.

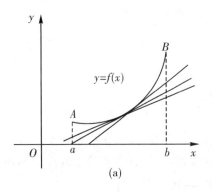

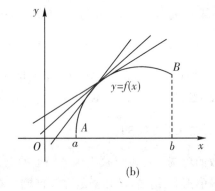

图 5 - 9

定理 5.4　如果 $f(x)$ 在 $[a,b]$ 上连续,在 (a,b) 内具有二阶导数.若在 (a,b) 内

(1)如果 $f''(x) > 0$,则 $f(x)$ 在 $[a,b]$ 上的图形是凹的;

(2)如果 $f''(x) < 0$,则 $f(x)$ 在 $[a,b]$ 上的图形是凸的.

此时也分别称区间 (a,b) 为函数的凹(凸)区间.定理的证明用到了拉格朗日中值定理,囿于篇幅,证明过程从略.

例 5.4.6　判断曲线 $y = x^3$ 的凹凸性.

解　由 $y' = 3x^2$,得 $y'' = 6x$.

当 $x < 0$ 时,$y'' < 0$,所以曲线在 $(-\infty, 0]$ 上是凸的;

当 $x > 0$ 时,$y'' > 0$,所以曲线在 $[0, +\infty)$ 上是凹的.

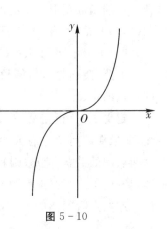

图 5 - 10

5.4.5　曲线的拐点及其求法

注意到在上节例 5.4.6 中,点$(0,0)$是曲线凸弧与凹弧的分界点,为此,我们引进以下概念.

定义 5.3　连续曲线上凹弧与凸弧的分界点称为曲线的拐点.

由定义 5.3 可知,在几何上,曲线 $y=f(x)$ 经过拐点$(x_0,f(x_0))$时改变了凹凸性.因为拐点两侧曲线的凹凸性不同,因而拐点两侧二阶导数一定异号.所以,判别一个点是否为拐点的方法如下:

(1)如果在某一点 x_0 的两侧(该点的某邻域内)的二阶导数异号,则点$(x_0,f(x_0))$一定是拐点;

(2)如果在某一点 x_0 的两侧(该点的某邻域内)的二阶导数同号,则点$(x_0,f(x_0))$一定不是拐点(无论函数在该点处是否可导).

如何判定一个点是不是拐点呢? 对于二阶可导的函数,我们有以下必要条件.

定理 5.5　如果 $f(x)$ 在 x_0 的某邻域内存在二阶导数,则点$(x_0,f(x_0))$是拐点的必要条件是 $f''(x_0)=0$.

证　因为 $f(x)$ 二阶可导,所以 $f'(x)$ 连续;又因为$(x_0,f(x_0))$是拐点,则 $f''(x)=[f'(x)]'$ 在 x_0 两侧变号.所以 $f'(x)$ 在 x_0 取得极值,由可导函数取得极值的条件知 $f''(x_0)=0$.

由定理 5.5 知,可能的拐点应是满足 $f''(x_0)=0$ 的点.另外,函数的不可导点也可能会是拐点.所以只需在这两类点当中寻找出拐点即可.

例 5.4.7　求曲线 $y=3x^4-4x^3+1$ 的拐点及凹、凸的区间.

解　由于定义域 $D:(-\infty,+\infty)$

$$y'=12x^3-12x^2, \quad y''=36x\left(x-\frac{2}{3}\right)$$

令 $y''=0$,得 $x_1=0, x_2=\frac{2}{3}$.

这两个点将实数轴划分成三个区间,在各个区间上函数的二阶导数符号如表 5-2 所示.

表 5-2

x	$(-\infty,0)$	0	$\left(0,\dfrac{2}{3}\right)$	$\dfrac{2}{3}$	$\left(\dfrac{2}{3},+\infty\right)$
$f''(x)$	$+$	0	$-$	0	$+$
$f(x)$	凹	拐点 $(0,1)$	凸的	拐点 $\left(\dfrac{2}{3},\dfrac{11}{27}\right)$	凹的

由表易知,$(0,1)$、$\left(\dfrac{2}{3},\dfrac{11}{27}\right)$均为拐点,凹区间为$(-\infty,0]$、$\left[\dfrac{2}{3},+\infty\right)$,凸区间为$\left[0,\dfrac{2}{3}\right]$,如图 5-11 所示.

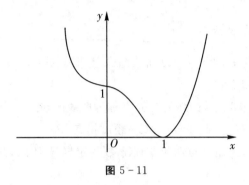

图 5-11

例 5.4.8 求曲线 $y=\sqrt[3]{x}$ 的拐点.

解 当 $x\neq0$ 时,$y'=\dfrac{1}{3}x^{-\frac{2}{3}}$,$y''=-\dfrac{2}{9}x^{-\frac{5}{3}}$,$x=0$ 是不可导点,y',y'' 均不存在.

由于在 $(-\infty,0)$ 内,$y''>0$,所以曲线在 $(-\infty,0]$ 上是凹的;在 $(0,+\infty)$ 内,$y''<0$,所以曲线在 $[0,+\infty)$ 上是凸的.故点 $(0,0)$ 是曲线 $y=\sqrt[3]{x}$ 的拐点.

习题 5-4

1.判定函数 $f(x)=\arctan x-x$ 的单调性.

2.求下列函数的增减区间:

(1)$y=x+\dfrac{1}{x}(x>0)$; (2)$y=\ln(x+\sqrt{1+x^2})$;

(3)$y=(x-1)(x+1)^3$; (4)$y=2x^2-\ln x$.

3.证明下列不等式:

(1)当 $x>0$ 时,$1+\dfrac{1}{2}x>\sqrt{1+x}$;

(2)当 $0<x<\dfrac{\pi}{2}$ 时,$\sin x+\tan x>2x$;

(3)$\dfrac{\ln b-\ln a}{b-a}<\dfrac{1}{\sqrt{ab}}(0<a<b)$;

(4)当 $0<x$ 时,$(x^2-1)\ln x\geqslant(x-1)^2$.

4.求下列曲线的凸凹区间及拐点:

(1)$y=x^3-3x^2-9x+9$; (2)$y=\dfrac{1}{x^2+1}$;

(3)$y=e^{-x^2}$; (4)$y=(x+1)^4+e^x$;

5.试决定曲线 $y=ax^3+bx^2+cx+d$ 中的 a、b、c、d,使得 $x=-2$ 处曲线有水平切线,$(1,-10)$ 为拐点,且点 $(-2,44)$ 在曲线上.

5.5　一元函数的极值与最值

5.5.1　一元函数极值与最值的概念

在本章 5.2 节介绍费马定理时已经给出了极值的概念,这里再次重申如下:

定义 5.4　设函数 $y=f(x)$ 在点 x_0 的某邻域内有定义,如果对于该邻域内的任一点 x,都有

$$f(x) \leqslant f(x_0) \quad (或\ f(x) \geqslant f(x_0))$$

则称 $f(x_0)$ 是函数 $y=f(x)$ 的一个**极大值(或极小值)**, x_0 称为**极大值点(或极小值点)**.函数的极大值与极小值统称为函数的**极值**,使函数取得极值的点称为**极值点**.

图 5-12(a)和图 5-12(b)分别给出了函数极大值和极小值的几何直观解释.

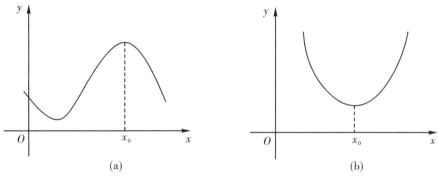

图 5-12

有必要指出,函数的极值是函数的局部特征,因而不能认为极大值比极小值大;同样也不能认为极小值比极大值小.

5.5.2　一元函数极值的求法

费马定理直接给出了可导函数取得极值的必要条件.

定理 5.6　**(取得极值的必要条件)**设函数 $f(x)$ 在点 x_0 处可导,且在 x_0 处取得极值,则 $f'(x_0)=0$.

函数 $f(x)$ 的导数为零的点(即方程 $f'(x)=0$ 的实根)称为函数 $f(x)$ 的驻点.

由定理 5.6 知可导函数 $f(x)$ 的极值点必定是它的驻点,但函数 $f(x)$ 的驻点却不一定是极值点.例如 $y=x^3$, $y'(0)=0$,但 $x=0$ 不是极值点.所以在求出驻点后还需要判断驻点是不是函数的极值点,以及在该点处究竟取得极大值还是极小值.

定理 5.7　**(极值的第一充分条件)**设 $f(x)$ 在 x_0 的某邻域内连续,在 x_0 的某一去心邻域内可导,则

(1)如果当 $x \in (x_0-\delta, x_0)$,有 $f'(x)>0$,且当 $x \in (x_0, x_0+\delta)$ 时有 $f'(x)<0$,则 $f(x)$

在 x_0 处取得极大值;

(2)如果当 $x \in (x_0 - \delta, x_0)$,有 $f'(x) < 0$,且当 $x \in (x_0, x_0 + \delta)$ 时有 $f'(x) > 0$,则 $f(x)$ 在 x_0 处取得极小值;

(3)如果当 $x \in (x_0 - \delta, x_0)$ 及 $x \in (x_0, x_0 + \delta)$ 时,$f'(x)$ 的符号相同,则 $f(x)$ 在 x_0 处无极值.

图 5 - 13(a)、图 5 - 13(b) 和图 5 - 14 分别对应定理 5.7 中的三种情形.

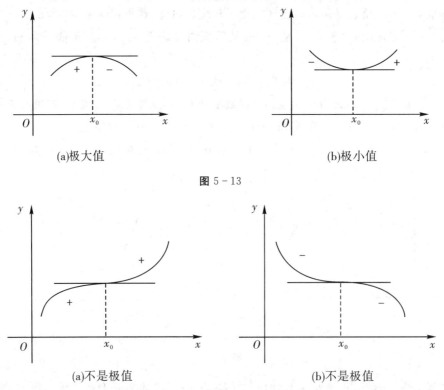

(a)极大值　　　　　　　　　　　　　　(b)极小值

图 5 - 13

(a)不是极值　　　　　　　　　　　　　(b)不是极值

图 5 - 14

注意:定理 5.7 中并不要求 $f(x)$ 在点 x_0 处可导,因而定理 5.7 也可以对不可导点是否为极值点作出判定.

由定理 5.7 可得到求极值的步骤如下:

(1)求导数 $f'(x)$,并由方程 $f'(x) = 0$ 求出函数的驻点,以及不可导点;

(2)考察各驻点和不可导点左、右两侧 $f'(x)$ 的符号,判别其是否为极值点;

(3)求出极值.

例 5.5.1 求函数 $f(x) = (x-1)\sqrt[3]{x^2}$ 的极值.

解 令 $f'(x) = x^{\frac{2}{3}} + (x-1) \times \dfrac{2}{3} x^{-\frac{1}{3}} = \dfrac{5x-2}{3\sqrt[3]{x}} = 0$,得驻点 $x = \dfrac{2}{5}$,以及不可导点 $x = 0$.

这两个点把函数的定义域分成了三个区间,在这三个区间导数的符号及函数的单调性和极值可列表 5 - 3 讨论如下.

表 5 - 3

x	$(-\infty,0)$	0	$\left(0,\dfrac{2}{5}\right)$	$\dfrac{2}{5}$	$\left(\dfrac{2}{5},+\infty\right)$
$f'(x)$	$+$	不存在	$-$	0	$+$
$f(x)$		极大值 0		极小值 $-\dfrac{3}{5}\sqrt[3]{\dfrac{4}{25}}$	

由极值的第一充分条件知,函数在点 $x=0$ 处取得极大值 $f(0)=0$,在点 $x=\dfrac{2}{5}$ 处取得极小值 $f\left(\dfrac{2}{5}\right)=-\dfrac{3}{5}\sqrt[3]{\dfrac{4}{25}}$.

如果函数在驻点处存在二阶导数,则可用下面极值的第二充分条件判定极值点并求出极值.

定理 5.8　(极值的第二充分条件)设 $f(x)$ 在 x_0 处二阶可导,且 $f'(x_0)=0$,$f''(x_0)\neq 0$,则

(1)当 $f''(x_0)<0$ 时,函数 $f(x)$ 在 x_0 处取得极大值;

(2)当 $f''(x_0)>0$ 时,函数 $f(x)$ 在 x_0 处取得极小值.

证　(1)由 $f''(x_0)=\lim\limits_{\Delta x\to 0}\dfrac{f'(x_0+\Delta x)-f'(x_0)}{\Delta x}=\lim\limits_{\Delta x\to 0}\dfrac{f'(x_0+\Delta x)}{\Delta x}<0$ 知 $\dfrac{f'(x_0+\Delta x)}{\Delta x}\leqslant 0$,即 $f'(x_0+\Delta x)-f'(x_0)$ 与 Δx 异号.当 $\Delta x<0$ 时,有 $f'(x_0+\Delta x)>0$;当 $\Delta x>0$ 时,有 $f'(x_0+\Delta x)<0$.所以函数 $f(x)$ 在 x_0 处取得极大值.同理可证(2).

例 5.5.2　求函数 $f(x)=x^3+3x^2-24x-20$ 的极值.

解　$f'(x)=3x^2+6x-24=3(x+4)(x-2)$

令 $f'(x)=0$,得 $x_1=-4,x_2=2$.又 $f''(x)=6x+6$,由于 $f''(-4)=-18<0$,故极大值为 $f(-4)=60$;由于 $f''(2)=18>0$,故极小值为 $f(2)=-48$.

$f(x)=x^3+3x^2-24x-20$ 的图形如图 5 - 15 所示.

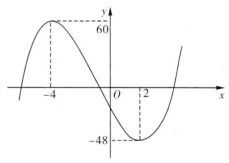

图 5 - 15

注意:(1)当 $f''(x_0)=0$ 时,x_0 可能是极值点,也可能不是极值点,因而定理 5.8 存在着判定上的死角;(2)函数 $f(x)$ 的不可导点,也可能是函数 $f(x)$ 的极值点,而定理 5.8 要求函数在点 x_0 处二阶可导,故对于不可导点是否为极值点不能用定理 5.8 判定,只能用定理 5.7 判定.

例 5.5.3　求函数 $f(x)=1-(x-2)^{\frac{2}{3}}$ 的极值.

解　$f'(x)=-\dfrac{2}{3}(x-2)^{-\frac{1}{3}}\ (x\neq 2)$

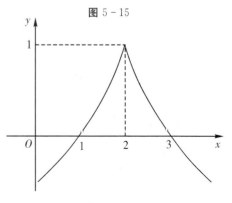

图 5 - 16

当 $x=2$ 时，$f'(x)$ 不存在.但由于当 $x<2$ 时，$f'(x)>0$；当 $x>2$ 时，$f'(x)<0$.

所以由定理 5.7 知，$f(2)=1$ 为 $f(x)$ 的极大值，见图 5-16.

以上我们给出了连续函数的驻点及不可导点是否为极值点的判别方法，对于函数的间断点处是否为极值点，一般用极值的定义进行判别.

5.5.3　一元函数最值的求法

函数的极值是局部概念，它总是在一个点 x_0 的某邻域内讨论.现在我们来研究函数在整个定义域（或其中的指定区间）上函数值的取值情况，即最大值和最小值.显然，函数的最大值和最小值是全局性概念，且函数在闭区间 $[a,b]$ 上的最大值和最小值只能在区间 $[a,b]$ 上的驻点、不可导点和区间端点处取得，因此可以直接求出所有这样的点处的函数值，比较其大小即可得出函数的最大值和最小值.

注意：如果在区间内仅有一个极值，则这个极值就是最值（最大值或最小值）.

例 5.5.4　求函数 $y=2x^3+3x^2-12x+14$ 在区间 $[-3,4]$ 上的最大值与最小值.

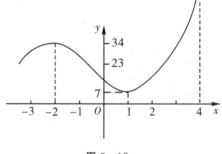

解　由 $f'(x)=6(x+2)(x-1)$，令 $f'(x)=0$，得 $x_1=-2,x_2=1$.

计算 $f(-3)=23$；$f(-2)=34$；$f(1)=7$；$f(4)=142$.

比较得最大值 $f(4)=142$，最小值 $f(1)=7$，如图 5-17 所示.

图 5-17

例 5.5.5　如图 5-18 所示，敌人乘汽车从河的北岸 A 处以 1 km/min 的速度向正北逃窜，同时，我军摩托车从河的南岸 B 处向正东追击，速度为 2 km/min，问我军摩托车何时射击最好？（相距最近射击最好）

解　(1)建立敌我相距函数关系.

设 t 为我军从 B 处发起追击至射击的时间（分），敌我相距函数为 $s(t)$，则

$$s(t)=\sqrt{(0.5+t)^2+(4-2t)^2}$$

(2)求函数 $s=s(t)$ 的最值.

$$s'(t)=\frac{5t-7.5}{\sqrt{(0.5+t)^2+(4-2t)^2}}$$

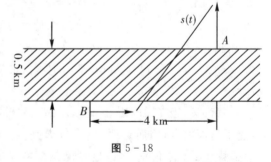

图 5-18

令 $s'(t)=0$，得唯一驻点 $t=1.5$.

不难验证当 $t=1.5$ 时，函数取得最小值，因此我军从 B 处发起追击后 1.5 分钟射击最好.

实际问题求最值的步骤：

(1)建立目标函数；

(2)求目标函数的最值；如果目标函数仅有唯一驻点时，则该点的函数值就是所求的最大值（或最小值）.

例 5.5.6　某房地产公司有 50 套公寓要出租,当租金定为每月 180 元时,公寓会全部租出去;当租金每月增加 10 元时,就有一套公寓租不出去.而租出去的房子每月需花费 20 元的整修维护费.试问房租定为多少可获得最大收入?

解　设房租为每月 x 元,租出去的房子有 $50-\dfrac{x-180}{10}$ 套,每月总收入为

$$R(x)=(x-20)\left(50-\frac{x-180}{10}\right)$$

即

$$R(x)=(x-20)\left(68-\frac{x}{10}\right)$$

$$R'(x)=\left(68-\frac{x}{10}\right)+(x-20)\left(-\frac{1}{10}\right)=70-\frac{x}{5}$$

令 $R'(x)=0$,得 $x=350$(唯一驻点),故每月每套租金为 350 元时收入最高.最大收入为

$$R(x)=(350-20)\left(68-\frac{350}{10}\right)=10890 \text{ 元.}$$

习题 5-5

1.求下列函数的极值:

(1)$y=x^3-3x^2+7$;　　　　　　　　　　(2)$y=x-\ln(1+x)$;

(3)$y=\dfrac{2x}{1+x^2}$;　　　　　　　　　　　(4)$y=3-\sqrt[3]{(-2)^2}$;

(5)$y=x+\sqrt{1-x}$;　　　　　　　　　　(6)$y=2\mathrm{e}^x+\mathrm{e}^{-x}$.

2.试问 a 为何值时,函数 $f(x)=a\sin x+\dfrac{1}{3}\sin 3x$ 在 $x=\dfrac{\pi}{3}$ 处取得极值? 它是极大值还是极小值? 并求此极值.

3.求下列函数的最大值、最小值:

(1)$y=(x^2-1)^3+1,x\in[-2,1]$;　　　(2)$y=x+\sqrt{1-x},x\in[-5,1]$.

4.问函数 $y=2x^3-6x^2-18x+7(1\leqslant x\leqslant4)$ 在何处取得最大值? 并求出它的最大值.

5.函数 $y=x^2+\dfrac{54}{x}(x>0)$ 在何处取最小值?

6.在抛物线 $y=x^2$ 上找一点,使它到直线 $y=2x-4$ 的距离最短.

5.6　一元函数图形的描绘

5.6.1　渐近线

定义 5.5　当曲线 $y=f(x)$ 上的动点 P 沿着曲线移向无穷远处时,如果点 P 到某定直线 L 的距离趋于零,那么直线 L 就称为曲线 $y=f(x)$ 的一条渐近线.

渐进线一般分为三类:

1.铅直(垂直)渐近线

如果 $\lim\limits_{x \to x_0^+} f(x) = \infty$ 或 $\lim\limits_{x \to x_0^-} f(x) = \infty$,那么 $x = x_0$ 就是 $y = f(x)$ 的一条铅直渐近线.

例如,$y = \dfrac{1}{(x+2)(x-3)}$ 有两条垂直渐近线 $x = -2, x = 3$(图 5-19).

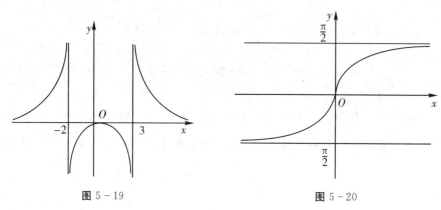

图 5-19   图 5-20

2.水平渐近线

如果 $\lim\limits_{x \to +\infty} f(x) = b$ 或 $\lim\limits_{x \to -\infty} f(x) = b$($b$ 为常数),那么 $y = b$ 就是 $y = f(x)$ 的一条水平渐近线.

例如,$y = \arctan x$ 有水平渐近线 $y = \dfrac{\pi}{2}, y = -\dfrac{\pi}{2}$(图 5-20).

3.斜渐近线

如果 $\lim\limits_{x \to +\infty} [f(x) - (ax+b)] = 0$ 或 $\lim\limits_{x \to -\infty} [f(x) - (ax+b)] = 0$($a, b$ 为常数),则 $y = ax + b$ 就是 $y = f(x)$ 的一条斜渐近线.

斜渐近线求法如下:

若 $\lim\limits_{x \to \infty} \dfrac{f(x)}{x} = a$,$\lim\limits_{x \to \infty} [f(x) - ax] = b$,那么 $y = ax + b$ 就是 $y = f(x)$ 的一条斜渐近线.

例 5.6.1   求 $f(x) = \dfrac{2(x-2)(x+3)}{x-1}$ 渐近线.

解   函数 $f(x)$ 的定义域为 $(-\infty, 1) \bigcup (1, +\infty)$,由于 $\lim\limits_{x \to 1^+} f(x) = -\infty, \lim\limits_{x \to 1^-} f(x) = +\infty$,所以 $x = 1$ 为垂直渐近线.

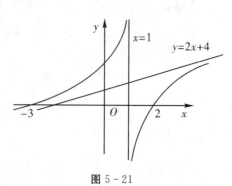

图 5-21

又由于 $\lim\limits_{x \to \infty} \dfrac{f(x)}{x} = \lim\limits_{x \to \infty} \dfrac{2(x-2)(x+3)}{x(x-1)} = 2$

$\lim\limits_{x \to \infty} \left[\dfrac{2(x-2)(x+3)}{(x-1)} - 2x \right]$

$= \lim\limits_{x \to \infty} \dfrac{2(x-2)(x+3) - 2x(x-1)}{x-1} = 4$

所以 $y=2x+4$ 为斜渐近线,如图 5-21 所示.

5.6.2　一元函数作图

由于连续可导函数的一阶、二阶导数反映了函数在相应区间上的特征,因此利用导数知识可以大致描绘出函数的图形,绘图的一般步骤为:

(1)确定函数 $y=f(x)$ 的定义域,对函数进行奇偶性、周期性、曲线与坐标轴交点等性态的讨论,求出函数的一阶导数 $f'(x)$ 和二阶导数 $f''(x)$;

(2)求出方程 $f'(x)=0$ 和 $f''(x)=0$ 在函数定义域内的全部实根,用这些根同函数的间断点或导数不存在的点把函数的定义域划分成若干子区间;

(3)列表考察在各子区间内 $f'(x)$ 和 $f''(x)$ 的符号,并由此确定函数的增减性与极值及曲线的凹凸与拐点;

(4)确定函数图形的水平渐近线、铅直渐近线、斜渐近线以及其他变化趋势;

(5)在直角坐标系中定出上述点,必要时可补充一些辅助点,再综合前 4 步讨论的结果,用光滑曲线连接这些点,画出函数的大致图形.

例 5.6.2　作出函数 $f(x)=\dfrac{4(x+1)}{x^2}-2$ 的图形.

解　定义域 $D:x\neq 0$,$f(x)$ 为非奇非偶函数,且无对称性.$f'(x)=-\dfrac{4(x+2)}{x^3}$,

$f''(x)=\dfrac{8(x+3)}{x^4}$.

由 $f'(x)=0$,得 $x=-2$;由 $f''(x)=0$,得 $x=-3$;此外,函数还有不可导点 $x=0$.这三个点将实数轴化为四个区间,列表可确定函数单调区间、凹凸区间及极值点和拐点如表 5-4 所示.

表 5-4

x	$(-\infty,-3)$	-3	$(-3,-2)$	-2	$(-2,0)$	0	$(0,+\infty)$
$f'(x)$	$-$		$-$	0	$+$	不存在	$-$
$f''(x)$	$-$	0	$+$		$+$	不存在	$+$
$f(x)$	减	拐点 $\left(-3,-\dfrac{26}{9}\right)$	减	极小值点 -3	增	间断点	减

由 $\lim\limits_{x\to\infty}f(x)=\lim\limits_{x\to\infty}\left[\dfrac{4(x+1)}{x^2}-2\right]=-2$,得水平渐近

线 $y=-2$;

又由 $\lim\limits_{x\to 0}f(x)=\lim\limits_{x\to 0}\left[\dfrac{4(x+1)}{x^2}-2\right]=+\infty$,得垂直渐

近线 $x=0$.

为绘图方便,再补充点 $(1-\sqrt{3},0)$、$(1+\sqrt{3},0)$、$A(-1,-2)$、$B(1,6)$、$C(2,1)$,用光滑曲线将这些特殊点连起

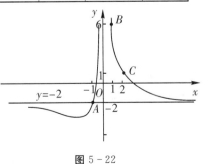

图 5-22

来,就得到了函数的图形,如图 5 - 22 所示.

习题 5 - 6

1.求下列曲线的渐近线:

(1) $y = \dfrac{1}{x-1}$;

(2) $y = e^{\frac{1}{x}} - 1$;

(3) $y = x \ln\left(e + \dfrac{1}{x}\right)$.

2.描绘下列函数的图形:

(1) $y = \dfrac{1}{3}x^3 - x^2 + 2$;

(2) $y = \dfrac{x}{1+x^2}$;

(3) $y = x^2 + \dfrac{1}{x}$.

5.7 多元函数的极值与最值

5.7.1 二元函数极值

求多元函数的极值是多元函数微分学的一个重要应用,在一些实际问题尤其是经济管理问题中应用十分广泛,本节我们主要讨论二元函数的极值问题.

定义 5.6 设函数 $z = f(x, y)$ 在点 (x_0, y_0) 的某一邻域内有定义,如果对该邻域内一切异于 (x_0, y_0) 的点 (x, y) 都有

$$f(x, y) < f(x_0, y_0) (\text{或 } f(x, y) > f(x_0, y_0))$$

则称 $z = f(x, y)$ 在点 (x_0, y_0) 取得**极大值(或极小值)** $f(x_0, y_0)$,点 (x_0, y_0) 称为**极大值点(或极小值点)**.极大值与极小值统称为**极值**,极大值点与极小值点统称为**极值点**.

例 5.7.1 函数 $z = \sqrt{x^2 + y^2}$ 在几何上表示顶点在原点 $(0,0)$,开口向上的圆锥面.显然,该函数在原点 $(0,0)$ 处有极小值 0,因为在 $(0,0)$ 的邻域内有 $z > f(0,0) = 0$.

例 5.7.2 函数 $z = \sqrt{1 - x^2 - y^2}$ 在几何上表示圆心在原点 $(0,0)$、半径为 1 的上半球面.显然,该函数在原点 $(0,0)$ 有极大值 1,因为点 $(0,0)$ 的邻域内有 $z < f(0,0) = 1$.

例 5.7.3 函数 $z = xy$ 在几何上表示鞍点在原点 $(0,0)$ 的双曲抛物面(马鞍面),原点 $(0,0)$ 不是其极值点.

下面讨论函数取得极值的条件.

定理 5.9 (**极值的必要条件**)如果函数 $z = f(x, y)$ 在点 (x_0, y_0) 取得极值,且在该点的偏导数存在,则必有

$$f_x(x_0, y_0) = 0, \quad f_y(x_0, y_0) = 0$$

证 设 (x_0, y_0) 是函数 $z = f(x, y)$ 的极值点,所以当 $y = y_0$ 保持不变时,一元函数 $z = f(x, y_0)$ 在 $x = x_0$ 取得极值,由于偏导数 $f_x(x_0, y_0)$ 存在,由一元函数取极值的必要条件及偏导数的定义即得

$$f_x(x_0, y_0) = \frac{\mathrm{d}}{\mathrm{d}x} f(x, y_0) \Big|_{x = x_0} = 0$$

同理可证 $f_y(x_0, y_0) = 0$.

从几何上看,如果 $z = f(x, y)$ 在点 (x_0, y_0) 取得极值 z_0,而 $f(x, y)$ 的偏导数在点 $(x_0,$

y_0)连续,则曲面 $z=f(x,y)$ 在点 (x_0,y_0,z_0) 处有切平面,切平面方程为
$$z-z_0=f_x(x_0,y_0)(x-x_0)+f_y(x_0,y_0)(y-y_0)=0$$
即切平面是平行于 xOy 坐标面的水平平面 $z=z_0$.

类似于一元函数,使 $f_x(x_0,y_0)=0$,$f_y(x_0,y_0)=0$ 的点 (x_0,y_0) 称为函数 $f(x,y)$ 的驻点.由定理 5.9 可知,有偏导数的函数的极值点必为驻点,但反之不成立.例如上面例 5.7.3 的函数 $z=xy$,点 $(0,0)$ 是驻点,但并非极值点.

那么,驻点要满足什么条件才是极值点呢? 我们不加证明地给出以下结论.

定理 5.10 (极值的充分条件)设 (x_0,y_0) 是函数 $z=f(x,y)$ 的驻点,且函数在点 (x_0,y_0) 的某邻域内具有二阶连续偏导数,令
$$f_{xx}(x_0,y_0)=A,\quad f_{xy}(x_0,y_0)=B,\quad f_{yy}(x_0,y_0)=C$$
则 $f(x,y)$ 在 (x_0,y_0) 处是否取得极值的条件如下:

(1)当 $AC-B^2>0$ 时,(x_0,y_0) 是 $f(x,y)$ 的极值点,且当 $A<0$ 时,$f(x_0,y_0)$ 为极大值,当 $A>0$ 时,$f(x_0,y_0)$ 为极小值;

(2)当 $AC-B^2<0$ 时,(x_0,y_0) 不是 $f(x,y)$ 的极值点;

(3)当 $AC-B^2=0$ 时,(x_0,y_0) 可能是极值点,也可能不是极值点,需另作讨论.

综上所述,求具有二阶连续偏导数的二元函数 $z=f(x,y)$ 的极值的步骤如下:

(1)解联立的方程组 $\begin{cases} f_x(x,y)=0 \\ f_y(x,y)=0 \end{cases}$,求出函数 $f(x,y)$ 的所有驻点;

(2)对每一个驻点 (x_0,y_0),求出各二阶偏导数在该点的值 A、B、C,再根据定理 5.10,用 $AC-B^2$ 的符号判定 (x_0,y_0) 是否是 $f(x,y)$ 的极值点,如果是,则求出相应的极值.

注意:与一元函数相似,除了驻点可能是函数的极值点之外,偏导数不存在的点也可能是函数的极值点,例如上面的例 5.7.1 就属于这种情形.因此,在讨论多元函数的极值点时,除了讨论驻点之外,偏导数不存在的点也要讨论(当然,这时定理 5.10 就不能用了).

例 5.7.4　求函数 $f(x,y)=x^3+y^3-3xy$ 的极值.

解　解方程组 $\begin{cases} f_x(x,y)=3x^2-3y=0 \\ f_y(x,y)=3y^2-3x=0 \end{cases}$,得驻点 $(0,0)$,$(1,1)$.

因为二阶偏导数 $A=f_{xx}(x,y)=6x,B=f_{xy}(x,y)=-3,C=f_{yy}(x,y)=6y$,所以
$$AC-B^2=36xy-9$$

在点 $(0,0)$ 处,$AC-B^2=-9<0$,故点 $(0,0)$ 不是极值点;在点 $(1,1)$ 处,$AC-B^2=27>0$,且 $A=6>0$,故点 $(1,1)$ 是极小值点,极小值为 $f(1,1)=-1$.

注意:对多元函数,如果在区域内只有一个极值,还不能肯定该极值就是最值,请看下例.

例 5.7.5　求函数 $f(x,y)=x^3-4x^2+2xy-y^2$ 的极值.

解　解方程组
$$\begin{cases} f_x(x,y)=3x^2-8x+2y=0 \\ f_y(x,y)=2x-2y=0 \end{cases}$$
求得驻点为 $(0,0)$,$(2,2)$.求二阶偏导数,得
$$f_{xx}(x,y)=6x-8,\quad f_{xy}(x,y)=2,\quad f_{yy}(x,y)=-2$$

在点$(0,0)$处,$AC-B^2=(-8)\times(-2)-2^2=12>0$,$a=-8<0$,函数在点$(0,0)$取得极大值$f(0,0)=0$;

在点$(2,2)$处,$AC-B^2=4\times(-2)-2^2=-12<0$,函数在点$(2,2)$处不取极值.

因此,函数$f(x,y)$在全平面只有一个极大值$f(0,0)=0$,而没有极小值,然而这个唯一的极值(极大值)并不是全平面的最大值,例如$f(5,0)=25>f(0,0)$.

5.7.2 二元函数的最大值与最小值

函数的极值是在某个点的邻域内比较函数值的大小,而最大、最小值则是在某个大范围内比较函数值的大小.关于求函数$f(x,y)$在区域D上的最大、最小值问题,我们讨论以下两种常见的情况.

1.函数$f(x,y)$在有界闭区域D上连续,在区域D的内部(不含边界)有偏导数.

根据连续函数的性质,如果函数$f(x,y)$在有界闭区域D上连续,则在D上$f(x,y)$一定取得最大值和最小值.如果最大值或最小值在D的内部取得,则最大值或最小值点必在驻点处取得;更一般地,最大值或最小值也可能在D的边界曲线上取得.

因此,求$f(x,y)$在D上的最大、最小值的方法是:

(1)求$f(x,y)$在D内部的所有驻点,以及驻点的函数值;

(2)再求$f(x,y)$在D的边界曲线上的最大值或最小值;

(3)将它们与内部所有驻点上的函数值作比较,其中最大的函数值就是$f(x,y)$在D上的最大值,最小的函数值就是D上的最小值.

2.函数$f(x,y)$在开区域D内有偏导数,在D内只有一个驻点(x_0,y_0),并且已知$f(x,y)$在D内存在最大值(或最小值),则$f(x,y)$在D内的最大值(或最小值)就是$f(x_0,y_0)$.

例 5.7.6 求函数$z=f(x,y)=x^2+4y^2+9$在圆域$D:x^2+y^2\leqslant 4$上的最大最小值.

解 $f(x,y)$在有界闭区域D上连续,在D上必取得最大最小值.解方程组

$$\begin{cases} f_x(x,y)=2x=0 \\ f_y(x,y)=8y=0 \end{cases}$$

求得D内唯一驻点为$(0,0)$,且$f(0,0)=9$.

再求$f(x,y)$在D的边界$x^2+y^2=4$上的最大、最小值.将$y^2=4-x^2$代入$f(x,y)$的表达式,得

$$z=25-3x^2 \quad (-2\leqslant x\leqslant 2)$$

令$\dfrac{dz}{dx}=-6x=0$,得$x=0$.当$x=0$及$x=\pm 2$时,z的值分别为 25 及 13,所以$f(x,y)$在D的边界上的最大值为 25,最小值为 13.再将这两个值与$f(x,y)$在$(0,0)$的值$f(0,0)=9$作比较,就得到$f(x,y)$在D上的最大值为 25(在边界上取得),最小值为 9(在内部取得).

例 5.7.7 要用铁皮做一个容积为$2\ m^3$的无盖长方体水箱,问长、宽、高各为多少时,能使用料最省.

解 设盒子的长为 x，宽为 y，则其高为 $\dfrac{2}{xy}$，于是用料的面积为

$$S = xy + 2(x+y)\frac{2}{xy} = xy + \frac{4}{x} + \frac{4}{y} \quad (x>0, y>0)$$

因此，问题归结于求二元函数 $S = S(x,y)$ 在区域 $D: x>0, y>0$ 内的最小值问题.由

$$\begin{cases} \dfrac{\partial S}{\partial x} = y - \dfrac{4}{x^2} = 0 \\[3mm] \dfrac{\partial S}{\partial y} = x - \dfrac{4}{y^2} = 0 \end{cases}$$

求得 S 在 D 内的唯一驻点 $x = y = \sqrt[3]{4}$，$z = \dfrac{1}{2}\sqrt[3]{4}$.该实际问题中，$S$ 在 D 上的最小值存在，因此，当 $x = y = \sqrt[3]{4}$ 时，用料最省，S 的最小值为 $S(\sqrt[3]{4}, \sqrt[3]{4}) = 6\sqrt[3]{2}$.

5.7.3 条件极值与拉格朗日乘数法

上面所讨论的极值问题，对于函数的自变量，除了限制在函数定义域内之外并无其他条件，这类极值通常称为无条件极值.但在实际问题中，还会遇到大量的另一类极值问题，其自变量之间还受到其他条件的约束，这种对自变量有约束条件的极值问题称为**条件极值**.

例如，在例 5.7.7 中，如果设水箱长为 x，宽为 y，高为 z，则问题归结为求函数

$$S = xy + 2(x+y)z$$

在约束条件 $xyz = 2$ 下的最小值.

解条件极值问题有两种方法.一种方法是例 5.7.7 中的方法，即从约束条件中解出一个变量代入函数，将函数转化为前述的无条件极值问题求解，然而从约束条件中解出一个变量往往较复杂甚至不可能做到.下面我们不加证明地引入求条件极值的一般方法——**拉格朗日乘数法**.

设二元目标函数 $z = f(x,y)$ 及其约束条件 $\varphi(x,y) = 0$ 在所考虑的区域内有一阶连续偏导数，且 $\varphi_y(x,y) \neq 0$，则求函数 $z = f(x,y)$ 在约束条件 $\varphi(x,y) = 0$ 下的极值的求解方法（拉格朗日乘数法）如下：

(1)构造拉格朗日函数 $L(x,y,\lambda) = f(x,y) + \lambda\varphi(x,y)$，其中 λ 称为拉格朗日乘数；

(2)求 $L(x,y,\lambda)$ 的驻点，即解方程组

$$\begin{cases} L_x = f_x(x,y) + \lambda\varphi_x(x,y) = 0 \\ L_y = f_y(x,y) + \lambda\varphi_y(x,y) = 0 \\ L_\lambda = \varphi(x,y) = 0 \end{cases}$$

在解方程组时，λ 仅起辅助作用.若方程组的解是 x、y，则点 (x,y) 即是函数在约束条件下的可能极值点，如果是实际问题，点 (x,y) 往往就是所求极值点.

拉格朗日乘数法可推广到函数的自变量多于两个而条件多于一个的情形.

例 5.7.8 用拉格朗日乘数法求解例 5.7.7.

解 由题意，要求函数 $S = xy + 2yz + 2xz$ 在约束条件 $xyz = 2$ 下的最小值.

构造拉格朗日函数

$$L(x,y,z,\lambda)=xy+2yz+2xz+\lambda(xyz-2)$$

求 L 的驻点,即解方程组

$$\begin{cases} L_x=y+2z+\lambda yz=0 \\ L_y=x+2z+\lambda xz=0 \\ L_z=2y+2x+\lambda xy=0 \\ L_\lambda=xyz-2=0 \end{cases}$$

解得 $x=y=2z$,再代入方程 $xyz=2$ 即可得到 $x=y=\sqrt[3]{4}$,$z=\dfrac{1}{2}\sqrt[3]{4}$.因此,当 $x=y=\sqrt[3]{4}$ 时,用料最省,S 的最小值为 $S(\sqrt[3]{4},\sqrt[3]{4})=6\sqrt[3]{2}$.

例 5.7.9 设销售收入 R(单位:万元)与花费在两种广告宣传上的费用 x、y(单位:万元)之间的关系为

$$R=\frac{200x}{x+5}+\frac{100y}{10+y}$$

利润额相当于五分之一的销售收入,并要扣除广告费.已知广告费用总预算是 25 万元,试问如何分配两种广告费用可使利润最大.

解 设利润为 L,有

$$L=\frac{1}{5}R-x-y=\frac{40x}{x+5}+\frac{20y}{10+y}-x-y$$

限制条件为 $x+y=25$,这是条件极值问题.令

$$L(x,y,\lambda)=\frac{40x}{x+5}+\frac{20y}{10+y}-x-y+\lambda(x+y-25)$$

从方程组

$$\begin{cases} L_x=\dfrac{200}{(5+x)^2}-1+\lambda=0 \\ L_y=\dfrac{200}{(10+y)^2}-1+\lambda=0 \\ L_\lambda=x+y-25=0 \end{cases}$$

的前两个方程得

$$(5+x)^2=(10+y)^2$$

又 $y=25-x$,解得 $x=15$,$y=10$.根据问题本身的意义及驻点的唯一性即知,当投入两种广告费用分别为 15 万元和 10 万元时,可使利润最大.

习题 5-7

1.求函数 $z=x^3+3xy^2-15x-12y$ 的极值.

2.求函数 $z=xy+\dfrac{50}{x}+\dfrac{20}{y}$ 的极值.

3.求函数 $z=\sin x+\cos y+\cos(x-y)$ 在区域 $0<x<\dfrac{\pi}{2}$,$0<y<\dfrac{\pi}{2}$ 内的极值.

4.求二元函数 $z=f(x,y)=x^2y(4-x-y)$ 在由直线 $x+y=6$ 及两坐标轴所围的有界闭区域 $D=\{(x,y)|x\geqslant0,y\geqslant0,x+y\leqslant6\}$ 上的最大值和最小值.

5.在平面 xOy 上求一点,使它到 $x=0$、$y=0$ 及 $x+2y-16=0$ 三条直线的距离平方之和为最小.

6.求函数 $u=xyz$ 在附加条件

$$\frac{1}{x}+\frac{1}{y}+\frac{1}{z}=\frac{1}{a}(x>0,y>0,z>0)$$

下的极值点.

7.某厂要用钢板做一个体积为 $2\ \mathrm{m^2}$ 的有盖长方体水箱,问长、宽、高各为多少时,可使所用材料最省.

5.8 微分学在经济学中的简单应用

5.8.1 边际分析

在经济学中,如果函数 $y=f(x)$ 是可导函数,那么就把导函数称为它的边际函数.边际函数在点 x_0 处的函数值,也就是函数在点 x_0 处的导数,称为边际.边际概念是经济学中的一个重要概念,通常指经济变量的变化率.利用导数研究经济变量的边际变化的方法,即边际分析法,是经济理论中的一个重要分析方法.

1.总成本、平均成本、边际成本

总成本是生产一定量的产品所需要的成本总额,通常由固定成本和可变成本两部分构成,用 $C(Q)$ 表示,其中 Q 表示产品的产量,$C(Q)$ 表示当产量为 Q 时的总成本.

不生产时,$Q=0$,这时 $C(Q)=C(0)$,$C(0)$ 就是固定成本.

平均成本是平均每个单位产品的成本,若产量由 Q_0 变化到 $Q_0+\Delta Q$,则

$$\frac{C(Q_0+\Delta Q)-C(Q_0)}{\Delta Q}$$

称为 $C(Q)$ 在 $(Q_0,Q_0+\Delta Q)$ 内的平均成本,它表示总成本函数 $C(Q)$ 在 $(Q_0,Q_0+\Delta Q)$ 内的平均变化率.

而 $\dfrac{C(Q)}{Q}$ 称为平均成本函数,表示在产量为 Q 时平均每单位产品的成本.

例 5.8.1 设有某种商品的成本函数为

$$C(Q)=5000+13Q+30\sqrt{Q}$$

其中 Q 表示产量(单位:吨),$C(Q)$ 表示产量为 Q 吨时的总成本(单位:元),当产量为 400 吨时的总成本及平均成本分别为

$$C'(Q)\big|_{Q=400}=5000+13\times400+30\times\sqrt{400}=10800 \text{ 元}$$

$$\frac{C(Q)}{Q}\bigg|_{Q=400}=27 \text{ 元}$$

如果产量由 400 吨增加到 450 吨,即产量增加 $\Delta Q=50$ 吨时,相应地总成本增加量为

$$\Delta C(Q) = C(450) - C(400) = 686.4$$

$$\frac{\Delta C(Q)}{\Delta Q} = \frac{C(Q+\Delta Q)}{\Delta Q}\bigg|_{\substack{Q=400 \\ \Delta Q=500}} = 13.728$$

表示产量由 400 吨增加到 450 吨时总成本的平均变化率，即产量由 400 吨增加到 450 吨时，平均每吨增加成本 13.728 元.

类似地计算可得：当产量为 400 吨时再增加 1 吨，即 $\Delta Q = 1$ 时，总成本的变化为

$$\Delta C(Q) = C(401) - C(400) = 13.7495$$

$$\frac{\Delta C(Q)}{\Delta Q}\bigg|_{\substack{Q=400 \\ \Delta Q=1}} \frac{13.7495}{1} = 13.7459$$

表示在产量为 400 吨时，再增加 1 吨产量所增加的成本.

产量由 400 吨减少 1 吨，即 $\Delta x = -1$ 时，总成本的变化为

$$\Delta C(Q) = C(399) - C(400) = -13.7505$$

$$\frac{\Delta C(Q)}{\Delta Q}\bigg|_{\substack{Q=400 \\ \Delta Q=-1}} \frac{13.7495}{-1} = 13.7459$$

表示产量在 400 吨时，减少 1 吨产量所减少的成本.

在经济学中，边际成本定义为产量增加或减少一个单位产品时所增加或减少的总成本.即有如下定义：

定义 5.7　设总成本函数 $C = C(Q)$，且其他条件不变，产量为 Q_0 时，增加（减少）1 个单位产量所增加（减少）的成本叫做产量为 Q_0 时的**边际成本**.即

$$边际成本 = \frac{C(Q_0 + \Delta Q) - C(Q_0)}{\Delta Q}$$

其中（$\Delta Q = 1$）或（$\Delta Q = -1$）.

由例 5.8.1 的计算可知，在产量 $Q_0 = 400$ 吨时，增加 1 吨（$\Delta Q = 1$）的产量时，边际成本为 13.7495；减少 1 吨（$\Delta Q = -1$）的产量时，边际成本为 13.7505.由此可见，按照上述边际成本的定义，在产量 $Q_0 = 400$ 吨时的边际成本不是一个确定的数值.这在理论和应用上都是一个缺点，需要进一步的完善.

注意到总成本函数中自变量 Q 的取值，按经济意义产品的产量通常是取正整数.如汽车的产量单位"辆"，机器的产量单位"台"，服装的产量单件"件"等，都是正整数.因此，产量 Q 是一个离散的变量，若在经济学中，假定产量的单位是无限可分的，就可以把产量 Q 看作一个连续变量，从而可以引入极限的方法，用导数表示边际成本.

事实上，如果总成本函数 $C(Q)$ 是可导函数，则有

$$C'(Q_0) = \lim_{\Delta Q \to 0} \frac{C(Q_0 + \Delta Q) - C(Q_0)}{\Delta Q}$$

由极限存在与无穷小量的关系可知

$$\frac{C(Q_0 + \Delta Q) - C(Q_0)}{\Delta Q} = C'(Q_0) + a \tag{5-8-1}$$

其中 $\lim\limits_{\Delta Q \to 0} a = 0$，当 $|\Delta Q|$ 很小时有

$$\frac{C(Q_0 + \Delta Q) - C(Q_0)}{\Delta Q} \approx C'(Q_0) \tag{5-8-2}$$

产品的增加 $|\Delta Q|=1$ 时,相对于产品的总产量而言,已经是很小的变化了,故当 $|\Delta Q|=1$ 时式(5-8-2)成立,其误差也满足实际问题的需要.这表明可以用总成本函数在 Q_0 处的导数近似地代替产量为 Q_0 时的边际成本.如在例 5.8.1 中,产量 $Q_0=400$ 时的边际成本近似地为 $C'(Q_0)$,即

$$C'(Q)\big|_{Q=400}=\frac{\mathrm{d}C(Q)}{\mathrm{d}Q}\bigg|_{Q=400}=\left(13+\frac{15}{\sqrt{Q}}\right)\bigg|_{Q=400}=13.75$$

误差为 0.05,这在经济上是一个很小的数,完全可以忽略不计.而且函数在一点的导数如果存在就是唯一确定的.因此,现代经济学把边际成本定义为总成本函数 $C(Q)$ 在 Q_0 处的导数,这样不仅克服了定义 5.7 边际成本不唯一的缺点,也使边际成本的计算更为简便.

定义 5.8 设总成本函数 $C(Q)$ 为一可导函数,称

$$C'(Q_0)=\lim_{\Delta Q\to 0}\frac{C(Q_0+\Delta Q)-C(Q_0)}{\Delta Q}$$

是产量为 Q_0 时的**边际成本**.

其经济意义是:$C'(Q_0)$ 近似地等于产量为 Q_0 时再增加(减少)一个单位产品所增加(减少)的总成本.

若成本函数 $C(Q)$ 在区间 I 内可导,则 $C'(Q)$ 为 $C(Q)$ 在区间 I 内的边际成本函数,产量为 Q_0 时的边际 $C'(Q_0)$ 为边际成本函数 $C'(Q)$ 在 Q_0 处的函数值.

例 5.8.2 已知某商品的成本函数为

$$C(Q)=100+\frac{1}{4}Q^2 \quad (Q \text{ 表示产量})$$

求:(1)当 $Q=10$ 时的平均成本及 Q 为多少时,平均成本最小?

(2)$Q=10$ 时的边际成本并解释其经济意义.

解:(1)由 $C(Q)=100+\frac{1}{4}Q^2$ 得平均成本函数为

$$\frac{C(Q)}{Q}=\frac{100+\frac{1}{4}Q^2}{Q}=\frac{100}{Q}+\frac{1}{4}Q$$

当 $Q=10$ 时,$\dfrac{C(Q)}{Q}\bigg|_{Q=10}=\dfrac{100}{10}+\dfrac{1}{4}\times 10=12.5.$

记 $\bar{C}=\dfrac{C(Q)}{Q}$,则 $\bar{C}'=-\dfrac{100}{Q^2}+\dfrac{1}{4}$,$\bar{C}''=\dfrac{200}{Q^3}$.

令 $\bar{C}'=0$,得 $Q=20$.

而 $\bar{C}''(20)=\dfrac{200}{(20)^3}=\dfrac{1}{40}>0$,所以当 $Q=20$ 时,平均成本最小.

(2)由 $C(Q)=100+\frac{1}{4}Q^2$ 得边际成本函数为

$$C'(Q)=\frac{1}{2}Q$$

$$C'(Q)\big|_{x=10}=\frac{1}{2}\times10=5$$

则当产量 $Q=10$ 时的边际成本为 5,其经济意义为:当产量为 10 时,若再增加(减少)一个单位产品,总成本将近似地增加(减少)5 个单位.

2.总收益、平均收益、边际收益

总收益是生产者出售一定量产品所得以的全部收入,表示为 $R(Q)$,其中 Q 表示销售量(在以下的讨论中,我们总是假设销售量、产量、需求量均相等).

平均收益函数为 $R(Q)/Q$,表示销售量为 Q 时单位销售量的平均收益.

在经济学中,边际收益指生产者每多(少)销售一个单位产品所增加(减少)的销售总收入.

按照如上边际成本的讨论,可得如下定义.

定义 5.9   若总收益函数 $R(Q)$ 可导,称

$$R'(Q_0)=\lim_{\Delta Q\to0}\frac{R(Q_0+\Delta Q)-R(Q_0)}{\Delta Q}$$

为销售量为 Q_0 时该产品的**边际收益**.

其经济意义为在销售量为 Q_0 时,再增加(减少)一个单位的销售量,总收益将近似地增加(减少)$R'(Q_0)$ 个单位.

$R'(x)$ 称为边际收益函数,且 $R'(Q_0)=R'(Q)\big|_{Q=Q_0}$.

例 5.8.3   设某商品的需求函数 $P=20-\dfrac{Q}{5}$,其中 P 为价格,Q 为销售量.试求:销售量为 15 单位时的总收益,平均收益与边际收益.

解:总收益函数为 $R(Q)=PQ=\left(20-\dfrac{Q}{5}\right)Q=20Q-\dfrac{1}{5}Q^2$.

则当销售量为 15 单位时的总收益为 $R\big|_{Q=15}=300-\dfrac{1}{5}15^2=255$.

平均收益为 $\dfrac{R(Q)}{Q}\bigg|_{Q=15}=\dfrac{255}{15}=17$.

边际收益为 $R'(Q)\big|_{Q=15}=\left(20-\dfrac{2}{5}Q\right)\bigg|_{Q=15}=14$.

3.总利润、平均利润、边际利润

总利润是指销售 Q 个单位的产品所获得的净收入,即总收益与总成本之差,记 $L(Q)$ 为总利润,则

$$L(Q)=R(Q)-C(Q)\text{(其中 Q 表示销售量)}$$
$$L(Q)/Q\text{ 称为平均利润函数}$$

定义 5.10   若总利润函数 $L(Q_0)$ 为可导函数,称

$$L'(Q_0)=\lim_{\Delta x\to0}\frac{L(Q_0+\Delta x)-L(Q_0)}{\Delta x}$$

为 $L(Q_0)$ 在 Q_0 处的边际利润.

其经济意义为在销售量为 Q_0 时,再多(少)销售一个单位产品所增加(减少)的利润.

关于其他经济变量的边际,这里不再赘述.

例 5.8.4　设某产品的需求函数为 $Q=100-5P$,其中 P 为价格,Q 为需求量,求边际收入函数以及 $Q=20$、50 和 70 时的边际收入,并解释所得结果的经济意义.

解：由题设有 $P=\dfrac{1}{5}(100-Q)$,于是,总收入函数为

$$R(Q)=QP=Q\times\frac{1}{5}(100-Q)=20Q-\frac{1}{5}Q^2$$

于是边际收入函数为 $R'(Q)=20-\dfrac{2}{5}Q=\dfrac{1}{5}(100-2Q)$

$$R'(20)=12,\quad R'(50)=0,\quad R'(70)=-8$$

由所得结果可知,当销售量(即需求量)为 20 个单位时,再增加销售可使总收入增加,多销售一个单位产品,总收入约增加 12 个单位;当销售量为 50 个单位时,总收入的变化率为零,这时总收入达到最大值,增加一个单位的销售量,总收入基本不变;当销售量为 70 个单位时,再多销售一个单位产品,反而使总收入约减少 8 个单位,或者说,再少销售一个单位产品,将使总收入少损失约 8 个单位.

5.8.2　弹性分析

弹性概念是经济学中的另一个重要概念,用来定量地描述一个经济变量对另一个经济变量变化的反应程度.

1.问题的提出

设某商品的需求函数为 $Q=Q(P)$,其中 P 为价格.当价格 P 获得一个增量 ΔP 时,相应地需求量获得增量 ΔQ,比值 $\dfrac{\Delta Q}{\Delta P}$ 表示 Q 对 P 的平均变化率,但这个比值是一个与度量单位有关的量.

比如,假定该商品价格增加 1 元,引起需求量降低 10 个单位,则 $\dfrac{\Delta Q}{\Delta P}=\dfrac{-10}{1}=-10$;若以分为单位,即价格增加 100 分(1 元),引起需求量降低 10 个单位,则 $\dfrac{\Delta Q}{\Delta P}=\dfrac{-10}{100}=-\dfrac{1}{10}$.由此可见,当价格的计算单位不同时,会引起比值 $\dfrac{\Delta Q}{\Delta P}$ 的变化.为了弥补这一缺点,采用价格与需求量的相对增量 $\Delta P/P$ 及 $\Delta Q/Q$,它们分别表示价格和需求量的相对改变量,这时无论价格和需求量的计算单位怎样变化,比值 $\dfrac{\Delta Q/Q}{\Delta P/P}$ 都不会发生变化,它表示 Q 对 P 的平均相对变化率,反映了需求变化对价格变化的反应程度.

2.弹性的定义

定义 5.11　设函数 $y=f(x)$ 在点 $x_0(x_0\neq 0)$ 的某邻域内有定义,且 $f(x_0)\neq 0$,如果极限

$$\lim_{\Delta x\to 0}\frac{\Delta y/f(x_0)}{\Delta x/x_0}=\lim_{\Delta x\to 0}\frac{[f(x_0+\Delta x)-f(x_0)]/f(x_0)}{\Delta x/x_0}$$

存在,则称此极限值为函数 $y = f(x)$ 在点 x_0 处的点弹性,记为 $\dfrac{Ey}{Ex}\bigg|_{x=x_0}$.

称比值 $\dfrac{\Delta y / f(x_0)}{\Delta x / x_0} = \dfrac{[f(x_0 + \Delta x) - f(x_0)] / f(x_0)}{\Delta x / x_0}$ 为函数 $y = f(x)$ 在 x_0 与 $x_0 + \Delta x$ 之间的平均相对变化率,经济上也叫做点 x_0 与 $x_0 + \Delta x$ 之间的弧弹性.

由定义可知:$\dfrac{Ey}{Ey}\bigg|_{x=x_0} = \dfrac{x_0}{f(x_0)} \dfrac{\mathrm{d}y}{\mathrm{d}x}\bigg|_{x=x_0}$,且当 $|\Delta x| \ll 1$ 时,有 $\dfrac{Ey}{Ey}\bigg|_{x=x_0} \approx \dfrac{\Delta y / f(x_0)}{\Delta x / x_0}$,即点弹性近似地等于弧弹性.

如果函数 $y = f(x)$ 在区间 $(a、b)$ 内可导,且 $f(x) \neq 0$,则称 $\dfrac{Ey}{Ey} = \dfrac{x}{f(x)} f'(x)$ 为函数 $y = f(x)$ 在区间 $(a、b)$ 内的点弹性函数,简称为弹性函数.

函数 $y = f(x)$ 在点 x_0 处的点弹性与 $f(x)$ 在 x_0 与 $x_0 + \Delta x$ 之间的弧弹性的数值可以是正数,也可以是负数,取决于变量 y 与变量 x 是同方向变化(正数)还是反方向变化(负数).弹性数值绝对值的大小表示变量变化程度的大小,且弹性数值与变量的度量单位无关.下面给出证明.

设 $y = f(x)$ 为一经济函数,变量 x 与 y 的度量单位发生变化后,自变量由 x 变为 x^*,函数值由 y 变为 y^*,且 $x^* = \lambda x$, $y^* = \mu y$,则 $\dfrac{Ey^*}{Ey^*} = \dfrac{Ey}{Ey}$.

证明:$\dfrac{Ey^*}{Ey^*} = \dfrac{x^*}{y^*} \cdot \dfrac{\mathrm{d}y^*}{\mathrm{d}x^*} = \dfrac{\lambda x}{\mu y} \cdot \dfrac{\mathrm{d}(\mu y)}{\mathrm{d}(\lambda x)} = \dfrac{\lambda}{\mu} \cdot \dfrac{\mu}{\lambda} \cdot \dfrac{x}{y} \cdot \dfrac{\mathrm{d}y}{\mathrm{d}x} = \dfrac{x}{y} \cdot \dfrac{\mathrm{d}y}{\mathrm{d}x} = \dfrac{Ey}{Ey}$

即弹性不变.

由此可见,函数的弹性(点弹性与弧弹性)与量纲无关,即与各有关变量所用的计量单位无关.这使得弹性概念在经济学中得到广泛应用,因为经济中各种商品的计算单位是不尽相同的,比较不同商品的弹性时,可不受计量单位的限制.

下面介绍几个常用的经济函数的弹性.

3.需求的价格弹性

需求指在一定价格条件下,消费者愿意购买并且有支付能力购买的商品量.消费者对某种商品的需求受多种因素影响,如价格、个人收入、预测价格、消费嗜好等,而价格是主要因素.因此在这里我们假设除价格以外的因素不变,讨论需求对价格的弹性.

定义 5.12 设某商品的市场需求量为 Q,价格为 P,需求函数 $Q = Q(P)$ 可导,则称

$$\frac{EQ}{EP} = \frac{P}{Q} \cdot \frac{\mathrm{d}Q}{\mathrm{d}P}$$

为该商品的需求价格弹性,简称为需求弹性,通常记为 ε_P.

需求弹性 ε_P 表示商品需求量 Q 对价格 P 变动的反应强度.由于需求量 Q 与价格 P 反方向变动,即需求函数为价格的减函数,故需求弹性为负值,即 $\varepsilon_P < 0$.因此需求价格弹性表明当商品的价格上涨(下降)1% 时,其需求量将减少(增加)约 $|\varepsilon_P|$%.

在经济学中,为了便于比较需求弹性的大小,通常取 ε_P 的绝对值 $|\varepsilon_P|$,并根据 $|\varepsilon_P|$ 的大小,将需求弹性化分为以下几个范围.

　　(1)当 $|\varepsilon_P|=1$(即 $\varepsilon_P=-1$)时,称为单位弹性,这时当商品价格增加(减少)1%时,需求量相应地减少(增加)1%,即需求量与价格变动的百分比相等.

　　(2)当 $|\varepsilon_P|>1$(即 $\varepsilon_P<-1$)时,称为高弹性(或富于弹性),这时当商品的价格变动 1%时,需求量变动的百分比大于 1%,价格的变动对需求量的影响较大.

　　(3)当 $|\varepsilon_P|<1$(即 $-1<\varepsilon_P<0$)时,称为低弹性(或缺乏弹性),这时当商品的价格变动 1%,需求量变动的百分比小于 1%,价格的变动对需求量的影响不大.

　　(4)当 $|\varepsilon_P|=0$(即 $\varepsilon_P=0$)时,称为需求完全缺乏弹性,这时,不论价格如何变动,需求量固定不变.即需求函数的形式为 $Q=k$(k 为任何既定常数).如果以纵坐标表示价格,横坐标表示需求量,则需求曲线是垂直于横坐标轴的一条直线,如图 5-23(a)所示.

　　(5)当 $|\varepsilon_P|=\infty$(即 $\varepsilon_P=-\infty$)时,称为需求完全富于弹性.表示在既定价格下,需求量可以任意变动.即需求函数的形式是 $P=k$(k 为任何既定常数),这时需求曲线是与横轴平行的一条直线,如图 5-23(b)所示.

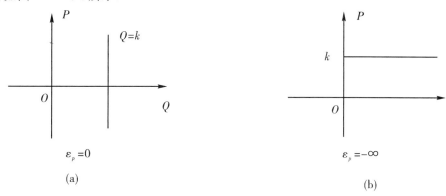

图 5-23

　　在商品经济中,商品经营者关心的是提价($\Delta P>0$)或降价($\Delta P<0$)对总收益的影响.下面我们就利用弹性的概念,来分析需求的价格弹性与销售者的收益之间的关系.

　　事实上,由

$$\varepsilon_P=\frac{P}{Q}\cdot\frac{\mathrm{d}Q}{\mathrm{d}P}\quad\text{或}\quad P\mathrm{d}Q=\varepsilon_PQ\mathrm{d}P$$

可见,由价格 P 的微小变化($|\Delta P|$ 很小时)而引起的销售收益 $R=PQ$ 的改变量为

$$\Delta R\approx\mathrm{d}R=\mathrm{d}(PQ)=Q\mathrm{d}P+P\mathrm{d}Q=Q\mathrm{d}P+\varepsilon_PQ\mathrm{d}P=(1+\varepsilon_P)Q\mathrm{d}P$$

由 $\varepsilon_P<0$,可知 $\varepsilon_P=-|\varepsilon_P|$,于是

$$\Delta R\approx(1-|\varepsilon_P|)Q\mathrm{d}P$$

　　当 $|\varepsilon_P|=1$ 时(单位弹性)收益的改变量 ΔR 是较价格改变量 ΔP 的高阶无穷小,价格的变动对收益没有明显的影响.

　　当 $|\varepsilon_P|>1$(高弹性),需求量增加的幅度百分比大于价格下降(上浮)的百分比,降低价格($\Delta P<0$)需求量增加即购买商品的支出增加,即销售者总收益增加($\Delta R>0$),可以采取薄利多销多收益的经济策略;提高价格($\Delta P>0$)会使消费者用于购买商品的支出减少,即销售收益减少($\Delta R<0$).

当 $|\varepsilon_P|<1$ 时,(低弹性)需求量增加(减少)的百分比低于价格下降(上浮)的百分比,降低价格($\Delta P<0$)会使消费者用于购买商品的支出减少,即销售收益减少($\Delta R<0$);提高价格会使总收益增加($\Delta R>0$).

综上所述,总收益的变化受需求弹性的制约,随着需求弹性的变化而变化,其关系如图5-24所示.

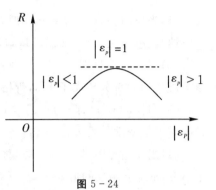

图 5-24

例 5.8.5　设某商品的需求函数为 $Q=f(P)=12-\dfrac{1}{2}P$.

(1)求需求弹性函数及 $P=6$ 时的需求弹性,并给出经济解释.

(2)当 P 取什么值时,总收益最大? 最大总收益是多少?

解　(1)$\varepsilon_P=\dfrac{EQ}{EP}=\dfrac{P}{Q}\cdot\dfrac{\mathrm{d}Q}{\mathrm{d}P}=\dfrac{P}{12-\dfrac{1}{2}}\times\left(-\dfrac{1}{2}\right)=-\dfrac{P}{24-P}$

$$\varepsilon(6)=-\dfrac{6}{24-6}=-\dfrac{1}{3}$$

$$|\varepsilon(6)|=\dfrac{1}{3}<1(低弹性)$$

经济意义为当价格 $P=6$ 时,若增加 1%,则需求量下降 $\dfrac{1}{3}\%$,而总收益增加($\Delta R>0$).

(2)$R=PQ=P\left(12-\dfrac{1}{2}P\right),R'=12-P$

令 $R'=0$,则 $P=12$,$R(12)=72$.且当 $P=12$ 时,$R''<0$,故当价格 $P=12$ 时,总收益最大,最大总收益为 72.

例 5.8.6　已知在某企业某种产品的需求弹性在 1.3～2.1 之间,如果该企业准备明年将价格降低 10%,问这种商品的需求量预期会增加多少? 总收益预期会增加多少?

解　由前面的分析可知

$$\dfrac{\Delta Q}{Q}\approx\varepsilon_P\dfrac{\Delta P}{P}\quad(由\ P\mathrm{d}Q\approx\varepsilon_P Q\mathrm{d}P)$$

$$\dfrac{\Delta R}{R}\approx(1-|\varepsilon_P|)\dfrac{\Delta P}{P}\quad(由\ \Delta R\approx(1-|\varepsilon_P|)Q\Delta P)$$

于是当 $|\varepsilon_P|=1.3$ 时

$$\dfrac{\Delta Q}{Q}\approx(-1.3)\times(-0.1)=13\%$$

$$\dfrac{\Delta R}{R}\approx(1-1.3)\times(-0.1)=3\%$$

当 $|\varepsilon_P|=2.1$ 时

$$\dfrac{\Delta Q}{Q}\approx(-2.1)\times(-0.1)=21\%$$

$$\frac{\Delta R}{R} \approx (1-2.1) \times (-0.1) = 11\%$$

可见,明年降价 10% 时,企业销售量预期将增加约 13%～21%;总收益预期将增加约 3%～11%.

5.8.3　经济最值问题

根据总利润函数、总收益函数、总成本函数的定义及函数取得最大值的必要条件与充分条件可得如下结论.

由定义　$L(Q) = R(Q) - C(Q)$

$$L'(Q) = R'(Q) - C'(Q)$$

令 $L'(Q) = 0$,则 $R'(Q) = C'(Q)$.

结论 1:函数取得最大利润的必要条件是边际收益等于边际成本.

又由 $L(x)$ 取得最大值的充分条件

$$L'(x) = 0 \quad 且 \quad L''(Q) < 0$$

可得 $R''(x) = C''(Q)$.

结论 2:函数取得最大利润的充分条件是:边际收益等边边际成本且边际收益的变化率小于边际成本的变化率.

结论 1 与结论 2 称为最大利润原则.

例 5.8.7　某工厂生产某种产品,固定成本 2000 元,每生产一单位产品,成本增加 100 元. 已知总收益 R 为年产量 Q 的函数,且

$$R = R(Q) = \begin{cases} 400Q - \dfrac{1}{2}Q^2, & 0 \leqslant Q \leqslant 400 \\ 80000, & Q > 400 \end{cases}$$

问每年生产多少产品时,总利润最大? 此时总利润是多少?

解:由题意,总成本函数为

$$C = C(Q) = 2000 + 100Q$$

从而可得利润函数为

$$L = L(Q) - C(Q) = \begin{cases} 300Q - \dfrac{1}{2}Q^2, & 0 \leqslant Q \leqslant 400 \\ 60000 - 100Q, & Q > 400 \end{cases}$$

令 $L'(Q) = 0$,得 $Q = 300$.

$$L''(Q)|_{Q=300} = -1 < 0$$

所以 $Q = 300$ 时总利润最大,此时 $L(300) = 25000$,即当年产量为 300 个单位时,总利润最大,此时总利润为 25000 元.

习题 5 - 8

1.某产品生产 Q 各单位时的总成本函数为 $C = 1100 + \dfrac{1}{1200}Q^2$,求:

(1)生产 900 单位时的总成本和平均单位成本;

(2)生产 900 单位到 1000 单位时的总成本的平均变化率;

(3)生产 900 单位和 1000 单位时的边际成本.

2.某商品的价格 P 和需求量 Q 的关系为 $P = 10 - \dfrac{Q}{5}$.

(1)求需求量为 20 及 30 时的总收益 R、平均收益 $\overline{R}$ 及边际收益 R';

(2)Q 为多少时总收益最大?

3.生产某产品的总成本为 C 元,其中固定成本为 200 元,每多生产一个单位产品,成本增加 10 元,该商品的需求函数为 $Q = 50 - 2P$,求 Q 为多少时总利润最大?

4.某商品需求量 Q 与价格 P 的关系为 $Q = 1600 \left(\dfrac{1}{4}\right)^P$,求需求 Q 对于价格 P 的弹性函数.

5.设某商品的需求函数为 $Q = \mathrm{e}^{-\frac{P}{4}}$,求需求弹性函数及 $P=3$、$P=4$、$P=5$ 时的需求弹性.

第 5 章总习题

1.设 $a < b$ 时,函数 $f(x)$ 可导且满足 $f(a) = f(b) = 0$,$f'(a) < 0$,$f'(b) < 0$.则方程 $f'(x) = 0$ 在 (a,b) 内(　　).

A.无实根　　　　　　　　　　　B.有且仅有一实根

C.有且仅有二实根　　　　　　　D.至少有二实根

2.设在 $[0,1]$ 上 $f''(x) > 0$,则 $f'(0)$、$f'(1)$、$f(1) - f(0)$ 或 $f(0) - f(1)$ 几个数的大小顺序为(　　).

A.$f'(1) > f'(0) > f(1) - f(0)$ 　　　　B.$f(1) - f(0) > f'(1) > f'(0)$

C.$f'(1) > f(1) - f(0) > f'(0)$ 　　　　D.$f'(1) > f(0) - f(1) > f'(0)$

3.设 $f(x)$ 在 $[0,a]$ 连续,在 $(0,a)$ 内可导,且 $f(a) = 0$.证明:存在 $\xi \in (0,a)$ 使得 $f(\xi) + \xi f'(\xi) = 0$.

4.求下列极限:

(1)$\lim\limits_{x \to 0^+} x \ln^2 x$;　　　　(2)$\lim\limits_{x \to 1} \left(\dfrac{2}{x^2 - 1} - \dfrac{1}{x - 1}\right)$;　　　　(3)$\lim\limits_{x \to 0} \left(\cot^2 x - \dfrac{1}{x^2}\right)$;

(4)$\lim\limits_{x \to 0^+} x^x$;　　　　(5)$\lim\limits_{x \to 0^+} \left(\dfrac{1}{x}\right)^{\tan x}$;　　　　(6)$\lim\limits_{x \to +\infty} \left(\dfrac{2}{\pi} \arctan x\right)^x$;

(7)$\lim\limits_{x \to \infty} \left(\dfrac{a_1^{\frac{1}{x}} + a_2^{\frac{1}{x}} + \ldots + a_n^{\frac{1}{x}}}{n}\right)^{nx}$ (其中 $a_1, a_2, \ldots, a_n > 0$);

(8)$\lim\limits_{x \to 1} \dfrac{x - x^x}{1 - x + \ln x}$;　　　(9)$\lim\limits_{x \to \infty} \left[x - x^2 \ln\left(1 + \dfrac{1}{x}\right)\right]$.

5.证明下列不等式:

(1)当 $0 < x_1 < x_2 < \dfrac{\pi}{2}$ 时,$\dfrac{\tan x_2}{\tan x_1} > \dfrac{x_2}{x_1}$;

(2)当 $x>0$ 时,$\ln(1+x)>\dfrac{\arctan x}{1+x}$.

6.求下列函数图形的拐点及凹或凸的区间:

(1)$y=x^2e^{-x}$;　　　　　　(2)$y=\dfrac{1}{x}+\ln x$.

7.作出下列函数的图形:

(1)$y=\dfrac{x}{1+x^2}$;　　　　　(2)$y=(x+1)x^{\frac{2}{3}}$.

8.设 $f(x)=\begin{cases}x^{2x}, & x>0\\ x+2, & x\leqslant 0\end{cases}$,求 $f(x)$ 的极值.

9.求函数 $f(x,y)=4(x-y)-x^2-y^2$ 的极值.

10.求表面积为 a^2 而体积为最大的长方体的体积.

11.一房地产公司有 50 套公寓要出租,当月租金定为 1000 元时,公寓会全部租出去;当月租金每增加 50 元时,就会多一套公寓租不出去,而租出去的公寓每月需花费 100 元的维修费.试问房租定为多少可获得最大收入?

12.设某商品的成本函数为 $C(Q)=50+2Q$,需求函数 $P=20-\dfrac{P}{2}$,其中 P 为价格.求总利润最大时的产量及最大利润.

13.某商品的成本函数 $C(Q)=15Q-6Q^2+Q^3$,求:

(1)生产为多少时,可使平均成本最小;

(2)求出边际成本,并验证当平均成本达到最小时,边际成本等于平均成本.

14.设某商品的需求函数为 $Q=50-\dfrac{P}{5}$,试求:

(1)需求弹性函数;

(2)当 $P=100$ 时的需求弹性,并说明其意义?

第6章 定积分及其应用

定积分起源于求平面图形的面积和空间立体的体积等实际问题.古希腊阿基米德用"穷竭法",我国古代刘徽用"割圆术",都曾解决过一些面积和体积问题,这些问题都是定积分的雏形.

直到 17 世纪中叶,牛顿和莱布尼茨先后提出了定积分的概念,并发现了积分与微分之间的内在联系,给出了计算定积分的一般公式,从而使定积分成为解决有关实际问题的有力工具,并使各自独立的微分学与积分学联系在一起,构成完整的体系——微积分学.这一章将讨论定积分和不定积分的概念、性质、计算方法及应用.

6.1 定积分的概念与性质

6.1.1 定积分的基本思想与问题起源

在中学,我们学过求三角形、矩形等以直线为边的图形面积.但实际应用中,往往需要求以曲线为边的图形(曲边形)面积.

例 6.1.1 曲边梯形的面积.

所谓曲边梯形,是指由一条曲线和三条互相垂直的直线所围成的平面图形,如图 6-1(a)所示.由任意闭曲线围成的平面图形总可以用一些互相垂直的直线把它分解为若干个曲边梯形(图 6-1(b)),于是计算闭曲线围成图形的面积的问题,就归结为求曲边梯形面积的问题.

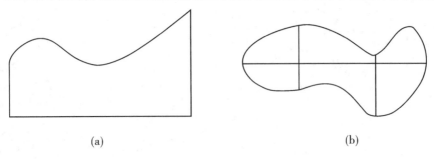

(a)   (b)

图 6-1

下面讨论如何计算曲边梯形的面积.

设曲边梯形由单值连续曲线 $y = f(x)(f(x) \geqslant 0)$,$x$ 轴与两直线 $x = a$、$x = b$ 所围成(图 6-2).

我们知道,矩形面积＝底×高,但曲边梯形底边上各点处的高 $f(x)$ 是随 x 变化而变化的量,故它的面积不能用矩形的面积公式来计算,但我们可以在局部小区间内采用"以直代曲"的方法来取近似.由于 $f(x)$ 是连续曲线,故在很小的一段区间上 $f(x)$ 的变化很小,且当区间长度无限缩小时,它的变化也无限减小.所以解决问题的思路是:把整个曲边梯形分割成若干个小曲边梯形,用小矩形面积去近似小曲边梯形面积,小曲边梯形越窄,误差就越小,如果最宽的小曲边梯形的宽度趋近于零,即每个小曲边梯形的宽度都趋近于零时,这些

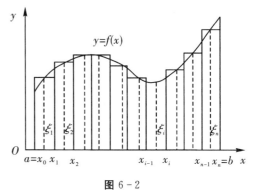

图 6-2

近似值的总和的极限就是曲边梯形的精确值了,因此我们分四步进行:

（1）分割.

将区间 $[a,b]$ 任意分为 n 个小区间,设其分点为

$$a = x_0 < x_1 < x_2 < \cdots < x_i < x_{i-1} < \cdots < x_n = b$$

过每个分点作 x 轴的垂线,将曲边梯形分割为 n 个小曲边梯形,第 i 个小曲边梯形的底边长为

$$\Delta x_i = x_i - x_{i-1}(i = 1,2,\cdots,n)$$

设小曲边梯形面积分别为 $\Delta A_1,\Delta A_2,\cdots,\Delta A_n$,则曲边梯形面积 A 为

$$A = \Delta A_1 + \Delta A_2 + \cdots + \Delta A_n = \sum_{i=1}^{n} \Delta A_i$$

（2）取近似.

在每个小区间 $[x_{i-1},x_i]$ 上任取一点 $\xi_i(x_{i-1} \leqslant \xi_i \leqslant x_i)$,在每个小曲边梯形上作一个以 Δx_i 为底,以 $f(\xi_i)$ 为高的矩形,当底边 Δx_i 很小时,以此小矩形的面积作为小曲边梯形面积的近似值,即

$$\Delta A_i \approx f(\xi_i)\Delta x_i, i = 1,2,\cdots,n$$

（3）求和.

把这 n 个小矩形的面积加起来,便得到曲边梯形面积的近似值

$$A = \sum_{i=1}^{n} \Delta A_i \approx \sum_{i=1}^{n} f(\xi_i)\Delta x_i$$

（4）取极限.

显然,当分点无限增多,且每个小区间的长度无限缩小时,台阶形的面积就越来越接近曲边梯形的面积,设

$$\lambda = \max(\Delta x_1,\Delta x_2,\cdots,\Delta x_n)$$

如果当 $\lambda \to 0$,确保 $n \to \infty$ 时,极限

$$\lim_{\lambda \to 0} \sum_{i=1}^{n} f(\xi_i)\Delta x_i$$

存在,则这个极限值就是所求曲边梯形的面积,即

$$A = \lim_{\lambda \to 0} \sum_{i=1}^{n} f(\xi_i)\Delta x_i$$

因此,计算曲边梯形面积的问题,就归结为求一个无穷多项无穷小的和式的极限问题.

例 6.1.2 变速直线运动的路程.

设一物体作变速直线运动,其速度 $v=v(t)$ 是时间间隔 $[T_1,T_2]$ 上的连续函数,计算物体在这段时间内所经过的路程 s.

匀速直线运动中路程的公式为:路程=速度×时间.但我们的问题中,速度是变化的,肯定不能用上面的公式,但由于 $v(t)$ 是连续的,它在很短一段时间内变化很小,因此可仿照例 6.1.1 的做法来求路程 s.

(1)分割.

将时间间隔 $[T_1,T_2]$ 分成 n 个小段,设分点为

$$T_1=t_0<t_1<t_2<\cdots<t_n=T_2$$

各小段的时间长度记为 $\Delta t_i=t_i-t_{i-1}(i=1,2,\cdots,n)$,相应地各小时间段内物体经过的路程依次为 Δs_i,则

$$s=\Delta s_1+\Delta s_2+\cdots+\Delta s_n=\sum_{i=1}^{n}\Delta s_i$$

(2)取近似.

在每个时间小段 $[t_{i-1},t_i]$ 上任意取一点 ξ_i,以此刻的速度 $v(\xi_i)$ 作为这一小段时间的平均速度,将变速近似看作为匀速,则各小段路程的近似值为

$$\Delta s_i\approx v(\xi_i)\Delta t_i,i=1,2\cdots,n$$

(3)求和.

将这样得到的 n 个小时间段路程的近似值相加,便得到 $[T_1,T_2]$ 内物体经过的路程 s 的近似值为

$$s=\sum_{i=1}^{n}\Delta s_i\approx\sum_{i=1}^{n}v(\xi_i)\Delta t_i(i=1,2\cdots,n)$$

(4)取极限.

记 $\lambda=\max(\Delta t_1,\Delta t_2,\cdots,\Delta t_n)$,于是

$$s=\lim_{\lambda\to0}\sum_{i=1}^{n}v(\xi_i)\Delta t_i$$

因此,计算变速直线运动的路程问题,也归结为求一个无限多项无穷小的和式的极限问题.

以上两个例子,一个是几何问题,一个是物理问题,从它们的实际意义来看互不相同,但从解决问题的方法来看,却是完全一致的,最后都归结为求函数在区间上具有特定结构的和式的极限.

在自然科学和工程技术中,还有许多问题都可归结为计算上述类型和式的极限.于是我们抽去问题的实际意义,保留其数学结构,这样就抽象出定积分的定义.

6.1.2　定积分的概念

定义 6.1　设 $f(x)$ 是定义在 $[a,b]$ 上的有界函数,将区间 $[a,b]$ 任意分成 n 个小区间,设其分点为

$$a = x_0 < x_1 < x_2 < \cdots < x_{i-1} < x_i < \cdots < x_n = b$$

并设各个小区间$[x_{i-1}, x_i]$的长度为 $\Delta x_i = x_i - x_{i-1}(i = 1, 2, \cdots, n)$. 在各个小区间$[x_{i-1}, x_i]$上任取一点 $\xi_i(x_{i-1} \leqslant \xi_i \leqslant x_i, \xi_i$ 也称为介点),作函数值 $f(\xi_i)$ 与 Δx_i 的乘积 $f(\xi_i) \cdot \Delta x_i (i = 1, 2, \cdots, n)$,并作和式

$$I_n = \sum_{i=1}^{n} f(\xi_i) \Delta x_i$$

上式称为函数 $f(x)$ 在区间$[a, b]$上的积分和. 记 $\lambda = \max\{\Delta x_1, \Delta x_2, \cdots, \Delta x_n\}$($\lambda$ 也称为分割的细度),如果无论对区间$[a, b]$怎样划分,也无论各小区间$[x_{i-1}, x_i]$上的介点 ξ_i 如何选取,只要当 $\lambda \to 0$ 时,积分和 I_n 总有确定的极限值 I,则称函数 $f(x)$ 在区间$[a, b]$上可积,极限值 I 称为 $f(x)$ 在区间$[a, b]$上的定积分,记作 $\int_a^b f(x) \mathrm{d}x$,即

$$\int_a^b f(x) \mathrm{d}x = I = \lim_{\lambda \to 0} \sum_{i=1}^{n} f(\xi_i) \Delta x_i$$

其中 $f(x)$ 称为**被积函数**,$f(x)\mathrm{d}x$ 称为被积表达式,$[a, b]$称为**积分区间**,a 称为**积分下限**,b 称为**积分上限**,x 称为**积分变量**.

由定积分定义,例 6.1.1 中的曲边梯形的面积为

$$A = \int_a^b f(x) \mathrm{d}x$$

而例 6.1.2 中的变速直线运动的路程为

$$s = \int_{T_1}^{T_2} v(t) \mathrm{d}t$$

对于定积分,自然会提出一个重要的问题:函数 $f(x)$ 在$[a, b]$上满足怎样的条件,才能在$[a, b]$上一定可积?对此我们不做深入讨论,仅给出以下两个可积的充分条件.

定理 6.1 若 $f(x)$ 在$[a, b]$上连续,则 $f(x)$ 在$[a, b]$上可积.

定理 6.2 若 $f(x)$ 在$[a, b]$上有界,且只有有限个第一类间断点,则 $f(x)$ 在$[a, b]$上可积.

例 6.1.3 利用定积分的定义计算 $\int_0^1 x^2 \mathrm{d}x$.

解 因为 $f(x) = x^2$ 在积分区间$[0, 1]$上连续,所以 $f(x)$ 在$[0, 1]$上可积,因此积分值与$[0, 1]$的分割和 ξ_i 的取法无关,为了便于计算,将$[0, 1]$区间分成 n 等分,分点为 $x_i = \frac{i}{n}(i = 1, 2, \cdots n, x_0 = 0)$,于是 $\Delta x_i = x_i - x_{i-1} = \frac{1}{n}; \lambda = \max\{\Delta x_i\}$,可取 $\xi_i = x_i = \frac{i}{n}$,于是得积分和式

$$\int_0^1 x^2 \mathrm{d}x = \lim_{\lambda \to 0} \sum_{i=1}^{n} \xi_i^2 \Delta x_i = \lim_{n \to \infty} \sum_{i=1}^{n} \left(\frac{i}{n}\right)^2 \frac{1}{n} = \lim_{n \to \infty} \frac{1}{n^3} \frac{n(n+1)(2n+1)}{6} = \frac{1}{3}$$

6.1.3 定积分的几何意义

若在$[a, b]$上 $f(x) \geqslant 0$,从例 6.1.1 可知,$\int_a^b f(x) \mathrm{d}x$ 在几何上表示由曲线 $y = f(x)$,直线 $x = a$、$x = b$ 与 x 轴所围成的曲边梯形的面积;若在$[a, b]$上 $f(x) \leqslant 0$,由曲线 $y = f(x)$,直线

$x=a$、$x=b$ 与 x 轴所围成的曲边梯形位于 x 轴的下方,由定义知 $\int_a^b f(x)\mathrm{d}x \leqslant 0$,所以定积分 $\int_a^b f(x)$ $\mathrm{d}x$ 在几何上表示该曲边梯形面积的负值;若在$[a,$ $b]$上 $f(x)$ 既取得正值又取得负值的情形下,即函数图形的某些部分在 x 轴上方,而其他部分在 x 轴下方(图 6-3),此时定积分 $\int_a^b f(x)\mathrm{d}x$ 的值是由曲线 $y=f(x)$,两条直线 $x=a$、$x=b$ 与 x 所围成的曲边梯形各部分面积的代数和.

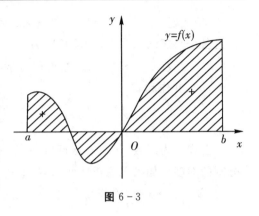

图 6-3

例如 $\int_{-R}^{R} \sqrt{R^2-x^2}\,\mathrm{d}x$ 在几何上表示以 R 为半径的上半圆周与 x 轴围成的图形的面积,于是

$$\int_{-R}^{R} \sqrt{R^2-x^2}\,\mathrm{d}x = \frac{1}{2}\pi R^2$$

最后,关于定积分,作以下几点补充说明.

(1)由定义可知,定积分的值只与积分区间$[a,b]$和被积函数 $f(x)$ 有关,而与积分变量无关,即

$$\int_a^b f(x)\mathrm{d}x = \int_a^b f(t)\mathrm{d}t = \int_a^b f(u)\mathrm{d}u$$

(2)定积分定义中假定 $a<b$,当 $a>b$ 时,规定

$$\int_a^b f(x)\mathrm{d}x = -\int_b^a f(x)\mathrm{d}x$$

(3)当 $a=b$ 时,规定

$$\int_a^b f(x)\mathrm{d}x = 0$$

6.1.4 定积分的性质

本节将讨论定积分的性质,以下假定所给定积分都是存在的.

性质 6.1 被积函数的常数因子可以提到积分号外,即

$$\int_a^b k f(x)\mathrm{d}x = k \int_a^b f(x)\mathrm{d}x \,(k \text{ 为常数})$$

证 由定义知

$$\int_a^b k f(x)\mathrm{d}x = \lim_{\lambda \to 0} \sum_{i=1}^n k f(\xi_i)\Delta x_i = k \lim_{\lambda \to 0} \sum_{i=1}^n f(\xi_i)\Delta x_i = k \int_a^b f(x)\mathrm{d}x$$

性质 6.2 函数和(差)的定积分等于各个函数积分的和(差),即

$$\int_a^b [f(x) \pm g(x)]\mathrm{d}x = \int_a^b f(x)\mathrm{d}x \pm \int_a^b g(x)\mathrm{d}x$$

证 $\int_a^b [f(x) \pm g(x)]\mathrm{d}x = \lim_{\lambda \to 0} \sum_{i=1}^n [f(\xi_i) \pm g(\xi_i)]\Delta x_i$

$$= \lim_{\lambda \to 0} \sum_{i=1}^{n} f(\xi_i) \Delta x_i \pm \lim_{\lambda \to 0} \sum_{i=1}^{n} g(\xi_i) \Delta x_i = \int_a^b f(x) \mathrm{d}x \pm \int_a^b g(x) \mathrm{d}x$$

这个性质可推广到有限个函数的情形.

性质 6.3 (积分区间可加性)若把区间$[a,b]$分成两部分$[a,c]$和$[c,b]$($a<c<b$),则

$$\int_a^b f(x) \mathrm{d}x = \int_a^c f(x) \mathrm{d}x + \int_c^b f(x) \mathrm{d}x$$

证 因为$f(x)$在$[a,b]$上可积时,定积分的值与区间的分法无关,所以在区间$[a,b]$上作积分和时,总可以把c作为一个分点,则

$$\sum_{x=a}^{b} f(\xi_i) \Delta x_i = \sum_{x=a}^{c} f(\xi_i) \Delta x_i + \sum_{x=c}^{b} f(\xi_i) \Delta x_i$$

令$\lambda \to 0$,对上式两端取极限便得

$$\int_a^b f(x) \mathrm{d}x = \int_a^c f(x) \mathrm{d}x + \int_c^b f(x) \mathrm{d}x$$

这个性质说明定积分对于积分区间具有可加性,进一步可以证明,无论a、b、c的相对位置如何,性质 6.3 都是成立的.例如,当$a<b<c$时,由

$$\int_a^c f(x) \mathrm{d}x = \int_a^b f(x) \mathrm{d}x + \int_b^c f(x) \mathrm{d}x$$

得

$$\int_a^b f(x) \mathrm{d}x = \int_a^c f(x) \mathrm{d}x - \int_b^c f(x) \mathrm{d}x = \int_a^c f(x) \mathrm{d}x + \int_c^b f(x) \mathrm{d}x$$

性质 6.4 若在区间$[a,b]$上,$f(x) \equiv 1$,则

$$\int_a^b 1 \mathrm{d}x = \int_a^b \mathrm{d}x = b - a$$

证 $\int_a^b 1 \mathrm{d}x = \lim_{\lambda \to 0} \sum_{i=1}^{n} \Delta x_i = \lim_{\lambda \to 0} (b-a) = b - a$

性质 6.5 若在区间$[a,b]$上,$f(x) \geqslant 0$,则

$$\int_a^b f(x) \mathrm{d}x \geqslant 0$$

证 因为$f(x) \geqslant 0$,所以$f(\xi_i) \geqslant 0$;又$\Delta x_i > 0$,故$f(\xi_i) \Delta x_i \geqslant 0$,从而

$$\sum_{i=1}^{n} f(\xi_i) \Delta x_i \geqslant 0$$

取极限后即得要证的不等式.

推论 6.1 若在区间$[a,b]$上$f(x) \geqslant g(x)$,$a<b$,则

$$\int_a^b f(x) \mathrm{d}x \geqslant \int_a^b g(x) \mathrm{d}x$$

推论 6.2 $\left| \int_a^b f(x) \mathrm{d}x \right| \leqslant \int_a^b |f(x)| \mathrm{d}x \ (a<b)$

证 因为$-|f(x)| \leqslant f(x) \leqslant |f(x)|$,所以由推论 6.1 及性质 6.1,得

$$-\int_a^b |f(x)| \mathrm{d}x \leqslant \int_a^b f(x) \mathrm{d}x \leqslant \int_a^b |f(x)| \mathrm{d}x$$

即

$$\left| \int_a^b f(x) \mathrm{d}x \right| \leqslant \int_a^b |f(x)| \mathrm{d}x$$

例 6.1.4 不计算定积分的值,比较下列定积分大小.

(1) $\int_0^1 x \mathrm{d}x$ 与 $\int_0^1 \sqrt{x}\,\mathrm{d}x$;　(2) $\int_0^1 x\,\mathrm{d}x$ 与 $\int_0^1 \mathrm{e}^x\,\mathrm{d}x$.

解　(1)因为当 $0 \leqslant x \leqslant 1$ 时,$x < \sqrt{x}$,所以 $\int_0^1 x\,\mathrm{d}x < \int_0^1 \sqrt{x}\,\mathrm{d}x$.

(2)令 $f(x) = x - \mathrm{e}^x$,则 $f'(x) = 1 - \mathrm{e}^x$,因为当 $0 \leqslant x \leqslant 1$ 时,$\mathrm{e}^x > 1$,所以 $f'(x) < 0$,根据单调性,即 $f(x)$ 在 $[0,1]$ 上单调递减.则有

$$f(x) < f(0) = 0 - 1 < 0,\text{从而} \int_0^1 x\,\mathrm{d}x < \int_0^1 \mathrm{e}^x\,\mathrm{d}x.$$

性质 6.6　**(估值定理)** 设 M、m 分别是函数 $f(x)$ 在区间 $[a,b]$ 上的最大值和最小值,则

$$m(b-a) \leqslant \int_a^b f(x)\,\mathrm{d}x \leqslant M(b-a) \quad (a < b)$$

证　因为 $m \leqslant f(x) \leqslant M$,所以由性质 6.5 及其推论 6.1,得

$$\int_a^b m\,\mathrm{d}x \leqslant \int_a^b f(x)\,\mathrm{d}x \leqslant \int_a^b M\,\mathrm{d}x$$

再由性质 6.1 及性质 6.4 即得所要证的不等式(图 6-4).

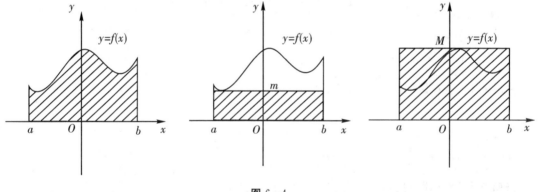

图 6-4

例 6.1.5　估计积分 $\int_0^2 \mathrm{e}^{x^2-x}\,\mathrm{d}x$ 的值.

解　先求函数 $y = \mathrm{e}^{x^2-x}$ 在区间 $[0,2]$ 上的最大值和最小值.

由 $y' = (2x-1)\mathrm{e}^{x^2-x}$,令 $y' = 0$ 得驻点 $x = \dfrac{1}{2}$,计算得

$$y|_{x=\frac{1}{2}} = \mathrm{e}^{-\frac{1}{4}}, \quad y|_{x=0} = 1, \quad y|_{x=2} = \mathrm{e}^2$$

所以得最小值 $m = \mathrm{e}^{-\frac{1}{4}}$,最大值 $M = \mathrm{e}^2$,利用估值定理得

$$2\mathrm{e}^{-\frac{1}{4}} \leqslant \int_0^2 \mathrm{e}^{x^2-x}\,\mathrm{d}x \leqslant 2\mathrm{e}^2$$

性质 6.7　**(定积分中值定理)** 若函数 $f(x)$ 在区间 $[a,b]$ 上连续,则在该区间内至少有一点 ξ,使得

$$\int_a^b f(x)\,\mathrm{d}x = f(\xi)(b-a) \quad (a \leqslant \xi \leqslant b)$$

证　因为 $f(x)$ 在闭区间 $[a,b]$ 上连续,所以必有最大值 M 和最小 m 值,根据估值定理有

$$m(b-a)\leqslant \int_a^b f(x)\mathrm{d}x\leqslant M(b-a)$$

各端除以 $b-a$，得

$$m\leqslant \frac{1}{b-a}\int_a^b f(x)\mathrm{d}x\leqslant M$$

设 $c=\dfrac{1}{b-a}\displaystyle\int_a^b f(x)\mathrm{d}x$，则 c 是介于 m 与 M 之间

的数,根据在闭区间上连续的函数的介值定理知,在
$[a,b]$ 上至少存在一点 ξ,使得 $f(\xi)=c$,即

$$\frac{1}{b-a}\int_a^b f(x)\mathrm{d}x=f(\xi)\quad (a\leqslant \xi\leqslant b)$$

所以 $\displaystyle\int_a^b f(x)\mathrm{d}x=f(\xi)(b-a)$.

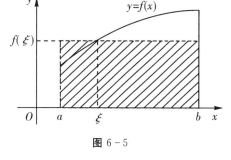

图 6 - 5

定积分中值定理说明:无论从几何上,还是从物理
上 $f(\xi)$ 就是 $f(x)$ 在区间 $[a,b]$ 上的平均值(图 6-5),所以上式也叫平均值公式.

习题 6 - 1

1.利用定积分的定义计算下列积分:

(1) $\displaystyle\int_a^b \frac{1}{2}x\mathrm{d}x\,(a<b)$;　　　　　　　　　(2) $\displaystyle\int_0^1 \mathrm{e}^x\mathrm{d}x$.

2.利用定积分的几何意义,求下列定积分的值:

(1) $\displaystyle\int_{-1}^2 (2x+3)\mathrm{d}x$;　　　　　　　　(2) $\displaystyle\int_{-\pi}^{\pi} \sin x\mathrm{d}x$;

(3) $\displaystyle\int_{-1}^1 |x|\mathrm{d}x$;　　　　　　　　　(4) $\displaystyle\int_0^2 \sqrt{4-x^2}\mathrm{d}x\,(a>0)$;

(5) $\displaystyle\int_0^a \sqrt{a^2-x^2}\mathrm{d}x\,(a>0)$;　　　　(6) $\displaystyle\int_0^1 \sqrt{2x-x^2}\mathrm{d}x$.

3.设 $\displaystyle\int_{-1}^1 2f(x)\mathrm{d}x=10$,求下列定积分的值:

(1) $\displaystyle\int_{-1}^1 f(x)\mathrm{d}x$;　　(2) $\displaystyle\int_1^{-1} f(x)\mathrm{d}x$;　　(3) $\displaystyle\int_{-1}^1 \frac{1}{5}[2f(x)+1]\mathrm{d}x$.

4.估计下列积分的值:

(1) $\displaystyle\int_0^1 \mathrm{e}^{-x^2}\mathrm{d}x$;　　　　　　　　(2) $\displaystyle\int_{-\frac{1}{\sqrt{3}}}^{\sqrt{3}} x\arctan x\mathrm{d}x$;

(3) $\displaystyle\int_0^{\pi} (1+\sin x)\mathrm{d}x$;　　　　　　(4) $\displaystyle\int_0^3 \frac{x}{x^2+1}\mathrm{d}x$.

5.比较下列各对积分值的大小.

(1) $\displaystyle\int_0^{\frac{\pi}{2}} x\mathrm{d}x$ 与 $\displaystyle\int_0^{\frac{\pi}{2}} \sin x\mathrm{d}x$;　　　　(2) $\displaystyle\int_3^4 \ln x\mathrm{d}x$ 与 $\displaystyle\int_3^4 (\ln x)^2\mathrm{d}x$;

(3) $\displaystyle\int_0^1 x\mathrm{d}x$ 与 $\displaystyle\int_0^1 \ln(1+x)\mathrm{d}x$;　　　(4) $\displaystyle\int_0^1 \mathrm{e}^x\mathrm{d}x$ 与 $\displaystyle\int_0^1 (1+x)\mathrm{d}x$.

6.利用定积分中值定理,判断 $\int_{\frac{1}{2}}^{1} x^2 \ln x \, dx$ 的符号.

7.自由落体的速度 $v = gt$,利用定积分定义求在前 5 s 钟内下落的距离.

8.设函数 $f(x)$ 在 $[a,b]$ 上连续,$f(x) \geqslant 0$ 且 $\int_{a}^{b} f(x) dx = 0$,证明在 $[a,b]$ 上 $f(x) \equiv 0$.

9.设 $f(x)$ 在 $[0,1]$ 上连续,证明:$\int_{0}^{1} f^2(x) dx \geqslant \left[\int_{0}^{1} f(x) dx\right]^2$.

6.2　微积分基本定理

从理论上来说,尽管可利用定积分的定义来计算定积分的值,但由于求和式的极限通常较困难,所以利用定义计算定积分较困难,甚至无法求出.因此,必须寻求计算定积分的简单有效方法.我们先看下面的一个实例.

设有一质点作变速直线运动,其速度为 $v(t)$,则该质点在 $t = T_1$ 到 $t = T_2$ 的一段时间内所走过的路程为

$$s = \int_{T_1}^{T_2} v(t) dt$$

此外,再假定该质点的运动方程为已知,即已知路程函数 $s = s(t)$,于是在 $[T_1, T_2]$ 的一段时间内所经过的路程为

$$s = s(T_2) - s(T_1)$$

从而可得

$$\int_{T_1}^{T_2} v(t) dt = s(T_2) - s(T_1) \tag{6-2-1}$$

特别值得注意的是 $s(t)$ 的导数是 $v(t)$,即 $s'(t) = v(t)$,我们称 $s(t)$ 是 $v(t)$ 的一个原函数(该概念将在下面作详细定义).于是由式(6-2-1)可知,左端的定积分正好等于它的被积函数 $v(t)$ 的原函数 $s(t)$ 在上下限处函数值之差.

下面我们将证明,在一般情形下,上述关系也是成立的.

6.2.1　积分上下限函数及其导数、原函数

设函数 $f(x)$ 在区间 $[a,b]$ 上连续,每当 x 在 $[a,b]$ 上任取一值时,定积分

$$\int_{a}^{x} f(t) dt$$

必有一确定的值与之对应(这里为避免混淆,将积分变量写成 t),这样上式便成为积分上限 x 的函数,记为 $\Phi(x)$,即

$$\Phi(x) = \int_{a}^{x} f(t) dt \quad (a \leqslant x \leqslant b)$$

通常称之为积分上限函数(或(可)变上限定积分).

定理 6.3　若函数 $f(x)$ 在区间 $[a,b]$ 上连续,则积分上限函数

$$\Phi(x) = \int_{a}^{x} f(t) dt$$

在$[a,b]$上可导,且

$$\Phi'(x)=\frac{\mathrm{d}}{\mathrm{d}x}\int_a^x f(t)\mathrm{d}t=f(x) \tag{6-2-2}$$

证　当上限 x 获得增量 Δx 时,则 $\Phi(x)$(图 $6-6$,图中 $\Delta x>0$)在 $x+\Delta x$ 处的函数值为

$$\Phi(x+\Delta x)=\int_a^{x+\Delta x} f(t)\mathrm{d}t$$

由此得函数的增量

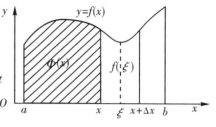

$$\Delta\Phi=\Phi(x+\Delta x)-\Phi(x)=\int_a^{x+\Delta x}f(t)\mathrm{d}t-\int_a^x f(t)\mathrm{d}t$$

$$=\int_a^x f(t)\mathrm{d}t+\int_x^{x+\Delta x}f(t)\mathrm{d}t-\int_a^x f(t)\mathrm{d}t=\int_x^{x+\Delta x}f(t)\mathrm{d}t$$

图 $6-6$

由定积分中值定理得

$$\Delta\Phi=\int_x^{x+\Delta x}f(t)\mathrm{d}t=f(\xi)\Delta x$$

其中 ξ 介于 x 与 $x+\Delta x$ 之间,于是

$$\frac{\Delta\Phi}{\Delta x}=f(\xi)$$

令 $\Delta x\to0$,于是 $x+\Delta x\to x$,从而 $\xi\to x$,由 $f(x)$ 的连续性,得

$$\lim_{\Delta x\to0}\frac{\Delta\Phi}{\Delta x}=\lim_{\xi\to x}f(\xi)=f(x)$$

即

$$\Phi'(x)=f(x)$$

定义 6.2　设函数 $F(x)$ 与 $f(x)$ 定义在同一区间 I 内,若对 $\forall x\in I$ 都有

$$F'(x)=f(x) \quad 或 \quad \mathrm{d}F(x)=f(x)\mathrm{d}x$$

则称 $F(x)$ 为 $f(x)$ 在区间 I 内的一个原函数.

例如,由于 $(x^2)'=2x$,我们称 $2x$ 是 x^2 的导函数,而称 x^2 是 $2x$ 的一个原函数.又由于 $(x^2+1)'=2x$,所以 x^2+1 也是 $2x$ 的一个原函数.

又如,因为 $(\arcsin x)'=\dfrac{1}{\sqrt{1-x^2}}(-1<x<1)$,所以 $\arcsin x$ 是 $\dfrac{1}{\sqrt{1-x^2}}$ 在区间 $(-1,1)$ 内的一个原函数.

函数具备什么条件,就能保证它的原函数一定存在呢? 这里先给出一个充分条件.

定理 6.4　**(原函数存在定理 1)** 如果函数 $f(x)$ 在区间 I 内连续,那么它的原函数一定存在.即在区间 I 内存在可导函数 $F(x)$,使得对 $\forall x\in I$,都有 $F'(x)=f(x)$.

由原函数的定义知:

(1)一个函数如果有原函数,则它的原函数不是唯一的.因为若 $F(x)$ 为 $f(x)$ 的一个原函数,即 $F'(x)=f(x)$,则对任意常数 C 有

$$[F(x)+C]'=F'(x)=f(x)$$

所以 $F(x)+C$ 也是 $f(x)$ 的原函数,由此可知,如果 $f(x)$ 有原函数,那么它就有无穷多个原函数.

(2)一个函数的任何两个原函数至多相差一个常数.事实上,若 $F(x)$ 和 $G(x)$ 都是 $f(x)$ 的原函数,则

$$[G(x)-F(x)]'=G'(x)-F'(x)=f(x)-f(x)\equiv 0.$$

由于导数恒为零的函数必为常数,所以 $G(x)-F(x)=C$ 或 $G(x)=F(x)+C$,也就是说,如果 $F(x)$ 是 $f(x)$ 的一个原函数,那么 $F(x)+C$ 是 $f(x)$ 的原函数的全体,其中 C 是任意数.

由定理 6.4 及原函数的定义 6.2,可得如下的原函数的存在定理.

定理 6.5 (原函数存在定理 2)如果函数 $f(x)$ 在区间 $[a,b]$ 上连续,则

$$\Phi(x)=\int_a^x f(t)\mathrm{d}t (a \leqslant x \leqslant b)$$

就是 $f(x)$ 在 $[a,b]$ 上的一个原函数.也就是说,连续函数 $f(x)$ 总有原函数.

注意:连续函数的原函数未必有初等函数形式的表达式,例如 $\sin x^2$ 的原函数就不能用初等函数表示,但由定理 6.5 得,显然 $\int_0^x \sin t^2 \mathrm{d}t$ 是 $\sin x^2$ 的一个原函数.

例 6.2.1 求 $\dfrac{\mathrm{d}}{\mathrm{d}x}\displaystyle\int_0^x \mathrm{e}^{-t^2}\mathrm{d}t$.

解 由定理 6.5 得 $\dfrac{\mathrm{d}}{\mathrm{d}x}\displaystyle\int_0^x \mathrm{e}^{-t^2}\mathrm{d}t=\mathrm{e}^{-x^2}$.

对于积分下限函数 $\displaystyle\int_x^b f(t)\mathrm{d}t$,我们可利用公式 $\displaystyle\int_x^b f(t)\mathrm{d}t=-\int_b^x f(t)\mathrm{d}t$ 转化为积分上限函数去讨论.

一般地,若 $f(x)$ 为连续函数,$u=u(x)$ 和 $v=v(x)$ 是 x 的可导函数,则有

(1) $\dfrac{\mathrm{d}}{\mathrm{d}x}\displaystyle\int_a^{u(x)} f(t)\mathrm{d}t=f(u(x))\cdot u'(x)$;

(2) $\dfrac{\mathrm{d}}{\mathrm{d}x}\displaystyle\int_{v(x)}^{u(x)} f(t)\mathrm{d}t=f(u(x))\cdot u'(x)-f(v(x))\cdot v'(x)$.

例 6.2.2 求 $\dfrac{\mathrm{d}}{\mathrm{d}x}\displaystyle\int_1^{x^2} \dfrac{\sin t}{t}\mathrm{d}t$.

解 积分 $\displaystyle\int_1^{x^2} \dfrac{\sin t}{t}\mathrm{d}t$ 是上限 x^2 的函数,而上限 x^2 又是 x 的函数,因此由复合函数求导法则,得 $\dfrac{\mathrm{d}}{\mathrm{d}x}\displaystyle\int_1^{x^2} \dfrac{\sin t}{t}\mathrm{d}t=\dfrac{\sin x^2}{x^2}\cdot (x^2)'=\dfrac{2\sin x^2}{x}$.

例 6.2.3 已知 $y=\displaystyle\int_{x^2}^{x^3}\cos t\,\mathrm{d}t$,求 $\dfrac{\mathrm{d}y}{\mathrm{d}x}$.

解 根据公式,有

$$\begin{aligned}
\frac{\mathrm{d}y}{\mathrm{d}x} &= \left[\int_{x^2}^{x^3}\cos t\,\mathrm{d}t\right]' \\
&= \cos(x^3)(x^3)'-\cos(x^3)(x^2)' \\
&= 3x^2\cos(x^3)-2x\cos(x^2)
\end{aligned}$$

6.2.2 牛顿-莱布尼茨公式

定理 6.6 设函数 $f(x)$ 在区间 $[a,b]$ 上连续,而 $F(x)$ 是 $f(x)$ 的一个原函数,则

$$\int_a^b f(x)\mathrm{d}x = F(b) - F(a) \tag{6-2-3}$$

证 已知 $F(x)$ 是 $f(x)$ 的一个原函数,又由定理 6.5 知 $\Phi(x) = \int_a^x f(t)\mathrm{d}t$ 也是 $f(x)$ 的一个原函数,而一个函数的任意两个原函数之间相差一个常数,故有

$$\int_a^x f(t)\mathrm{d}t = F(x) + C$$

在上式中令 $x=a$ 得 $0=F(a)+C$,于是 $C=-F(a)$,从而有 $\int_a^x f(t)\mathrm{d}t = F(x) - F(a)$.

在上式中令 $x=b$,就得到

$$\int_a^b f(t)\mathrm{d}t = F(b) - F(a)$$

仍以 x 为积分变量得

$$\int_a^b f(x)\mathrm{d}x = F(b) - F(a)$$

定理 6.6 也称为微积分基本定理,式 $(6-2-3)$ 称为牛顿-莱布尼茨(Newton-Leibniz)公式,或微积分基本公式.它进一步揭示了定积分与被积函数的原函数之间的内在联系,把定积分的计算问题归结为求原函数的问题,也就是把繁难的求积分和式的极限问题转化为较简便的计算原函数及其在积分区间上的函数增量的问题,从而提供了计算定积分简便而有效的方法.

使用式 $(6-2-3)$ 时,为简明起见,常常简记为

$$\int_a^b f(x)\mathrm{d}x = F(x) \Big|_a^b = \big[F(x)\big]_a^b = F(b) - F(a)$$

其中 $F(x)$ 是 $f(x)$ 的一个原函数.

例 6.2.4 计算 $\int_1^2 x^2 \mathrm{d}x$.

解 由于 $\left(\dfrac{1}{3}x^3\right)' = x^2$,所以 $\dfrac{1}{3}x^3$ 是 x^2 的一个原函数,则

$$\int_1^2 x^2 \mathrm{d}x = \frac{1}{3}x^3 \Big|_1^2 = \frac{1}{3} \times 2^3 - \frac{1}{3} \times 1^3 = \frac{7}{3}$$

例 6.2.5 计算 $\int_1^3 \dfrac{1}{x}\mathrm{d}x$.

解 由于 $\ln|x|$ 是 $\dfrac{1}{x}$ 的一个原函数,所以

$$\int_1^3 \frac{1}{x}\mathrm{d}x = \ln|x| \Big|_1^3 = \ln|3| - \ln|1| = \ln 3$$

例 6.2.6　求极限 $\lim\limits_{x\to 0}\dfrac{\int_0^{x^2}\sqrt{1+t^2}\,\mathrm{d}t}{x^2}$.

解　这是一个 $\dfrac{0}{0}$ 型未定式,由洛必达法则有

$$\lim_{x\to 0}\frac{\int_0^{x^2}\sqrt{1+t^2}\,\mathrm{d}t}{x^2}=\lim_{x\to 0}\frac{\sqrt{1+x^4}\times 2x}{2x}=\lim_{x\to 0}\sqrt{1+x^4}=1$$

例 6.2.7　计算定积分 $\int_1^3 |x-2|\,\mathrm{d}x$.

解　为了去掉绝对值,必须分区间积分,显然 $x=2$ 是区间的分界点,所以

$$\int_1^3 |x-2|\,\mathrm{d}x=\int_1^2 |x-2|\,\mathrm{d}x+\int_2^3 |x-2|\,\mathrm{d}x$$

$$=-\int_1^2 (x-2)\,\mathrm{d}x+\int_2^3 (x-2)\,\mathrm{d}x$$

$$=-\int_1^2 x\,\mathrm{d}x+\int_1^2 2\,\mathrm{d}x+\int_2^3 x\,\mathrm{d}x-\int_2^3 2\,\mathrm{d}x$$

$$=-\frac{x^2}{2}\Big|_1^2+2x\Big|_1^2+\frac{x^2}{2}\Big|_2^3-2x\Big|_2^3=1$$

例 6.2.8　设 $f(x)$ 在 $[a,b]$ 上连续,(a,b) 内可导,且 $f'(x)\leqslant 0$,$F(x)=\dfrac{1}{x-a}\int_a^x f(t)\,\mathrm{d}t$.

证明:在 (a,b) 内 $F'(x)\leqslant 0$.

证　根据公式 $(6-2-2)$ 得 $\dfrac{\mathrm{d}}{\mathrm{d}x}\int_a^x f(t)\,\mathrm{d}t=f(x)$,故

$$F'(x)=\frac{1}{x-a}f(x)-\frac{1}{(x-a)^2}\int_a^x f(t)\,\mathrm{d}t$$

根据第 6.1 节性质 6.7(定积分中值定理),至少存在一点 $\xi\in[a,x]$ 使

$$\int_a^x f(t)\,\mathrm{d}t=f(\xi)(x-a)$$

故

$$F'(x)=\frac{(x-a)f(x)-f(\xi)(x-a)}{(x-a)^2}=\frac{f(x)-f(\xi)}{x-\xi}\cdot\frac{x-\xi}{x-a}\leqslant\frac{f(x)-f(\xi)}{x-\xi}$$

根据拉格朗日中值定理,至少存在一点 $\xi^*\in(a,b)$,使

$$\frac{f(x)-f(\xi)}{x-\xi}=f'(\xi^*)\leqslant 0$$

所以 $F'(x)\leqslant 0$.

习题　6-2

1.填空:

(1)$(\quad\quad)'=5$;　　　　　　　　　　(2)$(\quad\quad)'=0$;

(3)$(\quad\quad)'=\dfrac{1}{x^2}$;　　　　　　　　(4)$(\quad\quad)'=\dfrac{1}{1+x^2}$;

(5)d( )＝$a^x\,\mathrm{d}x$；　　　　　(6)d( )＝$\sin x\,\mathrm{d}x$.

2.证明函数 $y=(\mathrm{e}^x+\mathrm{e}^{-x})^2$ 和 $y=(\mathrm{e}^x-\mathrm{e}^{-x})^2$ 是同一函数的原函数.

3.设 $x\arctan x$ 是 $f(x)$ 的一个原函数,求 $f(x)$.

4.求下列函数的导数：

(1) $f(x)=\displaystyle\int_x^5\sqrt{1+t^2}\,\mathrm{d}t$；　　　　(2) $f(x)=\displaystyle\int_0^{\mathrm{e}^x}\cos\sqrt{t}\,\mathrm{d}t$；

(3) $f(x)=\displaystyle\int_{x^2}^{x^3}\dfrac{\mathrm{d}t}{\sqrt{1+t^4}}$；　　　(4) $f(x)=\displaystyle\int_{\sin x}^{\cos x}\cos(\pi t^2)\,\mathrm{d}t$.

5.已知 $\displaystyle\int_0^y\mathrm{e}^{-t^2}\,\mathrm{d}t+\int_0^x\cos t\,\mathrm{d}t=0$,求 $\dfrac{\mathrm{d}y}{\mathrm{d}x}$.

6.(1) 求 $\dfrac{\mathrm{d}}{\mathrm{d}x}\displaystyle\int_{x^2}^0 x\cos t^2\,\mathrm{d}t$.

(2) 设 $f(x)$ 为连续函数,求 $\dfrac{\mathrm{d}}{\mathrm{d}x}\displaystyle\int_0^{x^2}(x^2-t)f(t)\,\mathrm{d}t$.

(3) 设 $\begin{cases}x=\displaystyle\int_1^t\ln u\,\mathrm{d}u\\[2mm] y=\displaystyle\int_{t^2}^1 u\ln u\,\mathrm{d}u\end{cases}$,求 $\dfrac{\mathrm{d}y}{\mathrm{d}x}$.

7.计算下列各定积分：

(1) $\displaystyle\int_1^2 x\left(\sqrt{x}+\dfrac{1}{x^2}\right)\mathrm{d}x$；　　　(2) $\displaystyle\int_{\frac{1}{2}}^{-\frac{1}{2}}\dfrac{\mathrm{d}x}{\sqrt{1-x^2}}$；

(3) $\displaystyle\int_0^1\dfrac{x^4}{1+x^2}\mathrm{d}x$；　　　　(4) $\displaystyle\int_0^1 2^x\mathrm{e}^x\,\mathrm{d}x$；

(5) $\displaystyle\int_0^2|1-x|\,\mathrm{d}x$；　　　　(6) $\displaystyle\int_{-1}^1\mathrm{e}^{|x|}\,\mathrm{d}x$.

8.求下列极限：

(1) $\displaystyle\lim_{x\to 0}\dfrac{1}{x^3}\int_0^x\left(\dfrac{\sin t}{t}-1\right)\mathrm{d}t$；　　(2) $\displaystyle\lim_{x\to 0}\dfrac{\displaystyle\int_{\cos x}^1\mathrm{e}^{-t^2}\,\mathrm{d}t}{x^2}$；

(3) $\displaystyle\lim_{x\to 0}\dfrac{\displaystyle\int_0^x\arctan t\,\mathrm{d}t}{x^2}$；　　　(4) $\displaystyle\lim_{x\to 0^+}\dfrac{\displaystyle\int_0^x\mathrm{e}^{-t}\,\mathrm{d}t}{\displaystyle\int_0^{\sqrt{x}}t\,\mathrm{e}^{-t^2}\,\mathrm{d}t}$.

9.设 $f(x)$ 为连续正值函数,证明当 $x>0$ 时,函数

$$F(x)=\dfrac{\displaystyle\int_0^x tf(t)\,\mathrm{d}t}{\displaystyle\int_0^x f(t)\,\mathrm{d}t}$$

为单调增加的.

10.试求曲线 $y=\displaystyle\int_0^x(1+t)\ln(1+t)\,\mathrm{d}t$ 在点 $(0,0)$ 处的曲率.

11. 求 $\int_0^2 f(x)\mathrm{d}x$,其中 $f(x) = \begin{cases} x^2, & 0 \leqslant x \leqslant 1 \\ x-1, & 1 < x \leqslant 2 \end{cases}$.

12. 设 $f(x)$ 在 $[0,1]$ 上连续,且满足 $f(x) = x\int_0^1 f(t)\mathrm{d}t - 1$,求 $\int_0^1 f(x)\mathrm{d}x$ 及 $f(x)$.

6.3 不定积分的概念和性质

牛顿-莱布尼茨公式使我们彻底摆脱了用定义计算定积分带来的的繁琐问题,它表明,一旦知道了被积函数的原函数,就可以非常便捷地求出定积分的值.于是定积分计算的关键问题就归结为如何求出被积函数的原函数.上节例题中的被积函数的原函数都很容易求出.但更一般的情况下,被积函数的原函数往往不易直观地求出(有时甚至不能求出),这将直接影响定积分的计算.所以能否求出被积函数的原函数成为计算定积分的关键,因此有必要专门研究求原函数的方法.本节和下一节我们对求原函数的方法作专门而简要的介绍.

6.3.1 不定积分的概念

定义 6.3 函数 $f(x)$ 的全体原函数称为 $f(x)$ 的不定积分,记作

$$\int f(x)\mathrm{d}x$$

其中 $\int$ 为**积分号**,$f(x)$ 称为**被积函数**,$f(x)\mathrm{d}x$ 称为**被积表达式**,x 称为**积分变量**.

由 6.2 节关于原函数的讨论知,如果能找到 $f(x)$ 的一个原函数 $F(x)$,则 $F(x)+C$ 就是 $f(x)$ 的不定积分,即

$$\int f(x)\mathrm{d}x = F(x) + C$$

其中常数 C 为任意常数.

求不定积分的方法叫做积分法,积分法是从某一函数的导数出发寻求这个函数的过程,所以积分法是微分法的逆运算.

例如,由于 $(\sin x)' = \cos x$,所以 $\int \cos x \mathrm{d}x = \sin x + C$.

同样的,由于 $(\arctan x)' = \dfrac{1}{1+x^2}$,则 $\int \dfrac{1}{1+x^2}\mathrm{d}x = \arctan x + C$.

由不定积分定义,即可知下列关系

(1) $\left[\int f(x)\mathrm{d}x\right]' = f(x)$ 或 $\mathrm{d}\left[\int f(x)\mathrm{d}x\right] = f(x)\mathrm{d}x$;

(2) $\int f'(x)\mathrm{d}x = f(x) + C$ 或 $\int \mathrm{d}f(x) = f(x) + C$.

由此可见,微分运算与求不定积分的运算是互逆的.要注意的是,先积分后微分时两种运算互相抵消,而先微分后积分时两种运算互抵后相差一个常数.

在平面直角坐标系中,$f(x)$ 的任一个原函数 $F(x)$ 的图象称为 $f(x)$ 的一条积分曲线,其方程是 $y=F(x)$.由前面讨论知道,如果 $f(x)$ 有一条积分曲线 $y=F(x)$,则 $\int f(x)\mathrm{d}x$ 有无穷

多条积分曲线,它们的方程为 $y = F(x) + C$,这些积分曲线的全体称为 $f(x)$ 的积分曲线族.积分曲线族中每一条曲线都可由另一条积分曲线沿 y 轴方向平移而得到(图 6-7),且由 $(F(x)+C)' = f(x)$ 知道,积分曲线族上横坐标相同的对应点处的切线相互平行,这就是不定积分的几何意义.

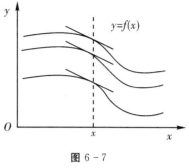

图 6-7

例 6.3.1 一曲线在任意点处的切线斜率等于这点横坐标的 3 倍,且曲线过点 $(2,5)$,求此曲线的方程.

解 设此曲线方程为 $y = f(x)$,依题设曲线上任一点 (x,y) 处的切线斜率为 $y' = 3x$,即 $f(x)$ 是 $3x$ 的原函数,因为

$$\int 3x \, dx = \frac{3}{2}x^2 + C$$

故所求曲线为曲线族 $y = \frac{3}{2}x^2 + C$ 中的一条,又由曲线过点 $(2,5)$,所以 $5 = \frac{3}{2} \times 2^2 + C$ 得 $C = -1$,于是,所求曲线方程为

$$y = \frac{3}{2}x^2 - 1$$

它是积分曲线族 $y = \frac{3}{2}x^2 + C$ 中过点 $(2,5)$ 的那条积分曲线(图 6-8).

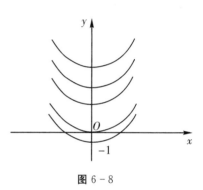

图 6-8

6.3.2 基本积分表

既然积分法是微分法的逆运算,所以我们可以从导数(或微分)公式逆推过来,就可得到基本积分公式:

(1) $\int k \, dx = kx + C$(k 为常数)   (2) $\int x^\mu \, dx = \frac{1}{\mu+1}x^{\mu+1} + C$($\mu \neq -1$)

(3) $\int \frac{1}{x} \, dx = \ln|x| + C$ (4) $\int e^x \, dx = e^x + C$

(5) $\int a^x \, dx = \frac{a^x}{\ln a} + C$ (6) $\int \sin x \, dx = -\cos x + C$

(7) $\int \cos x \, dx = \sin x + C$ (8) $\int \sec^2 x \, dx = \tan x + C$

(9) $\int \csc^2 x \, dx = -\cot x + C$ (10) $\int \sec x \tan x \, dx = \sec x + C$

(11) $\int \csc x \cot x \, dx = -\csc x + C$ (12) $\int \frac{1}{\sqrt{1-x^2}} \, dx = \arcsin x + C$

(13) $\int \frac{1}{1+x^2} \, dx = \arctan x + C$

公式(1)至(13)是求不定积分的基础,必须熟记.

例 6.3.2　求下列不定积分.

$(1) \int \dfrac{1}{x^2} \mathrm{d}x$;　　　　　　　　　$(2) \int \dfrac{1}{\sqrt{x}} \mathrm{d}x$.

解　$(1) \int \dfrac{1}{x^2} \mathrm{d}x = \int x^{-2} \mathrm{d}x = \dfrac{x^{-2+1}}{-2+1} + C = -\dfrac{1}{x} + C$

$(2) \int \dfrac{1}{\sqrt{x}} \mathrm{d}x = \int x^{-\frac{1}{2}} \mathrm{d}x = \dfrac{x^{-\frac{1}{2}+1}}{-\dfrac{1}{2}+1} + C = 2\sqrt{x} + C$

6.3.3　不定积分的性质

性质 6.8　设函数 $f(x)$ 的原函数 $g(x)$ 存在,则

$$\int [f(x) \pm g(x)] \mathrm{d}x = \int f(x) \mathrm{d}x \pm \int g(x) \mathrm{d}x \tag{6-3-1}$$

注意性质 6.8 可推广到有限多个函数的情形,即

$$\int [f_1(x) + f_2(x) + \cdots + f_n(x)] \mathrm{d}x = \int f_1(x) \mathrm{d}x + \int f_2(x) \mathrm{d}x + \cdots + \int f_n(x) \mathrm{d}x$$

性质 6.9　设函数 $f(x)$ 的原函数存在,k 为非零常数,则

$$\int k f(x) \mathrm{d}x = k \int f(x) \mathrm{d}x \quad (k \neq 0 \text{ 为常数}) \tag{6-3-2}$$

利用基本积分表及上述两个运算性质,我们可以计算一些简单函数的不定积分.

例 6.3.3　求 $\int (2\mathrm{e}^x - \sin x) \mathrm{d}x$.

解　$\int (2\mathrm{e}^x - \sin x) \mathrm{d}x = \int 2\mathrm{e}^x \mathrm{d}x - \int \sin x \mathrm{d}x$

$= 2\int \mathrm{e}^x \mathrm{d}x - \int \sin x \mathrm{d}x = 2\mathrm{e}^x + \cos x + C$

注意:检验积分结果是否正确,只需将结果求导,看是否等于被积函数即可,如在这个例子中,由于

$$(2\mathrm{e}^x + \cos x + C)' = 2\mathrm{e}^x - \sin x$$

所以积分结果是正确的.

例 6.3.4　求 $\int \left(\sqrt{x} + \dfrac{2}{\sqrt{x}} \right) \mathrm{d}x$.

解　$\int \left(\sqrt{x} + \dfrac{2}{\sqrt{x}} \right) \mathrm{d}x = \int (x^{\frac{1}{2}} + 2x^{-\frac{1}{2}}) \mathrm{d}x = \int x^{\frac{1}{2}} \mathrm{d}x + 2\int x^{-\frac{1}{2}} \mathrm{d}x = \dfrac{2}{3} x^{\frac{3}{2}} + 4x^{\frac{1}{2}} + C$

有些积分,可以利用初等数学中的一些恒等变形,把被积函数化为基本积分表中的形式,再逐项积分.

例 6.3.5　求 $\int (2\tan x + 3\cot x)^2 \mathrm{d}x$.

解　$\int (2\tan x + 3\cot x)^2 \mathrm{d}x = \int (4\tan^2 x + 9\cot^2 x + 12) \mathrm{d}x$

$$= \int (4\sec^2 x + 9\csc^2 x - 1)\mathrm{d}x = 4\tan x - 9\cot x - x + C$$

例 6.3.6 求 $\int \left(\dfrac{5}{\sqrt{1-x^2}} - \dfrac{3}{1+x^2} \right)\mathrm{d}x$.

解 $\int \left(\dfrac{5}{\sqrt{1-x^2}} - \dfrac{3}{1+x^2} \right)\mathrm{d}x = 5\arcsin x - 3\arctan x + C$

例 6.3.7 求 $\int \sin^2 \dfrac{x}{2}\mathrm{d}x$.

解 $\int \sin^2 \dfrac{x}{2}\mathrm{d}x = \int \dfrac{1}{2}(1 - \cos x)\mathrm{d}x = \dfrac{1}{2}\int 1\mathrm{d}x - \dfrac{1}{2}\int \cos x\mathrm{d}x = \dfrac{1}{2}x - \dfrac{1}{2}\sin x + C$

一般地,若被积函数为正、余弦函数偶次方,则先对被积函数运用降幂公式,再求不定积分,此类型题目在后面凑微分部分也有举例.

例 6.3.8 求 $\int \dfrac{x^2}{1+x^2}\mathrm{d}x$.

解 $\int \dfrac{x^2}{1+x^2}\mathrm{d}x = \int \dfrac{1+x^2-1}{x^2+1}\mathrm{d}x = \int 1\mathrm{d}x - \int \dfrac{1}{1+x^2}\mathrm{d}x = x - \arctan x + C$

例 6.3.9 求 $\int 3^x \mathrm{e}^x \mathrm{d}x$.

解 $\int 3^x \mathrm{e}^x \mathrm{d}x = \int (3\mathrm{e})^x \mathrm{d}x = \dfrac{(3\mathrm{e})^x}{\ln(3\mathrm{e})} + C = \dfrac{3^x \mathrm{e}^x}{\ln 3 + 1} + C$

例 6.3.10 求 $\int \left(\pi^x \mathrm{e}^x - \dfrac{1}{2x} \right)\mathrm{d}x$.

解 $\int \left(\pi^x \mathrm{e}^x - \dfrac{1}{2x} \right)\mathrm{d}x = \int (\pi\mathrm{e})^x \mathrm{d}x - \dfrac{1}{2}\int \dfrac{1}{x}\mathrm{d}x = \dfrac{(\pi\mathrm{e})^x}{\ln(\pi\mathrm{e})} - \dfrac{1}{2}\ln x + C$

例 6.3.11 求 $\int \tan^2 x \mathrm{d}x$.

解 $\int \tan^2 x \mathrm{d}x = \int (\sec^2 x - 1)\mathrm{d}x = \int \sec^2 x \mathrm{d}x - \int 1\mathrm{d}x = \tan x - x + C$

例 6.3.12 计算 $\int \dfrac{\mathrm{d}x}{\sin^2 x \cos^2 x}$.

解 $\int \dfrac{\mathrm{d}x}{\sin^2 x \cos^2 x} = \int \dfrac{\sin^2 x + \cos^2 x}{\sin^2 x \cos^2 x}\mathrm{d}x = \int \dfrac{1}{\cos^2 x}\mathrm{d}x + \int \dfrac{1}{\sin^2 x}\mathrm{d}x$

$$= \tan x - \cot x + C$$

习题 6 - 3

1.求下列不定积分:

(1) $\int (3x^2 - 2x^4 + 8)\mathrm{d}x$;

(2) $\int \dfrac{\sqrt{x} - 2 \cdot \sqrt[3]{x} + 1}{\sqrt[4]{x}}\mathrm{d}x$;

(3) $\int \sqrt{x\sqrt{x}}\,\mathrm{d}x$;

(4) $\int \dfrac{\mathrm{d}h}{\sqrt{2gh}}$;

$(5) \int (\sqrt{x} - 1)^2 \mathrm{d}x$；

$(6) \int \left(3\mathrm{e}^x - \dfrac{2}{x}\right) \mathrm{d}x$；

$(7) \int (5\sin x - 2\mathrm{e}^x + 1)\mathrm{d}x$；

$(8) \int \dfrac{2 \times 3^x - 5 \times 2^x}{3^x} \mathrm{d}x$；

$(9) \int (\tan^2 x + \cos x)\mathrm{d}x$；

$(10) \int \left(\dfrac{4}{\sqrt{1 - x^2}} - \dfrac{1}{1 + x^2}\right) \mathrm{d}x$；

$(11) \int \dfrac{x^3 - 27}{x - 3} \mathrm{d}x$；

$(12) \int \dfrac{\mathrm{e}^{2x} - 1}{\mathrm{e}^x + 1} \mathrm{d}t$；

$(13) \int \dfrac{1}{x^2(1 + x^2)} \mathrm{d}x$；

$(14) \int \cos^2 \dfrac{x}{2} \mathrm{d}x$；

$(15) \int \dfrac{\mathrm{d}x}{1 + \cos 2x}$；

$(16) \int \dfrac{3x^4 + 3x^2 + 1}{x^2 + 1} \mathrm{d}x$；

$(17) \int \dfrac{2 - x^4}{1 + x^2} \mathrm{d}x$；

$(18) \int \left(\sqrt{x} - \dfrac{1}{\sqrt{x}}\right)^2 \mathrm{d}x$.

2.已知函数 $f(x)$ 的导数是 $\sec x(\sec x - \tan x)$，且 $f(0) = 1$，求函数 $f(x)$.

3.一曲线通过点 $(\mathrm{e}^2, 3)$，且在曲线上任意点处的切线的斜率等于该点横坐标的倒数，求此曲线的方程.

4.(1)已知 $\int x f(x) \mathrm{d}x = \cos x + C$，求 $f(x)$.

(2) 已知 $\int f(x) \cos x \mathrm{d}x = \cos x + C$，求 $\lim\limits_{x \to 0} \dfrac{f(x)}{x^2 + 3x}$.

(3) 设 $\int f(x) \mathrm{d}x = x \mathrm{e}^x - \mathrm{e}^x + C$，求 $\int f'(x) \mathrm{d}x$.

5.设生产某产品 x 单位的总成本 C 是 x 的函数 $C(x)$，固定成本即 $C(0)$ 为 20 元，边际成本函数为 $C'(x) = 2x + 10$ 元/单位，求总成本函数 $C(x)$.

6.4   不定积分的积分方法

利用基本积分表与积分性质，能求出的积分为数不多，因此有必要进一步研究求积分的方法，这里介绍两种基本的积分方法：换元积分法与分部积分法.

6.4.1   不定积分的换元积分法

变量代换法也称为换元积分法，根据处理方法的不同，换元积分法可分为第一类换元积分法与第二类换元积分法.

1.第一类换元积分法(凑微分)

积分是微分的逆运算，所以我们可以从微分法则中寻求计算积分的方法.

设 $F(u)$ 为 $f(u)$ 的原函数，按一阶微分形式不变性，有

$$\mathrm{d}F(u) = f(u)\mathrm{d}u$$

若 $u = \varphi(x)$ 可微，则

$$\mathrm{d}F(\varphi(x)) = f(\varphi(x))\varphi'(x)\mathrm{d}x$$

由不定积分与微分的互逆关系即得

$$\int f(\varphi(x))\varphi'(x)\mathrm{d}x = F(\varphi(x)) + C$$

又由 $F'(u) = f(u)$ 知 $\int f(u)\mathrm{d}u = F(u) + C$，将上两式结合起来写成便于应用的形式

$$\int f(\varphi(x))\varphi'(x)\mathrm{d}x = \int f(\varphi(x))\mathrm{d}\varphi(x) = \int f(u)\mathrm{d}u = F(u) + C = F(\varphi(x)) + C$$

$$(6-4-1)$$

式$(6-4-1)$称为第一类换元积分公式.

求不定积分 $\int g(x)\mathrm{d}x$ 的第一类换元法的具体步骤如下:

(1) 变换被积函数的积分形式: $\int g(x)\mathrm{d}x = \int f(\varphi(x))\varphi'(x)\mathrm{d}x$;

(2) 凑微分: $\int g(x)\mathrm{d}x = \int f(\varphi(x))\varphi'(x)\mathrm{d}x = \int f(\varphi(x))\mathrm{d}\varphi(x)$;

(3)作变量代换 $u = \varphi(x)$ 得

$$\int g(x)\mathrm{d}x = \int f(\varphi(x))\varphi'(x)\mathrm{d}x = \int f(\varphi(x))\mathrm{d}\varphi(x) = \int f(u)\mathrm{d}u;$$

(4) 利用基本积分公式 $\int f(u)\mathrm{d}u = F(u) + C$ 求出原函数:

$$\int g(x)\mathrm{d}x = \int f(\varphi(x))\varphi'(x)\mathrm{d}x = \int f(\varphi(x))\mathrm{d}\varphi(x) = \int f(u)\mathrm{d}u = F(u) + C;$$

(5)将 $u = \varphi(x)$ 代入上面的结果,回到原来的积分变量 x 得

$$\int g(x)\mathrm{d}x = \int f(\varphi(x))\varphi'(x)\mathrm{d}x = \int f(\varphi(x))\mathrm{d}\varphi(x) = \int f(u)\mathrm{d}u = F(u) + C = F(\varphi(x)) + C$$

注:熟悉上述步骤后,也可以不引入中间变量 $u = \varphi(x)$,省略(3)、(4)步骤,这与复合函数的求导法则类似.

例 6.4.1 求 $\int \cos 2x\,\mathrm{d}x$.

解 被积函数 $\cos 2x$ 是复合函数,基本积分表中无此积分,但被积函数可表示为

$$\cos 2x = \frac{1}{2}\cos 2x \cdot (2x)'$$

因此,可令 $u = 2x$,则

$$\int \cos 2x\,\mathrm{d}x = \frac{1}{2}\int \cos 2x \cdot (2x)'\mathrm{d}x = \frac{1}{2}\int \cos 2x\,\mathrm{d}(2x)$$

$$= \frac{1}{2}\int \cos u\,\mathrm{d}u = \frac{1}{2}\sin u + C = \frac{1}{2}\sin 2x + C$$

例 6.4.2 求 $\int (2x+1)^{20}\mathrm{d}x$.

解 如果不用换元法,需将 $(2x+1)^{20}$ 按二项式展开,然后逐项积分,运算量相当大.利用换元法则很简便,令 $2x+1 = u$,有 $\mathrm{d}u = 2\mathrm{d}x$,即 $\mathrm{d}x = \frac{1}{2}\mathrm{d}u$,所以

$$\int (2x+1)^{20}\,\mathrm{d}x = \frac{1}{2}\int (2x+1)^{20}\mathrm{d}(2x+1) = \frac{1}{2}\int u^{20}\,\mathrm{d}u$$

$$= \frac{1}{2}\times\frac{1}{21}u^{21}+C = \frac{1}{42}(2x+1)^{21}+C$$

例 6.4.3 求 $\displaystyle\int\frac{1}{ax+b}\mathrm{d}x\ (a\neq 0)$.

解 $\displaystyle\int\frac{1}{ax+b}\mathrm{d}x = \frac{1}{a}\int\frac{1}{ax+b}\mathrm{d}(ax+b) = \frac{1}{a}\int\frac{1}{u}\mathrm{d}u\quad (u=ax+b)$

$$= \frac{1}{a}\ln|u|+C = \frac{1}{a}\ln|ax+b|+C$$

一般地，若 $F'(u)=f(u)$，则利用换元 $u=ax+b$ 可以很容易求出积分 $\displaystyle\int f(ax+b)\mathrm{d}x$ $(a\neq 0)$ 为

$$\int f(ax+b)\mathrm{d}x = \frac{1}{a}\int f(ax+b)\mathrm{d}(ax+b) = \frac{1}{a}\int f(u)\mathrm{d}u\quad (u=ax+b)$$

$$= \frac{1}{a}F(u)+C = \frac{1}{a}F(ax+b)+C$$

在积分过程中，并不一定要写出中间变量 u，只需记住 u 表示哪一个表达式即可.

例 6.4.4 求 $\displaystyle\int x\,\mathrm{e}^{x^2}\mathrm{d}x$.

解 $\displaystyle\int x\,\mathrm{e}^{x^2}\mathrm{d}x = \frac{1}{2}\int \mathrm{e}^{x^2}\mathrm{d}(x^2) = \frac{1}{2}\mathrm{e}^{x^2}+C$

一般地，$\displaystyle\int x^{n-1}f(x^n)\mathrm{d}x = \frac{1}{n}\int f(x^n)\mathrm{d}x^n$.

例 6.4.5 求 $\displaystyle\int\frac{1}{x^2}\cos\frac{1}{x}\mathrm{d}x$.

解 $\displaystyle\int\frac{1}{x^2}\cos\frac{1}{x}\mathrm{d}x = -\int\cos\frac{1}{x}\mathrm{d}\left(\frac{1}{x}\right) = -\sin\left(\frac{1}{x}\right)+C$

一般地，$\displaystyle\int\frac{1}{x^2}f\left(\frac{1}{x}\right)\mathrm{d}x = -\int f\left(\frac{1}{x}\right)\mathrm{d}\left(\frac{1}{x}\right)$.

从上面例子看到，用第一换元积分法，就是要把 $\displaystyle\int g(x)\mathrm{d}x$ 的被积表达式"凑"成另一个容易积分形式 $\displaystyle\int f(\varphi(x))\varphi'(x)\mathrm{d}x = \int f(\varphi(x))\mathrm{d}\varphi(x) = \int f(u)\mathrm{d}u$，关键在于适当选取中间变量 $u=\varphi(x)$，所以第一换元法又称为**凑微分法**. 如 $\displaystyle\int f(x^2)x\,\mathrm{d}x = \frac{1}{2}\int f(x^2)\mathrm{d}(x^2)$.

例 6.4.6 求 $\displaystyle\int\frac{\mathrm{d}x}{x(1+2\ln x)}$.

解 $\displaystyle\int\frac{\mathrm{d}x}{x(1+2\ln x)} = \frac{1}{2}\int\frac{1}{1+2\ln x}\mathrm{d}(1+2\ln x) = \frac{1}{2}\ln|1+2\ln x|+C$

一般地，$\displaystyle\int f(\ln x)\frac{1}{x}\mathrm{d}x = \int f(\ln x)\mathrm{d}(\ln x)$.

例 6.4.7　求 $\displaystyle\int\frac{\sin\sqrt{x}}{\sqrt{x}}\mathrm{d}x$.

解　$\displaystyle\int\frac{\sin\sqrt{x}}{\sqrt{x}}\mathrm{d}x=\int 2\sin\sqrt{x}\,\mathrm{d}\sqrt{x}=-2\cos\sqrt{x}+C$

一般地，$\displaystyle\int f(\sqrt{x})\frac{1}{\sqrt{x}}\mathrm{d}x=2\int f(\sqrt{x})\mathrm{d}(\sqrt{x})$.

例 6.4.8　求 $\displaystyle\int\frac{1}{1+\mathrm{e}^x}\mathrm{d}x$.

解　$\displaystyle\int\frac{1}{1+\mathrm{e}^x}\mathrm{d}x=\int\frac{1+\mathrm{e}^x-\mathrm{e}^x}{1+\mathrm{e}^x}\mathrm{d}x=\int\mathrm{d}x-\int\frac{\mathrm{e}^x}{1+\mathrm{e}^x}\mathrm{d}x$

$$=\int\mathrm{d}x-\int\frac{1}{1+\mathrm{e}^x}\mathrm{d}(1+\mathrm{e}^x)=x-\ln(1+\mathrm{e}^x)+C$$

一般地，$\displaystyle\int\mathrm{e}^x f(\mathrm{e}^x)\mathrm{d}x=\int f(\mathrm{e}^x)\mathrm{d}\mathrm{e}^x$.

例 6.4.9　求 $\displaystyle\int\frac{\mathrm{d}x}{a^2+x^2}(a\neq 0)$.

解　$\displaystyle\int\frac{1}{a^2+x^2}\mathrm{d}x=\int\frac{1}{a^2\left(1+\dfrac{x^2}{a^2}\right)}\mathrm{d}x=\frac{1}{a}\int\frac{1}{1+\left(\dfrac{x}{a}\right)^2}\mathrm{d}\left(\frac{x}{a}\right)=\frac{1}{a}\arctan\frac{x}{a}+C$

例 6.4.10　求 $\displaystyle\int\frac{1}{\sqrt{a^2-x^2}}\mathrm{d}x(a>0)$.

解　$\displaystyle\int\frac{1}{\sqrt{a^2-x^2}}\mathrm{d}x=\int\frac{1}{\sqrt{1-\left(\dfrac{x}{a}\right)^2}}\mathrm{d}\left(\frac{x}{a}\right)=\arcsin\frac{x}{a}+C$

例 6.4.11　求 $\displaystyle\int\frac{\mathrm{d}x}{a^2-x^2}(a>0)$.

解　由于 $\dfrac{1}{a^2-x^2}=\dfrac{1}{2a}\left(\dfrac{1}{a+x}+\dfrac{1}{a-x}\right)$,

所以

$$\int\frac{\mathrm{d}x}{a^2-x^2}=\frac{1}{2a}\int\left(\frac{1}{a+x}+\frac{1}{a-x}\right)\mathrm{d}x=\frac{1}{2a}\left[\int\frac{1}{a+x}\mathrm{d}(a+x)-\int\frac{1}{a-x}\mathrm{d}(a-x)\right]$$

$$=\frac{1}{2a}[\ln|a+x|-\ln|a-x|]+C=\frac{1}{2a}\ln\left|\frac{a+x}{a-x}\right|+C$$

例 6.4.12　计算 $\displaystyle\int\cos^3 x\sin x\,\mathrm{d}x$.

解　$\displaystyle\int\cos^3 x\sin x\,\mathrm{d}x=-\int\cos^3 x\,\mathrm{d}(\cos x)=-\frac{1}{4}\cos^4 x+C$

一般地，$\displaystyle\int f(\cos x)\sin x\,\mathrm{d}x=-\int f(\cos x)\mathrm{d}\cos x$.

类似地，$\displaystyle\int f(\sin x)\cos x\,\mathrm{d}x=\int f(\sin x)\mathrm{d}\sin x$. 如下例 6.4.13.

例 6.4.13   求 $\int \tan x \, \mathrm{d}x$.

解 $\int \tan x \, \mathrm{d}x = \int \dfrac{\sin x}{\cos x} \mathrm{d}x = -\int \dfrac{1}{\cos x} \mathrm{d}(\cos x) = -\ln |\cos x| + C$

同理可得

$$\int \cot x \, \mathrm{d}x = \ln |\sin x| + C$$

例 6.4.14   求 $\int \sec x \, \mathrm{d}x$.

解 $\int \sec x \, \mathrm{d}x = \int \dfrac{\cos x}{\cos^2 x} \mathrm{d}x = \int \dfrac{1}{1 - \sin^2 x} \mathrm{d}(\sin x) = \dfrac{1}{2} \int \left(\dfrac{1}{1 + \sin x} + \dfrac{1}{1 - \sin x} \right) \mathrm{d}(\sin x)$

$$= \dfrac{1}{2} \ln \left| \dfrac{1 + \sin x}{1 - \sin x} \right| + C = \ln |\sec x + \tan x| + C \quad \text{(参考例 6.4.9 题)}$$

同理可得 $\int \csc x \, \mathrm{d}x = \ln |\csc x - \cot x| + C$

例 6.4.15   求 $\int \sin^2 x \, \mathrm{d}x$.

解 $\int \sin^2 x \, \mathrm{d}x = \dfrac{1}{2} \int (1 - \cos 2x) \mathrm{d}x = \dfrac{1}{2} \int 1 \mathrm{d}x - \dfrac{1}{4} \int \cos 2x \, \mathrm{d}(2x)$

$$= \dfrac{1}{2} x - \dfrac{1}{4} \sin 2x + C$$

一般地,对于函数 $\int \sin^{2n} x \, \mathrm{d}x$ 或 $\int \cos^{2n} x \, \mathrm{d}x$,即当被积函数为正余弦函数偶次方时,先对被积函数用降幂公式.

例 6.4.16   求 $\int \cos 3x \cos 2x \, \mathrm{d}x$.

解   利用三角函数中的积化和差公式得

$$\int \cos 3x \cos 2x \, \mathrm{d}x = \dfrac{1}{2} \int (\cos x + \cos 5x) \mathrm{d}x$$

$$= \dfrac{1}{2} \int \cos x + \dfrac{1}{10} \int \cos 5x \, \mathrm{d}(5x) = \dfrac{1}{2} \sin x + \dfrac{1}{10} \sin 5x + C$$

补充:(1)积化和差公式:

$$\sin \alpha \cos \beta = \dfrac{1}{2} [\sin(\alpha + \beta) + \sin(\alpha - \beta)]$$

$$\cos \alpha \sin \beta = \dfrac{1}{2} [\sin(\alpha + \beta) - \sin(\alpha - \beta)]$$

$$\cos \alpha \sin \beta = \dfrac{1}{2} [\cos(\alpha + \beta) + \cos(\alpha - \beta)]$$

$$\sin \alpha \sin \beta = -\dfrac{1}{2} [\cos(\alpha + \beta) - \cos(\alpha - \beta)]$$

(2)常用基本凑微分公式:

$$\int f(ax + b) \mathrm{d}x = \dfrac{1}{a} \int f(ax + b) \mathrm{d}(ax + b) \quad (a \neq 0)$$

$$\int f(x^{\mu})x^{\mu-1}\mathrm{d}x = \frac{1}{\mu}\int f(x^{\mu})\mathrm{d}(x^{\mu})\quad(\mu\neq0)$$

$$\int f(\ln x)\frac{1}{x}\mathrm{d}x = \int f(\ln x)\mathrm{d}(\ln x)$$

$$\int f(\mathrm{e}^x)\mathrm{e}^x\mathrm{d}x = \int f(\mathrm{e}^x)\mathrm{d}(\mathrm{e}^x)$$

$$\int f(a^x)a^x\mathrm{d}x = \frac{1}{\ln a}\int f(a^x)\mathrm{d}(a^x)$$

$$\int f(\sin x)\cos x\mathrm{d}x = \int f(\sin x)\mathrm{d}(\sin x)$$

$$\int f(\cos x)\sin x\mathrm{d}x = -\int f(\cos x)\mathrm{d}(\cos x)$$

$$\int f(\tan x)\sec^2 x\mathrm{d}x = \int f(\tan x)\mathrm{d}(\tan x)$$

$$\int f(\cot x)\csc^2 x\mathrm{d}x = -\int f(\cot x)\mathrm{d}(\cot x)$$

$$\int f(\arctan x)\frac{1}{1+x^2}\mathrm{d}x = \int f(\arctan x)\mathrm{d}(\arctan x)$$

$$\int f(\arcsin x)\frac{1}{\sqrt{1-x^2}}\mathrm{d}x = \int f(\arcsin x)\mathrm{d}(\arcsin x)$$

2.第二类换元积分法

第一类换元积分法是通过变量代换 $u=\varphi(x)$，将积分 $\int f(\varphi(x))\varphi'(x)\mathrm{d}x$ 化为 $\int f(u)\mathrm{d}u$，得到一个容易计算的积分，从而解决了前一积分的计算问题.有时,我们会碰到相反的问题,即后一积分不容易求得,而前一积分容易积出,这时将第一类换元公式反过来应用便得到第二类换元积分阶梯步骤,如下所示:

已知 $\int f(t)\mathrm{d}t = F(t)+C$，求

$$\int g(x)\mathrm{d}x = \int g(\varphi(t))\mathrm{d}\varphi(t) = \int g(\varphi(t))\varphi'(t)\mathrm{d}t \qquad 做变换.令\ x=\varphi(t),再求微分$$

$$= \int f(t)\mathrm{d}t = F(t)+C \qquad 求积分$$

$$= F(\varphi^{-1}(x))+C \qquad 变量还原,t=\varphi^{-1}(x)$$

下面通过三类题型说明第二类换元积分的解题思路.

1)三角代换

例 6.4.17　求 $\displaystyle\int\sqrt{a^2-x^2}\,\mathrm{d}x\quad(a>0)$.

解　被积函数含有根式,为了去掉根号,可作变换 $x=a\sin t\left(-\dfrac{\pi}{2}<t<\dfrac{\pi}{2}\right)$,于是 $t=\arcsin\dfrac{x}{a}$,$\mathrm{d}x=a\cos t\,\mathrm{d}t$,而 $\sqrt{a^2-x^2}=a\cos t$.所以

$$\int \sqrt{a^2 - x^2}\, \mathrm{d}x = \int a\cos t \cdot a\cos t\, \mathrm{d}t$$

$$= \frac{a^2}{2}\int (1 + \cos 2t)\,\mathrm{d}t = \frac{a^2}{2}\left[t + \frac{1}{2}\sin 2t\right] + C$$

$$= \frac{a^2}{2}t + \frac{a^2}{2}\sin t\cos t + C$$

为了把 t 换为原来的变量 x,可以根据变换 $x = a\sin t$ 做一直角三角形(图 6-9),由图形即得

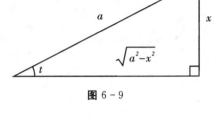

$$\sin t = \frac{x}{a}, \cos t = \frac{\sqrt{a^2 - x^2}}{a}$$

于是

$$\int \sqrt{a^2 - x^2}\, \mathrm{d}x = \frac{a^2}{2}\arcsin\frac{x}{a} + \frac{1}{2}x\sqrt{a^2 - x^2} + C$$

图 6-9

例 6.4.18 求 $\displaystyle\int \frac{\mathrm{d}x}{\sqrt{x^2 + a^2}}\,(a > 0)$.

解 为了去掉式 $\sqrt{x^2 + a^2}$,可作变换 $x = a\tan t\left(-\frac{\pi}{2} < t < \frac{\pi}{2}\right)$,则

$$t = \arctan\frac{x}{a}, \quad \mathrm{d}x = a\sec^2 t\,\mathrm{d}t, \quad \sqrt{x^2 + a^2} = a\sec t$$

于是 $\displaystyle\int \frac{1}{\sqrt{x^2 + a^2}}\mathrm{d}x = \int \frac{1}{a\sec t}\cdot a\sec^2 t\,\mathrm{d}t = \int \sec t\,\mathrm{d}t$.

为了把 $\sec t$、$\tan t$ 换成 x 的函数,根据变换 $x = a\tan t$ 做出直角三角形(图 6-10).有

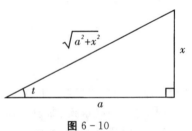

$$\sec t = \frac{\sqrt{x^2 + a^2}}{a}$$

图 6-10

因此 $\displaystyle\int \frac{1}{\sqrt{x^2 + a^2}}\mathrm{d}x = \ln\left|\frac{\sqrt{x^2 + a^2}}{a} + \frac{x}{a}\right| + C_1$

$$= \ln(x + \sqrt{x^2 + a^2}) + C \quad (C = C_1 - \ln a)$$

从上面例子看到,当被积函数含有根式 $\sqrt{a^2 - x^2}$、$\sqrt{x^2 + a^2}$、$\sqrt{x^2 - a^2}$ 时,根据三角关系式:$1 - \sin^2 x = \cos^2 x$,$\tan^2 x + 1 = \sec^2 x$,$\sec^2 x - 1 = \tan^2 x$,分别作变换 $x = a\sin t$,$x = a\tan t$,$x = a\sec t$ 可将根号去掉,上述变换称为**三角代换**.当然,对不定积分的具体题目,要根据被积函数的具体情况选取适当的方法,选用尽可能简捷的代换,代换也未必是唯一的.例如

$$\int \frac{1}{\sqrt{a^2 - x^2}}\mathrm{d}x, \quad \int x\sqrt{a^2 + x^2}\,\mathrm{d}x, \quad \int \frac{x}{\sqrt{x^2 - a^2}}\mathrm{d}x$$

当用第一类换元法比较简便,则不必用三角代换.当被积函数含 $\sqrt{x^2 \pm a^2}$ 时,除用三角代换外,还可以用双曲代换 $x = a\,\mathrm{sh}\,t$ 与 $x = a\,\mathrm{ch}\,t$ 去掉根号.例如对例 6.4.15,令 $x = a\,\mathrm{sh}\,t$ 那么 $\mathrm{d}x = a\,\mathrm{ch}\,t\,\mathrm{d}t$,从而

$$\int \frac{1}{\sqrt{x^2 + a^2}}\,(a > 0) = \int \frac{1}{a\,\mathrm{ch}\,t}a\,\mathrm{ch}\,t\,\mathrm{d}t = \int 1\,\mathrm{d}t = t + C_1 = \mathrm{arcsh}\frac{x}{a} + C_1$$

$$=\ln\left(\frac{x}{a}+\sqrt{\left(\frac{x}{a}\right)^2+1}\right)+C_1=\ln(x+\sqrt{x^2+a^2})+C$$

2）根式代换

例 6.4.19　求 $\displaystyle\int\frac{1}{1+\sqrt{x}}\mathrm{d}x$.

解法 1　为了去掉根式，可令 $\sqrt{x}=t$ ，则 $x=t^2$, $\mathrm{d}x=2t\,\mathrm{d}t$ ，从而

$$\int\frac{1}{1+\sqrt{x}}\mathrm{d}x=\int\frac{1}{t+1}\times2t\,\mathrm{d}t=2\int\left(1-\frac{1}{t+1}\right)\mathrm{d}t=2(t-\ln(t+1))+C$$

$$=2\sqrt{x}-2\ln(1+\sqrt{x})+C\quad\text{变量还原}$$

解法 2　令 $1+\sqrt{x}=t$ ，则 $x=(t-1)^2$, $\mathrm{d}x=2(t-1)\mathrm{d}x$ ，从而

$$\int\frac{1}{t}\times2(t-1)\mathrm{d}t=2\int\frac{t-1}{t}\mathrm{d}t=2\int\left(1-\frac{1}{t}\right)\mathrm{d}t=2(t-\ln|t|)+C$$

$$=2(1+\sqrt{x}-\ln|1+\sqrt{x}|)+C\quad\text{变量还原}$$

例 6.4.20　求 $\displaystyle\int\frac{1}{\sqrt{x}\,(1+x)}\mathrm{d}x$.

解　令 $\sqrt{x}=t$ ，则 $x=t^2$, $\mathrm{d}x=2t\,\mathrm{d}x$ ，从而

$$\int\frac{1}{t(1+t^2)}\times2t\,\mathrm{d}t=2\int\frac{1}{1+t^2}\mathrm{d}t=\arctan t+C$$

$$=\arctan\sqrt{x}+C\quad\text{变量还原}$$

例 6.4.21　求 $\displaystyle\int\frac{\mathrm{d}x}{\sqrt{x}+\sqrt[3]{x}}$.

解　为了同时去掉被积函数中的两个根号，可令 $\sqrt[6]{x}=t$ ，即 $x=t^6$, $\mathrm{d}x=6t^5\,\mathrm{d}t$ ，从而

$$\int\frac{\mathrm{d}x}{\sqrt{x}+\sqrt[3]{x}}=\int\frac{1}{t^3+t^2}\times6t^5\,\mathrm{d}t=6\int\frac{t^3}{t+1}\mathrm{d}t=6\int\left(t^2-t+1-\frac{1}{t+1}\right)\mathrm{d}t$$

$$=2t^3-3t^2+6t-6\ln(t+1)+C$$

$$=2\sqrt{x}-3\sqrt[3]{x}+6\sqrt[6]{x}-6\ln(1+\sqrt[6]{x})+C$$

注：当被积函数出现两个根式 $\sqrt[m]{x}$ 、$\sqrt[n]{x}$ 时，可令 $\sqrt[k]{x}=t$ ，其中 k 为 m 、n 的最小公倍数.

由上面两个例子看到，当被积函数含有 n 次根式 $\sqrt[n]{ax+b}$ 时，只需作代换 $\sqrt[n]{ax+b}=t$ 就可以去掉根号，从而求出积分.

3.倒代换

例 6.4.22　求 $\displaystyle\int\frac{1}{x^2\sqrt{x^2+1}}\mathrm{d}x$.

解　令 $x=\dfrac{1}{t}$ ，则 $t=\dfrac{1}{x}$, $\mathrm{d}x=-\dfrac{1}{t^2}\mathrm{d}t$ ，从而

$$\int\frac{1}{x^2\sqrt{x^2+1}}\mathrm{d}x=\int\frac{1}{\frac{1}{t^2}\sqrt{\frac{1}{t^2}+1}}\left(-\frac{1}{t^2}\right)\mathrm{d}t=-\int\frac{|t|}{\sqrt{1+t^2}}\mathrm{d}t$$

当 $x>0$ 时,

$$\int \frac{1}{x^2\sqrt{x^2+1}}\mathrm{d}x = -\int \frac{t}{\sqrt{1+t^2}}\mathrm{d}t = -\frac{1}{2}\int \frac{1}{\sqrt{1+t^2}}\mathrm{d}(1+t^2)$$

$$= -\sqrt{1+t^2}+C = -\frac{\sqrt{1+x^2}}{x}+C$$

注:本例用三角代换也可以计算,请读者自己完成.

通过以上例题,采用倒代换方法,令 $x=\dfrac{1}{t}$,可以消去被积函数分母中的变量因子 x,特别是对一些用前面方法难以解决的积分有简化的作用.

前面例题中有几个积分是以后会经常遇到的,作为基本公式使用,除基本积分表中的十三个公式外,再添加以下几个常用公式,作为基本积分表的补充(其中 $a>0$ 常数).

(14) $\displaystyle\int \tan x\,\mathrm{d}x = -\ln|\cos x|+C$

(15) $\displaystyle\int \cot x\,\mathrm{d}x = \ln|\sin x|+C$

(16) $\displaystyle\int \sec x\,\mathrm{d}x = \ln|\sec x + \tan x|+C$

(17) $\displaystyle\int \csc x\,\mathrm{d}x = \ln|\csc x - \cot x|+C$

(18) $\displaystyle\int \frac{1}{x^2+a^2}\mathrm{d}x = \frac{1}{a}\arctan \frac{x}{a}+C$

(19) $\displaystyle\int \frac{1}{\sqrt{a^2-x^2}}\mathrm{d}x = \arcsin \frac{x}{a}+C$

(20) $\displaystyle\int \frac{1}{x^2-a^2}\mathrm{d}x = \frac{1}{2a}\ln\left|\frac{x-a}{x+a}\right|+C$

(21) $\displaystyle\int \frac{1}{\sqrt{x^2\pm a^2}}\mathrm{d}x = \ln|x+\sqrt{x^2\pm a^2}|+C$

(22) $\displaystyle\int \sqrt{a^2-x^2}\,\mathrm{d}x = \frac{a^2}{2}\arcsin \frac{x}{a} + \frac{x}{2}\sqrt{a^2-x^2}+C$

有些积分经变形可化为上面基本公式的类型时,可以直接引用公式结果.

例 6.4.23　求 $\displaystyle\int \frac{\mathrm{d}x}{x^2+4x+7}$.

解　$\displaystyle\int \frac{\mathrm{d}x}{x^2+4x+7} = \int \frac{1}{(x+2)^2+(\sqrt{3})^2}\mathrm{d}(x+2)$

$$= \frac{1}{\sqrt{3}}\arctan \frac{x+2}{\sqrt{3}}+C\cdots\cdots\text{由积分表公式 18 计算所得}$$

例 6.4.24　求 $\displaystyle\int \frac{1}{\sqrt{x^2-2x+5}}\mathrm{d}x$.

解　$\displaystyle\int \frac{1}{\sqrt{x^2-2x+5}}\mathrm{d}x = \int \frac{1}{\sqrt{(x-1)^2+2^2}}\mathrm{d}(x-1)$

$$= \ln | x - 1 + \sqrt{x^2 - 2x + 5} | + C \cdots\cdots 由积分表公式 21 计算$$

所得

例 6.4.25　求 $\displaystyle\int \frac{x \, \mathrm{d}x}{\sqrt{2 - x^4}}$.

解　$\displaystyle\int \frac{x \, \mathrm{d}x}{\sqrt{2 - x^4}} = \int \frac{\mathrm{d}x^2}{\sqrt{(\sqrt{2})^2 - (x^2)^2}} = \frac{1}{2} \arcsin \frac{x^2}{\sqrt{2}} + C \cdots\cdots 由积分表公式 19 计算所得$

注: 以上几个例题的积分的类型,应首先通过构造引用基本积分公式

$$\int \frac{1}{1 + x^2} \mathrm{d}x = \arctan x + C \quad 或 \quad \int \frac{1}{\sqrt{1 - x^2}} \mathrm{d}x = \arcsin x + C$$

再用凑微分求出原函数.

6.4.2　不定积分的分部积分法

前面利用复合函数的求导法则,我们建立了换元积分公式.现在,我们再利用两个函数乘积的求导法则,来建立一个基本积分方法——分部积分法.

设函数 $u = u(x), v = v(x)$ 具有连续导数,由乘积的微分法则有

$$\mathrm{d}(uv) = v \mathrm{d}u + u \mathrm{d}v$$

移项得 $u \mathrm{d}v = \mathrm{d}(uv) - v \mathrm{d}u$,两边取不定积分得

$$\int u \mathrm{d}v = \int \mathrm{d}(uv) - \int v \mathrm{d}u$$

所以有 $\displaystyle\int u \mathrm{d}v = uv - \int v \mathrm{d}u$ 　　　　　　(6 - 4 - 2)

定理 6.7　设 $u(x)$、$v(x)$ 在闭区间 $[a, b]$ 上具有连续导数,则有

$$\int uv' \mathrm{d}x = \int u \mathrm{d}v = uv - \int v \mathrm{d}u, \int_a^b uv' \mathrm{d}x = \int_a^b u \mathrm{d}v = uv \mid_a^b - \int_a^b u'v \mathrm{d}x$$

这就是积分的分部积分公式.

例 6.4.26　求 $\displaystyle\int x \sin x \, \mathrm{d}x$.

解　这个不定积分用前面的方法不能求出,但可以用分部积分法来计算,令

$$u = x, \quad \mathrm{d}v = \sin x \, \mathrm{d}x$$

则 $$\mathrm{d}u = \mathrm{d}x, \quad v = -\cos x$$

代入式 (6 - 4 - 2) 得

$$\int x \sin x \, \mathrm{d}x = \int x \mathrm{d}(-\cos x) = -x \cos x + \int \cos x \, \mathrm{d}x = -x \cos x + \sin x + C$$

应当指出,如果令 $u = \sin x, \mathrm{d}v = x \mathrm{d}x$,则 $\mathrm{d}u = \cos x \mathrm{d}x, v = \dfrac{x^2}{2}$,于是

$$\int x \sin x \, \mathrm{d}x = \int \sin x \, \mathrm{d}\left(\frac{x^2}{2}\right) = \frac{x^2}{2} \sin x - \frac{1}{2} \int x^2 \cos x \, \mathrm{d}x$$

这里得到的积分比原来的积分更复杂,因此, u 和 $\mathrm{d}v$ 的选择要恰当,否则往往得不到想要的结果.所以,在应用分部积分法时,恰当选取 u 和 $\mathrm{d}v$ 是关键,一般说来,要考虑下面两点:

(1) v 要容易求出;

(2) $\int v\,\mathrm{d}u$ 比 $\int u\,\mathrm{d}v$ 易于积分.

例 6.4.27　求 $\int x^2 \mathrm{e}^x\,\mathrm{d}x$.

解　令 $u=x^2$, $\mathrm{d}v=\mathrm{e}^x\,\mathrm{d}x$, 则 $\mathrm{d}u=2x\,\mathrm{d}x$, $v=\mathrm{e}^x$, 由定理 6.7 中的分部积分公式有

$$\int x^2 \mathrm{e}^x\,\mathrm{d}x = \int x^2\,\mathrm{d}\mathrm{e}^x = x^2\mathrm{e}^x - 2\int x\mathrm{e}^x\,\mathrm{d}x$$

经一次分部积分后 x 的幂降低了一次, 再用一次分部积分法, 得

$$\int x^2 \mathrm{e}^x\,\mathrm{d}x = x^2\mathrm{e}^x - 2\int x\,\mathrm{d}\mathrm{e}^x = x^2\mathrm{e}^x - 2\left(x\mathrm{e}^x - \int \mathrm{e}^x\,\mathrm{d}x\right)$$

$$= x^2\mathrm{e}^x - 2x\mathrm{e}^x + 2\mathrm{e}^x + C = (x^2 - 2x + 2)\mathrm{e}^x + C$$

例 6.4.28　求 $\int x\arctan x\,\mathrm{d}x$.

解　令 $u=\arctan x$, $\mathrm{d}v=x\,\mathrm{d}x$, 则 $\mathrm{d}u=\dfrac{1}{1+x^2}\,\mathrm{d}x$, $v=\dfrac{x^2}{2}$.

于是

$$\int x\arctan x\,\mathrm{d}x = \int \arctan x\,\mathrm{d}\left(\frac{x^2}{2}\right) = \frac{1}{2}x^2\arctan x - \frac{1}{2}\int x^2\cdot\frac{1}{x^2+1}\,\mathrm{d}x$$

$$= \frac{1}{2}x^2\arctan x - \frac{1}{2}\int\left(1 - \frac{1}{x^2+1}\right)\,\mathrm{d}x = \frac{1}{2}x^2\arctan x - \frac{x}{2} + \frac{1}{2}\arctan x + C$$

例 6.4.29　求 $\int x^2\ln x\,\mathrm{d}x$.

解　令 $u=\ln x$, $\mathrm{d}v=x^3\,\mathrm{d}x$, 则 $\mathrm{d}u=\dfrac{1}{x}\,\mathrm{d}x$, $v=\dfrac{x^4}{4}$.

从而 $\int x^2\ln x\,\mathrm{d}x = \dfrac{1}{4}x^4\ln x - \dfrac{1}{4}\int x^3\,\mathrm{d}x = \dfrac{1}{4}x^4\ln x - \dfrac{1}{16}x^4 + C$.

从上面例题看到:

(1) 对形如 $\int P(x)\mathrm{e}^{ax}\,\mathrm{d}x$, $\int P(x)\sin ax\,\mathrm{d}x$, $\int P(x)\cos ax\,\mathrm{d}x$ 的积分, 其中 $P(x)$ 为多项式, 应当令 $u=P(x)$.

(2) 对形如 $\int P(x)\ln x\,\mathrm{d}x$, $\int P(x)\arcsin x\,\mathrm{d}x$, $\int P(x)\arctan x\,\mathrm{d}x$ 的积分, 则应当分别令 $u=\ln x$, $u=\arcsin x$, $u=\arctan x$.

有时, 使用分部积分后, 等式右端会出现与原积分同类型的积分, 再用一次分部积分后, 出现了原来的积分, 这时可用解方程的方法通过移项把积分求出来, 下面的例子就属于这种类型.

例 6.4.30　求 $\int \mathrm{e}^x\cos x\,\mathrm{d}x$.

解　令 $u=\mathrm{e}^x$, $\mathrm{d}v=\cos x\,\mathrm{d}x$, 则 $\mathrm{d}u=\mathrm{e}^x\,\mathrm{d}x$, $v=\sin x$, 于是

$$\int \mathrm{e}^x\cos x\,\mathrm{d}x = \int \mathrm{e}^x\,\mathrm{d}\sin x = \mathrm{e}^x\sin x - \int \mathrm{e}^x\sin x\,\mathrm{d}x$$

积分 $\int e^x \sin x \, dx$ 与原积分同一类型,对它再用一次分部积分,得 $e^x \sin x + \int e^x d\cos x$.

右端出现与原积分相同的积分,把它移至左端合并,再两端同除以 2,得

$$\int e^x \cos x \, dx = \frac{1}{2} e^x (\sin x + \cos x) + C$$

由于上式右端已不含积分项,所以必须加上积分常数 C.

注: 此例题也可令 $u = \cos x, dv = e^x dx$ 求解.

一般地,积分 $\int e^{ax} \sin bx \, dx, \int e^{ax} \cos bx \, dx$ 都可用这个例题的方法求出不定积分.

例 6.4.31　求 $\int \ln x \, dx$.

解　令 $u = \ln x, dv = dx$,则 $du = \frac{1}{x} dx, v = x$,由分部积分公式(6-4-2)有

$$\int \ln x \, dx = x \ln x - \int x \cdot \frac{1}{x} dx = x \ln x - \int 1 dx = x \ln x - x + C$$

一般地,有些单个函数也可以直接应用分部积分公式,例如 $\int \arcsin x \, dx$ 或 $\int \arctan x \, dx$.

例 6.4.32　求出积分 $I_n = \int \frac{dx}{(x^2 + a^2)^n}$ 的递推公式,其中 n 为正整数.

解　用分部积分法,当 $n > 1$ 时有

$$I_{n-1} = \int \frac{dx}{(x^2 + a^2)^{n-1}} = \frac{x}{(x^2 + a^2)^{n-1}} + 2(n-1) \int \frac{x^2}{(x^2 + a^2)^n} dx$$

$$= \frac{x}{(x^2 + a^2)^{n-1}} + 2(n-1) \int \frac{x^2 + a^2 - a^2}{(x^2 + a^2)^n} dx$$

$$= \frac{x}{(x^2 + a^2)^{n-1}} + 2(n-1) \int \left[\frac{1}{(x^2 + a^2)^{n-1}} - \frac{a^2}{(x^2 + a^2)^n} \right] dx$$

$$= \frac{x}{(x^2 + a^2)^{n-1}} + 2(n-1) [I_{n-1} - a^2 I_n]$$

解出 I_n,得　$I_n = \frac{1}{2a^2(n-1)} \left[\frac{x}{(x^2 + a^2)^{n-1}} + (2n-3) I_{n-1} \right]$

这就是所谓的递推公式,由 $I_1 = \frac{1}{a} \arctan \frac{x}{a} + C$ 便可用公式得出 I_2,从而得出 $I_3 \cdots$,于是对任意正整数 n 都可以求出 I_n.例如递推型 $\int \sin^n x \, dx, \int \cos^n x \, dx$ 都可参考以上解题方法.

例 6.4.33　求 $\int \frac{\arcsin x}{\sqrt{1+x}} dx$.

解　$\int \frac{\arcsin x}{\sqrt{1+x}} dx = 2 \int \arcsin x \, d\sqrt{1+x}$

$$= 2\sqrt{1+x} \arcsin x - 2 \int \sqrt{1+x} \cdot \frac{dx}{\sqrt{1-x^2}}$$

$$= 2\sqrt{1+x} \arcsin x - 2 \int \frac{dx}{\sqrt{1-x}} = 2\sqrt{1+x} \arcsin x + 4\sqrt{1-x} + C$$

例 6.4.34 求 $\int e^{\sqrt{x}} \, dx$.

解 令 $\sqrt{x} = t$, 则 $x = t^2$, 于是 $dx = 2t \, dt$.

从而 $\int e^{\sqrt{x}} \, dx = 2 \int t e^t \, dt = 2 e^t (t - 1) + C = 2 e^{\sqrt{x}} (\sqrt{x} - 1) + C$.

前面我们介绍了换元积分法和分部积分法,它们是求积分的基本方法,这一节我们将介绍几种特殊类型函数的积分.

6.4.3　几类特殊函数的积分法

1.有理函数的积分

例 6.4.35 求 $\int \dfrac{x + 3}{x^2 - 5x + 6} \, dx$.

解 设

$$\frac{x+3}{x^2-5x+6} = \frac{x+3}{(x-2)(x-3)} = \frac{A}{x-2} + \frac{B}{x-3}$$

去分母得

$$x + 3 = A(x - 3) + B(x - 2)$$

令 $x = 2$ 得 $A = -5$;再令 $x = 3$ 得 $B = 6$;所以

$$\int \frac{x+3}{x^2-5x+6} \, dx = \int \left(\frac{-5}{x-2} + \frac{6}{x-3} \right) dx = -5\ln|x-2| + 6\ln|x-3| + C$$

例 6.4.36 求 $\int \dfrac{x}{x^2 + 2x + 2} \, dx$.

解 被积函数的分母是二次质因式,这类积分可按下面的方法进行积分

$$\int \frac{x}{x^2+2x+2} \, dx = \frac{1}{2} \int \frac{2x+2-2}{x^2+2x+2} \, dx = \frac{1}{2} \int \frac{2x+2}{x^2+2x+2} \, dx - \int \frac{1}{x^2+2x+2} \, dx$$

$$= \frac{1}{2} \int \frac{d(x^2+2x+2)}{x^2+2x+2} - \int \frac{1}{(x+1)^2+1} d(x+1)$$

$$= \frac{1}{2} \ln(x^2+2x+2) - \arctan(x+1) + C$$

例 6.4.37 求 $\int \dfrac{x+5}{(x-1)^2} \, dx$.

解 由于

$$\frac{x+5}{(x-1)^2} = \frac{x-1+6}{(x-1)^2} = \frac{6}{(x-1)^2} + \frac{1}{x-1}$$

所以

$$\int \frac{x+5}{(x-1)^2} \, dx = \int \left[\frac{6}{(x-1)^2} + \frac{1}{x-1} \right] dx = \ln|x-1| - \frac{6}{x-1} + C$$

例 6.4.38 求 $\int \dfrac{1}{x(x^2+1)}\mathrm{d}x$.

解 由于

$$\frac{1}{x(x^2+1)}=\frac{1}{x}-\frac{x}{x^2+1}$$

所以 $\displaystyle\int \frac{1}{x(x^2+1)}\mathrm{d}x=\int \frac{1}{x(x^2+1)}=\int \frac{1}{x}\mathrm{d}x-\int \frac{x}{x^2+1}\mathrm{d}x=\ln x-\frac{1}{2}\ln(x^2+1)+C$

一般地,有理函数化为部分分式之和的一般规律为:

(1)分母中若有因式 $(x-a)^k$(k 为正整数),则分解后为

$$\frac{A_1}{(x-a)^k}+\frac{A_2}{(x-a)^{k-1}}+\cdots+\frac{A_k}{x-a}(其中 A_1,A_2,\cdots,A_k 都是常数)$$

若 $k=1$,分解后有 $\dfrac{A}{x-a}$.

(2)分母中若有因式 $(x^2+px+q)^k$,其中 $p^2-4q<0$,则分解后为

$$\frac{M_1x+N_1}{(x^2+px+q)^k}+\frac{M_2x+N_2}{(x^2+px+q)^{k-1}}+\cdots+\frac{M_kx+N_k}{x^2+px+q}(M_i,N_i 都是常数(i=1,2,\cdots,k))$$

若 $k=1$,分解后有 $\dfrac{Mx+N}{x^2+px+q}$.

故求有理函数积分的关键是利用待定系数法将真分式化为部分分式之和.

2.简单三角函数有理式的积分

三角函数的有理式是指由三角函数和常数经过有限次四则运算而得到的式子,利用万能变换 $\tan\dfrac{x}{2}=t$,可以把此类函数的积分化为有理函数的积分.

例 6.4.39 求 $\int \dfrac{\mathrm{d}x}{5+3\cos x}$.

解 令 $\tan\dfrac{x}{2}=t$,$\cos x=\dfrac{1-\tan^2\dfrac{x}{2}}{1+\tan^2\dfrac{x}{2}}=\dfrac{1-t^2}{1+t^2}$,则有

$$\int \frac{\mathrm{d}x}{5+3\cos x}=\int \frac{\dfrac{1}{1+t^2}}{5+3\cdot\dfrac{1-t^2}{1+t^2}}\mathrm{d}t=\int \frac{1}{4+t^2}\mathrm{d}t=\frac{1}{2}\arctan\frac{t}{2}+C$$

$$=\frac{1}{2}\arctan\frac{\tan\dfrac{x}{2}}{2}+C.$$

虽然万能变换总可以把三角函数有理式的积分化为有理函数的积分,但往往导致复杂的计算,在一些特殊场合下,三角函数有理式的积分可以简化.

例 6.4.40 求 $\int \dfrac{\cos x}{1+\sin x}\mathrm{d}x$.

解 用第一类换元法,则更简便.

$$\int \frac{\cos x}{1+\sin x}\mathrm{d}x = \int \frac{1}{1+\sin x}\mathrm{d}(1+\sin x) = \ln|1+\sin x|+C$$

3. 简单无理函数的积分

例 6.4.41　求 $\displaystyle\int \frac{\mathrm{d}x}{\sqrt[3]{(2x+1)^2}-\sqrt{2x+1}}$.

解　为去除根号, 令 $\sqrt[6]{2x+1}=t$, 得

$$\int \frac{\mathrm{d}x}{\sqrt[3]{(2x+1)^2}-\sqrt{2x+1}} = \int \frac{3t^5\mathrm{d}t}{t^4-t^3} = 3\int \frac{t^2}{t-1}\mathrm{d}t = 3\int \left(t+1+\frac{1}{t-1}\right)\mathrm{d}t$$

$$= \frac{3}{2}t^2+3t+3\ln|t-1|+C = \frac{3}{2}\sqrt[3]{2x+1}+3\sqrt[6]{2x+1}+3\ln\left|\sqrt[6]{2x+1}-1\right|+C$$

例 6.4.42　求 $\displaystyle\int \frac{1}{x}\sqrt{\frac{1+x}{x}}\mathrm{d}x$.

解　为去掉根号, 令 $\sqrt{\dfrac{1+x}{x}}=t$, 则 $x=\dfrac{1}{t^2-1}$, $\mathrm{d}x=-\dfrac{2t\mathrm{d}t}{(t^2-1)^2}$, 所求积分为

$$\int \frac{1}{x}\sqrt{\frac{1+x}{x}}\mathrm{d}x = \int t(t^2-1)\left(-\frac{2t}{(t^2-1)^2}\right)\mathrm{d}t = -2\int \frac{t^2}{t^2-1}\mathrm{d}t$$

$$= -2\int \left(1+\frac{1}{t^2-1}\right)\mathrm{d}t = -2t-\ln\left|\frac{t-1}{t+1}\right|+C$$

$$= -2t+2\ln(t+1)-\ln|t^2-1|+C$$

$$= -2\sqrt{\frac{1+x}{x}}+2\ln\left(\sqrt{\frac{1+x}{x}}+1\right)+\ln|x|+C$$

无理函数积分的一个基本思路是去根号, 这种思路对其他形式的无理函数也往往奏效, 即令变换的目的就是为简化被积函数.

习　题　6-4

1. 下面等式是否成立?

(1) $\displaystyle\int \frac{1}{1-x}\mathrm{d}x = \int \frac{1}{1-x}\mathrm{d}(1-x)$;　　　　(2) $\displaystyle\int \frac{x}{1+x^2}\mathrm{d}x = \int \frac{1}{1+x^2}\mathrm{d}x^2$;

(3) $\displaystyle\int \frac{1}{\sqrt{x}}\mathrm{d}x = \int \mathrm{d}\sqrt{x}$;　　　　　　　　(4) $\displaystyle\int \frac{x}{\sqrt{1+x^2}}\mathrm{d}x = \int \mathrm{d}\sqrt{1+x^2}$;

(5) $\displaystyle\int \frac{\sin x}{\cos^3 x}\mathrm{d}x = \int \frac{1}{\cos^3 x}\mathrm{d}(\cos x)$;　　　(6) $\displaystyle\int \frac{1}{\cos^2 2x}\mathrm{d}x = \int \mathrm{d}(\tan 2x)$;

(7) $\displaystyle\int \frac{\ln x}{x}\mathrm{d}x = \int \ln x\,\mathrm{d}(\ln x)$;　　　　　(8) $\displaystyle\int \frac{\arctan x}{1+x^2}\mathrm{d}x = \int \arctan x\,\mathrm{d}(\arctan x)$.

2. 计算下列不定积分:

(1) $\displaystyle\int (4-5x)^3\mathrm{d}x$;　　　(2) $\displaystyle\int (\sin 4x+\mathrm{e}^{-\frac{x}{2}})\mathrm{d}x$;　　　(3) $\displaystyle\int \frac{1}{1-2x}\mathrm{d}x$;

(4) $\displaystyle\int \frac{1}{(1-x)^2}\mathrm{d}x$;　　　(5) $\displaystyle\int \sqrt[3]{1-3x}\,\mathrm{d}x$;　　　(6) $\displaystyle\int x\,\mathrm{e}^{-2x^2}\mathrm{d}x$;

$(7)\int \sin(wt + \varphi)\mathrm{d}t$；

$(8)\int \dfrac{x}{1 + x^4}\mathrm{d}x$；

$(9)\int \dfrac{\cos\sqrt{t}}{\sqrt{t}}\mathrm{d}t$；

$(10)\int \dfrac{\sin x}{\cos^3 x}\mathrm{d}x$；

$(11)\int \cos^3 3t\,\mathrm{d}t$；

$(12)\int \dfrac{1 + \cos x}{x + \sin x}\mathrm{d}x$；

$(13)\int \dfrac{\cos x}{1 + \sin x}\mathrm{d}x$；

$(14)\int \dfrac{1 + \tan x}{\cos x^2}\mathrm{d}x$；

$(15)\int \dfrac{1}{x}(1 + \ln x)\mathrm{d}x$；

$(16)\int \dfrac{\mathrm{d}x}{x \ln x \ln\ln x}$；

$(17)\int \dfrac{\mathrm{d}x}{(\sin x \cos x)^2}$；

$(18)\int \dfrac{x \tan\sqrt{1 + x^2}}{\sqrt{1 + x^2}}\mathrm{d}x$；

$(19)\int \dfrac{\mathrm{d}x}{\mathrm{e}^x + \mathrm{e}^{-x}}$；

$(20)\int \dfrac{1}{1 + \mathrm{e}^x}\mathrm{d}x$；

$(21)\int 10^{2\arcsin x}\dfrac{\mathrm{d}x}{\sqrt{1 - x^2}}$；

$(22)\int \sqrt{\dfrac{a + x}{a - x}}\mathrm{d}x$；

$(23)\int \sin 2x \cos 3x\,\mathrm{d}x$；

$(24)\int \dfrac{\mathrm{d}x}{x(x^6 + 4)}$.

3.计算下列不定积分：

$(1)\int \dfrac{\mathrm{d}x}{\sqrt{4x^2 + 9}}$；

$(2)\int \dfrac{\mathrm{d}x}{x^2 + 2x + 2}$；

$(3)\int \dfrac{\mathrm{d}x}{\sqrt{1 - x - x^2}}$；

$(4)\int \dfrac{1 + \ln x}{(x \ln x)^2}\mathrm{d}x$；

$(5)\int \dfrac{\mathrm{d}x}{x\sqrt{1 - x^2}}$；

$(6)\int \dfrac{\mathrm{d}x}{(a^2 - x^2)^{\frac{5}{2}}}$；

$(7)\int \dfrac{\mathrm{d}x}{1 + \sqrt{1 - x^2}}$；

$(8)\int \dfrac{\sqrt{a^2 - x^2}}{x^4}\mathrm{d}x$；

$(9)\int \dfrac{x^2}{\sqrt{a^2 - x^2}}\mathrm{d}x$.

4.求下列不定积分：

$(1)\int x \cos x\,\mathrm{d}x$；

$(2)\int \ln\dfrac{x}{2}\mathrm{d}x$；

$(3)\int x^2 \ln x\,\mathrm{d}x$；

$(4)\int x \tan^2 x\,\mathrm{d}x$；

$(5)\int \sin\dfrac{x}{2}\mathrm{e}^{-2x}\mathrm{d}x$；

$(6)\int \dfrac{\ln(\ln x)}{x}\mathrm{d}x$；

$(7)\int \cos\sqrt{x}\,\mathrm{d}x$；

$(8)\int x \cos^2 x\,\mathrm{d}x$；

$(9)\int \cos(\ln x)\mathrm{d}x$.

5. 设 $\dfrac{\sin x}{x}$ 是 $f(x)$ 的一个原函数, 求 $\int x f'(x)\mathrm{d}x$.

6.求下列不定积分：

$(1)\int \dfrac{x^3}{x + 3}\mathrm{d}x$；

$(2)\int \dfrac{x - 2}{x^2 + 5x + 6}\mathrm{d}x$；

$(3)\int \dfrac{x^2 + 1}{(x + 1)^2(x - 1)}\mathrm{d}x$；

$(4)\int \dfrac{1}{(x^2 + 1)(x^2 + x)}\mathrm{d}x$；

$(5)\int \dfrac{x^3}{(1 + x^8)^2}\mathrm{d}x$；

$(6)\int \dfrac{x - 1}{x^2 - x + 1}\mathrm{d}x$；

$(7)\int \dfrac{x^{11}}{x^8 + 3x^4 + 1}\mathrm{d}x$；

$(8)\int \dfrac{\mathrm{d}x}{3 + \cos x}$；

$(9)\int \dfrac{1}{1 + \sqrt[3]{x + 1}}\mathrm{d}x$；

$(10)\int \dfrac{1 + \cos x}{x + \sin x}\mathrm{d}x$；

$(11)\int \dfrac{x + \sin x}{1 + \cos x}\mathrm{d}x$；

$(12)\int \dfrac{\mathrm{d}x}{\sqrt{x} + \sqrt[4]{x}}$；

$(13)\int \dfrac{1}{\sqrt{x(x + 1)}}\mathrm{d}x$；

$(14)\int \dfrac{\mathrm{d}x}{\sqrt{1 + \mathrm{e}^x}}$.

6.5　定积分的积分方法

6.5.1　定积分的换元积分法

上面讨论了不定积分的换元法,下面讨论定积分的换元法.

定理 6.8　设函数 $f(x)$ 在区间 $[a,b]$ 上连续,作代换 $x=\varphi(t)$,它满足下列条件:

(1)$x=a$ 时 $t=\alpha$,$x=b$ 时 $t=\beta$,即 $a=\varphi(\alpha)$,$b=\varphi(\beta)$;

(2)函数 $x=\varphi(t)$ 在区间 $[\alpha,\beta]$ 或 $[\beta,\alpha]$ 有连续导数 $\varphi'(t)$.

则有

$$\int_a^b f(x)\mathrm{d}x = \int_\alpha^\beta f(\varphi(t))\varphi'(t)\mathrm{d}t \qquad\qquad (6-5-1)$$

这就是定积分的换元公式.

证　因为 $f(x)$ 在 $[a,b]$ 上连续,从而 $f(x)$ 在 $[a,b]$ 上可积.且 $f(x)$ 的原函数存在.设 $F(x)$ 是 $f(x)$ 的一个原函数,则

$$\int_a^b f(x)\mathrm{d}x = F(b)-F(a)$$

另一方面,$f(\varphi(t))\varphi'(t)$ 在 $[\alpha,\beta]$ 上连续,因而它在 $[\alpha,\beta]$ 上可积,且有原函数.根据复合函数求导法则得

$$\frac{\mathrm{d}}{\mathrm{d}t}F(\varphi(t)) = \frac{\mathrm{d}F(x)}{\mathrm{d}x}\cdot\frac{\mathrm{d}x}{\mathrm{d}t} = F'(x)\varphi'(t) = f(x)\varphi'(t) = f(\varphi(t))\varphi'(t)$$

这表明 $F(\varphi(t))$ 是 $f(\varphi(t))\varphi(t)$ 的一个原函数,于是

$$\int_\alpha^\beta f(\varphi(t))\varphi'(t)\mathrm{d}t = F(\varphi(\beta))-F(\varphi(\alpha)) = F(b)-F(a)$$

故有 $\int_a^b f(x)\mathrm{d}x = \int_\alpha^\beta f(\varphi(t))\varphi'(t)\mathrm{d}t$.

显然,换元公式对于 $\alpha>\beta$ 也是适用的.

在应用定积分的换元公式时有两点值得注意:

(1)用 $x=\varphi(t)$ 把原积分变量 x 换成新积分变量 t 时,积分限也要换成新积分变量的积分限,即"换元必换限",而且上下限要严格对应;

(2)求出 $f(\varphi(t))\varphi'(t)$ 的一个原函数后,不必像计算不定积分那样再换回积分变量 x 的函数,而只要把新变量 t 的上下限代入原函数中,然后相减就行了.

例 6.5.1　计算 $\displaystyle\int_0^a \sqrt{a^2-x^2}\,\mathrm{d}x\,(a>0)$.

解　令 $x=a\sin t\left(0\leqslant t\leqslant\dfrac{\pi}{2}\right)$,则 $\mathrm{d}x=a\cos t\mathrm{d}t$,且 $x=0$ 时 $t=0$,$x=a$ 时 $t=\dfrac{\pi}{2}$,于是有

$$\int_0^a \sqrt{a^2-x^2}\,\mathrm{d}x = \int_0^{\frac{\pi}{2}} a\mid\cos t\mid\cdot a\cos t\mathrm{d}t = a^2\int_0^{\frac{\pi}{2}}\cos^2 t\mathrm{d}t$$

$$= \frac{a^2}{2} \int_0^{\frac{\pi}{2}} (1 + \cos 2t) \mathrm{d}t = \frac{a^2}{2} \left[t + \frac{1}{2} \sin 2t \right]_0^{\frac{\pi}{2}} = \frac{1}{4} \pi a^2$$

例 6.5.2　计算 $\int_0^4 \frac{x+2}{\sqrt{2x+1}} \mathrm{d}x$.

解　令 $\sqrt{2x+1} = t$，则 $x = \frac{1}{2}(t^2 - 1)$，$\mathrm{d}x = t \mathrm{d}t$，且当 $x = 0$ 时 $t = 1$，当 $x = 4$ 时 $t = 3$，于是有

$$\int_0^4 \frac{x+2}{\sqrt{2x+1}} \mathrm{d}x = \int_1^3 \frac{\frac{t^2-1}{2} + 2}{t} \cdot t \mathrm{d}t = \frac{1}{2} \int_1^3 (t^2 + 3) \mathrm{d}t = \frac{1}{2} \left[\frac{1}{3} t^3 + 3t \right] \Big|_1^3 = \frac{22}{3}$$

例 6.5.3　计算 $\int_0^{\frac{\pi}{2}} \cos^5 x \sin x \mathrm{d}x$.

解　设 $t = \cos t$，则 $\mathrm{d}t = -\sin x \mathrm{d}x$，且当 $x = 0$ 时 $t = 1$，当 $x = \frac{\pi}{2}$ 时 $t = 0$，于是有

$$\int_0^{\frac{\pi}{2}} \cos^5 x \sin x \mathrm{d}x = -\int_1^0 t^5 \mathrm{d}t = \int_0^1 t^5 \mathrm{d}t = \frac{t^6}{6} \Big|_0^1 = \frac{1}{6}$$

本例中，如果我们不明显写出新变量，则定积分的上下限仍是关于 x 的，不需要变更，即"不换元就不换限".现在用这种记法计算如下：

$$\int_0^{\frac{\pi}{2}} \cos^5 x \sin x \mathrm{d}x = -\int_0^{\frac{\pi}{2}} \cos^5 x \mathrm{d}(\cos x) = -\left[\frac{\cos^6 x}{6} \right] \Big|_0^{\frac{\pi}{2}} = \frac{1}{6}$$

例 6.5.4　计算 $\int_0^4 \frac{x \mathrm{d}x}{\sqrt{4+x^2}}$.

解　$\int_0^4 \frac{x \mathrm{d}x}{\sqrt{4+x^2}} = \frac{1}{2} \int_0^4 \frac{\mathrm{d}(4+x^2)}{\sqrt{4+x^2}} = \sqrt{4+x^2} \mid_0^4 = 2(\sqrt{5} - 1)$

从这些例子可以看出，积分法是非常灵活的，而换元积分法是技巧性最强的、最为重要的积分法.

例 6.5.5　设 $f(x)$ 在 $[-a, a]$ 连续，证明：

(1) 若 $f(x)$ 为偶函数，则 $\int_{-a}^a f(x) \mathrm{d}x = 2 \int_0^a f(x) \mathrm{d}x$；

(2) 若 $f(x)$ 为奇函数，则 $\int_{-a}^a f(x) \mathrm{d}x = 0$.

证　由于　　　　　　　　$\int_{-a}^a f(x) \mathrm{d}x = \int_{-a}^0 f(x) \mathrm{d}x + \int_0^a f(x) \mathrm{d}x$

对上式右端第一个积分作换元，令 $x = -t$，得

$$\int_{-a}^0 f(x) \mathrm{d}x = -\int_a^0 f(-t) \mathrm{d}t = \int_0^a f(-t) \mathrm{d}t = \int_0^a f(-x) \mathrm{d}x$$

于是

$$\int_{-a}^a f(x) \mathrm{d}x = \int_0^a f(-x) \mathrm{d}x + \int_0^a f(x) \mathrm{d}x = \int_0^a [f(-x) + f(x)] \mathrm{d}x$$

(1) 若 $f(x)$ 为偶函数，即 $f(x) = f(-x)$，则 $\int_{-a}^a f(x) \mathrm{d}x = 2 \int_0^a f(x) \mathrm{d}x$；

(2) 若 $f(x)$ 为奇函数,即 $f(x)=-f(-x)$,则 $\displaystyle\int_{-a}^{a}f(x)\mathrm{d}x=0$.

这个例题的结论对计算对称区间 $[-a,a]$ 上的奇函数或偶函数的定积分显然有很大的帮助,例如有

$$\int_{-1}^{1}\frac{x^2\sin x}{\sqrt{1+x^2}}\mathrm{d}x=0\left(因为\frac{x^2\sin x}{\sqrt{1+x^2}}是奇函数,积分区间为对称区间\right)$$

例 6.5.6　设 $f(x)$ 在 $(-\infty,+\infty)$ 连续,且以 T 为周期,则对任意实数 a,有

$$\int_{a}^{a+T}f(x)\mathrm{d}x=\int_{0}^{T}f(x)\mathrm{d}x$$

证　$\displaystyle\int_{a}^{a+T}f(x)\mathrm{d}x=\int_{a}^{0}f(x)\mathrm{d}x+\int_{0}^{T}f(x)\mathrm{d}x+\int_{T}^{a+T}f(x)\mathrm{d}x$

对上式右端第三个积分作换元 $x=t+T$,则

$$\int_{T}^{a+T}f(x)\mathrm{d}x=\int_{0}^{a}f(t+T)\mathrm{d}t=\int_{0}^{a}f(t)\mathrm{d}t=\int_{0}^{a}f(x)\mathrm{d}x=-\int_{a}^{0}f(x)\mathrm{d}x$$

于是

$$\int_{a}^{a+T}f(x)\mathrm{d}x=\int_{a}^{0}f(x)\mathrm{d}x+\int_{0}^{T}f(x)\mathrm{d}x-\int_{a}^{0}f(x)\mathrm{d}x=\int_{0}^{T}f(x)\mathrm{d}x$$

例 6.5.7　设 $f(x)$ 在 $[0,1]$ 上连续,则 $\displaystyle\int_{0}^{\pi}xf(\sin x)\mathrm{d}x=\frac{\pi}{2}\int_{0}^{\pi}f(\sin x)\mathrm{d}x$,并由此计算

$$\int_{0}^{\pi}\frac{x\sin x}{1+\cos^2 x}\mathrm{d}x$$

解　令 $x=\pi-t$,则 $\mathrm{d}x=-\mathrm{d}t$,$\sin x=\sin(\pi-t)=\sin t$,且当 $x=0$ 时 $t=\pi$,当 $x=\pi$ 时 $t=0$,于是有

$$\int_{0}^{\pi}xf(\sin x)\mathrm{d}x=-\int_{\pi}^{0}(\pi-t)f(\sin t)\mathrm{d}t=\int_{0}^{\pi}(\pi-t)f(\sin t)\mathrm{d}t$$

$$=\pi\int_{0}^{\pi}f(\sin t)\mathrm{d}t-\int_{0}^{\pi}tf(\sin t)\mathrm{d}t=\pi\int_{0}^{\pi}f(\sin x)\mathrm{d}x-\int_{0}^{\pi}xf(\sin x)\mathrm{d}x$$

所以 $\displaystyle\int_{0}^{\pi}xf(\sin x)\mathrm{d}x=\frac{\pi}{2}\int_{0}^{\pi}f(\sin x)\mathrm{d}x$.

利用上述结果,即得

$$\int_{0}^{\pi}\frac{x\sin x}{1+\cos^2 x}\mathrm{d}x=\frac{\pi}{2}\int_{0}^{\pi}\frac{\sin x}{1+\cos^2 x}\mathrm{d}x$$

$$=-\frac{\pi}{2}\int_{0}^{\pi}\frac{1}{1+\cos^2 x}\mathrm{d}\cos x=-\frac{\pi}{2}\arctan(\cos x)\mid_{0}^{\pi}=\frac{\pi^2}{4}$$

例 6.5.8　设 $f(x)=\begin{cases}\dfrac{1}{1+\mathrm{e}^x},&x<0\\[3mm]\dfrac{1}{1+x},&x\geqslant 0\end{cases}$,求 $\displaystyle\int_{0}^{2}f(x-1)\mathrm{d}x$.

解　令 $x-1=t$,有

$$\int_{0}^{2}f(x-1)\mathrm{d}x=\int_{-1}^{1}f(t)\mathrm{d}t=\int_{-1}^{0}\frac{1}{1+\mathrm{e}^t}\mathrm{d}t+\int_{0}^{1}\frac{1}{1+t}\mathrm{d}t$$

$$= \int_{-1}^{0} \left(1 - \frac{e^t}{1+e^t}\right) dt + \int_{0}^{1} \frac{1}{1+t} d(1+t)$$

$$= \left[t - \ln(1+e^t)\right] \Big|_{-1}^{0} + \ln|1+t| \Big|_{0}^{1} = \ln(e+1)$$

6.5.2　定积分的分部积分法

定理 6.9　设函数 $u(x)$ 和 $v(x)$ 在区间 $[a,b]$ 上可导,且导数 $u'(x)$ 和 $v'(x)$ 连续,则有

$$\int_{a}^{b} u(x)v'(x)dx = u(x)v(x)\Big|_{a}^{b} - \int_{a}^{b} u'(x)v(x)dx$$

或写成

$$\int_{a}^{b} u \, dv = uv \Big|_{a}^{b} - \int_{a}^{b} v \, du$$

证　由两个函数乘积的导数公式,得

$$(uv)' = u'v + uv'$$

对上式两端的函数,分别求在 $[a,b]$ 上的定积分,则

$$\int_{a}^{b} uv' dx = \int_{a}^{b} u'v dx + \int_{a}^{b} uv' dx$$

于是　　　　　　　$$\int_{a}^{b} uv' dx = \int_{a}^{b} uv' dx - \int_{a}^{b} u'v dx = uv \Big|_{a}^{b} - \int_{a}^{b} u'v dx$$

例 6.5.9　计算 $\displaystyle\int_{1}^{e} x \ln x \, dx$.

解　设 $u = \ln x$, $dv = x \, dx$,则 $du = \dfrac{1}{x} dx$, $v = \dfrac{1}{2}x^2$.代入分部积分公式,得

$$\int_{1}^{e} x \ln x \, dx = \int_{1}^{e} \ln x \, d\left(\frac{x^2}{2}\right) = \frac{1}{2} x^2 \ln x \Big|_{1}^{e} - \frac{1}{2} \int_{1}^{e} x \, dx = \frac{1}{2} e^2 - \frac{1}{4} x^2 \Big|_{1}^{e} = \frac{1}{4}(e^2+1)$$

例 6.5.10　计算 $\displaystyle\int_{0}^{\frac{1}{2}} \arcsin x \, dx$.

解　设 $u = \arcsin x$, $dv = dx$,则 $du = \dfrac{1}{\sqrt{1-x^2}} dx$, $v = x$.代入分部积分公式,得

$$\int_{0}^{\frac{1}{2}} \arcsin x \, dx = \left[x \arcsin x\right] \Big|_{0}^{\frac{1}{2}} - \int_{0}^{\frac{1}{2}} \frac{x}{\sqrt{1-x^2}} dx = \frac{1}{2} \times \frac{\pi}{6} + \frac{1}{2} \int_{0}^{\frac{1}{2}} (1-x^2)^{-\frac{1}{2}} d(1-x^2)$$

$$= \frac{\pi}{12} + \left[\sqrt{1-x^2}\right] \Big|_{0}^{\frac{1}{2}} = \frac{\pi}{12} + \frac{\sqrt{3}}{2} - 1$$

例 6.5.11　计算 $\displaystyle\int_{0}^{1} e^{\sqrt{x}} \, dx$.

解　先用换元法,令 $\sqrt{x} = t$ 得

$$\int_{0}^{1} e^{\sqrt{x}} \, dx = 2 \int_{0}^{1} t e^t \, dt$$

再用分部积分法,有

$$\int_{0}^{1} e^{\sqrt{x}} \, dx = 2 \int_{0}^{1} t e^t \, dt = 2 \left[t e^t \Big|_{0}^{1} - \int_{0}^{1} e^t \, dt\right] = 2 \left[e - e^t \Big|_{0}^{1}\right] = 2$$

例 6.5.12 计算 $\int_0^\pi \sqrt{1+\cos 2x}\,\mathrm{d}x$.

解 由于 $1+\cos 2x = 2\cos^2 x$,所以

$$\int_0^\pi \sqrt{1+\cos 2x}\,\mathrm{d}x = \int_0^\pi \sqrt{2}\,|\cos x|\,\mathrm{d}x = \sqrt{2}\left[\int_0^{\frac{\pi}{2}}\cos x\,\mathrm{d}x + \int_{\frac{\pi}{2}}^\pi (-\cos x)\,\mathrm{d}x\right]$$

$$= \sqrt{2}\left[\sin x\,\Big|_0^{\frac{\pi}{2}} - \sin x\,\Big|_{\frac{\pi}{2}}^\pi\right] = 2\sqrt{2}$$

这个例题说明,当被积函数中出现绝对值时,应根据被积函数在积分区间上的变化情况先去掉绝对值符号,然后再计算积分.

例 6.5.13 计算 $\int_{\frac{1}{2}}^{\frac{3}{2}} f(x)\,\mathrm{d}x$,其中

$$f(x) = \begin{cases} x^2, & 0 \leqslant x \leqslant 1 \\ x+1, & 1 \leqslant x \leqslant 2 \end{cases}$$

解 $\int_{\frac{1}{2}}^{\frac{3}{2}} f(x)\,\mathrm{d}x = \int_{\frac{1}{2}}^1 x^2\,\mathrm{d}x + \int_1^{\frac{3}{2}}(x+1)\,\mathrm{d}x = \frac{1}{3}x^3\,\Big|_{\frac{1}{2}}^1 + \left(\frac{1}{2}x^2 + x\right)\Big|_1^{\frac{3}{2}} = \frac{17}{12}$

例 6.5.14 设 $f(x) = \begin{cases} -x+1, & 0 \leqslant x \leqslant 1 \\ x, & 1 < x \leqslant 2 \end{cases}$,求 $F(x) = \int_0^x f(t)\,\mathrm{d}t$ 在 $[0,2]$ 上的表达式.

解 当 $0 \leqslant x \leqslant 1$ 时

$$F(x) = \int_0^x f(t)\,\mathrm{d}t = \int_0^x (-t+1)\,\mathrm{d}t = \left(-\frac{1}{2}t^2 + t\right)\Big|_0^x = -\frac{1}{2}x^2 + x$$

当 $1 < x \leqslant 2$ 时

$$F(x) = \int_0^x f(t)\,\mathrm{d}t = \int_0^1 (-t+1)\,\mathrm{d}t + \int_1^x t\,\mathrm{d}t = \left(-\frac{1}{2}t^2 + t\right)\Big|_0^1 + \frac{1}{2}t^2\,\Big|_1^x = \frac{1}{2}x^2$$

所以 $\qquad\qquad F(x) = \begin{cases} -\dfrac{1}{2}x^2 + x, & 0 \leqslant x \leqslant 1 \\ \dfrac{1}{2}x^2, & 1 < x \leqslant 2 \end{cases}$

例 6.5.15 证明定积分公式:

$$I_n = \int_0^{\frac{\pi}{2}} \sin^n x\,\mathrm{d}x = \int_0^{\frac{\pi}{2}} \cos^n x\,\mathrm{d}x$$

$$= \begin{cases} \dfrac{n-1}{n} \times \dfrac{n-3}{n-2} \times \cdots \times \dfrac{3}{4} \times \dfrac{1}{2} \times \dfrac{\pi}{2}, & n = 2k,\, k \geqslant 0 \\ \dfrac{n-1}{n} \times \dfrac{n-3}{n-2} \times \cdots \times \dfrac{4}{5} \times \dfrac{2}{3} \times 1, & n = 2k-1,\, k > 0 \end{cases}$$

解 利用换元 $x = \dfrac{\pi}{2} - t$ 得

$$\int_0^{\frac{\pi}{2}} \sin^n x\,\mathrm{d}x = -\int_{\frac{\pi}{2}}^0 \cos^n t\,\mathrm{d}t = \int_0^{\frac{\pi}{2}} \cos^n t\,\mathrm{d}t = \int_0^{\frac{\pi}{2}} \cos^n x\,\mathrm{d}x$$

进而计算得

$$I_n = \int_0^{\frac{\pi}{2}} \cos^n x\,\mathrm{d}x = \int_0^{\frac{\pi}{2}} \cos^{n-1} x\,\mathrm{d}\sin x$$

$$= \cos^{n-1}x \sin x \mid_0^{\frac{\pi}{2}} + \int_0^{\frac{\pi}{2}} (n-1) \cos^{n-2}x \, \sin^2 x \, \mathrm{d}x$$

$$= (n-1) \int_0^{\frac{\pi}{2}} \left[\cos^{n-2}x - \cos^n x \right] \mathrm{d}x = (n-1) I_{n-2} - (n-1) I_n$$

由此得递推公式

$$I_n = \frac{n-1}{n} I_{n-2}$$

又容易求得

$$I_0 = \int_0^{\frac{\pi}{2}} 1 \mathrm{d}x = \frac{\pi}{2}, \qquad I_1 = \int_0^{\frac{\pi}{2}} \cos x \, \mathrm{d}x = \sin x \, \Big|_0^{\frac{\pi}{2}} = 1$$

所以,当 n 为偶数时

$$I_n = \frac{n-1}{n} \times \frac{n-3}{n-2} \times \cdots \times \frac{3}{4} \times \frac{1}{2} \times I_0 = \frac{n-1}{n} \times \frac{n-3}{n-2} \times \cdots \times \frac{3}{4} \times \frac{1}{2} \times \frac{\pi}{2}$$

当 n 为奇数时

$$I_n = \frac{n-1}{n} \times \frac{n-3}{n-2} \times \cdots \times \frac{4}{5} \times \frac{2}{3} \times I_1 = \frac{n-1}{n} \times \frac{n-3}{n-2} \times \cdots \times \frac{4}{5} \times \frac{2}{3} \times 1$$

由此,我们容易计算

$$\int_0^\pi \sin^8 x \, \mathrm{d}x = \int_0^{\frac{\pi}{2}} \sin^8 x \, \mathrm{d}x + \int_{\frac{\pi}{2}}^\pi \sin^8 x \, \mathrm{d}x$$

对上式右端第二个积分作换元

$$\int_{\frac{\pi}{2}}^\pi \sin^8 x \, \mathrm{d}x = -\int_{\frac{\pi}{2}}^0 \sin^8 t \, \mathrm{d}t = \int_0^{\frac{\pi}{2}} \sin^8 t \, \mathrm{d}t = \int_0^{\frac{\pi}{2}} \sin^8 x \, \mathrm{d}x$$

所以得

$$\int_0^\pi \sin^8 x \, \mathrm{d}x = 2 \int_0^{\frac{\pi}{2}} \sin^8 x \, \mathrm{d}x = 2 \times \frac{7}{8} \times \frac{5}{6} \times \frac{3}{4} \times \frac{1}{2} \times \frac{\pi}{2} = \frac{35\pi}{128}$$

习　题 6−5

1.计算下列定积分:

(1) $\displaystyle\int_{\frac{\pi}{3}}^\pi \sin\left(x + \frac{\pi}{3}\right) \mathrm{d}x$;

(2) $\displaystyle\int_{-2}^1 \frac{\mathrm{d}x}{(11+5x)^3}$;

(3) $\displaystyle\int_0^\pi (1 - \sin^3\theta) \mathrm{d}\theta$;

(4) $\displaystyle\int_{\frac{1}{\sqrt{2}}}^1 \frac{\sqrt{1-x^2}}{x^2} \mathrm{d}x$;

(5) $\displaystyle\int_0^a x^2 \sqrt{a^2 - x^2} \, \mathrm{d}x$;

(6) $\displaystyle\int_1^{\sqrt{3}} \frac{\mathrm{d}x}{x^2 \sqrt{1+x^2}}$;

(7) $\displaystyle\int_{\frac{3}{4}}^1 \frac{\mathrm{d}x}{\sqrt{1-x}-1}$;

(8) $\displaystyle\int_1^{\mathrm{e}^2} \frac{\mathrm{d}x}{x \sqrt{1+\ln x}}$;

(9) $\displaystyle\int_0^{\sqrt{2}a} \frac{x \, \mathrm{d}x}{\sqrt{3a^2 - x^2}}$;

(10) $\displaystyle\int_0^1 t \mathrm{e}^{-\frac{t^2}{2}} \mathrm{d}t$;

(11) $\displaystyle\int_{-2}^0 \frac{\mathrm{d}x}{x^2 + 2x + 2}$;

(12) $\displaystyle\int_{-\frac{\pi}{2}}^{\frac{\pi}{2}} \sqrt{\cos x - \cos^3 x} \, \mathrm{d}x$;

2.计算下列定积分：

(1) $\int_0^1 x e^{-x} dx$ ；

(2) $\int_0^{e-1} \ln(x+1) dx$ ；

(3) $\int_{\frac{\pi}{4}}^{\frac{3\pi}{4}} \dfrac{x}{\sin^2 x} dx$ ；

(4) $\int_1^4 \dfrac{\ln x}{\sqrt{x}} dx$ ；

(5) $\int_1^e x \arctan x \, dx$ ；

(6) $\int_{\frac{1}{e}}^{e} |\ln x| \, dx$.

3.利用函数奇偶性计算积分：

(1) $\int_{-5}^5 \dfrac{x^3 \sin^2 x}{1+x^2+x^4} dx$ ；

(2) $\int_{-\frac{1}{2}}^{\frac{1}{2}} \dfrac{x \arcsin x}{\sqrt{1-x^2}} dx$ ；

(3) $\int_{-\frac{\pi}{2}}^{\frac{\pi}{2}} 4\cos^4\theta \, d\theta$ ；

(4) $\int_{-\pi}^{\pi} (x^4 \sin x + \cos x) dx$.

4.设 $f(x) = \begin{cases} x e^{-x^2}, & x \geqslant 0 \\ \dfrac{1}{1+\cos x}, & -1 < x < 0 \end{cases}$,计算 $\int_1^4 f(x-2) dx$.

5.证明 $\int_x^1 \dfrac{dx}{1+x^2} = \int_1^{\frac{1}{x}} \dfrac{dx}{1+x^2} (x > 0)$.

6.计算 $I = \int_0^1 f(x) dx$,其中 $f(x) = \int_1^x e^{-t^2} dt$.

7.若 $f(x)$ 为连续函数且是奇函数,证明 $\int_0^x f(t) dt$ 为偶函数；

若 $f(x)$ 为连续函数且是偶函数,证明 $\int_0^x f(t) dt$ 为奇函数.

6.6　反常积分

前面研究的定积分,要求积分区间是有限的,被积函数是有界函数,然而在实际应用中,还会遇到无穷区间上的积分和无界函数在有限区间上的积分.现在将定积分概念在这两方面加以推广,推广后的积分称为反常积分(或称广义积分),相应地把以前所讨论的定积分称为正常积分(或称常义积分,普通积分).

6.6.1　无穷区间的反常积分

定义 6.4　设函数 $f(x)$ 在区间 $[a, +\infty)$ 上连续,取 $a < b$,如果极限

$$\lim_{b \to +\infty} \int_a^b f(x) dx$$

存在,则称此极限值为函数 $f(x)$ **在区间 $[a, +\infty)$ 上的反常积分**,记为 $\int_a^{+\infty} f(x) dx$,即

$$\int_a^{+\infty} f(x) dx = \lim_{b \to +\infty} \int_a^b f(x) dx \tag{6-6-1}$$

此时也称反常积分 $\int_a^{+\infty} f(x) dx$ **收敛**,如果上述极限不存在,则称反常积分 $\int_a^{+\infty} f(x) dx$ **发散或不存在**.

类似地可以定义 $f(x)$ 在 $(-\infty, b]$ 上的反常积分

$$\int_{-\infty}^{b} f(x)\mathrm{d}x = \lim_{a\to-\infty}\int_{a}^{b} f(x)\mathrm{d}x \qquad (6-6-2)$$

及 $f(x)$ 在 $(-\infty,+\infty)$ 上的反常积分

$$\int_{-\infty}^{+\infty} f(x)\mathrm{d}x = \int_{-\infty}^{c} f(x)\mathrm{d}x + \int_{c}^{+\infty} f(x)\mathrm{d}x$$

$$= \lim_{a\to-\infty}\int_{a}^{c} f(x)\mathrm{d}x + \lim_{b\to+\infty}\int_{c}^{b} f(x)\mathrm{d}x \qquad (6-6-3)$$

其中 c 为任意实数,a 与 b 分别趋于负无穷大与正无穷大.如果 $\int_{-\infty}^{c} f(x)\mathrm{d}x$ 和 $\int_{c}^{+\infty} f(x)\mathrm{d}x$ 均收敛,则称反常积分 $\int_{-\infty}^{+\infty} f(x)\mathrm{d}x$ 收敛;否则就称反常积分 $\int_{-\infty}^{+\infty} f(x)\mathrm{d}x$ 发散.

例 6.6.1　计算反常积分 $\int_{0}^{+\infty} t\,\mathrm{e}^{-pt}\mathrm{d}t\,(p$ 是常数,且 $p>0)$.

解　$\displaystyle\int_{0}^{+\infty} t\,\mathrm{e}^{-pt}\mathrm{d}t = \lim_{b\to+\infty}\int_{0}^{b} t\,\mathrm{e}^{-pt}\mathrm{d}t = -\frac{1}{p}\lim_{b\to+\infty}\int_{0}^{b} t\,\mathrm{d}\mathrm{e}^{-pt} = \lim_{b\to+\infty}\left[-\left(\frac{t}{p}\mathrm{e}^{-pt}\right)\Big|_{0}^{b} + \frac{1}{p}\int_{0}^{b}\mathrm{e}^{-pt}\mathrm{d}t\right]$

$$= \lim_{b\to+\infty}\left[-\frac{b}{p}\mathrm{e}^{-pb} - \frac{1}{p^{2}}(\mathrm{e}^{-pb}-1)\right] = \frac{1}{p^{2}}$$

注意,式中的极限 $\lim\limits_{t\to+\infty} t\,\mathrm{e}^{-pt}$ 是未定式,可用洛必达法则求得.

例 6.6.2　计算反常积分 $\displaystyle\int_{-\infty}^{+\infty}\frac{\mathrm{d}x}{1+x^{2}}$.

解　由式 $(6-6-3)$ 得

$$\int_{-\infty}^{+\infty}\frac{\mathrm{d}x}{1+x^{2}} = \int_{-\infty}^{0}\frac{\mathrm{d}x}{1+x^{2}} + \int_{0}^{+\infty}\frac{\mathrm{d}x}{1+x^{2}} = \lim_{a\to-\infty}\int_{a}^{0}\frac{\mathrm{d}x}{1+x^{2}} + \lim_{b\to+\infty}\int_{0}^{b}\frac{\mathrm{d}x}{1+x^{2}}$$

$$= \lim_{a\to-\infty}\arctan x\,\Big|_{a}^{0} + \lim_{b\to+\infty}\arctan x\,\Big|_{0}^{b}$$

$$= -\lim_{a\to-\infty}\arctan a + \lim_{b\to+\infty}\arctan b = -\left(-\frac{\pi}{2}\right) + \frac{\pi}{2} = \pi$$

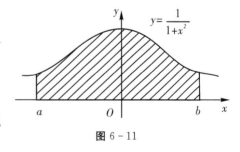

图 6-11

这个反常积分值的几何意义是当 $a\to-\infty,b\to+\infty$ 时,虽然图 6-11 中阴影部分向左向右无限延伸,但其面积却有极限值 π.简单地说,它是位于曲线 $y=\dfrac{1}{1+x^{2}}$ 的下方,x 轴上方的图形面积.

有时为了方便,把 $\lim\limits_{b\to+\infty} F(x)\,\big|_{a}^{b}$,记作 $F(x)\,\big|_{a}^{+\infty}$;把 $\lim\limits_{a\to-\infty} F(x)\,\big|_{a}^{b}$,记作 $F(x)\,\big|_{-\infty}^{b}$.

例 6.6.3　证明反常积分 $\displaystyle\int_{1}^{+\infty}\frac{\mathrm{d}x}{x^{p}}$,当 $p>1$ 时收敛,当 $p\leqslant 1$ 时发散.

证　当 $p=1$ 时

$$\int_{1}^{+\infty}\frac{\mathrm{d}x}{x^{p}} = \int_{1}^{+\infty}\frac{\mathrm{d}x}{x} = \ln x\,\big|_{1}^{+\infty} = +\infty$$

当 $p\neq 1$ 时

$$\int_1^{+\infty} \frac{\mathrm{d}x}{x^p} = \frac{x^{1-p}}{1-p}\bigg|_1^{+\infty} = \begin{cases} +\infty, & p \leqslant 1 \\ \dfrac{1}{p-1}, & p > 1 \end{cases}$$

因此,当 $p>1$ 时,此反常积分收敛,其值为 $\dfrac{1}{p-1}$;当 $p\leqslant 1$ 时,此反常积分发散.

6.6.2　无界函数的反常积分

定积分也可推广到被积函数为无界的情形.

如果函数 $f(x)$ 在点 a 的任一邻域内是无界的,则点 a 称为函数 $f(x)$ 的**瑕点**(也称为无界间断点),无界函数的反常积分又称为**瑕积分**.

定义 6.5　设 $f(x)$ 在 $(a,b]$ 上连续,而在点 a 的邻域内无界,取 $\varepsilon>0$,如果极限

$$\lim_{\varepsilon\to 0^+}\int_{a+\varepsilon}^b f(x)\mathrm{d}x$$

存在,则称此极限为函数 $f(x)$ 在 $(a,b]$ 上的反常积分,仍然记作 $\int_a^b f(x)\mathrm{d}x$,即

$$\int_a^b f(x)\mathrm{d}x = \lim_{\varepsilon\to 0^+}\int_{a+\varepsilon}^b f(x)\mathrm{d}x \tag{6-6-4}$$

这时也称反常积分 $\int_a^b f(x)\mathrm{d}x$ 收敛,如果上述极限不存在,就称反常积分 $\int_a^b f(x)\mathrm{d}x$ 发散.

类似地,设 $f(x)$ 在 $[a,b)$ 上连续,且 $\lim\limits_{x\to b^-}f(x)=\infty$,则定义

$$\int_a^b f(x)\mathrm{d}x = \lim_{\varepsilon\to 0^+}\int_a^{b-\varepsilon} f(x)\mathrm{d}x \tag{6-6-5}$$

设 $f(x)$ 在 $[a,b]$ 上除点 $c(a<c<b)$ 外连续,且 $\lim\limits_{x\to c}f(x)=\infty$,则定义

$$\int_a^b f(x)\mathrm{d}x = \int_a^c f(x)\mathrm{d}x + \int_c^b f(x)\mathrm{d}x = \lim_{\varepsilon\to 0^+}\int_a^{c-\varepsilon} f(x)\mathrm{d}x + \lim_{\varepsilon'\to 0^+}\int_{c+\varepsilon'}^b f(x)\mathrm{d}x$$
$$\tag{6-6-6}$$

如果反常积分 $\int_a^c f(x)\mathrm{d}x$ 及 $\int_c^b f(x)\mathrm{d}x$ 都收敛,则称反常积分 $\int_a^b f(x)\mathrm{d}x$ 收敛,否则反常积分 $\int_a^b f(x)\mathrm{d}x$ 发散.

例 6.6.4　计算反常积分 $\int_0^a \dfrac{\mathrm{d}x}{\sqrt{a^2-x^2}}(a>0)$.

解　因为 $\lim\limits_{x\to a^-}\dfrac{1}{\sqrt{a^2-x^2}}=+\infty$,所以 $x=a$ 为被积函数的无穷间断点,于是按式(6-6-5)有

$$\int_0^a \frac{\mathrm{d}x}{\sqrt{a^2-x^2}} = \lim_{\tau\to 0^+}\int_0^{a-\tau} \frac{\mathrm{d}x}{\sqrt{a^2-x^2}} = \lim_{\varepsilon\to 0^+}\arcsin\frac{x}{a}\bigg|_0^{a-\varepsilon}$$

$$= \lim_{\varepsilon\to 0^+}\left(\arcsin\frac{a-\varepsilon}{a}-0\right) = \arcsin 1 = \frac{\pi}{2}$$

这个反常积分值的几何意义是:位于曲线 $y=\dfrac{1}{\sqrt{a^2-x^2}}$ 之下,x 轴之上,直线 $x=0$ 与 $x=$

a 之间图形的面积(图 6-12).

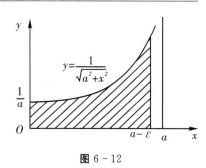

图 6-12

例 6.6.5 讨论反常积分 $\int_{-1}^{1} \dfrac{\mathrm{d}x}{x^2}$ 的收敛性.

解 被积函数 $f(x)=\dfrac{1}{x^2}$ 在积分区间 $[-1,1]$ 上除 $x=0$ 外连续,且 $\lim\limits_{x\to 0}\dfrac{1}{x^2}=\infty$.

由于
$$\int_{-1}^{0}\frac{\mathrm{d}x}{x^2}=\lim_{\varepsilon\to 0^+}\int_{-1}^{-\varepsilon}\frac{\mathrm{d}x}{x^2}=\lim_{\varepsilon\to 0^+}\frac{-1}{x}\Big|_{-1}^{-\varepsilon}$$
$$=\lim_{\varepsilon\to 0^+}\left(\frac{1}{\varepsilon}-1\right)=+\infty$$

即反常积分 $\int_{-1}^{0}\dfrac{\mathrm{d}x}{x^2}$ 发散,所以广义积分 $\int_{-1}^{1}\dfrac{\mathrm{d}x}{x^2}$ 发散.

注意: 如果疏忽了 $x=0$ 是被积函数的无穷间断点,就会得到以下的错误结果
$$\int_{-1}^{1}\frac{\mathrm{d}x}{x^2}=-\frac{1}{x}\Big|_{-1}^{1}=-(1-(-1))=-2$$

例 6.6.6 计算反常积分 $\int_{0}^{1}\dfrac{\arcsin\sqrt{x}}{\sqrt{x(1-x)}}\mathrm{d}x$.

解 被积函数有两个可疑的瑕点:$x=1,x=0$.

因为 $\lim\limits_{x\to 0^+}\dfrac{\arcsin\sqrt{x}}{\sqrt{x(1-x)}}=1$,故 $x=0$ 不是瑕点;又因为 $\lim\limits_{x\to 1^+}\dfrac{\arcsin\sqrt{x}}{\sqrt{x(1-x)}}=+\infty$,故 $x=1$ 是其唯一的瑕点,所以
$$\int_{0}^{1}\frac{\arcsin\sqrt{x}}{\sqrt{x(1-x)}}\mathrm{d}x=2\int_{0}^{1}\arcsin\sqrt{x}\,\mathrm{d}(\arcsin\sqrt{x})=(\arcsin\sqrt{x})\Big|_{0}^{1}=\frac{\pi^2}{4}$$

例 6.6.7 证明反常积分 $\int_{a}^{b}\dfrac{\mathrm{d}x}{(x-a)^k}$ 当 $k<1$ 时收敛,当 $k\geqslant 1$ 时发散.

证 当 $k=1$ 时 $(b>a)$,
$$\int_{a}^{b}\frac{\mathrm{d}x}{(x-a)^k}=\int_{a}^{b}\frac{\mathrm{d}x}{a-x}=\lim_{\varepsilon\to 0^+}\int_{a+\varepsilon}^{b}\frac{\mathrm{d}x}{x-a}$$
$$=\lim_{\varepsilon\to 0^+}\ln|x-a|\,\Big|_{a+\varepsilon}^{b}=\ln|x-a|\,\Big|_{a^+}^{b}=+\infty$$

当 $k\neq 1$ 时
$$\int_{a}^{b}\frac{\mathrm{d}x}{(x-a)^k}=\frac{(x-a)^{1-k}}{1-k}\Big|_{a}^{b}=\begin{cases}\dfrac{(x-a)^{1-k}}{1-k}, & \text{当 } k<1 \text{ 时}\\[2mm] +\infty, & \text{当 } k>1 \text{ 时}\end{cases}$$

因此,当 $k<1$ 时,此反常积分收敛,其值为 $\dfrac{(b-a)^{1-k}}{1-k}$;当 $k\geqslant 1$ 时,此反常积分发散.

习　题 6 - 6

1.判别下列各反常积分的收敛性,如果收敛,则计算反常积分的值:

(1) $\displaystyle\int_1^{+\infty} \frac{\mathrm{d}x}{x^4}$;

(2) $\displaystyle\int_1^{+\infty} \frac{\mathrm{d}x}{\sqrt{x}}$;

(3) $\displaystyle\int_{-\infty}^0 \mathrm{e}^{ax}\,\mathrm{d}x\,(a>0)$;

(4) $\displaystyle\int_0^{+\infty} \sin x\,\mathrm{d}x$;

(5) $\displaystyle\int_0^{+\infty} \mathrm{e}^{-pt}\sin \omega t\,\mathrm{d}t\,(p>0,\omega>0)$;

(6) $\displaystyle\int_{-\infty}^{+\infty} \frac{\mathrm{d}x}{x^2-2x+2}$;

(7) $\displaystyle\int_1^{+\infty} \frac{x\,\mathrm{d}x}{\sqrt{x^2-1}}$;

(8) $\displaystyle\int_0^2 \frac{\mathrm{d}x}{(1-x)^2}$;

(9) $\displaystyle\int_1^e \frac{\mathrm{d}x}{x\,\sqrt{1-(\ln x)^2}}$;

(10) $\displaystyle\int_0^1 \frac{x\,\mathrm{d}x}{\sqrt{1-x}}$.

2.当为 k 何值时,反常积分 $\displaystyle\int_2^{+\infty} \frac{\mathrm{d}x}{x\,(\ln x)^k}$ 收敛? 当 k 为何值时,反常积分发散? 又当 k 为何值时,这个反常积分取得最小?

3.证明反常积分 $\displaystyle\int_0^1 \frac{\mathrm{d}x}{x^k}$ 当 $k<1$ 时收敛,当 $k\geqslant 1$ 时发散.

6.7　定积分的应用

应用定积分理论解决实际问题的第一步是将实际问题化为定积分的计算问题,这一步是关键,也较为困难.本节将介绍实际问题化为定积分计算问题的微元法及其应用,包括平面图形的面积、特殊的空间立体的体积、经济学中的应用和物理应用.

定积分的所有应用问题都具有一个固定的思想:求与某个区间 $[a,b]$ 上的变量 $f(x)$ 有关的总量 Q,这个总量 Q 可以是面积、体积、弧长、功等.

首先,在区间 $[a,b]$ 上任取一个微小区间 $[x,x+\mathrm{d}x]$,然后写出在这个小区间上的部分量 ΔQ 的近似值,记为 $\mathrm{d}Q=f(x)\mathrm{d}x$(称为 Q 的微元);

然后,将微元 $\mathrm{d}Q$ 在 $[a,b]$ 上无限"累加",即在 $[a,b]$ 上积分,得

$$Q=\int_a^b f(x)\mathrm{d}x$$

上述两步解决问题的方法称为**微元法**.

关于微元 $\mathrm{d}Q=f(x)\mathrm{d}x$,我们有两点要说明:

(1) $f(x)\mathrm{d}x$ 作为 ΔQ 的近似表达式,应该足够准确,确切地说,就是要求其差是关于 Δx 的高阶无穷小,即 $\Delta Q-f(x)\mathrm{d}x=o(\Delta x)$.称做微元的量 $f(x)\mathrm{d}x$,实际上就是所求量的微分 $\mathrm{d}Q$.

(2)具体怎样求微元呢? 这是问题的关键,需要分析问题的实际意义及数量关系.一般按在局部 $[x,x+\mathrm{d}x]$ 上以"常代变""直代曲"的思路(局部线性化),写出局部上所求量的近似

值,即为微元 $\mathrm{d}Q=f(x)\mathrm{d}x$.

6.7.1　平面图形的面积

1.计算直角坐标系下平面图形的面积

设连续函数 $f(x)$ 和 $g(x)$ 满足条件 $g(x)\leqslant f(x)$, $x\in[a,b]$.求曲线 $y=f(x)$, $y=g(x)$ 及直线 $x=a$, $x=b$ 所围成的平面图形的面积 S(图 $6-13$(a)).

用微元法求.

第一步:在区间 $[a,b]$ 上任取一小区间 $[x,x+\mathrm{d}x]$,并考虑它上面的图形的面积,这块面积可用以 $[f(x)-g(x)]$ 为高、以 $\mathrm{d}x$ 为底的矩形面积近似,于是

$$\mathrm{d}S=[f(x)-g(x)]\mathrm{d}x$$

第二步:在区间 $[a,b]$ 上将 $\mathrm{d}S$ 无限求和,得到

$$S=\int_a^b|f(x)-g(x)|\,\mathrm{d}x \tag{$6-7-1$}$$

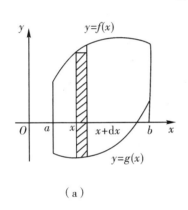
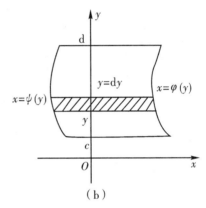

（a）　　　　　　　　　　　　　（b）

图 $6-13$

类似地,用微元法可得:

由连续曲线 $x=\varphi(y)$, $x=\psi(y)$ ($\varphi(y)\geqslant\psi(y)$) 与直线 $y=c$, $y=d$ 所围成的平面图形(图 $6-13$(b))的面积为

$$S=\int_c^d|\varphi(y)-\psi(y)|\,\mathrm{d}y \tag{$6-7-2$}$$

例 6.7.1　计算两条抛物线 $y=x^2$ 与 $x=y^2$ 所围成的面积.

解　求解面积问题,一般需要先画一草图(图 $6-14$),我们要求的是阴影部分的面积.需要先找出交点坐标以便确定积分限,为此解方程组 $\begin{cases} y=x^2 \\ x=y^2 \end{cases}$,得交点 $(0,0)$ 和 $(1,1)$.选取 x 为积分变量,则积分区间为 $[0,1]$,根据公式($6-7-1$),所求的面积为

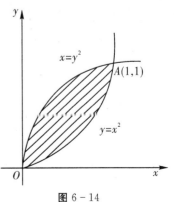

图 $6-14$

$$S = \int_0^1 (\sqrt{x} - x^2)\mathrm{d}x = \left(\frac{2}{3}x\sqrt{x} - \frac{1}{3}x^3\right)\Big|_0^1 = \frac{1}{3}$$

一般地,求解面积问题的步骤为:

(1)作草图,求曲线的交点,确定积分变量和积分限;

(2)写出积分公式;

(3)计算定积分.

例 6.7.2 求由曲线 $y^2 = \dfrac{x}{2}$ 与直线 $x - 2y = 4$ 所围成的平面图形的面积.

解 (1)先画图,如图 6-15 所示,并由方程 $\begin{cases} y^2 = \dfrac{x}{2} \\ x - 2y = 4 \end{cases}$,求出交点为 $(2,-1)$、$(8,2)$.

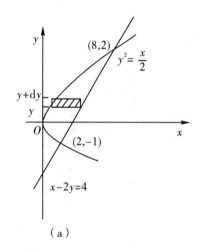

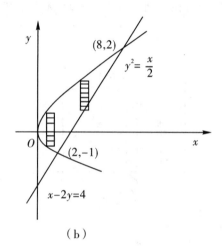

图 6-15

解一 取 y 为积分变量,y 的变化区间为 $[-1,2]$,在区间 $[-1,2]$ 上任取一子区间 $[y, y+\mathrm{d}y]$,如图 6-15(a)所示,则面积微元 $\mathrm{d}A = (2y+4-2y^2)\mathrm{d}y$,得所求面积为

$$A = \int_{-1}^2 (2y+4-2y^2)\mathrm{d}y = \left(y^2 + 4y - \frac{2}{3}y^3\right)\Big|_{-1}^2 = 9$$

解二 取 x 为积分变量,x 的变化区间为 $[0,8]$,由图 6-15(b)知,若在此区间上任取子区间,需分成 $[0,2]$、$[2,8]$ 两部分完成.

在区间 $[0,2]$ 上任取一子区间 $[x, x+\mathrm{d}x]$,则面积微元

$$\mathrm{d}A_1 = \left(2\sqrt{\frac{x}{2}}\right)\mathrm{d}x$$

在区间 $[2,8]$ 上任取一子区间 $[x, x+\mathrm{d}x]$,则面积微元

$$\mathrm{d}A_2 = \left[\sqrt{\frac{x}{2}} - \frac{1}{2}(x-4)\right]\mathrm{d}x$$

于是得

$$A = A_1 + A_2$$

$$= \int_0^2 2\sqrt{\frac{x}{2}}\,\mathrm{d}x + \int_2^8 \left(\sqrt{\frac{x}{2}} - \frac{x}{2} + 2\right)\mathrm{d}x = \frac{2\sqrt{2}}{3}x^{\frac{3}{2}}\Big|_0^2 + \left[\frac{2\sqrt{2}}{3}x^{\frac{3}{2}} - \frac{x^2}{4} + 2x\right]\Big|_2^8 = 9$$

显然,解法一优于解法二.因此求解时,要先画图,然后根据图形选择适当的积分变量,尽量使计算方便.

例 6.7.3　求椭圆 $\dfrac{x^2}{a^2} + \dfrac{y^2}{b^2} = 1$ 所围成的面积.

解　这个椭圆关于两坐标轴都对称(图 6-16),所以,所求的面积 S 为

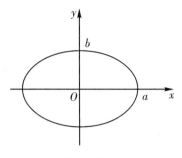

图 6-16

$$S = 4\int_0^a y\,\mathrm{d}x = 4\int_0^a b\sqrt{1 - \frac{x^2}{a^2}}\,\mathrm{d}x$$

应用定积分的换元积分法,令 $x = a\cos t$,则 $y = b\sin t$,

$\mathrm{d}x = -a\sin t\,\mathrm{d}t$.当 $x = 0$ 时 $t = \dfrac{\pi}{2}$;当 $x = a$ 时 $t = 0$.所以

$$S = 4\int_{\frac{\pi}{2}}^0 b\sin t\,(-a\sin t)\,\mathrm{d}t = -4ab\int_{\frac{\pi}{2}}^0 \sin^2 t\,\mathrm{d}t$$

$$= 4ab\int_0^{\frac{\pi}{2}} \frac{1 - \cos 2t}{2}\,\mathrm{d}t = 2ab\left(t - \frac{1}{2}\sin 2t\right)\Big|_0^{\frac{\pi}{2}} = ab\pi$$

即椭圆的面积等于 πab,这可以作为公式使用.

一般地,如果曲边梯形的曲边 $y = f(x)$($f(x) \geqslant 0$,$x \in [a,b]$)由参数方程

$$\begin{cases} x = x(t) \\ y = y(t) \end{cases}$$

给出,且 $x(\alpha) = a$、$x(\beta) = b$,$x(t)$ 在 $[\alpha,\beta]$(或 $[\beta,\alpha]$)上具有连续导数,$y = y(t)$ 连续,则由曲边梯形的面积公式及定积分的换元公式可知,曲边梯形的面积为

$$S = \int_a^b f(x)\,\mathrm{d}x = \int_\alpha^\beta y(t)x'(t)\,\mathrm{d}t$$

2.计算极坐标系下平面图形的面积

某些平面图形,用极坐标来计算它们的面积比较方便.

设由曲线 $\rho = \rho(\theta)$ 及射线 $\theta = \alpha$,$\theta = \beta$ 围成一图形(简称为曲边扇形),现在要计算它的面积(图 6-17).这里 $\rho(\theta)$ 在 $[\alpha,\beta]$ 上连续,且 $\rho(\theta) \geqslant 0$.

用微元法推导计算面积的公式.

取极角 θ 为积分变量,它的变化区间为 $[\alpha,\beta]$,相应于任一小区间 $[\theta,\theta + \mathrm{d}\theta]$ 的窄曲边扇形的面积可以用半径为 $\rho = \rho(\theta)$、中心角为 $\mathrm{d}\theta$ 的圆扇形的面积来近似代替,从而得到对应窄曲边扇形面积的近似值,即曲边扇形的面积微元

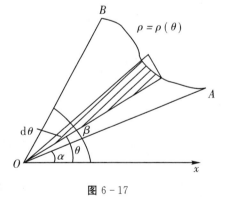

图 6-17

$$\mathrm{d}S = \frac{1}{2}[\rho(\theta)]^2\,\mathrm{d}\theta$$

进而得所求曲边扇形的面积为

$$S = \int_\alpha^\beta \frac{1}{2} \left[\rho(\theta) \right]^2 \mathrm{d}\theta \qquad\qquad (6-7-3)$$

例 6.7.4　求心形线 $\rho = a(1 + \cos\theta)$ 所围图形的面积 $(a > 0)$.

解　用公式 $(6-7-3)$ 计算.由于图形关于极轴对称(图 6 -18),所以所求面积为

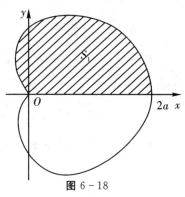

$$\begin{aligned}
S &= 2 \times \frac{1}{2} \int_0^\pi a^2 (1 + \cos\theta)^2 \mathrm{d}\theta \\
&= a^2 \int_0^\pi (1 + 2\cos\theta + \cos^2\theta) \mathrm{d}\theta \\
&= a^2 \int_0^\pi (\frac{3}{2} + 2\cos\theta + \frac{1}{2}\cos 2\theta) \mathrm{d}\theta \\
&= a^2 \left[\frac{3}{2}\theta + 2\sin\theta + \frac{1}{4}\sin 2\theta \right] \Big|_0^\pi = \frac{3}{2}\pi a^2
\end{aligned}$$

图 6-18

6.7.2　特殊的空间立体的体积

1.平行截面面积为已知的立体体积

一个空间立体,如果该立体上垂直于一定轴的各个截面的面积为 $A(x)(a \leqslant x \leqslant b)$(图 6-19),

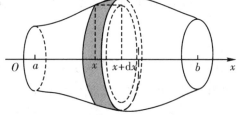

那么这个立体的体积可用定积分来计算.取定轴为 x 轴,并设该立体位于过点 $x = a$ 和 $x = b(a < b)$ 的两个垂直于定轴的平面之间,用垂直于 x 轴的任一平面截此立体所得截面面积 $A(x)$ 是 x 的已知连续函数,现求该立体的体积.

取 x 为积分变量,$x \in [a, b]$,把区间 $[a, b]$ 分成许多小区间,任一小区间 $[x, x + \mathrm{d}x]$ 上的小立体

图 6-19

的体积近似等于以 $A(x)$ 为底、$\mathrm{d}x$ 为高的柱体的体积,即立体体积的微元为

$$\mathrm{d}V = A(x)\mathrm{d}x$$

把这些微元加起来,就得到所求立体的体积为

$$V = \int_a^b A(x)\mathrm{d}x$$

例 6.7.5　设有底半径为 R 的正圆柱体,被通过其底面直径且与底面交成 α 角的平面所截,得一圆柱楔形,求其体积.

解　如图 6-20 所示,取底面直径为 x 轴,底面中心为坐标原点,过直径上任一点 x 作平面垂直于 x 轴,此平面与楔形相截所得为直角三角形,其底为 $y = \sqrt{R^2 - x^2}$,高为 $y = \sqrt{R^2 - x^2} \cdot \tan\alpha$,因此截面面积为

$$A(x) = \frac{1}{2}(R^2 - x^2)\tan\alpha$$

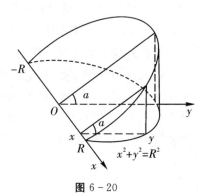

图 6-20

故圆柱楔形体积为

$$V = \int_{-R}^{R} A(x) \mathrm{d}x = \frac{1}{2} \tan \alpha \int_{-R}^{R} (R^2 - x^2) \mathrm{d}x$$

$$= \frac{2}{3} R^3 \tan \alpha$$

2. 旋转体体积

一个平面图形绕该平面内一条定直线旋转一周所形成的立体叫做旋转体,这条直线叫做旋转轴.例如,圆柱可以看成是矩形沿它的一条边旋转一周而成的立体,球体是半圆绕它的直径旋转一周而成的立体等等.现在,我们来求由曲线 $y = f(x)$、直线 $x = a$、$x = b$ 及 x 轴所围成的曲边梯形(其中 $a < b$,且在 $[a, b]$ 上 $f(x) \geqslant 0$)绕 x 轴旋转一周而成的旋转体体积(图 6 - 21).过 $[a, b]$ 上任一点 x 作平面垂直于 x 轴,此平面与旋转体相截所得截面是圆,其半径为 $y = f(x)$,因此截面面积为

$$A(x) = \pi y^2 = \pi f^2(x)$$

由平行截面面积为已知的立体体积公式得旋转体体积为

$$V = \pi \int_a^b y^2 \mathrm{d}x = \pi \int_a^b f^2(x) \mathrm{d}x$$

同理,由曲线 $x = \varphi(y)(\varphi(y) \geqslant 0)$,直线 $y = c$、$y = d (c < d)$ 及 y 轴围成的曲边梯形绕 y 轴旋转一周而成的旋转体体积(图 6 - 22)为

$$V = \pi \int_c^d x^2 \mathrm{d}y = \pi \int_c^d \varphi^2(y) \mathrm{d}y$$

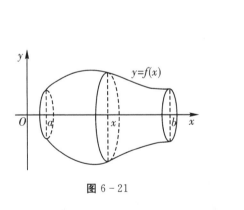

图 6 - 21

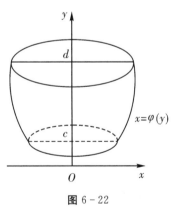

图 6 - 22

例 6.7.6　求椭圆 $\dfrac{x^2}{a^2} + \dfrac{y^2}{b^2} = 1$ 分别绕 x 轴与 y 轴旋转所得旋转体的体积.

解　如图 6 - 23 所示,由椭圆方程得 $y^2 = b^2 \left(1 - \dfrac{x^2}{a^2}\right)$,$x^2 = a^2 \left(1 - \dfrac{y^2}{b^2}\right)$.利用对称性,绕 x 轴旋转所得旋转椭球体的体积为

$$V = 2\pi \int_0^a y^2 \mathrm{d}x$$

$$= 2\pi \int_0^a b^2 \left(1 - \frac{x^2}{a^2}\right) \mathrm{d}x = \frac{4}{3} \pi a b^2$$

而绕 y 轴旋转所得旋转椭球体的体积为

$$V = 2\pi \int_0^b x^2 \mathrm{d}y = 2\pi \int_a^b a^2 \left(1 - \frac{y^2}{b^2}\right) \mathrm{d}y = \frac{4}{3}\pi a^2 b$$

可见,绕两坐标轴旋转而成的立体体积是不同的,但当 $a = b$ 时,旋转体为球,立即可得半径为 a 的球体体积为 $\frac{4}{3}\pi a^3$.

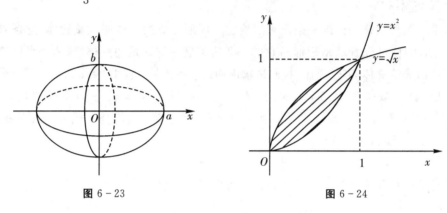

图 6-23   图 6-24

例 6.7.7 求由两条抛物线 $y = x^2$、$y = \sqrt{x}$ 所围图形绕 x 轴旋转一周所形成的旋转体的体积.

解 如图 6-24 所示,解方程组

$$\begin{cases} y = x^2 \\ y = \sqrt{x} \end{cases}$$

得两曲线交点为 $(0,0)$、$(1,1)$,旋转体的体积可以看成是由 $y = \sqrt{x}$、$x = 1$ 及 x 轴围成的图形与由 $y = x^2$、$x = 1$ 及 x 轴所围成的图形分别绕 x 轴旋转而成的两个旋转体的体积之差,于是有

$$V = \pi \int_0^1 \left[(\sqrt{x})^2 - (x^2)^2\right] \mathrm{d}x = \pi \left[\frac{x^2}{2} - \frac{x^5}{5}\right]\Big|_0^1 = \frac{3}{10}\pi$$

6.7.3 物理应用

1.物体沿直线移动变力所做的功

设物体在连续变力 $F(x)$ 的作用下,沿力的方向作直线运动,求物体从点 a 移动到点 b 时,变力 $F(x)$ 所作的功(图 6-25).

图 6-25

取 x 为积分变量,$x \in [a,b]$,在区间 $[a,b]$ 上任取一小区间 $[x, x+\mathrm{d}x]$,因为 $\mathrm{d}x$ 变得很小,变力在这段上所做的功,可近似地表示为

$$\mathrm{d}W = F(x)\mathrm{d}x$$

这就是功的微元,于是所求的功为

$$W = \int_a^b F(x) \mathrm{d}x$$

例 6.7.8 设有一弹簧,假定被压缩 0.5 cm 时需用力 1 N,现弹簧在外力的作用下被压缩 3 cm,求外力所做的功.

解 根据胡克定理,在一定的弹性范围内,将弹簧拉伸(或压缩)所需的力 F 与伸长量(压缩量)x 成正比,即

$$F = kx(k > 0 \text{ 为弹性系数})$$

按假设,当 $x = 0.005$ m 时,$F = 1$ N,代入上式得 $k = 2$ N/m,即有

$$F = 200x$$

所以取 x 为积分变量,x 的变化区间为 $[0, 0.03]$,功微元为

$$\mathrm{d}W = F(x)\mathrm{d}x = 200x \mathrm{d}x$$

于是当弹簧被压缩了 3 cm 时,外力所做的功为

$$W = \int_0^{0.03} 200x \mathrm{d}x = (100x^2) \Big|_0^{0.03} = 0.09 \text{ J}$$

2.液体对侧面的压力

从物理学知道,在液面下深度为 h 处的压强为

$$P = \gamma h$$

其中 γ 为液体的比重.如果有一面积为 A 的薄平板水平地置于深度为 h 处,那么薄平板一侧所受的液体压力等于压强乘以面积,即

$$p = PA = \gamma h A$$

如果薄板不是水平放置在液体中,那么薄板不同深度处的压强 P 各不相同,薄板所受到的压力就不能用上述方法计算,可以用微元法将薄板所受到的压力表示成定积分.下面通过一个例子来说明计算方法.

例 6.7.9 一梯形闸门倒置于水中,两底边的长度分别为 $2a$、$2b(a < b)$,高为 h,水面与闸门顶齐平,试求闸门上所受的压力 F.

解 取坐标系如图 $6-26$ 所示,则 AB 的方程为

$$y = \frac{a-b}{h}x + b$$

取水深 x 为积分变量,x 的变化区间为 $[0, h]$,在 $[0, h]$上任取一子区间 $[x, x + \mathrm{d}x]$,与这个小区间相对应的小梯形上各点处的压强 $P = \gamma x(\gamma$ 为水的比重),则小梯形上所受的水压力为

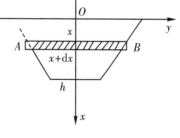

图 $6-26$

$$\mathrm{d}P = (2y\mathrm{d}x)\gamma x = 2\gamma x \left(\frac{a-b}{h}x + b \right)\mathrm{d}x$$

小梯形上所受的总压力为

$$P = \int_0^h 2\gamma x \left(\frac{a-b}{h}x + b \right)\mathrm{d}x$$

$$= 2\gamma \int_0^h \left(\frac{a-b}{h} x^2 + bx \right) \mathrm{d}x$$

$$= 2\gamma \left(\frac{a-b}{h} \frac{x^3}{3} + b\frac{x^2}{2} \right) \Big|_0^h = 2\gamma \left(\frac{a-b}{3} + \frac{b}{2} \right) h^2 = \frac{1}{3}(2a+b)\gamma h^2$$

6.7.4　经济学中的应用

1.利用边际函数求原经济函数问题

对一已知经济函数 $F(x)$(如需求函数 $Q(P)$、总成本函数 $C(x)$、总收益函数 $R(x)$ 和利润函数 $L(x)$ 等),它的边际函数就是它的导函数 $F'(x)$.

作为导数(微分)的逆运算,若对已知的边际函数 $F'(x)$ 求不定积分,则可求得原经济函数

$$F(x) = \int F'(x)\mathrm{d}x$$

其中,积分常数 C 可由经济函数的具体条件确定.

常用的边际函数有:

边际成本函数　$C' = \dfrac{\mathrm{d}C}{\mathrm{d}x}$

边际收益函数　$R' = \dfrac{\mathrm{d}R}{\mathrm{d}x}$

所以,总成本函数可以表示为　$C(x) = \displaystyle\int_0^x C'\mathrm{d}x + C_0$

总收益函数可以表示为　$R(x) = \displaystyle\int_0^x R'\mathrm{d}x$

总利润函数可以表示为　$L(x) = \displaystyle\int_0^x (R'-C')\mathrm{d}x - C_0$

其中 C_0 为固定成本.

例 6.7.10　已知生产某产品 x 台的边际成本为 $C'(x) = \dfrac{150}{\sqrt{1+x^2}} + 1$(万元/台),边际收入为 $R'(x) = 30 - \dfrac{2}{5}x$(万元/台),若不变成本为 $C(0) = 10$(万元/台),求总成本函数、总收入函数和总利润函数.

解　总成本函数为 $C(x) = \displaystyle\int_0^x C'\mathrm{d}x + C_0 = \int_0^x \left[\frac{150}{\sqrt{1+x^2}} + 1 \right]\mathrm{d}x + 10$

$$= 150\ln(x + \sqrt{1+x^2}) + x + 10$$

由于当产量为零时总收入为零,即 $R(0) = 0$,于是得

总收入函数为　$R(x) = \displaystyle\int_0^x R'\mathrm{d}x + R(0) = \int_0^x \left(30 - \frac{2}{5}x \right)\mathrm{d}x + 0 = 30x - \frac{1}{5}x^2$

总利润函数为　$L(x) = R(x) - C(x) = 29x - \dfrac{1}{5}x^2 - 150\ln(x + \sqrt{1+x^2}) - 10$

2.已知变化率求总量问题

已知某产品的总产量 Q 的变化率是时间 t 的连续函数 $f(t)$,即设 $Q'(t) = f(t)$,则该产

品的总产量函数为

$$Q(t) = Q(t_0) + \int_{t_0}^{t_1} f(t)\mathrm{d}t, t \geqslant t_0$$

其中 $t \geqslant 0$ 为某个规定的初始时刻,通常取 $t_0 = 0$,这时 $Q(0) = 0$,即刚投产时总产量为零.

由上式知,从 t_0 到 t_1($0 \leqslant t_0 \leqslant t_1$)这段时间内,总产量的增量为

$$\Delta Q = Q(t_1) - Q(t_0) = \int_{t_0}^{t_1} f(t)\mathrm{d}t$$

例 6.7.11　某工厂生产某商品,在时刻 t 的总产量变化率为 $f(t) = 100 + 12t$(单位:小时).求由 $t = 2$ 到 $t = 4$ 这两小时的总产量.

解　总产量 $Q = \int_2^4 f(t)\mathrm{d}t = \int_2^4 (100 + 12t)\mathrm{d}t = 272.$

习　题　6 - 7

1.求由下列曲线所围成图形的面积:

(1)$y = x^2 - 4x + 5$,Ox 轴,Oy 轴及 $x = 1$;

(2)$y = \mathrm{e}^x$,$y = \mathrm{e}^{-x}$ 及 $x = 1$;

(3)$xy = 1$,及直线 $y = x$,$y = 3$;

(4)圆 $x^2 + y^2 = 1$ 与圆 $x^2 + y^2 = 2x$ 所围成的图形的面积(在 $x^2 + y^2 = 1$ 外面部分).

2.求下列立体的体积:

(1)由 $y = x^2$,$x = y^2$ 所围成的图形绕 y 轴旋转;

(2)由 $y = \ln x$,$x = \mathrm{e}$,$y = 0$ 所围成的图形绕 x 轴旋转;

(3)由 $y = \sqrt{x}$,$x = 1$,$x = 4$ 和 x 轴所围成的图形绕 x 轴旋转;

(4)求以半径为 R 的圆为底、平行且等于底圆直径的线段为顶、高为 h 的正劈锥体的体积,如图 6 - 27 所示.

3.已知某产品生产 x 个单位时,边际收益为 $R'(x) = 100 - \dfrac{x}{25}$(元/单位)($x \geqslant 0$),求生产了 100 个单位时的总收益,如果在此基础上再生产 100 个单位时收益又是多少?

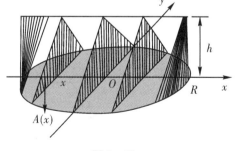

4.设生产某产品的固定成本为 10,而当产量为 x 时的边际成本函数为 $C' = 40 - 20x + 3x^2$,边际收益函数为 $R' = 32 - 10x$,求总利润函数,以及使总利润最大的产量.

图 6 - 27

5.设有一直径为 20 m 的半球形水池,池内注满水,若要把水抽尽,问至少需做多少功?

第 6 章总习题

1.填空:

(1)若 $f(x)$ 连续,则 $\mathrm{d}\left(\int f(x)\mathrm{d}x\right) =$ _____.

(2) $\dfrac{\mathrm{d}}{\mathrm{d}x}\displaystyle\int \sin 3x\,\mathrm{d}x =$ _____ .

(3) $f(x)$ 的原函数是 $\ln x^{2}$，则 $\displaystyle\int x^{3}f'(x)\,\mathrm{d}x =$ _____ .

(4) 在 $\displaystyle\int_{0}^{-\frac{\pi}{2}} \sqrt[3]{1+x^{2}}\,\mathrm{d}x$ 与 $\displaystyle\int_{0}^{-\frac{\pi}{2}} \sqrt[3]{1+\sin^{2}x}\,\mathrm{d}x$ 中比较小的值是 _____ .

(5) 曲线 $y=\cos x$ 在 $[0,2\pi]$ 上与 x 轴所围成图形的面积是 _____ .

(6) 已知 $f(x)=\begin{cases} x\cos x, & x\geqslant 0 \\ \mathrm{e}^{x}, & x<0 \end{cases}$ ，则 $\displaystyle\int_{0}^{1} f(x-1)\,\mathrm{d}x$ 等于 _____ .

2.选择题：

(1) 设 $f(x)=\begin{cases} 1, & 0\leqslant x\leqslant \dfrac{1}{2} \\ 0, & \dfrac{1}{2}\leqslant x\leqslant 1 \end{cases}$ ，则 ξ 在等式 $f(\xi)=\displaystyle\int_{0}^{1} f(x)\,\mathrm{d}x$ 中的情况为 _____ .

(A) 在 $[0,1]$ 内至少有一点 ξ，使该式成立

(B) 在 $[0,1]$ 内不存在 ξ，使该式成立

(C) 在 $\left[0,\dfrac{1}{2}\right]$，$\left[\dfrac{1}{2},1\right]$ 都存在 ξ，使该式成立

(D) 仅在 $\left[0,\dfrac{1}{2}\right]$ 中存在 ξ，使该式成立

(2) $\displaystyle\int_{0}^{\frac{\pi}{2}} \cos^{3}x\,\mathrm{d}x$ 等于 _____ .

(A) $\dfrac{1}{3}$ (B) $\dfrac{1}{4}$ (C) $\dfrac{2}{3}$ (D) $\dfrac{\pi}{3}$

(3) $\displaystyle\int_{-1}^{1} \dfrac{x(\arctan x)^{2}}{1+x^{2}}\,\mathrm{d}x$ 等于 _____ .

(A) 1   (B) 0   (C) $\dfrac{\pi}{4}$ (D) $\dfrac{\pi}{2}$

(4) $\displaystyle\int_{-1}^{1} \dfrac{1}{x^{2}}\,\mathrm{d}x$ 等于 _____ .

(A) -2 (B) 0   (C) 1   (D) 发散

3.求下列积分：

(1) $\displaystyle\int \sin 5x\cos 7x\,\mathrm{d}x$ ；   (2) $\displaystyle\int x^{2}\mathrm{e}^{-2x}\,\mathrm{d}x$ ；   (3) $\displaystyle\int \dfrac{\mathrm{d}x}{\sin^{3}x}$ ；

(4) $\displaystyle\int \dfrac{\sqrt{x}}{\sqrt{\sqrt{x}+1}}\,\mathrm{d}x$ ；   (5) $\displaystyle\int \dfrac{\mathrm{d}x}{x\sqrt{1+x^{2}}}$ ；   (6) $\displaystyle\int x\ln^{2}x\,\mathrm{d}x$.

4. 计算 $\displaystyle\int_{1}^{5} (|2-x|+|\sin x|)\,\mathrm{d}x$.

5. 设函数 $f(x)$ 在 $[0,1]$ 上连续，证明：$\displaystyle\int_{0}^{\frac{\pi}{2}} f(|\cos x|)\,\mathrm{d}x = \dfrac{1}{4}\displaystyle\int_{0}^{2\pi} f(|\cos x|)\,\mathrm{d}x$.

6.设 $f'(\tan^2 x)=\sec^2 x$，$f(0)=1$，求 $f(x)$.

7.设 $f(x)$ 的一个原函数是 $\ln(x+\sqrt{1+x^2})$，求 $\int x f'(x)\mathrm{d}x$.

8.计算下列极限：

(1) $\lim\limits_{x\to+\infty} \dfrac{\int_0^x (\arctan t)^2 \mathrm{d}t}{\sqrt{x^2+1}}$；

(2) $\lim\limits_{x\to a} \dfrac{x}{x-a}\int_a^x f(t)\mathrm{d}t$，其中 $f(x)$ 连续.

9.求下列定积分：

(1) $\displaystyle\int_1^3 \frac{\arctan\sqrt{x}}{\sqrt{x}\,(1+x)}\mathrm{d}x$；

(2) $\displaystyle\int_0^1 \frac{\ln(1+x)}{(2-x)^2}\mathrm{d}x$；

(3) $\displaystyle\int_1^2 \frac{x}{\sqrt{x-1}}\mathrm{d}x$；

(4) $\displaystyle\int_1^{+\infty} \frac{\mathrm{d}x}{\sqrt{x}+x\sqrt{x}}$.

10.求下列曲线所成图形的面积或体积：

(1)曲线 $y=\dfrac{1}{2}x^2$ 与 $x^2+y^2=8$；

(2)以抛物线 $y=4-x^2$ 与 $y=0$ 围成的图形做底部，而垂直于 y 轴的所有载面都是高为 2 的矩形的立体图形.

11.求曲线 $y=\dfrac{x^2}{2}$ 在 $\left(1,\dfrac{1}{2}\right)$ 点处的法线与该曲线所围图形的面积.

12.设 $f(x)$、$g(x)$ 在区间 $[a,b]$ 上可积，证明：

$$\left(\int_a^b f(x)g(x)\mathrm{d}x\right)^2 \leqslant \int_a^b f^2(x)\mathrm{d}x \int_a^b g^2(x)\mathrm{d}x.$$

13.设 $\int x f(x)\mathrm{d}x = x\mathrm{e}^{x^2} - \int \mathrm{e}^{x^2}\mathrm{d}x$ 成立，试求 $f(x)$.

14.某产品的边际成本为 $C'=Q$，边际收益为生产量 Q 的函数：$R'(Q)=10-Q$.

(1)求生产量等于多少时，总利润 $L=R-C$ 最大？设利润、成本收益的单位为万元.

(2)从利润最大的生产量又生产了 2 个单位，总利润减少了多少？

第7章 重积分

本章介绍多元函数积分学.在一元函数积分学中我们知道定积分是某种确定形式的和的极限,这种和的极限的概念推广到定义在区域、曲线及曲面上多元函数的情形,便得到重积分、曲线积分及曲面积分的概念.本章将介绍重积分(包括二重积分和三重积分)的概念、计算方法以及它们的一些应用.

7.1 二重积分的概念与性质

7.1.1 二重积分的概念

为了更好地理解二重积分的概念,先看下面两个引例.

1.两个引例

引例 1 曲顶柱体的体积

设有一空间立体 Ω(图 7-1),它的底是 xOy 面上的有界闭区域(本书以后除特殊说明外,都假定平面闭区域是有界的,且平面闭区域有有限面积)D,它的侧面是以 D 的边界曲线为准线而母线平行于 z 轴的柱面,它的顶是曲面 $z=f(x,y)$,这里 $f(x,y) \geqslant 0$ 且在 D 上连续,这种立体叫做曲顶柱体.

对于平顶柱体,即函数 $f(x,y)$ 在 D 上取常数值时,可用公式

体积＝底面积×高

来计算其体积.

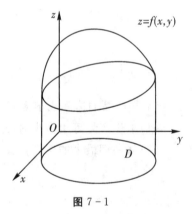

图 7-1

对于曲顶柱体,当点 (x,y) 在区域 D 上变动时,高度 $f(x,y)$ 是一个变量,其体积不能直接用上述公式来计算,但却可以仿照第 6 章中求曲边梯形面积的方法来计算曲顶柱体的体积,步骤如下:

(1)分割.用任意一组网线将区域 D 分成 n 个小闭区域 $\Delta\sigma_1$、$\Delta\sigma_2$、$\cdots$、$\Delta\sigma_n$.以这些小闭区域的边界曲线为准线,作母线平行于 z 轴的柱面,这些柱面将原来的曲顶柱体 Ω 划分成 n 个小曲顶柱体 $\Delta\Omega_1$、$\Delta\Omega_2$、$\cdots$、$\Delta\Omega_n$.假设以 $\Delta\sigma_i$ 为底的小曲顶柱体为 $\Delta\Omega_i$,这里 $\Delta\sigma_i$ 既代表第 i 个小区域,又表示它的面积值,$\Delta\Omega_i$ 既代表第 i 个小曲顶柱体,又代表它的体积值,从而 $V = \sum_{i=1}^{n} \Delta\Omega_i$.

（2）近似. 由于 $f(x,y)$ 在 D 上连续，故当每个小闭区域 $\Delta\sigma_i$ 的直径（即区域上任意两点间距离的最大值）都很小时，$f(x,y)$ 在 $\Delta\sigma_i$ 上的函数值变化不大. 因此，可以将每个小曲顶柱体近似地看作小平顶柱体. 在小区域 $\Delta\sigma_i$ 中任取一点 (ξ_i,η_i)，于是 $\Delta\Omega_i$ 近似等于以 $\Delta\sigma_i$ 为底、$f(\xi_i,\eta_i)$ 为高的平顶柱体的体积（图 7-2），即

$$\Delta\Omega_i \approx f(\xi_i,\eta_i)\Delta\sigma_i \quad (i=1,2,\cdots,n)$$

（3）求和. 对 n 个小曲顶柱体 $\Delta\Omega_1$、$\Delta\Omega_2$、$\cdots$、$\Delta\Omega_n$ 的体积求和，得到所求曲顶柱体的体积 V 的近似值

$$V = \sum_{i=1}^{n}\Delta\Omega_i \approx \sum_{i=1}^{n}f(\xi_i,\eta_i)\Delta\sigma_i$$

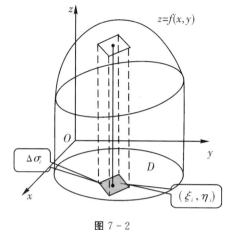

图 7-2

（4）取极限. 当分割越来越细，即各个小闭区域 $\Delta\sigma_i(i=1,2,\cdots,n)$ 的直径的最大值（记作 λ）趋近于零时，取极限，得到所求曲顶柱体的体积 V 的精确值，即

$$V = \lim_{\lambda\to 0}\sum_{i=1}^{n}f(\xi_i,\eta_i)\Delta\sigma_i$$

引例 2　平面薄片的质量

设有一平面薄片占有 xOy 面上的闭区域 D（图 7-3），它在点 $P(x,y)$ 处的面密度为 $\rho(x,y)$，这里 $\rho(x,y)>0$，而且 $\rho(x,y)$ 在 D 上连续，现在计算该薄片的质量 M.

如果薄片是均匀的，即面密度 $\rho(x,y)$ 在 D 上是常数，则薄片的质量可用公式

$$\text{质量} = \text{面密度} \times \text{面积}$$

来计算.

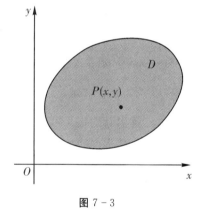

图 7-3

如果面密度 $\rho(x,y)$ 在 D 上是变量，则不能直接套用上述公式，但却同样可以用引例 1 中处理曲顶柱体体积问题的方法来求平面薄片的质量 M.

（1）分割. 用曲线网将闭区域 D 分成 n 个小闭区域 $\Delta\sigma_1$、$\Delta\sigma_2$、$\cdots$、$\Delta\sigma_n$，相应地该薄片也被分成了 n 个小块，记第 i 个小块的质量为 $\Delta M_i(i=1,2,\cdots,n)$.

（2）取近似. 由于 $\rho(x,y)$ 在 D 上连续，故当各个小块所占的小闭区域 $\Delta\sigma_i$ 的直径很小时，这些小块就可以近似地看做均匀薄片. 于是，在每个小闭区域 $\Delta\sigma_i$（其面积也记为 $\Delta\sigma_i$）上任取一点 (ξ_i,η_i)，那么第 i 个小块的质量（图 7-4）可近似取为

$$\Delta M_i \approx \rho(\xi_i,\eta_i)\Delta\sigma_i$$

（3）求和. 对 n 个小块的质量 ΔM_1、ΔM_2、$\cdots$、ΔM_n 求和，得到所求平面薄片的质量 M 的近似值为

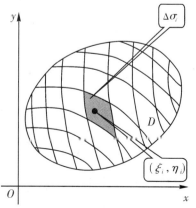

图 7-4

$$M = \sum_{i=1}^{n} \Delta M_i \approx \sum_{i=1}^{n} \rho(\xi_i, \eta_i) \Delta \sigma_i$$

(4)取极限.当分割越来越细,即各个小闭区域 $\Delta \sigma_i (i=1,2,\cdots,n)$ 的直径的最大值(记作 λ)趋近于零时,取极限,得到平面薄片质量的精确值,即

$$M = \lim_{\lambda \to 0} \sum_{i=1}^{n} \rho(\xi_i, \eta_i) \Delta \sigma_i$$

以上两个问题的实际意义虽然不同,但在数学上都可归结为同一形式的和式的极限,将以上思想加以抽象推广,可引入以下二重积分的概念.

2.二重积分的定义

定义 7.1 设 $f(x,y)$ 是有界闭区域 D 上的有界函数.将闭区域 D 任意分成 n 个小闭区域 $\Delta \sigma_1$、$\Delta \sigma_2$、$\cdots$、$\Delta \sigma_n$,其中 $\Delta \sigma_i$ 既表示第 i 个小闭区域,也表示它的面积.在每个小闭区域 $\Delta \sigma_i$ 中任取一点 (ξ_i, η_i),作乘积 $f(\xi_i, \eta_i) \Delta \sigma_i (i=1,2,\cdots,n)$,并作和 $\sum_{i=1}^{n} f(\xi_i, \eta_i) \Delta \sigma_i$,以 λ_i 表示 $\Delta \sigma_i$ 的直径,并记 $\lambda = \max_{1 \leqslant i \leqslant n} \{\lambda_i\}$,若极限 $\lim_{\lambda \to 0} \sum_{i=1}^{n} f(\xi_i, \eta_i) \Delta \sigma_i$ 总存在,则称此极限为函数 $f(x,y)$ 在闭区域 D 上的**二重积分**,记作 $\iint\limits_{D} f(x,y) \mathrm{d}\sigma$,即

$$\iint\limits_{D} f(x,y) \mathrm{d}\sigma = \lim_{\lambda \to 0} \sum_{i=1}^{n} f(\xi_i, \eta_i) \Delta \sigma_i \qquad (7-1-1)$$

其中,$f(x,y)$ 称为被积函数,$f(x,y)\mathrm{d}\sigma$ 称为被积表达式,$\mathrm{d}\sigma$ 称为面积元素,x 与 y 称为积分变量,D 称为积分区域,$\sum_{i=1}^{n} f(\xi_i, \eta_i) \Delta \sigma_i$ 称为积分和.

由二重积分的定义可知,曲顶柱体的体积是函数 $f(x,y)$ 在底面区域 D 上的二重积分,有

$$V = \iint\limits_{D} f(x,y) \mathrm{d}\sigma$$

引例 2 中平面薄片的质量是它的面密度 $\rho(x,y)$ 在薄片所占闭区域 D 上的二重积分,有

$$M = \iint\limits_{D} \rho(x,y) \mathrm{d}\sigma$$

3.二重积分的几何意义

一般地,对于二重积分 $\iint\limits_{D} f(x,y) \mathrm{d}\sigma$:

(1) 如果 $f(x,y) \geqslant 0$,则二重积分 $\iint\limits_{D} f(x,y) \mathrm{d}\sigma$ 表示以 $z=f(x,y)$ 为顶,以闭区域 D 为底的曲顶柱体的体积,即 $V = \iint\limits_{D} f(x,y) \mathrm{d}\sigma$;

(2) 如果 $f(x,y) \leqslant 0$,则二重积分 $\iint\limits_{D} f(x,y) \mathrm{d}\sigma$ 表示以 $z=f(x,y)$ 为顶,以闭区域 D 为底的曲顶柱体的体积的负值.若此时求曲顶柱体的体积,可将被积函数加上绝对值,即 $V = \iint\limits_{D} |f(x,y)| \mathrm{d}\sigma$;

（3）如果 $f(x,y)$ 在 D 上变号，则二重积分 $\iint\limits_{D} f(x,y)\mathrm{d}\sigma$ 表示 xOy 面上方的曲顶柱体的体积与下方曲顶柱体的体积之差，即 xOy 面上下两部分体积的代数和.

4.对二重积分定义的几点说明

（1）二重积分的存在性.

如果二重积分 $\iint\limits_{D} f(x,y)\mathrm{d}\sigma$ 存在，则称函数 $f(x,y)$ 在区域 D 上是可积的.可以证明，如果函数 $f(x,y)$ 在区域 D 上连续，则 $f(x,y)$ 在区域 D 上是可积的.在以后的讨论中，我们总假定函数 $f(x,y)$ 在积分区域 D 上是连续的，所以 $f(x,y)$ 在积分区域 D 上的二重积分都是存在的.

（2）直角坐标系下二重积分面积元素的表示.

根据二重积分的定义，如果函数 $f(x,y)$ 在区域 D 上可积，则二重积分的值与对积分区域的分割方法无关.因此，在直角坐标系中，常用平行于 x 轴和 y 轴的两组直线来分割积分区域 D，那么除了包含边界点的一些小区域之外，其余的小闭区域都是矩形闭区域.设矩形闭区域 $\Delta\sigma_i$ 的两条边长为 Δx_i 和 Δy_i，则 $\Delta\sigma_i = \Delta x_i \Delta y_i$.因此在直角坐标系中，有时将面积元素 $\mathrm{d}\sigma$ 记作 $\mathrm{d}x\mathrm{d}y$，而把二重积分 $\iint\limits_{D} f(x,y)\mathrm{d}\sigma$ 记作 $\iint\limits_{D} f(x,y)\mathrm{d}x\mathrm{d}y$，其中 $\mathrm{d}x\mathrm{d}y$ 叫做直角坐标系中的面积元素.

7.1.2　二重积分的性质

比较定积分与二重积分的定义，二重积分与定积分有类似的性质.

性质 7.1　设 α,β 为常数，则
$$\iint\limits_{D}\left[\alpha f(x,y)\pm\beta g(x,y)\right]\mathrm{d}\sigma = \alpha\iint\limits_{D} f(x,y)\mathrm{d}\sigma \pm \beta\iint\limits_{D} g(x,y)\mathrm{d}\sigma$$

这个性质表明二重积分满足线性运算.

性质 7.2　如果闭区域 D 被有限条曲线分为有限个部分闭区域，则在 D 上的二重积分等于在各个闭区域上的二重积分的和.例如闭区域 D 分为两个闭区域 D_1 与 D_2，则
$$\iint\limits_{D} f(x,y)\mathrm{d}\sigma = \iint\limits_{D_1} f(x,y)\mathrm{d}\sigma + \iint\limits_{D_2} f(x,y)\mathrm{d}\sigma$$

这个性质表明二重积分对于积分区域具有可加性.

性质 7.3　如果在 D 上，$f(x,y)\equiv 1$，σ 为区域 D 的面积，则
$$\iint\limits_{D} 1\mathrm{d}\sigma = \iint\limits_{D}\mathrm{d}\sigma = \sigma$$

其几何意义是：以 D 为底，高为 1 的平顶柱体的体积在数值上等于柱体的底面积.

性质 7.4　如果在区域 D 上，恒有 $f(x,y)\leqslant g(x,y)$，则有
$$\iint\limits_{D} f(x,y)\mathrm{d}\sigma \leqslant \iint\limits_{D} g(x,y)\mathrm{d}\sigma$$

特别地，由于
$$-\left|f(x,y)\right|\leqslant f(x,y)\leqslant\left|f(x,y)\right|$$

又有

$$\left| \iint\limits_{D} f(x,y)\mathrm{d}\sigma \right| \leqslant \iint\limits_{D} |f(x,y)|\mathrm{d}\sigma$$

例 7.1.1 比较积分 $\iint\limits_{D}(x+y)^2\mathrm{d}\sigma$ 与积分 $\iint\limits_{D}(x+y)^3\mathrm{d}\sigma$ 的大小,其中积分区域 D 是由 x 轴、y 轴与直线 $x+y=1$ 所围成的.

解 在积分区域 D 上,$0\leqslant x+y\leqslant 1$,故有

$$(x+y)^3\leqslant(x+y)^2$$

根据二重积分的性质 7.4,可得

$$\iint\limits_{D}(x+y)^3\mathrm{d}\sigma\leqslant\iint\limits_{D}(x+y)^2\mathrm{d}\sigma$$

性质 7.5 设 M 与 m 分别是 $f(x,y)$ 在闭区域 D 上的最大值和最小值,σ 是 D 的面积,则有

$$m\cdot\sigma\leqslant\iint\limits_{D}f(x,y)\mathrm{d}\sigma\leqslant M\cdot\sigma$$

这个不等式称为二重积分的估值不等式.

例 7.1.2 估计二重积分 $I=\iint\limits_{D}\dfrac{1}{\sqrt{x^2+y^2+2xy+16}}\mathrm{d}\sigma$ 的值,其中积分区域 D 为矩形闭区域 $\{(x,y)\,|\,0\leqslant x\leqslant 1,0\leqslant y\leqslant 2\}$.

解 被积函数 $f(x,y)=\dfrac{1}{\sqrt{x^2+y^2+2xy+16}}$ 在区域 D 上的最大值 M 和最小值 m 为

$$M=\dfrac{1}{\sqrt{(0+0)^2+4^2}}=\dfrac{1}{4},\quad m=\dfrac{1}{\sqrt{(1+2)^2+4^2}}=\dfrac{1}{5}$$

D 的面积为 2,所以 $\dfrac{1}{5}\times 2\leqslant I\leqslant\dfrac{1}{4}\times 2$,即 $\dfrac{2}{5}\leqslant I\leqslant\dfrac{1}{2}$.

性质 7.6 设函数 $f(x,y)$ 在闭区域 D 上连续,σ 是 D 的面积,则至少存在一点 $(\xi,\eta)\in D$,使得

$$\iint\limits_{D}f(x,y)\mathrm{d}\sigma=f(\xi,\eta)\cdot\sigma$$

这个性质称为二重积分的中值定理.

习题 7-1

1.设有一平面薄板(不计其厚度)占有 xOy 面上的闭区域 D,薄板上分布着面密度为 $\mu=\mu(x,y)$ 的电荷,且 $\mu(x,y)$ 在 D 上连续,试用二重积分表达该板上的全部电荷 Q.

2.利用二重积分定义证明:

(1) $\iint\limits_{D}\mathrm{d}\sigma=\sigma$(其中 σ 为 D 的面积);

(2) $\iint\limits_{D}kf(x,y)\mathrm{d}\sigma=k\iint\limits_{D}f(x,y)\mathrm{d}\sigma$(其中 k 为常数);

(3) $\iint\limits_{D} f(x,y)\mathrm{d}\sigma = \iint\limits_{D_1} f(x,y)\mathrm{d}\sigma + \iint\limits_{D_2} f(x,y)\mathrm{d}\sigma$, 其中 $D = D_1 \bigcup D_2$, D_1、D_2 为两个无公共内点的闭区域.

3. 判断积分 $\iint\limits_{\frac{1}{2} \leqslant x^2 + y^2 \leqslant 1} \ln(x^2 + y^2)\mathrm{d}x\,\mathrm{d}y$ 的符号.

4. 根据二重积分的性质,比较下列积分值的大小:

(1) $\iint\limits_{D} (x+y)^2\mathrm{d}\sigma$ 与 $\iint\limits_{D} (x+y)^3\mathrm{d}\sigma$, 其中 D 是由圆周 $(x-2)^2 + (y-1)^2 = 2$ 所围成的;

(2) $\iint\limits_{D} \ln(x+y)\mathrm{d}\sigma$ 与 $\iint\limits_{D} [\ln(x+y)]^2\mathrm{d}\sigma$, 其中 $D = \{(x,y) \mid 3 \leqslant x \leqslant 5, 0 \leqslant y \leqslant 1\}$.

5. 利用二重积分的性质估计下列积分的值:

(1) $I = \iint\limits_{D} \sin^2 x \, \sin^2 y \mathrm{d}\sigma$, 其中 $D = \{(x,y) \mid 0 \leqslant x \leqslant \pi, 0 \leqslant y \leqslant \pi\}$;

(2) $I = \iint\limits_{D} xy(x+y)\mathrm{d}\sigma$, 其中 $D = \{(x,y) \mid 0 \leqslant x \leqslant 1, 0 \leqslant y \leqslant 1\}$;

(3) $I = \iint\limits_{D} (x^2 + 4y^2 + 9)\mathrm{d}\sigma$, 其中 $D = \{(x,y) \mid x^2 + y^2 \leqslant 4\}$.

7.2 二重积分的计算

与定积分类似,用定义来计算二重积分(求和式的极限)一般是很困难的,因而必须寻求计算二重积分的实用方法.其中将二重积分化为二次积分(先后两次定积分)来计算就是最有效的方法之一.本节总假定所涉及的二重积分都是存在的.

7.2.1 X-型区域与 Y-型区域

如果平面区域 D 可以表示为
$$\{(x,y) \mid a \leqslant x \leqslant b, \varphi_1(x) \leqslant y \leqslant \varphi_2(x)\}$$
则称区域 D 为 X-型区域(图 $7-5$),其中函数 $\varphi_1(x)$、$\varphi_2(x)$ 在 $[a,b]$ 上连续.

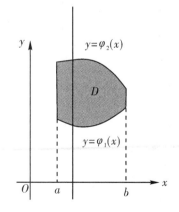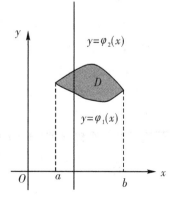

图 $7-5$

如果平面区域 D 可以表示为

$$\{(x,y)\,|\,c\leqslant y\leqslant d,\psi_1(y)\leqslant x\leqslant\psi_2(y)\}$$

则称 D 为 Y-型区域(图 7-6),其中 $\psi_1(y)$、$\psi_2(y)$ 在 $[c,d]$ 上连续.

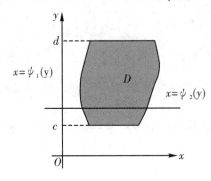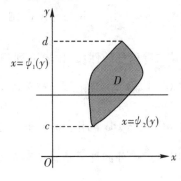

图 7-6

X-型区域 D 的特点是穿过区域 D 内部且垂直于 x 轴的直线与区域 D 的边界至多有两个交点;Y-型区域 D 的特点是穿过区域 D 内部且平行于 x 轴的直线与区域 D 边界至多只有两个交点.

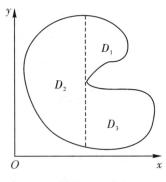

任何有界平面闭区域,都可表示为若干个 X-型区域或若干个 Y-型区域之和.例如在图 7-7 中,把 D 分成三部分,它们都是 X-型区域.因而,只要解决了 X-型区域或 Y-型区域上二重积分的计算问题,则一般平面区域上的二重积分就可利用积分区域的可加性,化为 X-型区域或 Y-型区域上的二重积分来计算.下面我们就来讨论这两类积分区域上二重积分 $\displaystyle\iint\limits_{D} f(x,y)\mathrm{d}\sigma$ 的计算问题.

图 7-7

7.2.2 直角坐标系下二重积分的计算

当积分区域 D 为 X-型区域,$f(x,y)\geqslant 0$ 时,根据二重积分的几何意义,二重积分 $\displaystyle\iint\limits_{D} f(x,y)\mathrm{d}\sigma$ 的值等于以积分区域 D 为底,以曲面 $z=f(x,y)$ 为顶的曲顶柱体(图 7-8)的体积.下面利用"平行截面面积为已知的立体的体积"的计算方法来计算这个曲顶柱体的体积.

先计算截面面积.为此,在区间 $[a,b]$ 上任意取定一个点 x,过点 $(x,0,0)$ 作垂直于 x 轴的平面,该平面截曲顶柱体所得的截面是一个以区间 $[\varphi_1(x),\varphi_2(x)]$ 为

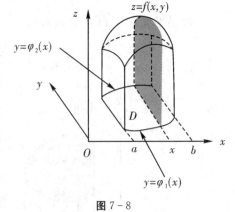

图 7-8

底,以曲线 $z=f(x,y)$ 为曲边的曲边梯形(图 7-8 阴影部分),所以该截面的面积为

$$A(x)=\int_{\varphi_1(x)}^{\varphi_2(x)} f(x,y)\mathrm{d}y$$

于是,利用计算平行截面面积为已知的立体体积的方法,得曲顶柱体的体积为

$$V = \int_a^b A(x)\mathrm{d}x = \int_a^b \left[\int_{\varphi_1(x)}^{\varphi_2(x)} f(x,y)\mathrm{d}y \right] \mathrm{d}x$$

这个体积也就是所求二重积分的值,从而有等式

$$\iint_D f(x,y)\mathrm{d}x\,\mathrm{d}y = \int_a^b \left[\int_{\varphi_1(x)}^{\varphi_2(x)} f(x,y)\mathrm{d}y \right] \mathrm{d}x$$

上式右端的积分叫做先对 y,后对 x 的二次积分.即先把 x 看作常数,$f(x,y)$ 只看作 y 的函数,对 $f(x,y)$ 计算从 $\varphi_1(x)$ 到 $\varphi_2(x)$ 的定积分;然后把所得的结果(它是 x 的函数)再对 x 从 a 到 b 计算定积分.

在不引起混淆的情况下,这个先对 y,后对 x 的二次积分也常记作

$$\int_a^b \mathrm{d}x \int_{\varphi_1(x)}^{\varphi_2(x)} f(x,y)\mathrm{d}y$$

因此,有

$$\iint_D f(x,y)\mathrm{d}x\,\mathrm{d}y = \int_a^b \left[\int_{\varphi_1(x)}^{\varphi_2(x)} f(x,y)\mathrm{d}y \right] \mathrm{d}x \xlongequal{\text{记为}} \int_a^b \mathrm{d}x \int_{\varphi_1(x)}^{\varphi_2(x)} f(x,y)\mathrm{d}y \quad (7\text{-}2\text{-}1)$$

在上述讨论中,我们假定了 $f(x,y) \geqslant 0$,但实际上公式(7-2-1)的成立并不受此条件限制.

类似地,当积分区域 D 为 Y-型区域时,化为先对 x 后对 y 的二次积分

$$\iint_D f(x,y)\mathrm{d}x\,\mathrm{d}y = \int_c^d \left[\int_{\psi_1(y)}^{\psi_2(y)} f(x,y)\mathrm{d}x \right] \mathrm{d}y \xlongequal{\text{记为}} \int_c^d \mathrm{d}y \int_{\psi_1(y)}^{\psi_2(y)} f(x,y)\mathrm{d}x \quad (7\text{-}2\text{-}2)$$

当积分区域 D 既不是 X-型区域又不是 Y-型区域时,我们可以将它分割成若干块 X-型区域或 Y-型区域,然后在每块这样的区域上分别应用式(7-2-1)或式(7-2-2),再根据二重积分对积分区域的可加性,即可计算出所给二重积分.

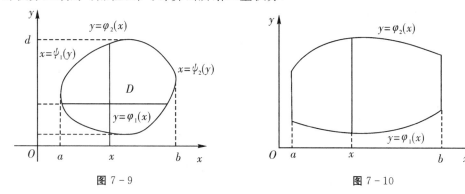

图 7-9　　　　　　　　　　　　　　　图 7-10

当积分区域既是 X-型区域又是 Y-型区域时(图 7-9),即积分区域 D 既可表示为

$$\{(x,y) \mid a \leqslant x \leqslant b, \varphi_1(x) \leqslant y \leqslant \varphi_2(x)\}$$

又可表示为

$$\{(x,y) \mid c \leqslant y \leqslant d, \psi_1(y) \leqslant x \leqslant \psi_2(y)\}$$

则有

$$\int_a^b \mathrm{d}x \int_{\varphi_1(x)}^{\varphi_2(x)} f(x,y)\mathrm{d}y = \int_c^d \mathrm{d}y \int_{\psi_1(y)}^{\psi_2(y)} f(x,y)\mathrm{d}x \quad (7\text{-}2\text{-}3)$$

上式表明,这两个不同积分次序的二次积分相等,这时我们在具体计算一个二重积分时,可以

有选择地将其化为其中一种二次积分,以使计算更为简单.

将二重积分化为二次积分时,确定积分限是关键,积分限是根据积分区域 D 的形状来确定的,积分限的确定一般可分为三个步骤:

(1)先画出积分区域 D 的图形,假如积分区域 D 是 X-型的(Y-型的),将 D 往 $x(y)$ 轴上投影,可得区间 $[a,b]$($[c,d]$)(图 7-10);

(2)在 $[a,b]$($[c,d]$)上任取一点 $x(y)$,过 $x(y)$ 作平行于 y 轴(x 轴)的直线,该直线穿过区域 D,且与区域 D 的边界有两个交点 $(x,\varphi_1(x))$ 与 $(x,\varphi_2(x))$($(\psi_1(y),y)$ 与 $(\psi_2(y),y)$),其中 $\varphi_1(x)(\psi_1(y))$、$\varphi_2(x)(\psi_2(y))$ 分别是将 $x(y)$ 看作常数而对 $y(x)$ 积分时的下限和上限;

(3)又因为上面的 $x(y)$ 值是在 $[a,b]$($[c,d]$)上任意取定的,所以再把 $x(y)$ 看做变量而对 $x(y)$ 积分时,积分的下限为 $a(c)$,上限为 $b(d)$.

例 7.2.1   计算 $\iint\limits_{D} xy\,\mathrm{d}\sigma$,其中 D 是由直线 $y=1$、$x=2$ 及 $y=x$ 所围成的闭区域.

解   画出积分区域 D 的图形(图 7-11),易见区域 D 既是 X-型的又是 Y-型的.

方法 1   如果将 D 看成是 X-型的,则积分区域 D 的积分限为:$1\leqslant x\leqslant 2$,$1\leqslant y\leqslant x$,于是有

$$\iint\limits_{D} xy\,\mathrm{d}\sigma = \int_1^2 \left[\int_1^x xy\,\mathrm{d}y\right]\mathrm{d}x$$

$$= \int_1^2 \left[x\cdot\frac{y^2}{2}\right]\Big|_1^x \mathrm{d}x = \frac{1}{2}\int_1^2 (x^3-x)\,\mathrm{d}x$$

$$= \frac{1}{2}\left[\frac{x^4}{4}-\frac{x^2}{2}\right]\Big|_1^2 = \frac{9}{8}$$

方法 2   如果将 D 看成是 Y-型的,则积分区域的积分限为:$1\leqslant y\leqslant 2$,$y\leqslant x\leqslant 2$,于是有

$$\iint\limits_{D} xy\,\mathrm{d}\sigma = \int_1^2 \left[\int_y^2 xy\,\mathrm{d}x\right]\mathrm{d}y = \int_1^2 \left[y\cdot\frac{x^2}{2}\right]\Big|_y^2 \mathrm{d}y = \int_1^2 \left(2y-\frac{y^3}{2}\right)\mathrm{d}y = \left[y^2-\frac{y^4}{8}\right]\Big|_1^2 = \frac{9}{8}$$

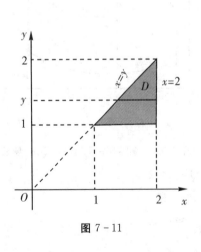

图 7-11

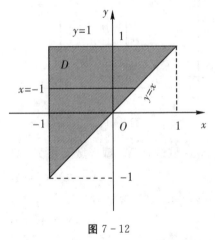

图 7-12

例 7.2.2   计算 $\iint\limits_{D} y\sqrt{1+x^2-y^2}\,\mathrm{d}\sigma$,其中 D 是由直线 $y=1$、$x=-1$ 及 $y=x$ 所围成的闭区域.

解 画出区域 D 的图形(图 $7-12$),易见区域 D 既是 X -型的又是 Y -型的.

如果将 D 看成是 X -型的,则积分区域 D 的积分限为:$-1 \leqslant x \leqslant 1, x \leqslant y \leqslant 1$,于是有

$$\iint\limits_{D} y \sqrt{1+x^2-y^2} \, \mathrm{d}\sigma$$

$$= \int_{-1}^{1} \left[\int_{x}^{1} y \sqrt{1+x^2-y^2} \, \mathrm{d}y \right] \mathrm{d}x$$

$$= -\frac{1}{3} \int_{-1}^{1} \left[(1+x^2-y^2)^{\frac{3}{2}} \right] \Big|_{x}^{1} \mathrm{d}x$$

$$= -\frac{1}{3} \int_{-1}^{1} (|x|^3-1) \mathrm{d}x = -\frac{2}{3} \int_{0}^{1} (x^3-1) \mathrm{d}x = \frac{1}{2}$$

如果将 D 看成是 Y -型的,则积分区域 D 的积分限为:$-1 \leqslant y \leqslant 1, -1 \leqslant x \leqslant y$,于是有

$$\iint\limits_{D} y \sqrt{1+x^2-y^2} \, \mathrm{d}\sigma = \int_{-1}^{1} y \left[\int_{-1}^{y} \sqrt{1+x^2-y^2} \, \mathrm{d}x \right] \mathrm{d}y$$

其中关于 x 的积分 $\int_{-1}^{y} \sqrt{1+x^2-y^2} \, \mathrm{d}x$ 比较麻烦,所以将 D 看成是 X -型区域时计算较为简单.

例 7.2.3 计算 $\iint\limits_{D} xy \mathrm{d}\sigma$,其中 D 是由抛物线 $y^2=x$ 及直线 $y=x-2$ 所围成的闭区域.

解 画出区域 D 的图形(图 $7-13$),易见区域 D 既是 X -型的又是 Y -型的.如果将 D 看成是 Y -型的,则积分区域 D 的积分限为:$-1 \leqslant y \leqslant 2, y^2 \leqslant x \leqslant y+2$,于是有

$$\iint\limits_{D} xy \mathrm{d}\sigma = \int_{-1}^{2} \left[\int_{y^2}^{y+2} xy \mathrm{d}x \right] \mathrm{d}y$$

$$= \int_{-1}^{2} \left[\frac{x^2}{2} y \right] \Big|_{y^2}^{y+2} \mathrm{d}y$$

$$= \frac{1}{2} \int_{-1}^{2} \left[y(y+2)^2 - y^5 \right] \mathrm{d}y$$

$$= \frac{1}{2} \left[\frac{y^4}{4} + \frac{4}{3} y^3 + 2y^2 - \frac{y^6}{6} \right] \Big|_{-1}^{2} = 5\frac{5}{8}$$

如果将 D 看成是 X -型的,则由于在区间 $[0,1]$ 及 $[1,4]$ 表示 $\varphi_1(x)$ 的式子不同,所以要用经过交点 $(1,-1)$ 且平行于 y 轴的直线 $x=1$ 把区域 D 分成 D_1 和 D_2 两部分,其中

$$D_1 = \{(x,y) | -\sqrt{x} \leqslant y \leqslant \sqrt{x}, 0 \leqslant x \leqslant 1\}$$

$$D_2 = \{(x,y) | x-2 \leqslant y \leqslant \sqrt{x}, 1 \leqslant x \leqslant 4\}$$

因此,根据二重积分的积分区域可加性,有

$$\iint\limits_{D} xy \mathrm{d}\sigma = \iint\limits_{D_1} xy \mathrm{d}\sigma + \iint\limits_{D_2} xy \mathrm{d}\sigma = \int_{0}^{1} \left[\int_{-\sqrt{x}}^{\sqrt{x}} xy \mathrm{d}y \right] \mathrm{d}x + \int_{1}^{4} \left[\int_{x-2}^{\sqrt{x}} xy \mathrm{d}y \right] \mathrm{d}x$$

由此可见,如果将 D 看成是 X -型的来计算比较麻烦.

上述几个例子说明,在化二重积分为二次积分时,选择不同的二次积分顺序,可能会影响计算的繁简,为计算方便,需要选择恰当的二次积分顺序.

例 7.2.4 计算 $\iint\limits_{D} \mathrm{e}^{y^2} \mathrm{d}x\,\mathrm{d}y$,其中 D 是由直线 $y=x$、$y=1$ 及 y 轴所围成的闭区域.

解 画出积分区域 D 的图形(图 7-14),易见区域 D 既是 X-型的又是 Y-型的.如果将 D 看成是 X-型的,则积分区域 D 的积分限为:$0 \leqslant x \leqslant 1, x \leqslant y \leqslant 1$,于是有

$$\iint\limits_{D} \mathrm{e}^{y^2}\mathrm{d}x\,\mathrm{d}y = \int_0^1 \left[\int_x^1 \mathrm{e}^{y^2}\mathrm{d}y \right]\mathrm{d}x$$

因为 $\int \mathrm{e}^{-y^2}\mathrm{d}y$ 无法用初等函数表示,所以应该选择另一种积分次序.

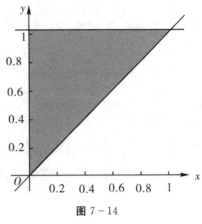

图 7-14

如果将 D 看成是 Y-型的,则积分区域 D 的积分限为:$0 \leqslant y \leqslant 1, 0 \leqslant x \leqslant y$,于是有

$$\iint\limits_{D} \mathrm{e}^{y^2}\mathrm{d}x\,\mathrm{d}y = \int_0^1 \left[\int_0^y \mathrm{e}^{y^2}\mathrm{d}x \right]\mathrm{d}y = \int_0^1 \mathrm{e}^{y^2}\left[x \mid_0^y \right]\mathrm{d}y$$

$$= \int_0^1 y\mathrm{e}^{y^2}\mathrm{d}y = \frac{1}{2}\int_0^1 \mathrm{e}^{y^2}\mathrm{d}(y^2) = \frac{1}{2}(\mathrm{e}-1)$$

从例 7.2.3 和例 7.2.4 可以看出,选择不同的二次积分次序,对二重积分的计算至关重要,同时可以看出,当被积函数只含一个自变量 x(或 y)时,应选择先对 $y(x)$ 后对 $x(y)$ 的积分次序.

从前面的几个例子我们可以看到,计算二重积分时,合理选择积分次序是比较关键的一步,积分次序选择不当可能会使计算繁琐甚至无法计算出结果.因此,对给定的二次积分,交换其积分次序是常见的一种题型.

一般地,交换给定二次积分的积分次序的步骤为:

(1) 对给定的二次积分 $\int_a^b \mathrm{d}x \int_{\varphi_1(x)}^{\varphi_2(x)} f(x,y)\mathrm{d}y$,先根据其积分限:$a \leqslant x \leqslant b, \varphi_1(x) \leqslant y \leqslant \varphi_2(x)$ 画出积分区域 D;

(2) 根据积分区域 D 的形状,按新的次序确定积分区域 D 的积分限:$c \leqslant y \leqslant \mathrm{d}, \psi_1(y) \leqslant x \leqslant \psi_2(y)$;

(3) 写出结果:$\int_a^b \mathrm{d}x \int_{\varphi_1(x)}^{\varphi_2(x)} f(x,y)\mathrm{d}y = \int_c^d \mathrm{d}y \int_{\psi_1(y)}^{\psi_2(y)} f(x,y)\mathrm{d}x$.

类似地,我们可以给出交换二次积分 $\int_c^d \mathrm{d}y \int_{\psi_1(y)}^{\psi_2(y)} f(x,y)\mathrm{d}x$ 次序的步骤.

例 7.2.5 交换下列二次积分的积分次序.

(1) $\int_0^1 \mathrm{d}x \int_x^{\sqrt{x}} f(x,y)\mathrm{d}y$; (2) $\int_0^1 \mathrm{d}x \int_0^{x^2} f(x,y)\mathrm{d}y + \int_1^2 \mathrm{d}x \int_0^{\sqrt{2x-x^2}} f(x,y)\mathrm{d}y$.

解 (1)由已知的二次积分,得积分区域 D 的积分限为:$0 \leqslant x \leqslant 1, x \leqslant y \leqslant \sqrt{x}$,画出积分区域 D(图 7-15(a)),重新确定积分区域 D 的积分限为:$0 \leqslant y \leqslant 1, y^2 \leqslant x \leqslant y$.于是有

$$\int_0^1 \mathrm{d}x \int_x^{\sqrt{x}} f(x,y)\mathrm{d}y = \int_0^1 \mathrm{d}y \int_{y^2}^y f(x,y)\mathrm{d}x$$

(2)由已知的两个二次积分,得积分区域为由 $x=0$、$x=1$、$y=0$ 及 $y=x^2$ 所围的区域和

由 $x=1$、$x=2$、$y=0$ 及 $y=\sqrt{2x-x^2}$ 所围的区域之和,画出积分区域 D(图 $7-15$(b)),重新确定积分区域 D 的积分限为:$0\leqslant y\leqslant 1$,$\sqrt{y}\leqslant x\leqslant 1+\sqrt{1-y^2}$.于是有

$$\int_0^1 \mathrm{d}x \int_0^{x^2} f(x,y)\mathrm{d}y + \int_1^2 \mathrm{d}x \int_0^{\sqrt{2x-x^2}} f(x,y)\mathrm{d}y = \int_0^1 \mathrm{d}y \int_{\sqrt{y}}^{1+\sqrt{1-y^2}} f(x,y)\mathrm{d}x$$

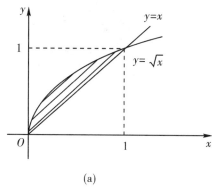

(a)

(b)

图 $7-15$

例 7.2.6 求两个底圆半径都等于 R 的直交圆柱面所围成的立体的体积.

解 设两个圆柱面的方程分别为:$x^2+y^2=R^2$ 及 $x^2+z^2=R^2$.

利用立体关于坐标平面的对称性,只要算出它在第 I 卦限部分的体积 V_1,然后乘以 8 就行了(图 $7-16$).所求立体在第 I 卦限部分可以看成是一个曲顶柱体,它的底为

$$D=\{(x,y)\,|\,0\leqslant y\leqslant\sqrt{R^2-x^2},0\leqslant x\leqslant R\}$$

它的顶是柱面 $z=\sqrt{R^2-x^2}$,于是有

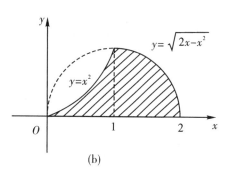

图 $7-16$

$$V_1=\iint\limits_D \sqrt{R^2-x^2}\,\mathrm{d}\sigma = \int_0^R \left[\int_0^{\sqrt{R^2-x^2}} \sqrt{R^2-x^2}\,\mathrm{d}y\right]\mathrm{d}x$$

$$=\int_0^R \left[\sqrt{R^2-x^2}\,y\right]\Big|_0^{\sqrt{R^2-x^2}}\mathrm{d}x = \int_0^R (R^2-x^2)\mathrm{d}x = \frac{2}{3}R^3$$

从而所求立体的体积为

$$V=8V_1=\frac{16}{3}R^3$$

7.2.3 极坐标系下二重积分的计算

有些二重积分,其积分区域 D 的边界曲线用极坐标方程表示比较方便(如 D 为圆域或圆域的一部分时),且被积函数用极坐标 r、θ 表达比较简单(例如被积函数含 x^2+y^2 形式).这时,就可以考虑利用极坐标来计算二重积分 $\iint\limits_D f(x,y)\mathrm{d}x\,\mathrm{d}y$.

按照二重积分的定义有

$$\iint\limits_{D} f(x,y)\mathrm{d}\sigma = \lim_{\lambda \to 0}\sum_{i=1}^{n} f(\xi_i,\eta_i)\Delta\sigma_i$$

现在,我们来研究这一和式的极限在极坐标系中的形式.

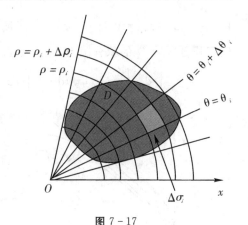

图 7 - 17

假定从极点 O 出发且穿过闭区域 D 内部的射线与 D 的边界曲线相交不多于两点.用以极点为中心的一族同心圆:$\rho=$ 常数,以及从极点出发的一族射线:$\theta=$ 常数,把区域 D 划分成 n 个小闭区域(图 7 - 17),设其中任意一个小闭区域 $\Delta\sigma$($\Delta\sigma$ 同时也表示该小闭区域的面积)是由半径分别为 ρ、$\rho+\Delta\rho$ 的同心圆和极角分别为 θ、$\theta+\Delta\theta$ 的射线所确定,则

$$\Delta\sigma = \frac{1}{2}(\rho+\Delta\rho)^2\Delta\theta - \frac{1}{2}\rho^2\Delta\theta$$

$$= \frac{1}{2}(2\rho+\Delta\rho)\Delta\rho\Delta\theta$$

$$= \rho\Delta\rho\Delta\theta + \frac{1}{2}(\Delta\rho)^2\Delta\theta \approx \rho\Delta\rho\Delta\theta$$

于是,根据元素法得到极坐标系下的**面积元素**

$$\mathrm{d}\sigma = \rho\mathrm{d}\rho\mathrm{d}\theta$$

又直角坐标与极坐标之间的转换关系为

$$x = \rho\cos\theta, \quad y = \rho\sin\theta$$

从而得到在直角坐标系与极坐标系下二重积分的转换公式为

$$\iint\limits_{D} f(x,y)\mathrm{d}x\mathrm{d}y = \iint\limits_{D} f(\rho\cos\theta,\rho\sin\theta)\rho\mathrm{d}\rho\mathrm{d}\theta \qquad (7-2-4)$$

由公式(7-2-4)可知,要把二重积分从直角坐标化为极坐标计算,只需将被积函数中的变量 x 和 y 分别用 $\rho\cos\theta$ 和 $\rho\sin\theta$ 来代替,同时 $\mathrm{d}x\mathrm{d}y$ 用 $\rho\mathrm{d}\rho\mathrm{d}\theta$ 表示.

为了掌握极坐标下二重积分的计算,应熟悉一些常见曲线的极坐标方程,如 $\rho=a$(a 是常数)即是 $x^2+y^2=a^2$,$\rho=a\cos\theta$ 即是 $x^2+y^2=ax$,$\theta=a\sin\theta$ 即是 $x^2+y^2=ay$ 等.

极坐标系中的二重积分,同样可化为为二次积分来计算,现分几种情况来讨论.

(1)如果积分区域 D 的极点 O 位于区域 D 的外部,积分区域 D 介于两条射线 $\theta=\alpha$、$\theta=\beta$ 之间,而对 D 内任一点 (ρ,θ),其极径总是介于曲线 $\rho=\varphi_1(\theta)$ 和 $\rho=\varphi_2(\theta)$ 之间(图 7 - 18),则区域 D 的积分限为 $\alpha\leqslant\theta\leqslant\beta$,$\varphi_1(\theta)\leqslant\rho\leqslant\varphi_2(\theta)$.其中函数 $\varphi_1(\theta)$、$\varphi_2(\theta)$ 在 $[\alpha,\beta]$ 上连续,于是有

$$\iint\limits_{D} f(x,y)\mathrm{d}x\mathrm{d}y = \iint\limits_{D} f(\rho\cos\theta,\rho\sin\theta)\rho\mathrm{d}\rho\mathrm{d}\theta = \int_{\alpha}^{\beta}\mathrm{d}\theta\int_{\varphi_1(\theta)}^{\varphi_2(\theta)} f(\rho\cos\theta,\rho\sin\theta)\rho\mathrm{d}\rho$$

具体计算时,内层积分的上、下限可按如下方式确定:从极点出发在区间 (α,β) 上任意作一条极角为 θ 的射线穿透区域 D(图 7 - 18),则进入点与穿出点的极径 $\varphi_1(\theta)$、$\varphi_2(\theta)$ 就分别为内层积分的上限与下限.

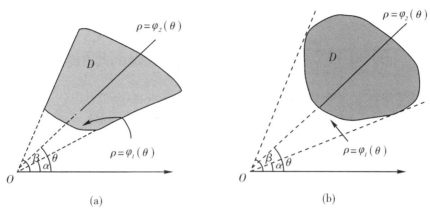

图 7 - 18

（2）如果积分区域 D 的极点 O 位于区域 D 的边界上（图 7 - 19），则可以把它看做是第一种情形中当 $\varphi_1(\theta)\equiv0$、$\varphi_2(\theta)=\varphi(\theta)$ 时的特例，此时，积分区域 D 的积分限为：$\alpha\leqslant\theta\leqslant\beta,0\leqslant\rho\leqslant\varphi(\theta)$. 其中函数 $\varphi(\theta)$ 在 $[\alpha,\beta]$ 上连续，于是有

$$\iint_D f(\rho\cos\theta,\rho\sin\theta)\rho\,\mathrm{d}\rho\,\mathrm{d}\theta=\int_\alpha^\beta\mathrm{d}\theta\int_0^{\varphi(\theta)}f(\rho\cos\theta,\rho\sin\theta)\rho\,\mathrm{d}\rho$$

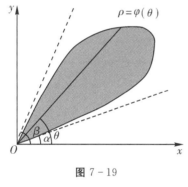

图 7 - 19

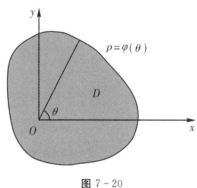

图 7 - 20

（3）如果积分区域 D 的极点位于 D 的内部（图 7 - 20），则可把它看做第二种情形中 $\alpha=0$、$\beta=2\pi$ 时的特例，此时区域 D 的积分限为

$$0\leqslant\theta\leqslant2\pi,\quad 0\leqslant\rho\leqslant\varphi(\theta)$$

其中函数 $\varphi(\theta)$ 在 $[\alpha,\beta]$ 上连续，于是

$$\iint_D f(\rho\cos\theta,\rho\sin\theta)\rho\,\mathrm{d}\rho\,\mathrm{d}\theta=\int_0^{2\pi}\mathrm{d}\theta\int_0^{\varphi(\theta)}f(\rho\cos\theta,\rho\sin\theta)\rho\,\mathrm{d}\rho$$

根据二重积分的性质 7.3，闭区域 D 的面积 σ 在极坐标下可表示为

$$\sigma=\iint_D\mathrm{d}\sigma=\iint_D\rho\,\mathrm{d}\rho\,\mathrm{d}\theta$$

如果闭区域如图 7 - 18(a)所示，则有

$$\sigma=\iint_D\rho\,\mathrm{d}\rho\,\mathrm{d}\theta=\int_\alpha^\beta\mathrm{d}\theta\int_{\varphi_1(\theta)}^{\varphi_2(\theta)}\rho\,\mathrm{d}\rho=\frac{1}{2}\int_\alpha^\beta\left[\varphi_2^2(\theta)-\varphi_1^2(\theta)\right]\mathrm{d}\theta$$

特别地，如果闭区域如图 7 - 20 所示，即 $\varphi_1(\theta)\equiv0$，$\varphi_2(\theta)=\varphi(\theta)$，则

$$\sigma = \frac{1}{2}\int_\alpha^\beta \varphi^2(\theta)\mathrm{d}\theta$$

例 7.2.7 化积分 $\iint\limits_{D} f(x,y)\mathrm{d}x\mathrm{d}y$ 为极坐标形式的二次积分,其中积分区域为

$$D = \{(x,y)\mid 1-x \leqslant y \leqslant \sqrt{1-x^2},\, 0 \leqslant x \leqslant 1\}$$

解 积分区域 D 的简图如图 7-21 所示,在极坐标系下

$$x = \rho\cos\theta, \quad y = \rho\sin\theta$$

圆方程为 $\rho = 1$,直线方程为 $\rho = (\sin\theta + \cos\theta)^{-1}$,于是有

$$\iint\limits_{D} f(x,y)\mathrm{d}x\mathrm{d}y = \int_0^{\frac{\pi}{2}}\mathrm{d}\theta\int_{(\sin\theta+\cos\theta)^{-1}}^1 f(\rho\cos\theta,\rho\sin\theta)\rho\,\mathrm{d}\rho$$

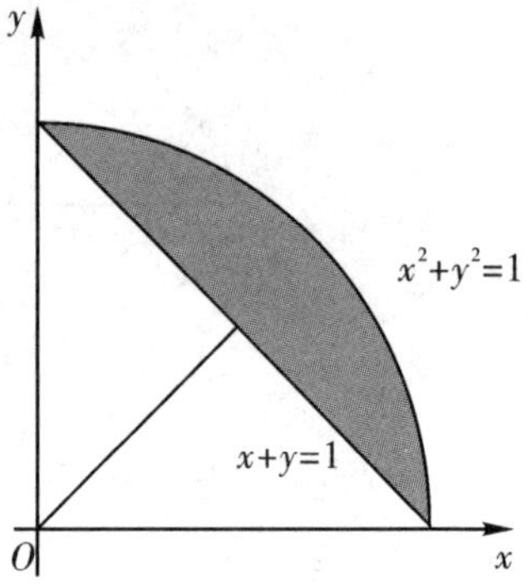

例 7.2.8 将下列积分化为极坐标的形式.

(1) $\displaystyle\int_0^1\mathrm{d}x\int_{-\sqrt{1-x^2}}^{\sqrt{1-x^2}} f(x,y)\mathrm{d}y$;

(2) $\displaystyle\int_0^2\mathrm{d}x\int_{\sqrt{2x-x^2}}^{\sqrt{4x-x^2}} f(x,y)\mathrm{d}y + \int_2^4\mathrm{d}x\int_0^{\sqrt{4x-x^2}} f(x,y)\mathrm{d}y$.

图 7-21

解 (1)积分区域的简图如图 7-22 所示,在极坐标系下

$$x = \rho\cos\theta, \quad y = \rho\sin\theta$$

区域 D 的积分限为

$$-\frac{\pi}{2} \leqslant \theta \leqslant \frac{\pi}{2}, \quad 0 \leqslant \rho \leqslant 1$$

于是有

$$\int_0^1\mathrm{d}x\int_{-\sqrt{1-x^2}}^{\sqrt{1-x^2}} f(x,y)\mathrm{d}y$$

$$= \int_{-\frac{\pi}{2}}^{\frac{\pi}{2}}\mathrm{d}\theta\int_0^1 f(\rho\cos\theta,\rho\sin\theta)\rho\,\mathrm{d}\rho$$

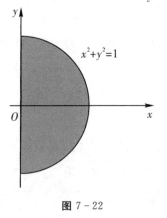

图 7-22

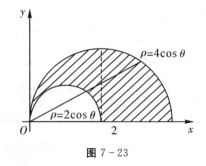

图 7-23

(2)积分区域的简图如图 7-23 所示,在极坐标系下

$$x = \rho\cos\theta, \quad y = \rho\sin\theta$$

区域 D 的积分限为

$$0 \leqslant \theta \leqslant \frac{\pi}{2}, \quad 2\cos\theta \leqslant \rho \leqslant 4\cos\theta$$

于是有

$$\int_0^2 dx \int_{\sqrt{2x-x^2}}^{\sqrt{4x-x^2}} f(x,y) dy + \int_2^4 dx \int_0^{\sqrt{4x-x^2}} f(x,y) dy$$

$$= \int_0^{\frac{\pi}{2}} d\theta \int_{2\cos\theta}^{4\cos\theta} f(\rho\cos\theta, \rho\sin\theta) \rho d\rho$$

例 7.2.9　计算 $\iint\limits_D e^{-x^2-y^2} dx dy$，其中 D 是由中心在原

点，半径为 a 的圆周所围成的闭区域.

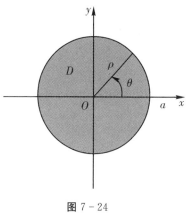

解　在极坐标系下，闭区域 D 的积分限为（图 7-24）

$$0 \leqslant \rho \leqslant a, \quad 0 \leqslant \theta \leqslant 2\pi$$

于是有

$$\iint\limits_D e^{-x^2-y^2} dx dy$$

$$= \iint\limits_D e^{-\rho^2} \rho d\rho d\theta = \int_0^{2\pi} \left[\int_0^a e^{-\rho^2} \rho d\rho \right] d\theta$$

图 7-24

$$= \int_0^{2\pi} \left[-\frac{1}{2} e^{-\rho^2} \right] \Big|_0^a d\theta = \frac{1}{2}(1 - e^{-a^2}) \int_0^{2\pi} d\theta = \pi(1 - e^{-a^2})$$

本题如果用直角坐标计算，由于积分 $\int e^{-x^2} dx$ 不能用初等函数表示，所以算不出来.现在我

们利用上例的结果来计算概率论与数理统计及工程上常用的反常积分 $\int_0^{+\infty} e^{-x^2} dx$.

例 7.2.10　计算积分 $\int_0^{+\infty} e^{-x^2} dx$.

解　这是一个反常积分，由于 e^{-x^2} 的原函数不能用初等函数表示，因此利用反常积分无

法计算，下面利用二重积分计算.

设 $I(R) = \int_0^R e^{-x^2} dx$，则

$$I^2(R) = \int_0^R e^{-x^2} dx \cdot \int_0^R e^{-x^2} dx = \int_0^R e^{-x^2} dx \cdot \int_0^R e^{-y^2} dy = \iint\limits_{\substack{0 \leqslant x \leqslant R \\ 0 \leqslant y \leqslant R}} e^{-x^2-y^2} dx dy$$

设 $D_1 = \{(x,y) \mid x^2+y^2 \leqslant R^2, x \geqslant 0, y \geqslant 0\}$

$D_2 = \{(x,y) \mid x^2+y^2 \leqslant 2R^2, x \geqslant 0, y \geqslant 0\}$

$S = \{(x,y) \mid 0 \leqslant x \leqslant R, 0 \leqslant y \leqslant R\}$

显然 $D_1 \subset S \subset D_2$（图 7-25）.由于 $e^{-x^2-y^2} > 0$，从而在这些闭区域

上的二重积分之间有不等式

$$\iint\limits_{D_1} e^{-x^2-y^2} dx dy < \iint\limits_S e^{-x^2-y^2} dx dy < \iint\limits_{D_2} e^{-x^2-y^2} dx dy$$

由例 7.2.9 的结果，知

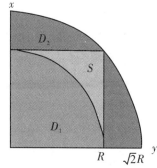

图 7-25

$$\iint\limits_{D_1} e^{-x^2-y^2} dx\,dy = \frac{\pi}{4}(1-e^{-R^2})$$

$$\iint\limits_{D_2} e^{-x^2-y^2} dx\,dy = \frac{\pi}{4}(1-e^{-2R^2})$$

所以

$$\frac{\pi}{4}(1-e^{-R^2}) < I^2(R) < \frac{\pi}{4}(1-e^{-2R^2})$$

当 $R \to \infty$ 时,上式两端都以 $\frac{\pi}{4}$ 为极限,由夹逼定理有

$$\left(\int_0^{+\infty} e^{-x^2} dx\right)^2 = \left[\lim_{R \to +\infty} I(R)\right]^2 = \lim_{R \to +\infty} I^2(R) = \frac{\pi}{4}$$

故所求反常积分为

$$\int_0^{+\infty} e^{-x^2} dx = \frac{\sqrt{\pi}}{2}$$

例 7.2.11   计算二重积分 $\iint\limits_D \dfrac{\sin(\pi\sqrt{x^2+y^2})}{\sqrt{x^2+y^2}} dx\,dy$,其中积分区域 D 是由不等式 $1 \leqslant x^2 + y^2 \leqslant 4$ 所确定的圆环.

解   积分区域如图 7 - 26 所示,由于区域 D 和被积函数均关于原点对称,所以只需计算题设积分在区域 D 位于第一象限部分 D_1 上的值,再乘以 4 即可.

在极坐标系下,区域 D_1 的积分限为: $1 \leqslant \rho \leqslant 2, 0 \leqslant \theta \leqslant \frac{\pi}{2}$,于是有

$$\iint\limits_D \frac{\sin(\pi\sqrt{x^2+y^2})}{\sqrt{x^2+y^2}} dx\,dy$$

$$= 4\iint\limits_{D_1} \frac{\sin(\pi\sqrt{x^2+y^2})}{\sqrt{x^2+y^2}} dx\,dy$$

$$= 4\int_0^{\frac{\pi}{2}} d\theta \int_1^2 \frac{\sin\pi\rho}{\rho}\rho\,d\rho = -4$$

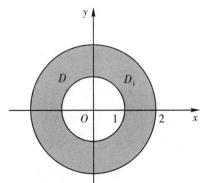

图 7 - 26

例 7.2.12   计算二重积分 $\iint\limits_D \sqrt{x^2+y^2}\,dx\,dy$,其中积分区域 D 为圆 $x^2 + y^2 = 2y$ 所围区域.

解   积分区域 D 如图 7 - 27 所示,在极坐标系下,区域 D 的积分限为:

$$0 \leqslant \rho \leqslant 2\sin\theta, \quad 0 \leqslant \theta \leqslant \pi$$

于是

$$\iint\limits_D \sqrt{x^2+y^2}\,dx\,dy = \int_0^\pi d\theta \int_0^{2\sin\theta} \rho^2\,d\rho = \frac{32}{9}$$

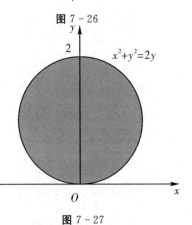

图 7 - 27

例 7.2.13　求球体 $x^2+y^2+z^2\leqslant 4a^2$ 被圆柱 $x^2+y^2=2ax(a>0)$ 所截得的（含在圆柱面内的部分）立体的体积（图 7-28(a)），其中积分区域 D 为圆 $x^2+y^2=2y$ 所围区域.

解　由对称性得

$$V=4\iint\limits_D\sqrt{4a^2-x^2-y^2}\,\mathrm{d}x\,\mathrm{d}y$$

其中 D 为半圆周 $y=\sqrt{2ax-x^2}$ 及 x 轴所围成的闭区域（图 7-28(b)）.在极坐标系下，区域 D 的积分限为：$0\leqslant\rho\leqslant 2a\cos\theta,0\leqslant\theta\leqslant\dfrac{\pi}{2}$，于是有

$$V=4\iint\limits_D\sqrt{4a^2-x^2-y^2}\,\mathrm{d}x\,\mathrm{d}y=4\int_0^{\frac{\pi}{2}}\mathrm{d}\theta\int_0^{2a\cos\theta}\sqrt{4a^2-\rho^2}\,\rho\,\mathrm{d}\rho$$

$$=\frac{32}{3}a^3\int_0^{\frac{\pi}{2}}(1-\sin^3\theta)\,\mathrm{d}\theta=\frac{32}{3}a^3\left(\frac{\pi}{2}-\frac{2}{3}\right)$$

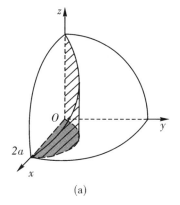
(a)

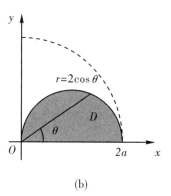
(b)

图 7-28

习题 7-2

1.将二重积分 $\iint\limits_D f(x,y)\mathrm{d}x\mathrm{d}y$ 化为不同积分次序的二次积分.

(1)D 是由不等式 $y\leqslant x$、$y\geqslant a$、$x\leqslant b(0<a<b)$ 所确定的区域；

(2)D 是由不等式 $x^2+y^2\leqslant 1$ 与 $x+y\geqslant 1$ 所确定的区域；

(3)D 是由不等式 $y\geqslant x$、$y\geqslant 0$、$x^2+y^2\leqslant 1$ 所确定的区域.

2.交换下列二次积分的积分次序：

(1)$\displaystyle\int_0^{\frac{1}{2}}\mathrm{d}x\int_x^{1-x}f(x,y)\mathrm{d}y$；　　　　　　　(2)$\displaystyle\int_0^1\mathrm{d}y\int_y^{\sqrt{y}}f(x,y)\mathrm{d}x$；

(3)$\displaystyle\int_{-a}^a\mathrm{d}x\int_0^{\sqrt{a^2-x^2}}\int(x,y)\mathrm{d}y(a>0)$；　　(4)$\displaystyle\int_0^{\frac{1}{4}}\mathrm{d}y\int_y^{\sqrt{y}}f(x,y)\mathrm{d}x+\int_{\frac{1}{4}}^{\frac{1}{2}}\mathrm{d}y\int_y^{\frac{1}{2}}f(x,y)\mathrm{d}x$.

3.计算下列二重积分：

(1)$\displaystyle\iint\limits_D x\sqrt{y}\,\mathrm{d}\sigma$，其中 D 是由两条抛物线 $y=\sqrt{x}$、$y=x^2$ 所围成的闭区域；

(2) $\iint\limits_{D} e^{x+y} d\sigma$，其中 $D = \{(x,y) \mid |x| + |y| \leqslant 1\}$；

(3) $\iint\limits_{D} \dfrac{x}{y+1} d\sigma$，其中 D 是由抛物线 $y = x^2 + 1$、直线 $y = 2x$ 及 $x = 0$ 所围成的区域；

(4) $\iint\limits_{D} xy^2 d\sigma$，其中 D 是由圆周 $x^2 + y^2 = 4$ 及 y 轴所围成的右半闭区域；

(5) $\iint\limits_{D} \dfrac{\sin x}{x} d\sigma$，其中 D 是由 $y = x$、$y = \dfrac{x}{2}$、$x = 2$ 所围成的闭区域；

(6) $\iint\limits_{D} x^2 e^{-y^2} d\sigma$，其中 D 是以 $(0,0)$、$(1,1)$ 和 $(0,1)$ 为顶点的三角形闭区域；

(7) $\iint\limits_{D} (3x + 2y) d\sigma$，其中 D 是由两坐标轴及直线 $x + y = 2$ 所围成的闭区域；

(8) $\iint\limits_{D} x\cos(x + y) d\sigma$，其中 D 是顶点分别为 $(0,0)$、$(\pi,0)$ 和 (π,π) 的三角形闭区域.

4.求由曲面 $z = 2 - x^2 - y^2$ 与 $z = x^2 + y^2$ 所围成立体的体积.

5.画出积分区域,把积分 $\iint\limits_{D} f(x,y) dx dy$ 表示为极坐标形式的二次积分,其中积分区域 D 是：

(1) $D = \{(x,y) \mid 0 \leqslant y \leqslant 1 - x, 0 \leqslant x \leqslant 1\}$；

(2) $D = \{(x,y) \mid x^2 + y^2 \leqslant 1\}$；

(3) $D = \{(x,y) \mid x^2 + y^2 \leqslant 4x\}$；

(4) $D = \{(x,y) \mid 1 \leqslant x^2 + y^2 \leqslant 9\}$.

6.把下列积分化为极坐标形式,并计算积分值：

(1) $\displaystyle\int_0^2 dx \int_0^{\sqrt{2x-x^2}} (x^2 + y^2) dy$；　　　　　　(2) $\displaystyle\int_0^2 dx \int_0^x \sqrt{x^2 + y^2} dy$；

(3) $\displaystyle\int_0^1 dx \int_{x^2}^x (x^2 + y^2)^{-\frac{1}{2}} dy$；　　　　　　(4) $\displaystyle\int_0^2 dy \int_0^{\sqrt{4-y^2}} (x^2 + y^2) dx$.

7.利用极坐标计算下列二重积分：

(1) $\iint\limits_{D} \sqrt{R^2 - x^2 - y^2} d\sigma$，其中 D 是由 $x^2 + y^2 = Rx$ 所围成的闭区域；

(2) $\iint\limits_{D} e^{x^2+y^2} d\sigma$，其中 D 是由 $x^2 + y^2 = 9$ 所围成的闭区域；

(3) $\iint\limits_{D} \ln(1 + x^2 + y^2) d\sigma$，其中 D 是由 $x^2 + y^2 = 1$ 及坐标轴所围成的第一象限内的闭区域.

7.3　二重积分的应用

7.3.1　求体积和面积

1.空间立体的体积

由二重积分的定义可知,底面是 xOy 面上的有界闭区域 D,侧面是以 D 的边界曲线为准

线而母线平行于 z 轴的柱面,而顶是 D 上的非负连续曲面 $z=f(x,y)$ 的曲顶柱体 Ω,它的体积 V 是函数 $f(x,y)$ 在底面区域 D 上的二重积分

$$V=\iint_D f(x,y)\mathrm{d}x\,\mathrm{d}y$$

例 7.3.1　计算由锥面 $z=\sqrt{x^2+y^2}$ 及旋转抛物面 $z=x^2+y^2$ 所围成的立体的面积.

解
$$V=\iint_D \left[\sqrt{x^2+y^2}-(x^2+y^2)\right]\mathrm{d}x\,\mathrm{d}y$$

由极坐标计算得

$$V=\int_0^{2\pi}\mathrm{d}\theta\int_0^1 r(r-r^2)\mathrm{d}r=\frac{\pi}{6}$$

2.平面图形的面积

由二重积分的性质7.3可知:如果在 D 上,$f(x,y)\equiv 1$,σ 为区域 D 的面积,则 $\iint_D 1\mathrm{d}\sigma=\iint_D \mathrm{d}\sigma=\sigma$,其几何意义是:以 D 为底,高为 1 的平顶柱体的体积在数值上等于柱体的底面积.

例 7.3.2　利用二重积分求由曲线 $y^2=4x$ 与直线 $y=2x$ 所围成的图形的面积.

解　所求面积为 $S=\iint_D \mathrm{d}\sigma=\int_0^1 \mathrm{d}x\int_{2x}^{2\sqrt{x}}\mathrm{d}y$

$$=\int_0^1(2\sqrt{x}-2x)\mathrm{d}x=\left[\frac{4}{3}x\sqrt{x}-x^2\right]\Big|_0^1=\frac{1}{3}$$

3.空间曲面的面积

设空间中一块有限曲面 S 的方程为

$$z=f(x,y),(x,y)\in D$$

其中 D 是曲面 S 在 xOy 平面上的投影区域,假定函数 $f(x,y)$ 的偏导数 $\dfrac{\partial f}{\partial x}$ 和 $\dfrac{\partial f}{\partial y}$ 在 D 上连续,这时曲面 S 上每一点的切平面都存在.

为了求曲面 S 的面积,将区域 D 进行分割,取其中一小块 $\Delta\sigma$,作以 $\Delta\sigma$ 的边界为准线、母线平行于 z 轴的小柱面,此小柱面从曲面 S 截取一小块曲面 ΔS(其面积仍记为 ΔS).在 ΔS 上任取一点 M,在点 M 处作曲面的切平面,此切平面被上述小柱面所截的小平面块的面积记为 ΔS^*.我们就用小平面块的面积 ΔS^* 作为小曲面块的面积 ΔS 的近似值:$\Delta S\approx\Delta S^*$.

现在来求 ΔS^*.设小平面块 ΔS^* 与 $\Delta\sigma$ 所在平面(即 xOy 面)的夹角为 γ(取 γ 为锐角),则应有 $\Delta S^*=\dfrac{\Delta\sigma}{\cos\gamma}$.

若记 n 为小平面块 ΔS^* 的法向量,根据偏导数的几何意义可知 n 可取为

$$n=-\frac{\partial f}{\partial x}i-\frac{\partial f}{\partial y}j+k$$

其中 $\dfrac{\partial f}{\partial x}$、$\dfrac{\partial f}{\partial y}$ 为函数 $f(x,y)$ 在 M 点处的偏导数.显然法向量 n 与 z 轴的夹角也为 γ,且有

$$\cos \gamma = \cos(n,k) = \frac{n \cdot k}{|n||k|} = \frac{1}{\sqrt{1 + \left(\frac{\partial f}{\partial x}\right)^2 + \left(\frac{\partial f}{\partial y}\right)^2}}$$

因此，$\Delta S \approx \Delta S^* = \sqrt{1 + \left(\frac{\partial f}{\partial x}\right)^2 + \left(\frac{\partial f}{\partial y}\right)^2} \Delta \sigma$.

由此得到曲面 S 的面积(仍记为 S)的计算公式为

$$S = \iint_D \sqrt{1 + \left(\frac{\partial f}{\partial x}\right)^2 + \left(\frac{\partial f}{\partial y}\right)^2} \, d\sigma \,(\text{其中 } D \text{ 为曲面 } S \text{ 在 } xOy \text{ 面上的投影区域})$$

例 7.3.3 求半径为 R 的球面表面积.

解 设球面方程为 $x^2 + y^2 + z^2 = R^2$，只需求上半球面 $z = \sqrt{R^2 - x^2 - y^2}$ 的表面积.

$$\frac{\partial f}{\partial x} = \frac{-x}{\sqrt{R^2 - x^2 - y^2}}, \quad \frac{\partial f}{\partial y} = \frac{-y}{\sqrt{R^2 - x^2 - y^2}}$$

$$\sqrt{1 + \left(\frac{\partial f}{\partial x}\right)^2 + \left(\frac{\partial f}{\partial y}\right)^2} = \frac{R}{\sqrt{R^2 - x^2 - y^2}}$$

于是整个球面表面积 S 为

$$S = 2 \iint_D \frac{R}{\sqrt{R^2 - x^2 - y^2}} \, d\sigma$$

其中 D 为球面在 xOy 面上的投影区域，即圆域：$x^2 + y^2 \leqslant R^2$.

用极坐标计算，得到 $S = 2 \int_0^{2\pi} d\theta \int_0^R \frac{R}{\sqrt{R^2 - r^2}} r \, dr = 4\pi R \left[-\sqrt{R^2 - r^2} \right] \Big|_0^R = 4\pi R^2$.

7.3.2 重积分的物理应用举例

1.物体的重心

设 xOy 面上有 n 个质点，它们位于 (x_1, y_1)、(x_2, y_2)、$\cdots$、(x_n, y_n) 处，质量分别为 m_1、m_2、$\cdots$、m_n.根据力学知识，该质点系的重心坐标为

$$\bar{x} = \frac{M_y}{M}, \quad \bar{y} = \frac{M_x}{M}$$

其中 $M = \sum_{i=1}^n m_i$ 为该质点系的总质量，而

$$M_y = \sum_{i=1}^n m_i x_i, \quad M_x = \sum_{i=1}^n m_i y_i$$

分别称为该质点系对 y 轴和 x 轴的静力矩.

设有一平面薄片，占有 xOy 面上的闭区域 D，在点 (x, y) 处的面密度为 $\rho(x, y)$，假定 $\rho(x, y)$ 在 D 上连续.下面来求该薄片的重心坐标.

在 7.1.1 节中，我们已经知道该平面薄片的质量为

$$M = \iint_D \rho(x, y) \, d\sigma \qquad\qquad (7-3-1)$$

故下面只需讨论静矩的表达式.如图 7-29 所示，在闭区域 D 上任取一直径很小的闭区域 $d\sigma$

（这个小闭区域的面积也记为 $d\sigma$），(x,y) 是该小闭区域上任意一点，则薄片中相应于 $d\sigma$ 的小薄片的质量近似等于 $\rho(x,y)d\sigma$，这部分质量可以近似看做质量集中在 (x,y) 处的一个质点.其中关于 x 轴和 y 轴的静矩元素分别为

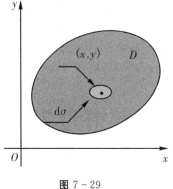

$$dM_x = y\rho(x,y)d\sigma, \quad dM_y = x\rho(x,y)d\sigma$$

于是，所求的关于 x 轴和 y 轴的静矩分别为

$$M_x = \iint\limits_D y\rho(x,y)d\sigma, \quad M_y = \iint\limits_D x\rho(x,y)d\sigma$$

从而，所求平面薄片的重心为

$$\bar{x} = \frac{M_y}{M}, \quad \bar{y} = \frac{M_x}{M} \qquad (7-3-2)$$

图 7 - 29

其中，M、M_y、M_x 由式（7 - 3 - 1）和式（7 - 3 - 2）给定.

当薄片质量均匀分布时（即 $\rho(x,y)$ 为常数）时，其重心常称为形心，坐标为

$$\bar{x} = \frac{1}{A}\iint\limits_D x\,d\sigma, \quad \bar{y} = \frac{1}{A}\iint\limits_D y\,d\sigma$$

其中 A 是区域 D 的面积.

例 7.3.4　求位于两圆 $\rho = 2\sin\theta$，$\rho = 4\sin\theta$ 之间的均匀薄片（图 7 - 30）的重心.

解　因为闭区域 D 关于 y 轴对称，所以重心 $C(\bar{x},\bar{y})$ 必位于 y 轴上，即有 $\bar{x} = 0$.而

$$\bar{y} = \frac{1}{A}\iint\limits_D y\,d\sigma$$

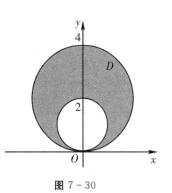

由于积分区域 D 的面积等于这两个圆的面积之差，即 $A = 3\pi$.

由极坐标计算得

$$\iint\limits_D y\,d\sigma = \iint\limits_D \rho^2\sin\theta\,d\rho\,d\theta$$

图 7 - 30

$$= \int_0^\pi \sin\theta\,d\theta \int_{2\sin\theta}^{4\sin\theta} \rho^2\,d\rho$$

$$= \frac{56}{3}\int_0^\pi \sin^4\theta\,d\theta = 7\pi$$

因此，$\bar{y} = \dfrac{7}{3}$，即所求均匀薄片的重心坐标为 $C\left(0,\dfrac{7}{3}\right)$.

2.物体的转动惯量

设 xOy 平面上有 n 个质点，它们位于 (x_1,y_1)、(x_2,y_2)、$\cdots$、(x_n,y_n) 处，质量分别为 m_1、m_2、$\cdots$、m_n.根据力学知识，该质点系对于 x 轴、y 轴的转动惯量分别为

$$I_x = \sum_{i=1}^n m_i y_i^2, \quad I_y = \sum_{i=1}^n m_i x_i^2$$

设有一平面薄片，占有 xOy 面上的闭区域 D，在点 (x,y) 处的面密度为 $\rho(x,y)$，假定 $\rho(x,y)$ 在 D 上连续，下面求该薄片对 x 轴，y 轴的转动惯量.

应用元素法.在闭区域 D 上任取一直径很小的闭区域 $d\sigma$(这个小闭区域的面积也记为 $d\sigma$),(x,y) 是该小闭区域上任意一点,则薄片中相应于 $d\sigma$ 的小薄片的质量近似等于 $\rho(x,y)d\sigma$,这部分质量可以近似看做质量集中在 (x,y) 处的一个质点,其对于 x 轴、y 轴的转动惯量元素分别为

$$dI_x = y^2\rho(x,y)d\sigma, \quad dI_y = x^2\rho(x,y)d\sigma$$

于是,所求的关于 x 轴和 y 轴的转动惯量分别为

$$I_x = \iint\limits_{D} y^2\rho(x,y)d\sigma, \quad I_y = \iint\limits_{D} x^2\rho(x,y)d\sigma$$

例 7.3.5 求半径为 a 的均匀半圆薄片(面密度为常量 μ)对于其直径边的转动惯量.

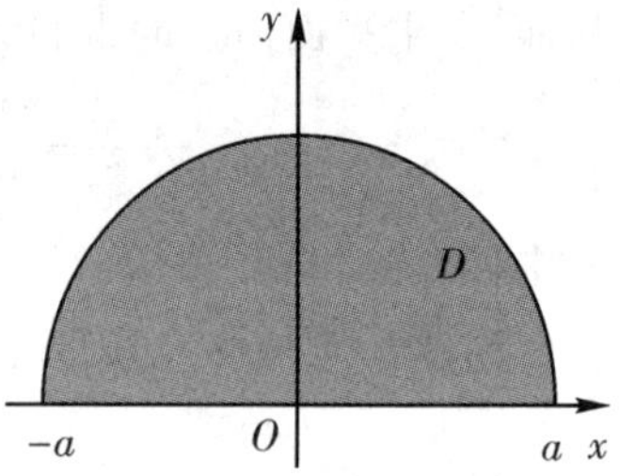

解 取坐标系如图 7-31 所示.

薄片所占闭区域 D 可表示为

$$D = \{(x,y) \mid x^2 + y^2 \leqslant a^2, y \geqslant 0\}$$

所求转动惯量即半圆薄片对 x 轴的转动惯量 I_x 为

$$I_x = \iint\limits_{D} \mu y^2 d\sigma = \mu\iint\limits_{D} \rho^2 \sin^2\theta \rho d\rho d\theta$$

$$= \mu \int_0^\pi \sin^2\theta d\theta \int_0^a \rho^3 d\rho = \frac{1}{4}\mu a^4 \times \frac{\pi}{2} = \frac{1}{4}Ma^2$$

图 7-31

其中 $M = \frac{1}{2}\pi a^2\mu$ 为半圆薄片的质量.

习题 7-3

1.求由曲面 $z = 6 - x^2 - y^2$ 及 $z = \sqrt{x^2 + y^2}$ 所围成的立体的体积.

2.求曲线 $y = x^2 - 2$ 与直线 $y = x$ 所围的面积.

3.求下列曲面的面积:

(1)锥面 $z = \sqrt{x^2 + y^2}$ 被柱面 $z^2 = 2x$ 所割下部分的曲面面积;

(2)底面半径相等的两个正交圆柱面 $x^2 + y^2 = R^2$ 及 $x^2 + z^2 = R^2$ 所围立体的表面积.

4.设平面薄片所占的闭区域 D 由 $x + y = 2$、$y = x$ 和 x 轴所围成,它的面密度 $\rho(x,y) = x^2 + y^2$,求该薄片的质量.

5.求半径为 a、高为 h 的均匀圆柱体对于过中心且平行于母线的轴的转动惯量(设密度 $\rho = 1$).

第 7 章总习题

1.填空题:

(1) 二次积分 $\int_0^1 dx \int_{-\sqrt{x}}^{\sqrt{x}} f(x,y)dy$ 改变积分次序后成为 _____;

(2) $D = \{(x,y) \mid 0 \leqslant x^2 + y^2 \leqslant 1\}$,则 $\iint\limits_{D}(x+y)dxdy = $ _____;

(3) 设 D 是由 $x+y=1$、$x-y=1$、$x=0$ 所围成的三角形闭域,则 $\iint\limits_{D} \sin^3 y \,d\sigma =$ _____;

(4) 圆域 $x^2+y^2 \leqslant 2x$ 上的二重积分 $\iint\limits_{D} f(x,y)\,dx\,dy$ 化为极坐标形式为 _____.

2.选择题:

(1) 二次积分 $\int_0^2 dx \int_{\frac{x^2}{4}}^1 f(x,y)\,dy$ 交换积分次序后为(　　　);

(A) $\int_0^2 dy \int_{\sqrt{4y}}^1 f(x,y)\,dx$　　　　　　　(B) $\int_0^2 dy \int_0^{\sqrt{4y}} f(x,y)\,dx$

(C) $\int_0^1 dy \int_0^{4\sqrt{y}} f(x,y)\,dx$　　　　　　　(D) $\int_0^1 dy \int_{\sqrt{4y}}^2 f(x,y)\,dx$

(2) 二重积分 $\iint\limits_{1 \leqslant x^2+y^2 \leqslant 4} x^2 \,dx\,dy$ 可表达为二次积分(　　　).

(A) $\int_0^{2\pi} d\theta \int_1^2 r^3 \cos^2\theta \,dr$　　　　　　(B) $\int_0^{2\pi} r^3 \,dr \int_1^2 \cos^2\theta \,d\theta$

(C) $\int_{-2}^2 dx \int_{-\sqrt{4-x^2}}^{\sqrt{4-x^2}} x^2 \,dy$　　　　　(D) $\int_{-1}^1 dy \int_{-\sqrt{1-y^2}}^{\sqrt{1-y^2}} x^2 \,dx$

(3)设区域 D 是单位圆 $x^2+y^2 \leqslant 1$ 在第一象限的部分,则二次积分 $\iint\limits_{D} xy \,d\sigma =$(　　　).

(A) $\int_0^{\sqrt{1-y^2}} dx \int_0^{\sqrt{1-x^2}} xy \,dy$　　　　　(B) $\int_0^1 dx \int_0^{\sqrt{1-y^2}} xy \,dy$

(C) $\int_0^1 dy \int_0^{\sqrt{1-y^2}} xy \,dy$　　　　　　(D) $\dfrac{1}{2} \int_0^{\frac{\pi}{2}} d\theta \int_0^1 r^2 \sin 2\theta \,dr$

(4) 将 $I = \iint\limits_{D} e^{-x^2-y^2} \,d\sigma$(其中 $D: x^2+y^2 \leqslant 1$)化为极坐标下的二次积分,其形式为(　　　).

(A) $I = \int_0^{2\pi} d\theta \int_0^1 e^{-\rho^2} \,d\rho$　　　　　　(B) $I = 4 \int_0^{\frac{\pi}{2}} d\theta \int_0^1 e^{-\rho^2} \,d\rho$

(C) $I = 2 \int_0^{\frac{\pi}{2}} d\theta \int_0^1 \rho e^{-\rho^2} \,d\rho$　　　　(D) $I = \int_0^{2\pi} d\theta \int_0^1 \rho e^{-\rho^2} \,d\rho$

3.交换下列二次积分的次序:

(1) $I = \int_0^1 dx \int_{\sqrt{x}}^{1+\sqrt{1-x^2}} f(x,y)\,dy$;　　　　　(2) $I = \int_0^1 dx \int_x^{\sqrt{x}} \dfrac{\sin y}{y}\,dy$;

(3) $I = \int_0^1 dx \int_0^{2y} f(x,y)\,dx + \int_1^3 dy \int_0^{3-y} f(x,y)\,dx$.

4.计算下列二重积分:

(1) $\iint\limits_{D} (x^2+y^2)\,dx\,dy$,其中 D 是由 $y=x^2$ 及 $y=\sqrt{x}$ 所围成的区域;

(2) $\iint\limits_{D} (y^2+3x-6y+9)\,d\sigma$,其中 $D = \{(x,y) \mid x^2+y^2 \leqslant R^2\}$;

(3) $\iint\limits_{D} 6x^2y^2 \,d\sigma$,其中 D 是由于 $y=x$、$y=-x$ 及 $y=2-x^2$ 所围成的在 x 轴上方的区域;

(4)$\iint\limits_{D}\dfrac{x}{y}\mathrm{d}x\,\mathrm{d}y$,其中 D 是由于 $y=1$、$x=2$ 及 $y=x^2$ 所围成的区域.

5.将下列二次积分化为极坐标形式,并计算积分值:

(1)$\displaystyle\int_0^{2a}\mathrm{d}x\int_0^{\sqrt{2ax-x^2}}(x^2+y^2)\mathrm{d}y$;

(2)$\displaystyle\int_0^a\mathrm{d}x\int_0^x\sqrt{x^2+y^2}\,\mathrm{d}y$;

(3)$\displaystyle\int_0^1\mathrm{d}x\int_{x^2}^x(x^2+y^2)^{-\frac{1}{2}}\mathrm{d}y$;

(4)$\displaystyle\int_0^a\mathrm{d}y\int_0^{\sqrt{a^2-y^2}}(x^2+y^2)\mathrm{d}x$.

6.计算由四个平面 $x=0$、$y=0$、$x=1$ 及 $y=1$ 所围成的柱体被平面 $z=0$ 及 $2x+3y+z=6$ 截得的立体的体积.

7.求由曲面 $z=\sqrt{5-x^2-y^2}$ 及 $x^2+y^2=4z$ 所围立体的体积.

8.求由平面 $y=0$、$y=kx(k>0)$、$z=0$ 以及球心在原点、半径为 R 的上半球面所围成的在第一卦限内的立体体积.

9.设平面薄片所占的闭区域 D 由螺线 $\rho=2\theta$ 上一段弧 $\left(0\leqslant\theta\leqslant\dfrac{\pi}{2}\right)$ 与直线 $\theta=\dfrac{\pi}{2}$ 所围成,它的面密度为 $\mu(x,y)=x^2+y^2$,求该薄片的质量.

第8章 无穷级数

无穷级数是高等数学的重要组成部分,它和导数、定积分等概念一样,都是与极限的概念和方法有着密切联系的,它分为常数项级数与函数项级数两大部分.函数项级数是表示函数,特别是表示非初等函数的一个重要工具,又是研究函数性质的一个重要手段,在数值计算上有着不可替代的作用.在自然科学和工程技术中,常用无穷数来进行问题的分析,如谐波分析等.本章主要介绍常数项级数和函数项级数中的幂级数、傅立叶级数.

8.1 无穷级数的概念与性质

8.1.1 无穷级数的概念

大家知道:数列的前 n 项和是一个实数,那么,当 $n \to \infty$ 时,其结果如何呢?

定义 8.1 如果给定一个数列 $\{u_n\}$:

$$u_1, u_2, u_3, \cdots, u_n, \cdots$$

则这个数列所有项的和式

$$u_1 + u_2 + \cdots + u_n + \cdots$$

称为**无穷级数**(简称为级数),记为 $\sum\limits_{n=1}^{\infty} u_n$,即

$$\sum_{n=1}^{\infty} u_n = u_1 + u_2 + \cdots + u_n + \cdots \tag{8-1-1}$$

其中 u_n 称为级数的一般项或通项.

如果 $\{u_n\}$ 是常数数列,则称 $\sum\limits_{n=1}^{\infty} u_n$ 为**常数项级数**,例如

$$\frac{1}{3} + \frac{1}{3^2} + \frac{1}{3^3} + \cdots + + \frac{1}{3^n} + \cdots$$

$$1 + 2 + 3 + 4 + \cdots + n + \cdots$$

$$\frac{1}{2} + \frac{1}{4} + \frac{1}{4} + \frac{1}{8} + \frac{1}{8} + \frac{1}{8} + \frac{1}{16} + \frac{1}{16} \cdots$$

如果 u_n 是函数 $u_n(x)$,即 $\{u_n(x)\}$ 是函数列,则无穷级数 $\sum\limits_{n=1}^{\infty} u_n$ 变为以函数为通项的级数,称为**函数项级数**,例如

$$1 - x + x^2 - x^3 + \cdots + (-1)^{n-1} x^{n-1} + \cdots$$

$$\cos x + \cos 2x + \cdots + \cos nx + \cdots$$

当函数项级数中的 x 取定值时，函数项级数就变为常数项级数，因此常数项级数是函数项级数的特殊情况，同时它又是函数项级数的基础，所以本章首先讨论常数项级数的基本理论，然后再讨论函数项级数.

从无穷级数的定义式（8-1-1）来看，按通常的加法运算逐项相加，永远也算不完，那么如何计算无穷级数的和呢？

首先，我们称无穷级数 $\sum\limits_{n=1}^{\infty} u_n$ 的前 n 项和

$$u_1 + u_2 + \cdots + u_n = \sum_{i=1}^{\infty} u_i$$

为级数 $\sum\limits_{n=1}^{\infty} u_n$ 的（前 n 项）部分和，记为 S_n.

当 n 取不同值时，级数 $\sum\limits_{n=1}^{\infty} u_n$ 对应一个部分和数列 $\{S_n\}$：

$$S_1 = u_1$$
$$S_2 = u_1 + u_2$$
$$S_3 = u_1 + u_2 + u_3$$
$$\cdots\cdots$$
$$S_n = u_1 + u_2 + \cdots + u_n$$
$$\cdots\cdots$$

定义 8.2   若级数 $\sum\limits_{n=1}^{\infty} u_n$ 的部分和数列 $\{S_n\}$ 收敛于 S，即

$$\lim_{n \to \infty} S_n = S$$

则称**级数** $\sum\limits_{n=1}^{\infty} u_n$ **收敛**，并称其极限 S 为级数 $\sum\limits_{n=1}^{\infty} u_n$ 的和，记为

$$S = \sum_{n=1}^{\infty} u_n = u_1 + u_2 + \cdots + u_n + \cdots$$

否则称**级数** $\sum\limits_{n=1}^{\infty} u_n$ **发散**.

对于收敛级数 $\sum\limits_{n=1}^{\infty} u_n$，称 $S - S_n = u_{n+1} + u_{n+2} + \cdots$ 为级数 $\sum\limits_{n=1}^{\infty} u_n$ 的余项，记为 R_n；显然当级数 $\sum\limits_{n=1}^{\infty} u_n$ 收敛时有 $\lim\limits_{n \to \infty} R_n = 0$，即：当 n 充分大时，可用 S_n 近似代替 S，其误差 $|R_n|$ 为 $n \to \infty$ 时的无穷小量.

例 8.1.1   判定级数 $\dfrac{1}{1 \times 2} + \dfrac{1}{2 \times 3} + \cdots + \dfrac{1}{n(n+1)} + \cdots$ 的敛散性.

解   因为
$$u_n = \frac{1}{n(n+1)} = \frac{1}{n} - \frac{1}{n+1}$$

所以 $S_n = \dfrac{1}{1 \times 2} + \dfrac{1}{2 \times 3} + \cdots + \dfrac{1}{n(n+1)} = \left(1 - \dfrac{1}{2}\right) + \left(\dfrac{1}{2} - \dfrac{1}{3}\right) + \cdots + \left(\dfrac{1}{n} - \dfrac{1}{n+1}\right) = 1 - \dfrac{1}{n+1}$

且 $\lim\limits_{n\to\infty}S_n=\lim\limits_{n\to\infty}\left(1-\dfrac{1}{n+1}\right)=1$，故此级数收敛，即 $\dfrac{1}{1\times2}+\dfrac{1}{2\times3}+\cdots+\dfrac{1}{n(n+1)}+\cdots=1$.

例 8.1.2　证明级数 $1+2+3+\cdots+n+\cdots$ 是发散的.

证　题设级数的部分和为

$$s_n=1+2+3+\cdots+n=\frac{n(n+1)}{2}$$

显然，$\lim\limits_{n\to\infty}s_n=\infty$，因此题设级数发散.

例 8.1.3　试证等比级数（几何级数）

$$\sum_{n=1}^{\infty}aq^{n-1}=a+aq+aq^2+\cdots+aq^{n-1}+\cdots\quad(a\neq0)$$

当 $|q|<1$ 时，收敛；当 $|q|\geqslant1$ 时，发散.

证　当公比 $|q|\neq1$，部分和

$$S_n=a+aq+aq^2+\cdots+aq^{n-1}=\frac{a-aq^n}{1-q}=\frac{a}{1-q}-\frac{aq^n}{1-q}$$

(1)当 $|q|<1$ 时，由于 $\lim\limits_{n\to\infty}q^n=0$，所以 $\lim\limits_{n\to\infty}S_n=\lim\limits_{n\to\infty}\left(\dfrac{a}{1-q}-\dfrac{aq^n}{1-q}\right)=\dfrac{a}{1-q}$，此时，等比级数 $\sum\limits_{n=1}^{\infty}aq^{n-1}$ 收敛，其和为 $\dfrac{a}{1-q}$；

(2)当 $|q|>1$ 时，由于 $\lim\limits_{n\to\infty}q^n=\infty$，所以 $\lim\limits_{n\to\infty}S_n$ 不存在，此时等比级数 $\sum\limits_{n=1}^{\infty}aq^{n-1}$ 发散；

(3)当公比 $q=1$ 时，$S_n=na$，$\lim\limits_{n\to\infty}S_n$ 不存在，等比级数 $\sum\limits_{n=1}^{\infty}aq^{n-1}$ 发散；当公比 $q=-1$ 时，$S_n=\begin{cases}a,&\text{当 }n\text{ 为奇数时}\\0,&\text{当 }n\text{ 为偶数时}\end{cases}$，故 $\lim\limits_{n\to\infty}S_n$ 不存在，等比级数 $\sum\limits_{n=1}^{\infty}aq^{n-1}$ 发散；

所以，当 $|q|\geqslant1$ 时，等比级数 $\sum\limits_{n=1}^{\infty}aq^{n-1}$ 发散；当 $|q|<1$ 时，等比级数 $\sum\limits_{n=1}^{\infty}aq^{n-1}$ 收敛于 $\dfrac{a}{1-q}$.

例 8.1.4　判定级数 $\sum\limits_{n=1}^{\infty}\dfrac{n}{3^n}$ 的敛散性.

解　因为级数的部分和

$$S_n=\frac{1}{3}+\frac{2}{3^2}+\frac{3}{3^3}+\cdots+\frac{n-1}{3^{n-1}}+\frac{n}{3^n}$$

$$\frac{1}{3}S_n=\frac{1}{3^2}+\frac{2}{3^3}+\frac{3}{3^4}+\cdots+\frac{n-1}{3^n}+\frac{n}{3^{n+1}}$$

两式相减得

$$\frac{2}{3}S_n=\frac{1}{3}+\frac{1}{3^2}+\frac{1}{3^3}+\cdots+\frac{1}{3^n}-\frac{n}{3^{n+1}}$$

$$=\frac{\frac{1}{3}\left(1-\frac{1}{3^n}\right)}{1-\frac{1}{3}}-\frac{n}{3^{n+1}}=\frac{1-\frac{1}{3^n}}{2}-\frac{n}{3^{n+1}}$$

$S_n=\dfrac{3}{4}-\dfrac{3}{4\times 3^n}-\dfrac{n}{2\times 3^n}$，由此得 $\lim\limits_{n\to\infty}S_n=\dfrac{3}{4}$，所以级数 $\sum\limits_{n=1}^{\infty}\dfrac{n}{3^n}$ 收敛，且其和为 $\dfrac{3}{4}$.

例 8.1.5 把 $0.\dot{3}\dot{6}$ 化为分数.

解 $0.\dot{3}\dot{6}=0.36+0.0036+0.000036+\cdots$

$$=\frac{36}{100}+\frac{36}{100^2}+\frac{36}{100^3}+\cdots$$

$$=\frac{\frac{36}{100}}{1-\frac{1}{100}}=\frac{4}{11}$$

例 8.1.6 一个球从 a 米高下落到地平面上，球每次落下距离 h 后碰到地平面再弹起的距离为 rh，其中 r 是小于 1 的正数，求这个球上下的总距离.

解 总距离是

$$s=a+2ar+2ar^2+3ar^3+\cdots=a+\frac{2ar}{1-r}=\frac{a(1+r)}{1-r}$$

若 $a=6,r=2/3$，则总距离是 $s=\dfrac{a(1+r)}{1-r}=\dfrac{6(1+2/3)}{1-2/3}=30$（米）.

8.1.2 无穷级数的基本性质

由上面的讨论可见，研究无穷级数的收敛问题，实质上就是研究部分和数列的收敛问题，这就使我们得以利用所掌握的有关数列极限的若干性质来推得收敛级数的几个基本性质.

性质 8.1 级数 $\sum\limits_{n=1}^{\infty}ku_n$ 与 $\sum\limits_{n=1}^{\infty}u_n$ 敛散性相同（k 为任意非零常数），当 $\sum\limits_{n=1}^{\infty}u_n$ 收敛时，

$$\sum_{n=1}^{\infty}u_n=S\Rightarrow\sum_{n=1}^{\infty}ku_n=kS$$

事实上，由级数的部分和 $\sum\limits_{i=1}^{n}ku_i=k\sum\limits_{i=1}^{n}u_i$，以及极限的性质 $\lim\limits_{n\to\infty}\sum\limits_{i=1}^{n}ku_i=k\cdot\lim\limits_{n\to\infty}\sum\limits_{i=1}^{n}u_i$ 可知，结论成立.

性质 8.2 如果级数 $\sum\limits_{n=1}^{\infty}u_n$ 与级数 $\sum\limits_{n=1}^{\infty}v_n$ 都收敛，则级数 $\sum\limits_{n=1}^{\infty}(u_n\pm v_n)$ 也收敛，且有

$$\sum_{n=1}^{\infty}(u_n\pm v_n)=\sum_{n=1}^{\infty}u_n\pm\sum_{n=1}^{\infty}v_n$$

证 设级数 $\sum\limits_{n=1}^{\infty}u_n$、$\sum\limits_{n=1}^{\infty}v_n$、$\sum\limits_{n=1}^{\infty}(u_n\pm v_n)$ 的部分和分别为 S_n、σ_n、τ_n，那么

$$\tau_n=\sum_{i=1}^{n}(u_i\pm v_i)=\sum_{i=1}^{n}u_i\pm\sum_{i=1}^{n}v_i=S_n\pm\sigma_n$$

由已知 $\lim\limits_{n\to\infty}S_n$、$\lim\limits_{n\to\infty}\sigma_n$ 都存在，所以 $\lim\limits_{n\to\infty}S_n\pm\lim\limits_{n\to\infty}\sigma_n=\lim\limits_{n\to\infty}\tau_n$ 存在，即级数 $\sum\limits_{n=1}^{\infty}(u_n\pm v_n)$ 收敛，且

$$\sum_{n=1}^{\infty}(u_n\pm v_n)=\sum_{n=1}^{\infty}u_n\pm\sum_{n=1}^{\infty}v_n.$$

注意：若在两个级数中，其中一个收敛，另一个发散，则它们逐项相加（减）的级数必发散；而两个发散级数逐项相加（减）的级数不一定发散.例如，级数 $\sum\limits_{n=1}^{\infty}(-1)^n$ 与 $\sum\limits_{n=1}^{\infty}(-1)^{n+1}$ 都发散，但级数 $\sum\limits_{n=1}^{\infty}[(-1)^n+(-1)^{n+1}]=\sum\limits_{n=1}^{\infty}0=0$ 收敛.

性质 8.3 在级数中去掉、增加或改变有限项后，级数的敛散性不变.收敛时，其和可能改变.

证 假设将级数 $\sum\limits_{n=1}^{\infty}u_n$ 的前 k 项去掉，则得级数

$$u_{k+1}+u_{k+2}+\cdots+u_{k+n}+\cdots$$

得到的新级数的部分和为

$$\sigma_n=u_{k+1}+u_{k+2}+\cdots+u_{k+n}=S_{k+n}-S_k$$

其中 S_{k+n} 是原来级数的前 $k+n$ 项的和，由于 S_k 是常数，所以当 $n\to\infty$，σ_n 与 S_{k+n} 或者同时具有极限，或者同时没有极限.即两级数的敛散性一致.

由上面的讨论可知，在级数中任意增加有限项，不改变级数的敛散性，但收敛级数的和要变.改变有限项，等于去掉这些项，再于原位置上添上适当的项，所以结论也是成立的.

性质 8.4 如果级数 $\sum\limits_{n=1}^{\infty}$ 收敛，则对这个级数的项任意加括号后所成的级数（每个括号内的和数为新级数的一项）如

$$(u_1+u_2+\cdots+u_{k_1})+(u_{k_1+1}+u_{k_1+2}+\cdots+u_{k_2})+\cdots+(u_{k_{n-1}+1}+u_{k_{n-1}+2}+\cdots+u_{k_n})+\cdots$$

$$(8-1-2)$$

也收敛，且其和与原级数和相等.

证 因为新级数 $(8-1-2)$ 的部分和数列 $\{\sigma_n\}=\{S_{k_n}\}$，这里 $\{S_{k_n}\}$ 是 $\{S_n\}$ 的一个子数列，而 $\lim\limits_{n\to\infty}S_n=S$，所以

$$\lim_{n\to\infty}\sigma_n=\lim_{k_n\to\infty}S_{k_n}=S$$

即加括号后所成的级数收敛，且其和不变.

推论 8.1 如果加括号后所成的级数发散，则原来的级数也发散.

注意：性质 8.4 的逆命题不一定成立.即加括号后所成的级数收敛，去括号后所得的级数不一定收敛.例如 $(1-1)+(1-1)+(1-1)+\cdots$ 收敛于零，但去括号后的级数 $1-1+1-1+-1-+\cdots$ 是发散的.

例 8.1.7 证明调和级数 $\sum\limits_{n=1}^{\infty}\dfrac{1}{n}$ 是发散的.

证 设级数 $\sum\limits_{n=1}^{\infty}\dfrac{1}{n}$ 按下列方式加括号

$$1+\frac{1}{2}+\left(\frac{1}{3}+\frac{1}{4}\right)+\left(\frac{1}{5}+\frac{1}{6}+\frac{1}{7}+\frac{1}{8}\right)+\cdots+\left(\frac{1}{2^m+1}+\frac{1}{2^m+2}+\cdots+\frac{1}{2^{m+1}}\right)+\cdots$$

即从第三项起,依次按 2 项、2^2 项、2^3 项、……、2^m 项、……加括号,设所得新级数为 $\sum\limits_{m=1}^{\infty} v_m$,则

$$v_1=1,\quad v_2=\frac{1}{2},\quad v_3=\frac{1}{3}+\frac{1}{4}>\frac{1}{2},\quad v_4=\frac{1}{5}+\frac{1}{6}+\frac{1}{7}+\frac{1}{8}>\frac{1}{2},\cdots,$$

$$v_m=\frac{1}{2^m+1}+\frac{1}{2^m+2}+\cdots+\frac{1}{2^{m+1}}>\frac{1}{2^{m+1}}+\frac{1}{2^{m+1}}+\cdots+\frac{1}{2^{m+1}}$$

$$v_m=2^m\times\frac{1}{2^{m+1}}=\frac{1}{2},\cdots.$$

故当 $m\to\infty$ 时,v_m 不趋于零,由下面的性质 8.5 知级数 $\sum\limits_{m=1}^{\infty} v_m$ 发散,再由推论 8.1 知,调和级数 $\sum\limits_{n=1}^{\infty}\frac{1}{n}$ 是发散的.

性质 8.5 **(级数收敛的必要条件)** 若级数 $\sum\limits_{n=1}^{\infty} u_n$ 收敛,则当 n 无限增大时,收敛级数的一般项必趋于零,即 $\lim\limits_{n\to\infty} u_n=0$.

证 设级数 $\sum\limits_{n=1}^{\infty} u_n$ 收敛于 S,且级数 $\sum\limits_{n=1}^{\infty} u_n$ 的部分和数列为 $\{S_n\}$,即 $\lim\limits_{n\to\infty} S_n=S$.由于 $u_n=S_n-S_{n-1}$,得 $\lim\limits_{n\to\infty} u_n=\lim\limits_{n\to\infty}(S_n-S_{n-1})=S-S=0$.

注意:级数的一般项在 n 无限增大时趋于零只是级数收敛的必要条件,而不是级数收敛充分条件.例如级数 $\sum\limits_{n=1}^{\infty}\frac{1}{n}$,虽然它的一般项 $\lim\limits_{n\to\infty} u_n=\lim\limits_{n\to\infty}\frac{1}{n}=0$,但该级数是发散的.由性质 8.5,我们可以得出一个结论:若一个级数的一般项 $\lim\limits_{n\to\infty} u_n\neq0$,则该级数一定是发散的.

例 8.1.8 判定级数 $0.01+\sqrt{0.01}+\sqrt[3]{0.01}+\sqrt[4]{0.01}+\cdots+\sqrt[n]{0.01}+\cdots$ 的敛散性.

解 因为 $\lim\limits_{n\to\infty} u_n=\lim\limits_{n\to\infty}\sqrt[n]{0.01}=\lim\limits_{n\to\infty}10^{-\frac{1}{n}}=1\neq0$,所以级数发散.

*8.1.3 柯西收敛原理

定理 8.1 **(柯西收敛原理)** 级数 $\sum\limits_{n=1}^{\infty} u_n$ 收敛的充分必要条件是级数 $\sum\limits_{n=1}^{\infty} u_n$ 的部分和数列 $\{S_n\}$ 有界.即对任意给定的正数 ε,总存在一个自然数 N,使得 $n>N$ 时,对于任意的 $p=1$,$2,3,\cdots$,都有

$$|u_{n+1}+u_{n+2}+\cdots+u_{n+p}|<\varepsilon$$

例 8.1.9 利用柯西收敛原理证明级数 $\sum\limits_{n=1}^{\infty}\frac{1}{n^2}$ 的收敛性.

证 因为对于任何自然数 p,有

$$|u_{n+1}+u_{n+2}+\cdots+u_{n+p}|=\frac{1}{(n+1)^2}+\frac{1}{(n+2)^2}+\cdots\frac{1}{(n+p)^2}$$

$$< \frac{1}{n(n+1)} + \frac{1}{(n+1)(n+2)} + \cdots + \frac{1}{(n+p-1)(n+p)}$$

$$= \left(\frac{1}{n} - \frac{1}{n+1} \right) + \left(\frac{1}{n+1} - \frac{1}{n+2} \right) + \cdots + \left(\frac{1}{n+p-1} - \frac{1}{n+p} \right)$$

$$= \frac{1}{n} - \frac{1}{n+p} < \frac{1}{n}.$$

故对任意给定的正数 ε，取 $N \geqslant [1/\varepsilon]$，则当 $n > N$ 时，对任意自然数 p，恒有

$$|u_{n+1} + u_{n+2} + \cdots + u_{n+p}| < \varepsilon$$

由柯西收敛原理知，级数 $\sum\limits_{n=1}^{\infty} \dfrac{1}{n^2}$ 收敛.

习题 8-1

1．写出下列级数的前四项：

(1) $\sum\limits_{n=1}^{\infty} \dfrac{n!}{n^2}$;　　　　(2) $\sum\limits_{n=1}^{\infty} \dfrac{n^2+1}{n+1}$;　　　　(3) $\sum\limits_{n=1}^{\infty} \dfrac{n^2}{2^n}$;　　　　(4) $\sum\limits_{n=1}^{\infty} \dfrac{(-1)^n n}{2 \times 4 \cdots 2n}$.

2．写出下列级数的一般项：

(1) $\dfrac{2}{1} - \dfrac{3}{2} + \dfrac{4}{3} - \dfrac{5}{4} + \cdots$;　　　　　　　　　(2) $2 + \dfrac{5}{8} + \dfrac{8}{27} + \dfrac{11}{64} + \cdots$;

(3) $\dfrac{2}{2} x + \dfrac{2^2}{5} x^2 + \dfrac{2^3}{10} x^3 + \dfrac{2^4}{17} x^4 + \cdots$;　　(4) $\dfrac{a^2}{3} - \dfrac{a^3}{5} + \dfrac{a^4}{7} - \dfrac{a^5}{9} + \cdots$.

3．用定义判定下列级数的收敛性：

(1) $\sum\limits_{n=1}^{\infty} \dfrac{1}{3^n}$;　　　　　　　　　　　　(2) $\sum\limits_{n=1}^{\infty} \dfrac{1}{n^2+n}$;

(3) $\sum\limits_{n=1}^{\infty} (\sqrt{n+2} - 2\sqrt{n+1} + \sqrt{n})$.

4．判定下列级数的收敛性：

(1) $\dfrac{1}{10} + \dfrac{2}{11} + \dfrac{3}{12} + \cdots$;

(2) $-\dfrac{\ln 5}{5} + \dfrac{(\ln 5)^2}{5^2} - \dfrac{(\ln 5)^3}{5^3} + \cdots + (-1)^n \dfrac{(\ln 5)^n}{5^n} + \cdots$;

(3) $\sum\limits_{n=1}^{\infty} \left(1 + \dfrac{1}{n} \right)^n$;　　　(4) $\sum\limits_{n=1}^{\infty} \left(\dfrac{1}{2^n} - \dfrac{1}{3^n} \right)$;　　　(5) $\sum\limits_{n=1}^{\infty} \dfrac{1}{\sqrt[n]{3}}$.

*5．利用柯西收敛原理判定下列级数的收敛性：

(1) $\sum\limits_{n=1}^{\infty} \dfrac{1}{n^2}$;　　　　　　(2) $\sum\limits_{n=1}^{\infty} \dfrac{1}{\sqrt{n+n^2}}$;　　　　　　(3) $\sum\limits_{n=1}^{\infty} \dfrac{\sin 2^n}{2^n}$.

6．求级数 $\sum\limits_{n=1}^{\infty} \dfrac{1}{n(n+1)(n+2)}$ 的和.

8.2　常数项级数的审敛法

在 8.1 节中,我们介绍了无穷级数收敛和发散的概念及其性质.但是一般情况下,利用级数收敛、发散的定义和性质来判断一个级数的敛散性是很困难的,能否找到更简单有效的方法呢? 下面介绍两种常数项级数的审敛法.

8.2.1　正项级数及其审敛法

对于常数项级数,一般情况下它的各项可以是正数、负数或者零;如果级数的各项符号都相同,则称为同号级数;对于同号级数,我们只研究各项都是正数的级数——**正项级数**.由于正数和负数只相差一个负号,故若级数的各项都是负数,各项乘以 -1 后就得到一个正项级数,因此,可以利用正项级数的性质来判定各项均为负项的级数的敛散性.

设正项级数 $\sum\limits_{n=1}^{\infty} u_n (u_n \geqslant 0)$ 的部分和为 S_n,则

$$S_1 = u_1, \quad S_2 = u_1 + u_2, \quad S_3 = u_1 + u_2 + u_3, \cdots, S_n = u_1 + u_2 + \cdots + u_n, \cdots$$

由于 $u_n \geqslant 0$,所以 $S_1 \leqslant S_2 \leqslant S_3 \leqslant \cdots \leqslant S_n \leqslant \cdots$,即部分和数列 $\{S_n\}$ 为单调增加的,若部分和数列 $\{S_n\}$ 有界,由数列极限存在的单调有界准则知,数列 $\{S_n\}$ 有极限,即 $\lim\limits_{n \to \infty} S_n$ 存在,故正项级数 $\sum\limits_{n=1}^{\infty} u_n$ 收敛;反之,若正项级数 $\sum\limits_{n=1}^{\infty} u_n$ 收敛,即 $\lim\limits_{n \to \infty} S_n$ 存在,而收敛数列必有界,故正项级数 $\sum\limits_{n=1}^{\infty} u_n$ 的部分和数列 $\{S_n\}$ 是有界的.

综上讨论,可得如下定理.

定理 8.2　正项级数 $\sum\limits_{n=1}^{\infty} u_n$ 收敛的充分必要条件是它的部分和数列 $\{S_n\}$ 有界.

由于该定理是推导正项级数的其他敛审法的基础,因此该定理也称为基本定理.

定理 8.3(比较审敛法)　设 $\sum\limits_{n=1}^{\infty} u_n$ 和 $\sum\limits_{n=1}^{\infty} v_n$ 是两个正项级数,且 $u_n \leqslant v_n (n = 1, 2, \cdots)$

(1) 如果级数 $\sum\limits_{n=1}^{\infty} v_n$ 收敛,则级数 $\sum\limits_{n=1}^{\infty} u_n$ 也收敛;

(2) 如果级数 $\sum\limits_{n=1}^{\infty} v_n$ 发散,则级数 $\sum\limits_{n=1}^{\infty} u_n$ 也发散.

证　设 S_n 与 σ_n 分别为正项级数 $\sum\limits_{n=1}^{\infty} u_n$ 与 $\sum\limits_{n=1}^{\infty} v_n$ 的部分和.

(1) 当 $\sum\limits_{n=1}^{\infty} v_n$ 收敛时,其部分和数列 $\{\sigma_n\}$ 有界,因为 $u_n \leqslant v_n$,所以对一切自然数 n,都有 $S_n \leqslant \sigma_n$,从而正项级数 $\sum\limits_{n=1}^{\infty} u_n$ 的部分和数列 $\{S_n\}$ 也有界,由定理 8.2 知,正项级数 $\sum\limits_{n=1}^{\infty} u_n$ 收敛.

（2）当 $\sum\limits_{n=1}^{\infty}v_n$ 发散，则 $\sum\limits_{n=1}^{\infty}u_n$ 发散.假如不然，$\sum\limits_{n=1}^{\infty}v_n$ 收敛,则由式(8-1-1)知 $\sum\limits_{n=1}^{\infty}u_n$ 也收敛,与条件 $\sum\limits_{n=1}^{\infty}u_n$ 发散相矛盾,故 $\sum\limits_{n=1}^{\infty}v_n$ 发散.

例 8.2.1　试证 p-级数 $\sum\limits_{n=1}^{\infty}\dfrac{1}{n^p}$ 的收敛性,其中 $p>0$.

$$\sum_{n=1}^{\infty}\frac{1}{n^p}=1+\frac{1}{2^p}+\frac{1}{3^p}+\cdots+\frac{1}{n^p}+\cdots$$

证　当 $p\leqslant1$ 时,由 $\dfrac{1}{n^p}\geqslant\dfrac{1}{n}$,而调和级数 $\sum\limits_{n=1}^{\infty}\dfrac{1}{n}$ 发散,故由比较判别法知,p-级数 $\sum\limits_{n=1}^{\infty}\dfrac{1}{n^p}$ 发散.

当 $p>1$ 时,由 $n-1<x<n$,有 $\dfrac{1}{n^p}<\dfrac{1}{x^p}$,故

$$\frac{1}{n^p}=\int_{n-1}^{n}\frac{1}{n^p}\mathrm{d}x<\int_{n-1}^{n}\frac{1}{x^p}\mathrm{d}x\,(n=2,3,\cdots)$$

从而级数 $\sum\limits_{n=1}^{\infty}\dfrac{1}{n^p}$ 的部分和

$$S_n=1+\frac{1}{2^p}+\frac{1}{3^p}+\cdots+\frac{1}{n^p}<1+\int_1^2\frac{1}{x^p}\mathrm{d}x+\cdots+\int_{n-1}^{n}\frac{1}{x^p}\mathrm{d}x$$

$$=1+\int_1^n\frac{1}{x^p}\mathrm{d}x=1+\frac{1}{p-1}\left(1-\frac{1}{n^{p-1}}\right)<1+\frac{1}{p-1}$$

即部分和数列 $\{S_n\}$ 有界,故 p-级数 $\sum\limits_{n=1}^{\infty}\dfrac{1}{n^p}$ 收敛.

综上所述,当 $0<p\leqslant1$ 时,p-级数 $\sum\limits_{n=1}^{\infty}\dfrac{1}{n^p}$ 发散;当 $p>1$ 时,p-级数 $\sum\limits_{n=1}^{\infty}\dfrac{1}{n^p}$ 收敛.

使用正项级数的比较审敛法时,需要知道一些级数的敛散性,作为比较的对象.等比级数 $\sum\limits_{n=1}^{\infty}aq^{n-1}$ 和 p-级数 $\sum\limits_{n=1}^{\infty}\dfrac{1}{n^p}$,常常被用作比较对象.

例 8.2.2　判定级数 $\dfrac{1}{2\times5}+\dfrac{1}{3\times6}+\cdots+\dfrac{1}{(n+1)(n+4)}+\cdots$ 的敛散性.

解　因为级数的一般项 $u_n=\dfrac{1}{(n+1)(n+4)}$ 满足

$$0<\frac{1}{(n+1)(n+4)}<\frac{1}{n^2}$$

而级数 $\sum\limits_{n=1}^{\infty}\dfrac{1}{n^2}$ 是 $p=2$ 的 p-级数,它是收敛的,所以据比较审敛法可知原级数也是收敛的.

例 8.2.3　证明级数 $\sum\limits_{n=1}^{\infty}\dfrac{1}{\sqrt{n(n+1)}}$ 是发散的.

证　因为 $\dfrac{1}{\sqrt{n(n+1)}}>\dfrac{1}{n+1}$,而级数 $\sum\limits_{n=1}^{\infty}\dfrac{1}{n+1}=\sum\limits_{n=2}^{\infty}\dfrac{1}{n}$ 是调和级数,是发散的,根据比

较审敛法知,级数 $\sum\limits_{n=1}^{\infty} \dfrac{1}{\sqrt{n(n+1)}}$ 也是发散的.

例 8.2.4 判别级数 $\sum\limits_{n=1}^{\infty} \dfrac{2n+1}{(n+1)^2(n+2)^2}$ 的收敛性.

解 因为 $\dfrac{2n+1}{(n+1)^2(n+2)^2} < \dfrac{2n+2}{(n+1)^2(n+2)^2} < \dfrac{2}{(n+1)^3} < \dfrac{2}{n^3}$,而级数 $\sum\limits_{n=1}^{\infty} \dfrac{1}{n^3}$ 是收敛

的,由比较审敛法知,级数 $\sum\limits_{n=1}^{\infty} \dfrac{2n+1}{(n+1)^2(n+2)^2}$ 是收敛的.

在利用比较审敛法判定级数的敛散性时,必须要知道级数的一般项与某一已知级数的一般项的大小关系,在实际使用时,建立这种关系是比较困难的,因此下面给出判别法的极限形式.

推论 8.1 设 $\sum\limits_{n=1}^{\infty} u_n$ 和 $\sum\limits_{n=1}^{\infty} v_n$ 均为正项级数,且 $\lim\limits_{n\to\infty} \dfrac{u_n}{v_n} = l$.

(1)若 $0 < l < +\infty$ 时,这两个级数有相同的敛散性;

(2)当 $l = 0$ 时,级数 $\sum\limits_{n=1}^{\infty} v_n$ 收敛,则级数 $\sum\limits_{n=1}^{\infty} u_n$ 也收敛;

(3)若 $l = +\infty$ 时,级数 $\sum\limits_{n=1}^{\infty} v_n$ 发散,则级数 $\sum\limits_{n=1}^{\infty} u_n$ 也发散.

证 由极限定义,对任意给定正数 ε,存在正整数 N,当 $n > N$ 时,有

$$\left| \frac{u_n}{v_n} - l \right| < \varepsilon$$

即
$$(l-\varepsilon)v_n < u_n < (l+\varepsilon)v_n$$

根据比较审敛法及收敛级数的性质:

(1)当 $0 < l < +\infty$(这里设 $\varepsilon < l$)时,级数 $\sum\limits_{n=1}^{\infty} u_n$ 与级数 $\sum\limits_{n=1}^{\infty} v_n$ 同时收敛同时发散;

(2)当 $l = 0$ 时,由 $u_n < (l+\varepsilon)v_n$,若级数 $\sum\limits_{n=1}^{\infty} v_n$ 收敛,那么级数 $\sum\limits_{n=1}^{\infty} (l+\varepsilon)v_n$ 也收敛;又根

据比较审敛法,则级数 $\sum\limits_{n=1}^{\infty} u_n$ 收敛;

(3)当 $l = +\infty$ 时,即对任意的正数 M,存在相应的正整数 N,当 $n > N$ 时,都有 $\dfrac{u_n}{v_n} > M$,即

$u_n > M v_n$,根据比较审敛法知,若 $\sum\limits_{n=1}^{\infty} v_n$ 发散,则级数 $\sum\limits_{n=1}^{\infty} u_n$ 也发散.

例 8.2.5 判定级数 $\sum\limits_{n=1}^{\infty} \sin \dfrac{\pi}{n^2}$ 的敛散性.

解 设 $u_n = \sin \dfrac{\pi}{n^2} > 0, v_n = \dfrac{\pi}{n^2}$,则

$$\lim_{n\to\infty} \frac{u_n}{v_n} = \lim_{n\to\infty} \frac{\sin \dfrac{\pi}{n^2}}{\dfrac{\pi}{n^2}} = 1 > 0$$

而级数 $\sum\limits_{n=1}^{\infty}\dfrac{\pi}{n^2}$ 是收敛的,根据比较审敛法的极限形式(推论 8.1),级数 $\sum\limits_{n=1}^{\infty}\sin\dfrac{\pi}{n^2}$ 是收敛的.

例 8.2.6　证明级数 $\sum\limits_{n=1}^{\infty}\dfrac{n-2}{2n^2+1}$ 是发散的.

证　设 $u_n=\dfrac{n-2}{2n^2+1}>0(n>2),v_n=\dfrac{1}{n}$,则

$$\lim_{n\to\infty}\frac{u_n}{v_n}=\lim_{n\to\infty}\frac{\dfrac{n-2}{2n^2+1}}{\dfrac{1}{n}}=\lim_{n\to\infty}\frac{n(n-2)}{2n^2+1}=\frac{1}{2}>0$$

而级数 $\sum\limits_{n=1}^{\infty}\dfrac{1}{n}$ 是发散的,据比较审敛法的极限形式(推论 8.1),级数 $\sum\limits_{n=1}^{\infty}\dfrac{n-2}{2n^2+1}$ 是发散的.

注意:当级数 $\sum\limits_{n=1}^{\infty}u_n$ 和级数 $\sum\limits_{n=1}^{\infty}v_n$ 的一般项均趋于零时,比较审敛法的极限形式即是两无穷小量的比较.

(1) 若 u_n,v_n 是同阶无穷小,则级数 $\sum\limits_{n=1}^{\infty}u_n$ 和 $\sum\limits_{n=1}^{\infty}v_n$ 有相同的敛散性;

(2) 若 u_n 是 v_n 的高阶无穷小,则级数 $\sum\limits_{n=1}^{\infty}v_n$ 收敛时,级数 $\sum\limits_{n=1}^{\infty}u_n$ 也收敛;

(3) 若 u_n 是 v_n 的低阶无穷小,则级数 $\sum\limits_{n=1}^{\infty}v_n$ 发散时,级数 $\sum\limits_{n=1}^{\infty}u_n$ 也发散.

推论 8.2　设 $\sum\limits_{n=1}^{\infty}u_n$ 为正项级数:

(1) 若 $\lim\limits_{n\to\infty}nu_n=l>0$ 或 $\lim\limits_{n\to\infty}nu_n=+\infty$,则级数 $\sum\limits_{n=1}^{\infty}u_n$ 发散;

(2) 若 $p>1$,而 $\lim\limits_{n\to\infty}n^p\cdot u_n=l$,则级数 $\sum\limits_{n=1}^{\infty}u_n$ 收敛.

例 8.2.7　判定级数 $\sum\limits_{n=1}^{\infty}\ln\left(1+\dfrac{1}{n^2}\right)$ 的敛散性.

解　因为 $\ln\left(1+\dfrac{1}{n^2}\right)\cdot\dfrac{1}{n^2}(n\to\infty)$,故

$$\lim_{x\to\infty}n^2\ln\left(1+\frac{1}{n^2}\right)=\lim_{x\to\infty}n^2\cdot\frac{1}{n^2}=1$$

根据推论 8.2,级数 $\sum\limits_{n=1}^{\infty}\ln\left(1+\dfrac{1}{n^2}\right)$ 收敛.

例 8.2.8　判定级数 $\sum\limits_{n=1}^{\infty}\left(1-\cos\dfrac{1}{n^2}\right)$ 的敛散性.

解　因为 $\lim\limits_{n\to\infty}n^4\left(1-\cos\dfrac{1}{n^2}\right)=\lim\limits_{n\to\infty}n^4\times\dfrac{1}{2}\left(\dfrac{1}{n^2}\right)^2=\dfrac{1}{2}$,根据推论 8.2,级数收敛.

例 8.2.9　判定 $\sum\limits_{n=1}^{\infty}\left(\dfrac{1}{n}-\ln\dfrac{n+1}{n}\right)$ 的敛散性.

解　令 $u(x)=x-\ln(1+x)>0(x>0),v(x)=x^2$,由于

$$\lim_{x\to 0^+}\frac{x-\ln(1+x)}{x^2}=\lim_{x\to 0^+}\frac{1-\dfrac{1}{1+x}}{2x}=\lim_{x\to 0^+}\frac{1}{2(1+x)}=\frac{1}{2}$$

从而

$$\lim_{n\to\infty}\frac{\dfrac{1}{n}-\ln\left(1+\dfrac{1}{n}\right)}{\dfrac{1}{n^2}}=\lim_{n\to\infty}n^2\left(\frac{1}{n}-\ln\frac{n+1}{n}\right)=\frac{1}{2}$$

由 $p=2>1$ 知,所给级数收敛.

定理 8.4　**(达朗贝尔审敛法,比值审敛法)** 设 $\sum\limits_{n=1}^{\infty}u_n$ 是正项级数,且

$$\lim_{n\to\infty}\frac{u_{n+1}}{u_n}=\rho$$

则　(1)当 $\rho<1$ 时,级数收敛;

(2)当 $\rho>1$ 时,级数发散;

(3)当 $\rho=1$ 时,级数可能收敛,也可能发散.

证　根据数列极限定义,对任意给定的正数 ε,存在正整数 N,当 $n\geqslant N$ 时,有

$$\left|\frac{u_{n+1}}{u_n}-\rho\right|<\varepsilon$$

即

$$\rho-\varepsilon<\frac{u_{n+1}}{u_n}<\rho+\varepsilon$$

(1)当 $\rho<1$ 时,取 ε 适当小,使 $\rho+\varepsilon=\alpha<1$,由上式得,当 $n\geqslant N$ 时,

$$u_{n+1}<\alpha u_n$$

从而

$$u_{N+k}<\alpha u_{N+k-1}<\cdots<\alpha^k u_N\quad(k=1,2,\cdots)$$

由于 $0<\alpha<1$,等比级数 $\sum\limits_{k=1}^{\infty}u_N\alpha^k$ 收敛,由比较审敛法知 $\sum\limits_{k=1}^{\infty}u_{N+k}=\sum\limits_{n=N+1}^{\infty}u_n$ 收敛,从而级

数 $\sum\limits_{n=1}^{\infty}u_n$ 收敛.

(2)当 $\rho>1$ 时,取 ε 适当小,使 $\rho-\varepsilon>1$,于是当 $n\geqslant N$ 时,有

$$\frac{u_{n+1}}{u_n}>\rho-\varepsilon>1$$

即

$$u_{n+1}>u_n$$

注意: 当 u_n 逐渐增大, $\lim\limits_{n\to\infty}u_n\neq 0$,从而级数 $\sum\limits_{n=1}^{\infty}u_n$ 发散.

类似地,可以证明当 $\lim\limits_{n\to\infty}\dfrac{u_{n+1}}{u_n}=\infty$ 时,级数 $\sum\limits_{n=1}^{\infty}u_n$ 发散.

(3)当 $\rho=1$ 时级数可能收敛也可能发散,例如 p -级数 $\sum\limits_{n=1}^{\infty}\dfrac{1}{n^p}$,不论 p 为何值都有

$$\lim_{n\to\infty}\frac{u_{n+1}}{u_n}=\lim_{n\to\infty}\frac{\dfrac{1}{(n+1)^p}}{\dfrac{1}{n^p}}=1$$

对于 p -级数,当 $p>1$ 时级数收敛,当 $p\leqslant 1$ 时级数发散,因此只根据 $\rho=1$ 不能判定级数的敛散性.

例 8.2.10 判定级数 $\displaystyle\sum_{n=1}^{\infty}\frac{n^{100}}{2^n}$ 的敛散性.

解 因为
$$\lim_{n\to\infty}\frac{u_{n+1}}{u_n}=\lim_{n\to\infty}\frac{(n+1)^{100}}{2^{n+1}}\times\frac{2^n}{n^{100}}=\frac{1}{2}\left(\frac{n+1}{n}\right)^{100}$$

故
$$\lim_{n\to\infty}\frac{u_{n+1}}{u_n}=\lim_{n\to\infty}\frac{1}{2}\left(\frac{n+1}{n}\right)^{100}=\frac{1}{2}<1$$

根据比值审敛法可知所给级数收敛.

例 8.2.11 判定级数 $\displaystyle\sum_{n=1}^{\infty}\frac{4^n}{n^2\times 3^n}$ 的敛散性.

解 因为 $\displaystyle\lim_{n\to\infty}\frac{u_{n+1}}{u_n}=\lim_{n\to\infty}\frac{4^{n+1}}{(n+1)^2\times 3^{n+1}}\cdot\frac{n^2\times 3^n}{4^n}=\lim_{n\to\infty}\frac{4n^2}{3(n+1)^2}=\frac{4}{3}>1$

根据比值审敛法可知所给的级数发散.

例 8.2.12 判定 $\displaystyle\sum_{n=1}^{\infty}\frac{n}{3^n}\cos^2\frac{n\pi}{2}$ 的敛散性.

解 因为 $0\leqslant\cos^2\dfrac{n\pi}{2}\leqslant 1$,所以 $0\leqslant\dfrac{n}{3^n}\cos^2\dfrac{n\pi}{2}\leqslant\dfrac{n}{3^n}$,又因为

$$\lim_{n\to\infty}\frac{\dfrac{n+1}{3^{n+1}}}{\dfrac{n}{3^n}}=\lim_{n\to\infty}\frac{n+1}{3n}=\frac{1}{3}<1$$

所以级数 $\displaystyle\sum_{n=1}^{\infty}\frac{n}{3^n}$ 收敛,再由比较审敛法知,所给级数也收敛.

例 8.2.13 判定级数

$$\sum_{n=1}^{\infty}\frac{1}{(2n-1)2n}$$

的敛散性.

解 因
$$\lim_{n\to\infty}\frac{u_{n+1}}{u_n}=\lim_{n\to\infty}\frac{(2n-1)2n}{(2n+1)(2n+2)}=1$$

此时比较审敛法失效,需用其他方法来判定该级数的敛散性.

由于 $2n>2n-1\geqslant n$,所以 $\dfrac{1}{(2n-1)2n}<\dfrac{1}{n^2}$,而级数 $\displaystyle\sum_{n=1}^{\infty}\frac{1}{n^2}$ 收敛,因此由定理 8.3 比较审敛法可知所给级数收敛.

定理 8.5 （柯西审敛法,根值审敛法）设 $\sum\limits_{n=1}^{\infty} u_n$ 为正项级数,如果

$$\lim_{n\to\infty} \sqrt[n]{u_n} = \rho$$

则当 $\rho < 1$ 时级数收敛;当 $\rho > 1$（或 $\lim\limits_{n\to\infty} \sqrt[n]{u_n} = +\infty$）时级数发散;当 $\rho = 1$ 时级数可能收敛也可能发散.(证明略)

例 8.2.14 讨论级数 $\sum\limits_{n=1}^{\infty} \left(\dfrac{n}{3n+1} \right)^{an}$ 的敛散性.

解 因为 $\lim\limits_{n\to\infty} \sqrt[n]{u_n} = \lim\limits_{n\to\infty} \sqrt[n]{\left(\dfrac{n}{3n+1} \right)^{an}} = \lim\limits_{n\to\infty} \left(\dfrac{n}{3n+1} \right)^a = \left(\dfrac{1}{3} \right)^a$

所以当 $a > 0$ 时,$\left(\dfrac{1}{3} \right)^a < 1$,级数收敛;当 $a < 0$ 时,$\left(\dfrac{1}{3} \right)^a > 1$,级数发散;当 $a = 0$ 时,根值审敛法失效,但此时级数为 $\sum\limits_{n=1}^{\infty} 1$ 是发散的.

8.2.2　任意项级数、绝对收敛、条件收敛

各项可取正值也可取负值的级数称做**任意项级数**.若级数只有有限个正项(或负项),其余各项均为负项(或正项),则它的敛散性问题,可以通过正项级数敛散性的审敛法解决.若级数中正项和负项都有无穷多项,它的敛散性问题将如何解决呢?

设

$$\sum_{n=1}^{\infty} u_n = u_1 + u_2 + \cdots + u_n + \cdots$$

为任意项级数,将其各项取绝对值,得到一个正项级数

$$\sum_{n=1}^{\infty} |u_n| = |u_1| + |u_2| + \cdots + |u_n| + \cdots$$

此为原级数的绝对值级数.

定义 8.3 若绝对值级数 $\sum\limits_{n=1}^{\infty} |u_n|$ 收敛,则称任意项级数 $\sum\limits_{n=1}^{\infty} u_n$ **绝对收敛**;若级数 $\sum\limits_{n=1}^{\infty} |u_n|$ 发散,而任意项级数 $\sum\limits_{n=1}^{\infty} u_n$ 收敛,则称级数 $\sum\limits_{n=1}^{\infty} u_n$ **条件收敛**.

对于任意项级数 $\sum\limits_{n=1}^{\infty} u_n$,将它的所有正项组成一个正项级数记为 $\sum\limits_{n=1}^{\infty} v_n$.将它的所有负项变号(乘上因子 −1)组成一个正项级数记为 $\sum\limits_{n=1}^{\infty} w_n$,亦即

$$v_n = \frac{|u_n| + u_n}{2} = \begin{cases} u_n, & \text{当 } u_n > 0 \\ 0, & \text{当 } u_n \leqslant 0 \end{cases}$$

$$w_n = \frac{|u_n| - u_n}{2} = \begin{cases} -u_n, & \text{当 } u_n < 0 \\ 0, & \text{当 } u_n \geqslant 0 \end{cases}$$

所以任意项级数 $\sum\limits_{n=1}^{\infty} u_n$ 与正项级数 $\sum\limits_{n=1}^{\infty} v_n$ 和 $\sum\limits_{n=1}^{\infty} w_n$ 有如下关系:

定理 8.5　(1) 级数 $\sum\limits_{n=1}^{\infty} u_n$ 绝对收敛的充分必要条件是级数 $\sum\limits_{n=1}^{\infty} v_n$ 和 $\sum\limits_{n=1}^{\infty} w_n$ 皆收敛;

(2) 若级数 $\sum\limits_{n=1}^{\infty} u_n$ 条件收敛,则级数 $\sum\limits_{n=1}^{\infty} v_n$ 和 $\sum\limits_{n=1}^{\infty} w_n$ 皆发散(证明略).

定理 8.6　若级数 $\sum\limits_{n=1}^{\infty} u_n$ 绝对收敛,则级数 $\sum\limits_{n=1}^{\infty} u_n$ 必收敛.

证　因为
$$u_n = v_n - w_n = \frac{|u_n| + u_n}{2} - \frac{|u_n| - u_n}{2}$$

利用定理 8.5 及级数的性质知,级数 $\sum\limits_{n=1}^{\infty} u_n$ 收敛.

注意:级数绝对收敛是级数收敛的充分而不必要条件.

若 $u_n > 0(n = 1, 2, \cdots)$,称级数 $\sum\limits_{n=1}^{\infty} (-1)^{n-1} u_n (u_n > 0)$ 为交错级数. 即
$$u_1 - u_2 + u_3 - u_4 + \cdots + (-1)^{n-1} u_n + \cdots$$

关于交错级数,我们有下面的判别方法.

定理 8.7　(莱布尼茨审敛法) 若交错级数 $\sum\limits_{n=1}^{\infty} (-1)^{n-1} u_n$ 满足以下条件:

(1) $u_n \geqslant u_{n+1}$　$(n = 1, 2, \cdots)$;

(2) $\lim\limits_{n \to \infty} u_n = 0$.

则级数 $\sum\limits_{n=1}^{\infty} (-1)^{n-1} u_n$ 收敛,并且它的和 $S \leqslant u_1$.

证　设级数 $\sum\limits_{n=1}^{\infty} (-1)^{n-1} u_n$ 的部分和为 S_n,由
$$0 \leqslant S_{2n} = (u_1 - u_2) + (u_3 - u_4) + \cdots + (u_{2n-1} - u_{2n})$$

可知,数列 $\{S_{2n}\}$ 是单调增加的.根据条件(1),有
$$S_{2n} = u_1 - (u_2 - u_3) - \cdots - (u_{2n-2} - u_{2n-1}) - u_{2n} \leqslant u_1$$

即数列 $\{S_{2n}\}$ 是有界的.故数列 $\{S_{2n}\}$ 的极限存在.

设 $\lim\limits_{n \to \infty} S_{2n} = S$,根据条件(2),有
$$\lim\limits_{n \to \infty} S_{2n+1} = \lim\limits_{n \to \infty} (S_{2n} + u_{2n+1}) = S$$

故 $\lim\limits_{n \to \infty} S_n = S$,因此级数 $\sum\limits_{n=1}^{\infty} (-1)^{n-1} u_n$ 收敛于 S,并且 $S \leqslant u_1$.

推论 8.3　若交错级数满足莱布尼茨定理的条件,则以部分和 S_n 作为级数和的近似值时,其误差 R_n 不大于 u_{n+1}.即
$$|R_n| \leqslant u_{n+1}$$

例 8.2.15　判定下列级数的敛散性,并指明是条件收敛,还是绝对收敛.

(1) $\sum\limits_{n=1}^{\infty} (-1)^{n-1} \dfrac{1}{n+1}$;　　　　　(2) $\sum\limits_{n=1}^{\infty} \dfrac{\cos n\alpha}{3^n}$;　　　　　(3) $\sum\limits_{n=1}^{\infty} (-1)^{n+1} \dfrac{5^{n^2}}{n!}$.

解　(1) 因为 $\left| (-1)^{n-1} \dfrac{1}{n+1} \right| = \dfrac{1}{n+1}$,而级数 $\sum\limits_{n=1}^{\infty} \dfrac{1}{n+1}$ 是发散的,所以 $\sum\limits_{n=1}^{\infty} (-1)^{n-1} \dfrac{1}{n+1}$

不是绝对收敛.

又因为
$$u_n = \frac{1}{n+1} > \frac{1}{n+2} = u_{n+1} \quad (n=1,2,\cdots)$$

$$\lim_{n \to \infty} u_n = \lim_{n \to \infty} \frac{1}{n+1} = 0$$

所以由莱布尼茨审敛法知级数 $\sum\limits_{n=1}^{\infty} (-1)^{n-1} \dfrac{1}{n+1}$ 收敛,且为条件收敛.

(2) 因为 $\left| \dfrac{\cos n\alpha}{3^n} \right| \leqslant \dfrac{1}{3^n}$,而级数 $\sum\limits_{n=1}^{\infty} \dfrac{1}{3^n}$ 收敛,所以级数 $\sum\limits_{n=1}^{\infty} \left| \dfrac{\cos n\alpha}{3^n} \right|$ 收敛,从而级数

$\sum\limits_{n=1}^{\infty} \dfrac{\cos n\alpha}{3^n}$ 绝对收敛.

(3)因为
$$|u_n| = \frac{5^{n^2}}{n!} = \frac{(5^n)^n}{n!} > \frac{(1+n)^n}{n!} > \frac{n^n}{n!} = \frac{\overbrace{n \times n \times \cdots \times n}^{n\uparrow}}{1 \times 2 \times \cdots \times n} > 1$$

所以 $\lim\limits_{n \to \infty} |u_n| \neq 0$,因此级数 $\sum\limits_{n=1}^{\infty} (-1)^{n+1} \dfrac{5^{n^2}}{n!}$ 发散.

例 8.2.16　讨论级数 $\sum\limits_{n=1}^{\infty} (-1)^n \dfrac{1}{n} x^n (x > 0)$ 的敛散性.

解　考查级数 $\sum\limits_{n=1}^{\infty} \left| (-1)^n \dfrac{1}{n} x^n \right| = \sum\limits_{n=1}^{\infty} \dfrac{x^n}{n}$,由比值审敛法可知:

当 $x < 1$ 时,级数 $\sum\limits_{n=1}^{\infty} \dfrac{x^n}{n}$ 收敛;当 $x > 1$ 时级数 $\sum\limits_{n=1}^{\infty} \dfrac{x^n}{n}$ 发散.因此当 $x < 1$ 时,级数

$\sum\limits_{n=1}^{\infty} (-1)^n \dfrac{1}{n} x^n$ 绝对收敛;当 $x > 1$ 时,级数 $\sum\limits_{n=1}^{\infty} (-1)^n \dfrac{1}{n} x^n$ 发散;而当 $x = 1$ 时,级数

$\sum\limits_{n=1}^{\infty} \left| \dfrac{(-1)^n}{n} \right| = \sum\limits_{n=1}^{\infty} \dfrac{1}{n}$ 发散,而级数 $\sum\limits_{n=1}^{\infty} \dfrac{(-1)^n}{n}$ 收敛,故级数 $\sum\limits_{n=1}^{\infty} (-1)^n \dfrac{1}{n} x^n$ 为条件收敛.

性质 8.6　若级数 $\sum\limits_{n=1}^{\infty} u_n$ 绝对收敛,则任意改变该级数各项的位置其收敛性与级数的和不改变.

注意:条件收敛的级数不具有这一性质,由条件收敛级数重排后得到的新级数,可能收敛也可能发散,即使收敛,也不一定收敛于原来的和.

性质 8.7　若级数 $\sum\limits_{n=1}^{\infty} u_n$、$\sum\limits_{n=1}^{\infty} v_n$ 都是绝对收敛,它们的和分别为 S 和 σ,则它们的柯西乘积

$$\left(\sum_{n=1}^{\infty} u_n \right) \left(\sum_{n=1}^{\infty} v_n \right) = u_1 v_1 + (u_1 v_2 + u_2 v_1) + \cdots + (u_1 v_n + u_2 v_{n-1} + \cdots + u_n v_1) + \cdots$$

也绝对收敛,且其和为 $S \cdot \sigma$.

习题　8-2

1.用比较审敛法或比较审敛法的极限形式判别下列级数的敛散性:

(1) $\sum\limits_{n=1}^{\infty} \dfrac{1}{3n-1}$;

(2) $\sum\limits_{n=1}^{\infty} \dfrac{1}{(n+2)(n+3)}$;

(3) $\sum\limits_{n=1}^{\infty} \sin\dfrac{\pi}{3^n}$;

(4) $\sum\limits_{n=1}^{\infty} \dfrac{1}{\sqrt{n}}\sin\dfrac{1}{\sqrt{n}}$;

(5) $\sum\limits_{n=1}^{\infty} \dfrac{1}{\ln(2+n)}$;

(6) $\sum\limits_{n=1}^{\infty} \dfrac{1}{1+a^n}$　$(a>0)$.

2.用比值审敛法判别下列级数的敛散性:

(1) $\sum\limits_{n=1}^{\infty} \dfrac{3^n}{n!}$;

(2) $\sum\limits_{n=1}^{\infty} \dfrac{2n-1}{2^n}$;

(3) $\sum\limits_{n=1}^{\infty} \dfrac{3^n \cdot n!}{n^n}$;

(4) $\sum\limits_{n=1}^{\infty} n \cdot \sin\dfrac{\pi}{2^{n+1}}$;

(5) $\sum\limits_{n=1}^{\infty} \dfrac{3^n}{n \times 2^n}$;

(6) $\sum\limits_{n=1}^{\infty} \dfrac{3^n}{n^3}$.

3.用根值审敛法判别下列级数的敛散性:

(1) $\sum\limits_{n=1}^{\infty} \left(\dfrac{2n-1}{3n+1}\right)^n$;

(2) $\sum\limits_{n=1}^{\infty} \dfrac{n}{[\ln(n+1)]^n}$,

(3) $\sum\limits_{n=1}^{\infty} \left(\dfrac{n}{2n-1}\right)^{2n-1}$;

(4) $\sum\limits_{n=1}^{\infty} \left(\dfrac{3n^2}{n^2+1}\right)^n$.

4.判别下列级数的敛散性:

(1) $\sum\limits_{n=1}^{\infty} n\left(\dfrac{2}{3}\right)^n$;

(2) $\sum\limits_{n=1}^{\infty} \dfrac{2n+1}{n(n+3)}$;

(3) $\sum\limits_{n=1}^{\infty} n\sin\dfrac{\pi}{a^n}$　$(a>1$是常数$)$;

(4) $\sum\limits_{n=1}^{\infty} \dfrac{n!}{2^n+1}$;

(5) $\sum\limits_{n=1}^{\infty} \dfrac{1}{\sqrt{n(n+3)}}$;

(6) $\sum\limits_{n=1}^{\infty} \dfrac{n\cos^2\dfrac{n}{3}}{2^n}$.

5.判定下列级数是否收敛? 如果是收敛的,是绝对收敛还是条件收敛?

(1) $\sum\limits_{n=1}^{\infty} (-1)^{n-1}\dfrac{1}{n}$;

(2) $\sum\limits_{n=1}^{\infty} (-1)^n\dfrac{n}{n+1}$;

(3) $\sum\limits_{n=1}^{\infty} (-1)^{n+1}\dfrac{1}{\ln(n+1)}$;

(4) $\sum\limits_{n=1}^{\infty} \left(\dfrac{1}{2^n}-\dfrac{1}{5^n}\right)$;

(5) $\sum\limits_{n=1}^{\infty} \dfrac{\cos(n\pi)}{n!}$;

(6) $\sum\limits_{n=1}^{\infty} (-1)^{n+1}\times\dfrac{3}{2^n}$.

8.3　函数项级数与幂级数

8.3.1　函数项级数

设 $\{u_n(x)\}$ 是在区间 I 上的函数数列,则由这个数列构成的表达式

$$u_1(x) + u_2(x) + u_3(x) + \cdots + u_n(x) + \cdots = \sum_{n=1}^{\infty} u_n(x)$$

称为定义在 I 上的**函数项级数**,记为 $\sum_{n=1}^{\infty} u_n(x)$.而

$$S_n(x) = u_1(x) + u_2(x) + u_3(x) + \cdots + u_n(x)$$

称为函数项级数 $\sum_{n=1}^{\infty} u_n(x)$ 的**部分和**.

设函数 $u_n(x)(n = 1, 2, \cdots)$ 都在区间 I 上有定义,当点 $x_0 \in I$ 时,若级数 $\sum_{n=1}^{\infty} u_n(x_0) = u_1(x_0) + u_2(x_0) + \cdots + u_n(x_0) + \cdots$ 收敛,即 $\lim_{n\to\infty} S_n(x_0)$ 存在,则称级数 $\sum_{n=1}^{\infty} u_n(x)$ 在 x_0 处收敛,x_0 称为级数 $\sum_{n=1}^{\infty} u_n(x)$ 的收敛点,否则 x_0 称为级数 $\sum_{n=1}^{\infty} u_n(x)$ 的发散点.函数项级数 $\sum_{n=1}^{\infty} u_n(x)$ 全体收敛点的集合,称为级数 $\sum_{n=1}^{\infty} u_n(x)$ 的收敛域;全体发散点的集合,称为级数 $\sum_{n=1}^{\infty} u_n(x)$ 的发散域.

级数 $\sum_{n=1}^{\infty} u_n(x)$ 在收敛域上,对于每一个收敛点 x,$\lim_{n\to\infty} S_n(x)$ 都存在,记为 $\lim_{n\to\infty} S_n(x) = S(x)$,而 $S(x)$ 是 x 的函数,称为函数项级数 $\sum_{n=1}^{\infty} u_n(x)$ 的**和函数**.当 $x \in I$ 时,有

$$S(x) = u_1(x) + u_2(x) + \cdots + u_n(x) + \cdots$$

称 $R_n(x) = S(x) - S_n(x)$ 为级数 $\sum_{n=1}^{\infty} u_n(x)$ 的余项,对于收敛域上的每一点 x,有

$$\lim_{n\to\infty} R_n(x) = 0$$

例 8.3.1　求级数 $\sum_{n=1}^{\infty} \frac{(-1)^n}{n} \cdot \frac{1}{x^n}$ 的收敛域.

解　因为 $\lim_{n\to\infty} \left| \frac{u_{n+1}}{u_n} \right| = \lim_{n\to\infty} \frac{n}{n+1} \cdot \frac{1}{|x|} = \frac{1}{|x|}$,根据正项级数的比值审敛法知,当 $\frac{1}{|x|} < 1$ 即 $x > 1$ 或 $x < -1$ 时,级数绝对收敛;当 $\frac{1}{|x|} > 1$ 即 $-1 < x < 1$ 时,级数发散;当 $x = 1$ 时,级数为 $\sum_{n=1}^{\infty} \frac{(-1)^n}{n}$ 收敛;当 $x = -1$ 时,级数为 $\sum_{n=1}^{\infty} \frac{1}{n}$ 发散;故所给级数的收敛域为 $(-\infty, -1) \bigcup [1, +\infty)$.

8.3.2　幂级数及其收敛域

所谓幂级数是指:对于形如

$$\sum_{n=0}^{\infty} a_n x^n = a_0 + a_1 x + a_2 x^2 + \cdots + a_n x^n + \cdots$$

的级数称为 x 的幂级数,其中常数 a_0、a_1、a_2、$\cdots$、a_n、$\cdots$ 称为幂级数的系数.

注：对于形如

$$\sum_{n=0}^{\infty} a_n (x-x_0)^n = a_0 + a_1 (x-x_0) + a_2 (x-x_0)^2 + \cdots + a_n (x-x_0)^n + \cdots$$

的幂级数称为 $x-x_0$ 的幂级数.

下面将着重讨论幂级数 $\sum_{n=0}^{\infty} a_n x^n$，因为对于幂级数 $\sum_{n=0}^{\infty} a_n (x-x_0)^n$ 只要做一个变量代换就可化为形式为 $\sum_{n=0}^{\infty} a_n x^n$ 的幂级数.

下面讨论幂级数 $\sum_{n=0}^{\infty} a_n x^n$ 的收敛性问题.显然,当 $x=0$ 时,幂级数 $\sum_{n=0}^{\infty} a_n x^n$ 总是收敛的.除此之外,它还在哪些点收敛呢? 我们有下面重要的定理.

定理8.8　（阿贝尔定理）若级数 $\sum_{n=0}^{\infty} a_n x_0^n (x_0 \neq 0)$ 收敛,则对满足不等式 $|x| < |x_0|$ 的所有 x，级数 $\sum_{n=0}^{\infty} a_n x^n$ 都绝对收敛;反之,若级数 $\sum_{n=0}^{\infty} a_n x_0^n$ 发散,则对满足不等式 $|x| > |x_0|$ 的所有 x，级数 $\sum_{n=0}^{\infty} a_n x^n$ 都发散.

证　（1）设幂级数 $\sum_{n=0}^{\infty} a_n x^n$ 在 x_0 点收敛,即级数 $\sum_{n=0}^{\infty} a_n x_0^n$ 收敛,根据级数收敛的必要条件可知, $\lim_{n \to \infty} a_n x_0^n = 0$，因为收敛数列必有界,故存在正数 M，使得

$$|a_n x_0^n| \leqslant M \quad (n=0,1,2,\cdots)$$

因此

$$\left| a_n x^n \right| = \left| a_n x_0^n \cdot \frac{x^n}{x_0^n} \right| = \left| a_n x_0^n \right| \cdot \left| \frac{x}{x_0} \right|^n \leqslant M \left| \frac{x}{x_0} \right|^n$$

因为当 $\left| \dfrac{x}{x_0} \right| < 1$，即 $|x| < |x_0|$ 时,等比级数 $\sum_{n=0}^{\infty} \left| \dfrac{x}{x_0} \right|^n$ 收敛,所以由比较审敛法可知,级数 $\sum_{n=0}^{\infty} |a_n x^n|$ 收敛,从而级数 $\sum_{n=0}^{\infty} a_n x^n$ 绝对收敛.

（2）用反证法.若幂级数 $\sum_{n=0}^{\infty} a_n x^n$ 在 x_0 点是发散的,而存在另一点 x_1，满足 $|x_1| > |x_0|$，使级数 $\sum_{n=0}^{\infty} a_n x_1^n$ 收敛,则由（1）的结论可知,在 x_0 处幂级数 $\sum_{n=0}^{\infty} a_n x^n$ 是收敛的,这与题设矛盾,定理得证.

根据定理8.8可知:幂级数 $\sum_{n=0}^{\infty} a_n x^n$ 的收敛域是以原点为中心的区间,若以 $2R$ 表示区间的长度,则称 R 为幂级数的收敛半径.

（1）若 $R=0$，则幂级数 $\sum_{n=0}^{\infty} a_n x^n$ 只在 $x=0$ 处收敛;

（2）若 $R=+\infty$，则幂级数 $\sum_{n=0}^{\infty} a_n x^n$ 在 $(-\infty, +\infty)$ 上收敛;

(3) 若 $0 < R < +\infty$,则幂级数 $\sum\limits_{n=0}^{\infty} a_n x^n$ 在 $(-R, +R)$ 内收敛;对一切满足不等式 $|x| > R$ 的 x,幂级数 $\sum\limits_{n=0}^{\infty} a_n x^n$ 都发散;至于 $x = \pm R$,幂级数 $\sum\limits_{n=0}^{\infty} a_n x^n$ 可能收敛,也可能发散.因此,称 $(-R, +R)$ 为幂级数 $\sum\limits_{n=0}^{\infty} a_n x^n$ 的收敛区间.

对关于幂级数 $\sum\limits_{n=0}^{\infty} a_n x^n$ 的收敛半径的求法,我们有如下定理:

定理 8.9 对于幂级数 $\sum\limits_{n=0}^{\infty} a_n x^n (a_n \neq 0)$,若 $\lim\limits_{n \to \infty} \left| \dfrac{a_{n+1}}{a_n} \right| = \rho$,则幂级数 $\sum\limits_{n=0}^{\infty} a_n x^n$ 的收敛半径有以下情况:

(1) 当 $\rho \neq 0$ 时,幂级数 $\sum\limits_{n=0}^{\infty} a_n x^n$ 的收敛半径为 $R = \dfrac{1}{\rho}$;

(2) 当 $\rho = 0$ 时,幂级数 $\sum\limits_{n=0}^{\infty} a_n x^n$ 的收敛半径为 $R = +\infty$;

(3) 当 $\rho = +\infty$ 时,幂级数 $\sum\limits_{n=0}^{\infty} a_n x^n$ 的收敛半径为 $R = 0$.

证 因为正项级数

$$\sum_{n=0}^{\infty} |a_n x^n| = |a_0| + |a_1 x| + |a_2 x^2| + \cdots + |a_n x^n| + \cdots$$

的后项与前项比的极限 $\lim\limits_{n \to \infty} \dfrac{|a_{n+1} x^{n+1}|}{|a_n x^n|} = \lim\limits_{n \to \infty} \left| \dfrac{a_{n+1}}{a_n} \right| \cdot |x| = \rho \cdot |x|$,根据比值审敛法知:

(1) 当 $\rho \neq 0$ 时,如果 $|x| < \dfrac{1}{\rho}$,则级数 $\sum\limits_{n=0}^{\infty} |a_n x^n|$ 绝对收敛,从而级数 $\sum\limits_{n=0}^{\infty} a_n x^n$ 绝对收敛;如果 $|x| > \dfrac{1}{\rho}$,则级数 $\sum\limits_{n=0}^{\infty} |a_n x^n|$ 发散,并且当 n 充分大时 $|a_{n+1} x^{n+1}| > |a_n x^n|$,因此一般项 $|a_n x^n|$ 不趋于零,从而级数 $\sum\limits_{n=0}^{\infty} a_n x^n$ 发散,于是收敛半径 $R = \dfrac{1}{\rho}$;

(2) 当 $\rho = 0$ 时,恒有 $\rho |x| = 0$,

$$\lim_{n \to \infty} \frac{|a_{n+1} x^{n+1}|}{|a_n x^n|} \to 0 (n \to \infty)$$

故级数 $\sum\limits_{n=0}^{\infty} |a_n x^n|$ 收敛,即级数 $\sum\limits_{n=0}^{\infty} a_n x^n$ 绝对收敛,即收敛半径 $R = +\infty$;

(3) 当 $\rho = +\infty$ 时,对任意的非零 x,$\rho |x| = +\infty$,故幂级数 $\sum\limits_{n=0}^{\infty} |a_n x^n|$ 除 $x = 0$ 点外处处发散,所以级数 $\sum\limits_{n=0}^{\infty} a_n x^n$ 在 $x \neq 0$ 时发散,即收敛半径 $R = 0$.

综上结果,幂级数 $\sum\limits_{n=0}^{\infty} a_n x^n$ 的收敛半径为 $R = \lim\limits_{n \to \infty} \left| \dfrac{a_n}{a_{n+1}} \right|$.

例 8.3.2　求下列幂级数的收敛半径与收敛域：

(1) $\displaystyle\sum_{n=1}^{\infty}\dfrac{x^n}{3^n\cdot n}$；　　　　　(2) $\displaystyle\sum_{n=1}^{\infty}(-1)^n\dfrac{x^n}{n}$；　　　　　(3) $\displaystyle\sum_{n=1}^{\infty}\dfrac{x^n}{n!}$.

解　(1)收敛半径 $R=\lim\limits_{n\to\infty}\left|\dfrac{a_n}{a_{n+1}}\right|=\lim\limits_{n\to\infty}\dfrac{\dfrac{1}{3^n\cdot n}}{\dfrac{1}{3^{n+1}\cdot(n+1)}}=\lim\limits_{n\to\infty}\dfrac{3(n+1)}{n}=3.$

当 $x=-3$ 时，级数为 $\displaystyle\sum_{n=1}^{\infty}(-1)^n\dfrac{1}{n}$，是收敛的交错级数；当 $x=3$ 时，级数为 $\displaystyle\sum_{n=1}^{\infty}\dfrac{1}{n}$ 是调和级数，发散.故所求幂级数的收敛域为 $[-3,3)$.

(2)收敛半径 $R=\lim\limits_{n\to\infty}\left|\dfrac{a_n}{a_{n+1}}\right|=\lim\limits_{n\to\infty}\left|\dfrac{\dfrac{1}{n+1}}{\dfrac{1}{n}}\right|=\lim\limits_{n\to\infty}\dfrac{n}{(n+1)}=1$，故收敛半径为 $R=1.$

当 $x=1$ 时，级数成为 $\displaystyle\sum_{n=1}^{\infty}(-1)^n\dfrac{1}{n}$，该级数收敛；当 $x=-1$ 时，级数成为 $\displaystyle\sum_{n=1}^{\infty}\dfrac{1}{n}$，该级数发散.故所求级数的收敛域为 $(-1,1]$.

(3)收敛半径 $R=\lim\limits_{n\to\infty}\left|\dfrac{a_n}{a_{n+1}}\right|=\lim\limits_{n\to\infty}\dfrac{\dfrac{1}{n!}}{\dfrac{1}{(n+1)!}}=\lim\limits_{n\to\infty}(n+1)=\infty$，故所求幂级数收敛域为 $(-\infty,+\infty)$.

例 8.3.3　求 $\left(x-\dfrac{1}{3}\right)$ 的幂级数 $\displaystyle\sum_{n=1}^{\infty}(-1)^n\dfrac{3^n}{\sqrt{n}}\left(x-\dfrac{1}{3}\right)^n$ 的收敛域.

解　作变换，令 $\tau=x-\dfrac{1}{2}$，级数化为 τ 的幂级数 $\displaystyle\sum_{n=1}^{\infty}(-1)^n\dfrac{3^n}{\sqrt{n}}\tau^n$，则

$$R_\tau=\lim_{n\to\infty}\left|\dfrac{a_n}{a_{n+1}}\right|=\lim_{n\to\infty}\dfrac{\dfrac{3^n}{\sqrt{n}}}{\dfrac{3^{n+1}}{\sqrt{n+1}}}=\dfrac{1}{3}$$

当 $\tau=-\dfrac{1}{3}$ 时，级数为 $\displaystyle\sum_{n=1}^{\infty}\dfrac{1}{\sqrt{n}}$ 发散；当 $\tau=\dfrac{1}{3}$ 时，级数为 $\displaystyle\sum_{n=1}^{\infty}(-1)^n\dfrac{1}{\sqrt{n}}$ 收敛；所以级数 $\displaystyle\sum_{n=1}^{\infty}(-1)^n\dfrac{3^n}{\sqrt{n}}\tau^n$ 的收敛域为 $-\dfrac{1}{3}<\tau\leqslant\dfrac{1}{3}$.因此，原级数 $\displaystyle\sum_{n=1}^{\infty}(-1)^n\dfrac{3^n}{\sqrt{n}}\left(x-\dfrac{1}{3}\right)^n$ 的收敛域为 $-\dfrac{1}{3}<x-\dfrac{1}{3}\leqslant\dfrac{1}{3}$，即 $0<x\leqslant1$，收敛半径 $R=\dfrac{1}{3}$.

例 8.3.4　求幂级数 $\displaystyle\sum_{n=1}^{\infty}\dfrac{x^{2n-1}}{4^n}$ 的收敛域.

解　注意原级数是缺偶数次幂项，故不符合定理 8.3 的条件，但可用比值审敛法求收敛

域.因为 $\lim\limits_{n\to\infty}\left|\dfrac{u_{n+1}}{u_n}\right|=\lim\limits_{n\to\infty}\dfrac{\dfrac{|x|^{2n+1}}{4^{n+1}}}{\dfrac{|x|^{2n-1}}{4^n}}=\dfrac{1}{4}|x|^2$,当 $\dfrac{|x|^2}{4}<1$ 即 $|x|<2$ 时,所给幂级数绝对收

敛;当 $\dfrac{|x|^2}{4}>1$ 即 $|x|>2$ 时,所给幂级数发散;当 $x=-2$ 时,级数为 $\sum\limits_{n=1}^{\infty}\left(-\dfrac{1}{2}\right)$ 发散;当 $x=$

2 时,级数为 $\sum\limits_{n=1}^{\infty}\dfrac{1}{2}$ 发散.因此,原级数的收敛域为 $(-2,2)$.

8.3.3　幂级数的运算

设幂级数 $\sum\limits_{n=0}^{\infty}a_nx^n=S(x)$ 和 $\sum\limits_{n=0}^{\infty}b_nx^n=\sigma(x)$ 的收敛半径分别是 R_1、R_2,记 $R=$
$\min\{R_1,R_2\}$,显然,在区间 $(-R,R)$ 内两个幂级数都是绝对收敛的,因此有以下性质成立:

(1)加减法.

$$\sum_{n=0}^{\infty}a_nx^n\pm\sum_{n=0}^{\infty}b_nx^n=\sum_{n=0}^{\infty}(a_n\pm b_n)x^n=S(x)\pm\sigma(x),x\in(-R,+R)$$

(2)乘法.

$$\left(\sum_{n=0}^{\infty}a_nx^n\right)\left(\sum_{n=0}^{\infty}b_nx^n\right)=\sum_{n=0}^{\infty}c_nx^n=S(x)\cdot\sigma(x),x\in(-R,R)$$

其中,$c_n=a_0\cdot b_n+a_1\cdot b_{n-1}+\cdots+a_n\cdot b_0$.

(3)除法.

$$\frac{\sum\limits_{n=0}^{\infty}a_nx^n}{\sum\limits_{n=0}^{\infty}b_nx^n}=\frac{a_0+a_1x+a_2x^2+\cdots+a_nx^n+\cdots}{b_0+b_1x+b_2x^2+\cdots+b_nx^n+\cdots}$$

$$=c_0+c_1x+c_2x^2+\cdots+c_nx^n+\cdots=\sum_{n=0}^{\infty}c_nx^n$$

则

$$\sum_{n=0}^{\infty}a_nx^n=\left(\sum_{n=0}^{\infty}b_nx^n\right)\cdot\left(\sum_{n=0}^{\infty}c_nx^n\right)$$

根据等式两边级数的对应项系数相等,即得

$$a_0=b_0c_0$$
$$a_1=b_0c_1+b_1c_0$$
$$a_2=b_0c_2+b_1c_1+b_2c_0$$
$$\cdots\cdots$$
$$a_n=b_0c_n+b_1c_{n-1}+\cdots+b_nc_0$$
$$\cdots\cdots$$

由这些方程可以依次地求出 c_0、c_1、c_2、$\cdots$、c_n、$\cdots$.

需指出,相除后所得的幂级数 $\sum\limits_{n=0}^{\infty}c_nx^n$ 的收敛半径一般比上述的 R 小.

如设级数 $\sum\limits_{n=0}^{\infty} a_n x^n = 1 + 0x + \cdots + 0x^n + \cdots$ 和 $\sum\limits_{n=0}^{\infty} b_n x^n = 1 - x + 0x^2 + \cdots + 0x^n + \cdots$，

它们的收敛半径均为 $+\infty$，由于 $\dfrac{1}{1-x} = 1 + x + x^2 + \cdots + x^n + \cdots$，所以 $\dfrac{\sum\limits_{n=0}^{\infty} a_n x^n}{\sum\limits_{n=0}^{\infty} b_n x^n} = \sum\limits_{n=0}^{\infty} x^n$，而级

数 $\sum\limits_{n=0}^{\infty} x^n$ 的收敛半径为 1.

幂级数的和函数是在其收敛域内的函数，关于这个和函数的连续性、可导性及可积性，有如下性质，即幂级数的分析运算性质：

(4) 幂级数 $\sum\limits_{n=0}^{\infty} a_n x^n$ 的和函数 $S(x)$ 在收敛域上是连续函数.

(5) 幂级数 $\sum\limits_{n=0}^{\infty} a_n x^n$ 的和函数 $S(x)$ 在收敛域 $(-R, R)$ 上是可导的，且收敛半径不变，并有逐项求导公式

$$S'(x) = \left(\sum_{n=0}^{\infty} a_n x^n \right)' = \sum_{n=0}^{\infty} (a_n x^n)' = \sum_{n=0}^{\infty} n a_n x^{n-1}$$

(6) 幂级数 $\sum\limits_{n=0}^{\infty} a_n x^n$ 的和函数 $S(x)$ 在收敛域 $(-R, R)$ 上是可积的，且收敛半径不变，并有逐项积分公式

$$\int_0^x S(x) \mathrm{d}x = \int_0^x \left(\sum_{n=0}^{\infty} a_n x^n \right) \mathrm{d}x = \sum_{n=0}^{\infty} \left(a_n \int_0^x x^n \mathrm{d}x \right) = \sum_{n=0}^{\infty} \frac{a_n}{n+1} x^{n+1}$$

幂级数逐项微分或逐项积分后，虽然收敛半径不变，收敛区间不变，但收敛域有可能改变.

例 8.3.5　求幂级数 $\sum\limits_{n=1}^{\infty} \left[\dfrac{(-1)^n}{n} + \dfrac{1}{4^n} \right] x^n$ 的收敛域.

解　从例 8.3.2 的 (2) 知，级数 $\sum\limits_{n=1}^{\infty} \dfrac{(-1)^n}{n} x^n$ 的收敛域为 $(-1, 1]$.对级数 $\sum\limits_{n=1}^{\infty} \dfrac{1}{4^n} x^n$，有

$$\rho = \lim_{n \to \infty} \left| \frac{a_{n+1}}{a_n} \right| = \lim_{n \to \infty} \frac{1}{4^{n+1}} \times \frac{4^n}{1} = \frac{1}{4}$$

所以，其收敛半径 $R_2 = 4$.易见当 $x = \pm 4$ 时，该级数发散，因此级数 $\sum\limits_{n=1}^{\infty} \dfrac{1}{4^n} x^n$ 的收敛域为 $(-4, 4)$.

根据幂级数的代数运算性质，题设级数的收敛域为 $(-1, 1]$.

例 8.3.6　求幂级数 $\sum\limits_{n=1}^{\infty} n^2 x^{n-1}$ 的和函数.

解　先求收敛域.因为 $R = \lim\limits_{n \to \infty} \left| \dfrac{a_n}{a_{n+1}} \right| = \lim\limits_{n \to \infty} \dfrac{n^2}{(n+1)^2} = 1$，当 $x = 1$ 时，级数为 $\sum\limits_{n=1}^{\infty} n^2$ 发散；

当 $x = -1$ 时，级数 $\sum\limits_{n=1}^{\infty} (-1)^{n-1} n^2$ 发散；所以收敛域为 $(-1, 1)$.

又设

$$S(x) = \sum_{n=1}^{\infty} n^2 x^{n-1}, \quad x \in (-1, 1)$$

$$\int_0^x S(t)\,dt = \sum_{n=1}^{\infty} nx^n = x\sum_{n=1}^{\infty}(x^n)' = x\left(\frac{x}{1-x}\right)' = -\frac{x}{1+x^2}$$

即幂级数 $\sum_{n=1}^{\infty} n^2 x^{n-1}$ 的和函数为 $S(x) = -\dfrac{x}{1+x^2}(-1 < x < 1)$.

例 8.3.7 求幂级数 $\sum_{n=0}^{\infty}(-1)^{n-1}\dfrac{x^n}{n}$ 的和函数.

解 先求收敛域.因为 $R = \lim\limits_{n\to\infty}\left|\dfrac{a_n}{a_{n+1}}\right| = \lim\limits_{n\to\infty}\dfrac{n+1}{n} = 1$,当 $x = -1$ 时,幂级数为 $\sum_{n=0}^{\infty}\dfrac{-1}{n}$ 是发散的;当 $x = 1$ 时,幂级数为 $\sum_{n=0}^{\infty}\dfrac{(-1)^{n-1}}{n}$ 是收敛的.因此收敛域为 $(-1,1]$.

又设 $x \in (-1,1]$ 时,$S(x) = \sum_{n=0}^{\infty}(-1)^{n-1}\dfrac{x^n}{n}$,显然 $S(0) = 0$,逐项求导

$$[S(x)]' = 1 - x + x^2 - x^3 + \cdots + (-1)^{n-1}x^{n-1} + \cdots = \frac{1}{1+x} \quad (-1 < x < 1)$$

由积分公式 $\displaystyle\int_0^x [S(t)]'dt = S(x) - S(0)$,得

$$S(x) = \int_0^x [S(t)]'dt + S(0) = \int_0^x \frac{1}{1+t}dt = \ln(1+x)(-1 \leqslant x \leqslant 1)$$

因幂级数在 $x = 1$ 时收敛,故

$$\sum_{n=0}^{\infty}(-1)^{n-1}\frac{x^n}{n} = \ln(1+x)(-1 \leqslant x \leqslant 1)$$

例 8.3.8 求幂级数 $\sum_{n=1}^{\infty} n(n+1)x^{n-1}$ 的和函数,并求数项级数 $\sum_{n=1}^{\infty}\dfrac{n(n+1)}{3^n}$ 的和.

解 先求收敛域.因为 $R = \lim\limits_{n\to\infty}\left|\dfrac{a_n}{a_{n+1}}\right| = \lim\limits_{n\to\infty}\dfrac{n(n+1)}{(n+1)(n+2)} = 1$,当 $x = \pm 1$ 时,级数 $\sum_{n=1}^{\infty} n(n+1)$ 和 $\sum_{n=1}^{\infty}(-1)^{n-1}n(n+1)$ 都发散,所以收敛域为 $(-1,1)$.

又设 $S(x) = \sum_{n=1}^{\infty} n(n+1)x^{n-1}$,则

$$S(x) = \sum_{n=1}^{\infty}(x^{n+1})'' = \left(\sum_{n=1}^{\infty} x^{n+1}\right)'' = \left(\frac{x^2}{1-x}\right)'' = \frac{2}{(1-x)^3}, \quad x \in (-1,1)$$

这时,令 $x = \dfrac{1}{3} \in (-1,1)$,得

$$\sum_{n=1}^{\infty}\frac{n(n+1)}{3^n} = \sum_{n=1}^{\infty} n(n+1)\left(\frac{1}{3}\right)^n = \frac{1}{3}\sum_{n=1}^{\infty} n(n+1)\left(\frac{1}{3}\right)^{n-1} = \frac{1}{3}\cdot S\left(\frac{1}{3}\right) = \frac{27}{4}$$

习题 8 - 3

1.求下列幂级数的收敛半径与收敛区域:

(1) $\sum_{n=1}^{\infty}(-1)^n nx^{n-1}$;   (2) $\sum_{n=1}^{\infty}\dfrac{x^n}{n \times 3^n}$;   (3) $\sum_{n=1}^{\infty}\dfrac{x^n}{n(n+1)}$;

(4) $\displaystyle\sum_{n=1}^{\infty} \frac{(x-1)^n}{(n+1)^3}$;　　　　(5) $\displaystyle\sum_{n=1}^{\infty} \frac{3^n}{\ln(n+1)} x^n$;　　　　(6) $\displaystyle\sum_{n=1}^{\infty} (-1)^{n-1} \cdot \frac{x^{2n-1}}{2n-1}$;

(7) $\displaystyle\sum_{n=1}^{\infty} \frac{(x+1)^n}{\sqrt{n+1}}$;　　　　(8) $\displaystyle\sum_{n=1}^{\infty} \frac{x^{2n}}{n!}$.

2.利用逐项求导或逐项积分,求下列级数的和函数.

(1) $\displaystyle\sum_{n=1}^{\infty} (n+1)x^n$;　　　　(2) $\displaystyle\sum_{n=1}^{\infty} \frac{x^{2n+1}}{2n+1}$,

(3) $\displaystyle\sum_{n=1}^{\infty} \frac{x^{n+1}}{n(n+1)}$;　　　　(4) $\displaystyle\sum_{n=1}^{\infty} (n+1)(x-1)^n$.

3.求级数 $\dfrac{1}{1\times 2} + \dfrac{1}{2\times 2^2} + \dfrac{1}{3\times 2^3} + \cdots + \dfrac{1}{n\times 2^n} + \cdots$ 的和.

8.4　函数展开成幂函数

前几节中我们讨论的是幂级数的收敛域以及幂级数在收敛域上的和函数,而这一节我们将讨论相反的问题,即给出一个函数,在确定的区间上表示成幂级数的形式.哪些函数在怎样的区间上可以表示为幂级数? 这时幂级数的系数如何确定? 这些都是本节讨论的主要问题.

8.4.1　泰勒公式与泰勒级数

在微分作近似计算中,有近似公式 $f(x) \approx f(x_0) + f'(x_0)(x-x_0)$.当 $x \to x_0$ 时这个近似式所产生的误差是 $x-x_0$ 的高阶无穷小,但在精度较高的计算中,上式的近似就不能再满足要求.下面的泰勒定理不仅提高了计算精度,而且还给出了估计误差的公式.

定理 8.10　(**泰勒定理**)如果函数 $f(x)$ 在点 x_0 的某开区间 (a,b) 内具有直到 $(n+1)$ 阶的导数,则 $f(x)$ 可以表示为 $x-x_0$ 的一个 n 次多项式与一个余项 $R_n(x)$ 的和:

$$f(x) = f(x_0) + \frac{f'(x_0)}{1!}(x-x_0) + \frac{f''(x_0)}{2!}(x-x_0)^2 + \cdots + \frac{f^{(n)}(x_0)}{n!}(x-x_0)^n + R_n(x)$$

$$(8-4-1)$$

上式称为泰勒公式,其中 $R_n(x) = \dfrac{f^{(n+1)}(\xi)}{(n+1)!}(x-x_0)^{n+1}$,称为**拉格朗日型余项**($\xi$ 介于 x_0 与 x 之间).

更一般地,若 $f(x)$ 在点 x_0 的某一邻域 $U(x_0)$ 内具有任意阶导数,函数 $f(x)$ 是否可以展开为如下的幂级数:

$$f(x_0) + \frac{f'(x_0)}{1!}(x-x_0) + \frac{f''(x_0)}{2!}(x-x_0)^2 + \cdots + \frac{f^{(n)}(x_0)}{n!}(x-x_0)^n + \cdots$$

$$(8-4-2)$$

无论这个幂级数的敛散性怎样,幂级数(8-4-2)称为函数 $f(x)$ 在 $x=x_0$ 的某邻域内的**泰勒级数**.显然,当 $x=x_0$ 时,幂级数(8-4-2)收敛于 $f(x_0)$.

特别地,当 $x_0=0$ 时,幂级数(8-4-2)为

$$f(0)+\frac{f'(0)}{1!}x+\frac{f''(0)}{2!}x^2+\cdots+\frac{f^{(n)}(0)}{n!}x^n+\cdots \qquad (8-4-3)$$

称为 $f(x)$ 的**麦克劳林级数**.

若 x 在 x_0 的某邻域内且 $x\neq x_0$ 时,函数 $f(x)$ 的泰勒级数是否一定收敛呢? 如果收敛,是否一定收敛于函数 $f(x)$? 关于这个问题,我们有下面的定理.

定理 8.11 设函数 $f(x)$ 在点 x_0 的某邻域 $U(x_0)$ 内的泰勒级数

$$\sum_{n=0}^{\infty}\frac{f^{(n)}(x_0)}{n!}(x-x_0)^n$$

收敛于 $f(x)$ 的充分必要条件是

$$\lim_{n\to\infty}R_n(x)=\lim_{n\to\infty}\frac{f^{(n+1)}(\xi)}{(n+1)!}(x-x_0)^{n+1}=0 \quad x\in U(x_0)$$

其中 $R_n(x)$ 称为 $f(x)$ 的 n 阶泰勒公式的余项.

证明 用 $S_{n+1}(x)$ 表示泰勒级数$(8-4-2)$的前 $n+1$ 项和,由泰勒公式$(8-4-1)$知

$$f(x)-S_{n+1}(x)=R_n(x)$$

故

$$\lim_{n\to\infty}[f(x)-S_{n+1}(x)]=\lim_{n\to\infty}R_n(x)$$

(必要性)设泰勒级数$(8-4-2)$在 $U(x_0)$ 上收敛于 $f(x)$,则对一切 $x\in U(x_0)$

$$\lim_{n\to\infty}S_{n+1}(x)=f(x)$$

从而有 $\lim\limits_{n\to\infty}R_n(x)=\lim\limits_{n\to\infty}[f(x)-S_{n+1}(x)]=0$.

(充分性)设 $\lim\limits_{n\to\infty}R_n(x)=0$ 对一切 $x\in U(x_0)$ 成立,则

$$\lim_{n\to\infty}R_n(x)=\lim_{n\to\infty}[f(x)-S_{n+1}(x)]=0$$

即

$$\lim_{n\to\infty}S_{n+1}(x)=f(x)$$

所以在 $U(x_0)$ 上,泰勒级数$(8-4-2)$收敛于 $f(x)$.

定理 8.12 (**函数幂级数展开的唯一性**)如果函数 $f(x)$ 在点 x_0 的某邻域内可展开为$(x-x_0)$幂级数,即

$$f(x)=a_0+a_1(x-x_0)+a_2(x-x_0)^2+\cdots+a_n(x-x_0)^n+\cdots \qquad (8-4-4)$$

则其系数 $a_n=\dfrac{f^{(n)}(x_0)}{n!}(n=0,1,2,3,\cdots,)$.

证明 由于幂级数在收敛区间内可逐项求导,于是

$$f^{(n)}(x)=[a_0+a_1(x-x_0)+a_2(x-x_0)^2+\cdots+a_n(x-x_0)^n+\cdots]^{(n)}$$

$$=n!a_n+\frac{(n+1)!}{1!}a_{n+1}(x-x_0)+\frac{(n+2)!}{2!}a_{n+2}(x-x_0)^2+\cdots \quad (n=1,2,3,\cdots,)$$

故 $f^{(n)}(x_0)=n!a_n$,即 $a_n=\dfrac{f^{(n)}(x_0)}{n!}(n=1,2,3,\cdots,)$,显然 $a_0=f(x_0)$.

8.4.2 函数展开成幂级数

1.直接展开法

由定理 8.11 和定理 8.12 可知:若函数 $f(x)$ 在 x_0 的某邻域内其泰勒公式的余项 $R_n(x)$

趋于零,则 $f(x)$ 可展开为幂级数,且其展开式唯一.因此,要将函数在 x_0 附近展开为幂级数,步骤如下:

(1)求出 $f(x)$ 的各阶导数 $f'(x)$、$f''(x)$、$\cdots$、$f^{(n)}(x)$、$\cdots$;

(2)求出各阶导数在 $x=x_0$ 处的值:$f(x_0)$、$f'(x_0)$、$f''(x_0)$、$\cdots$、$f^{(n)}(x_0)$、$\cdots$,若某阶导数在 $x=0$ 处的值不存在,则该函数不能展成 x 的幂级数;

(3)写出泰勒级数

$$f(x_0)+\frac{f'(x_0)}{1!}(x-x_0)+\frac{f''(x_0)}{2!}(x-x_0)^2+\cdots+\frac{f^{(n)}(x_0)}{n!}(x-x_0)^n+\cdots$$

并确定其收敛半径及收敛域;

(4)考察 $f(x)$ 的泰勒公式中的余项 $R_n(x)$ 在收敛区间内的极限,若 $\lim\limits_{n\to\infty}R_n(x)=0$,则 $f(x)$ 的泰勒级数在收敛区间内收敛于 $f(x)$,即

$$f(x)=f(x_0)+\frac{f'(x_0)}{1!}(x-x_0)+\frac{f''(x_0)}{2!}(x-x_0)^2+\cdots+\frac{f^{(n)}(x_0)}{n!}(x-x_0)^n+\cdots$$

例 8.4.1　将函数 $f(x)=\mathrm{e}^x$ 展开成 x 的幂级数.

解　由于 $f(0)=1,f^{(n)}(x)=\mathrm{e}^x(n=1,2,3,\cdots)$,所以 $f^{(n)}(0)=1(n=1,2,3,\cdots)$,于是 $f(x)=\mathrm{e}^x$ 的麦克劳林级数为

$$\mathrm{e}^x=1+x+\frac{x^2}{2!}+\frac{x^3}{3!}+\cdots+\frac{x^n}{n!}+\cdots$$

它的收敛半径为 $R=+\infty$,收敛区间为 $(-\infty,+\infty)$.

麦克劳林公式的余项 $R_n(x)=\dfrac{\mathrm{e}^\xi}{(n+1)!}x^{n+1}$,$\xi$ 介于 0 与 x 之间,所以

$$|R_n(x)|=\left|\frac{\mathrm{e}^\xi}{(n+1)!}x^{n+1}\right|\leqslant\mathrm{e}^{|x|}\cdot\frac{|x|^{n+1}}{(n+1)!}$$

对任一确定的 $x\in(-\infty,+\infty)$,$\mathrm{e}^{|x|}$ 是确定的数,而 $\dfrac{|x|^{n+1}}{(n+1)!}$ 是处处收敛的幂级数 $\sum\limits_{n=0}^\infty\dfrac{|x|^n}{n!}$ 的一般项,从而当 $n\to\infty$ 时,$\mathrm{e}^{|x|}\cdot\dfrac{|x|^{n+1}}{(n+1)!}\to 0$,所以 $\lim\limits_{n\to\infty}|R_n(x)|=0$,即 $\lim\limits_{n\to\infty}R_n(x)=0$,于是 $\mathrm{e}^x=\sum\limits_{n=0}^\infty\dfrac{x^n}{n!}=1+x+\dfrac{x^2}{2!}+\cdots+\dfrac{x^n}{n!}+\cdots,x\in(-\infty,+\infty)$.

例 8.4.2　将函数 $f(x)=\sin x$ 展开成 x 的幂级数.

解　由于函数 $f(x)=\sin x$ 的各阶导数为 $f^{(n)}(x)=\sin\left(x+\dfrac{n\pi}{2}\right)(n=0,1,2,\cdots)$,当 n 取偶数时,$f^{(n)}(0)=0$;当 n 取奇数时,$f^{(n)}(0)=(-1)^k(k=0,1,2,\cdots)$.所以 $\sin x$ 的麦克劳林级数为

$$\sin x=x-\frac{x^3}{3!}+\frac{x^5}{5!}-\cdots+\frac{(-1)^n}{(2n+1)!}x^{2n+1}+\cdots=\sum_{n=0}^\infty(-1)^n\frac{x^{2n+1}}{(2n+1)!}$$

该级数的收敛半径为 $R=+\infty$.

对于任何有限的数 $x,\xi(\xi$ 在 0 与 x 之间),有余项的绝对值

$$|R_n(x)| = \left| \frac{\sin(\xi + \frac{n+1}{2}\pi)}{(n+1)!} x^{n+1} \right| < \frac{|x|^{n+1}}{(n+1)!} \to 0 \quad (n \to \infty)$$

即 $\lim\limits_{n \to \infty} R_n(x) = 0$，于是

$$\sin x = x - \frac{x^3}{3!} + \frac{x^5}{5!} - \cdots + \frac{(-1)^n}{(2n+1)!} x^{2n+1} + \cdots, \quad x \in (-\infty, +\infty)$$

例 8.4.3 将函数 $f(x) = \ln(1+x)$ 展开成 x 的幂函数.

解 因为 $f(x)$ 的导数为 $f'(x) = \dfrac{1}{1+x}$ ，而

$$\frac{1}{1+x} = 1 - x + x^2 - x^3 + \cdots + (-1)^n x^n + \cdots, \quad x \in (-1, 1)$$

对上式两端从 0 到 x 逐项积分,得

$$\ln(1+x) = x - \frac{x^2}{2} + \frac{x^3}{3} - \cdots + (-1)^n \frac{x^{n+1}}{n+1} + \cdots, \quad x \in (-1, 1)$$

由于上式右端的幂级数在 $x=1$ 时收敛,故上式对 $x=1$ 也成立,且左端的函数 $\ln(1+x)$ 在 $x=1$ 处有定义且连续.

例 8.4.4 利用直接法和幂级数的运算性质,可以得到关于函数

$$f(x) = (1+x)^\alpha, \quad \alpha \in R$$

的麦克劳林展开式

$$(1+x)^\alpha = 1 + \alpha x + \frac{\alpha(\alpha-1)}{2!} x^2 + \cdots + \frac{\alpha(\alpha-1)\cdots(\alpha-n+1)}{n!} x^n + \cdots, \quad x \in (-1, 1)$$

在区间的端点 $x = \pm 1$ 处,上式是否成立要根据 α 的取值而定.可以证明,当 $\alpha \leqslant -1$ 时,收敛域为 $(-1, 1)$；当 $-1 < \alpha < 0$ 时,收敛域为 $(-1, 1]$；当 $\alpha > 0$ 时,收敛域为 $[-1, 1]$.

例 8.4.4 的麦克劳林展开式称为二项展开式,特别地,当 α 为正整数时,级数成为 x 的 α 次多项式,即为初等代数中的二项式定理.

综合以上例题的结果,得到几个常用的麦克劳林展开式:

$$e^x = \sum_{n=0}^{\infty} \frac{x^n}{n!} = 1 + x + \frac{x^2}{2!} + \cdots + \frac{x^n}{n!} + \cdots, \quad x \in (-\infty, +\infty)$$

$$\sin x = \sum_{n=0}^{\infty} (-1)^n \frac{x^{2n+1}}{(2n+1)!} = x - \frac{x^3}{3!} + \frac{x^5}{5!} - \cdots + \frac{(-1)^n}{(2n+1)!} x^{2n+1} + \cdots,$$
$$x \in (-\infty, +\infty)$$

$$\cos x = \sum_{n=0}^{\infty} (-1)^n \frac{x^{2n}}{(2n)!} = 1 - \frac{x^2}{2!} + \frac{x^4}{4!} - \cdots + (-1)^n \frac{x^{2n}}{(2n)!} + \cdots,$$
$$x \in (-\infty, +\infty);$$

$$\ln(1+x) = \sum_{n=0}^{\infty} (-1)^n \frac{x^{n+1}}{n+1} = x - \frac{x^2}{2} + \frac{x^3}{3} - \cdots + (-1)^n \frac{x^{n+1}}{n+1} + \cdots, \quad x \in (-1, 1];$$

$$\frac{1}{1-x} = \sum_{n=0}^{\infty} x^n = 1 + x + x^2 + \cdots + x^n + \cdots, \quad x \in (-1, 1);$$

$$\frac{1}{1+x} = \sum_{n=0}^{\infty} (-1)^n x^n = 1 - x + x^2 - \cdots + (-1)^n x^n + \cdots, \quad x \in (-1, 1);$$

$$\sqrt{1+x} = 1 + \frac{1}{2}x - \frac{1}{2\times 4}x^2 + \frac{1\times 3}{2\times 4\times 6}x^3 - \cdots + (-1)^{n-1}\frac{1\times 3\times 5\cdots(2n-3)}{2\times 4\times 6\cdots(2n)}x^n + \cdots,$$
$$x \in [-1,1];$$

$$(1+x)^{\alpha} = \sum_{n=0}^{\infty} \frac{\alpha(\alpha-1)\cdots(\alpha-n+1)}{n!}x^n$$

$$= 1 + \alpha x + \frac{\alpha(\alpha-1)}{2!}x^2 + \cdots + \frac{\alpha(\alpha-1)\cdots(\alpha-n+1)}{n!}x^n + \cdots, \quad x \in (-1,1).$$

2.间接展开法

一般情况下,只有少数简单的函数的幂级数的展开式可以利用直接展开法得到其麦克劳林展开式,而更多的函数是根据唯一性定理,利用已知函数的幂级数展开式,通过变量代换,幂级数的运算等,得到函数的幂级数展开式的方法,该方法称为间接法.

例 8.4.5 将函数 $f(x)=\cos x$ 展开为关于 x 的幂级数.

解 $\cos x = (\sin x)' = \left(\sum_{n=0}^{\infty} (-1)^n \frac{x^{2n+1}}{(2n+1)!} \right)' = \sum_{n=0}^{\infty} (-1)^n \frac{x^{2n}}{(2n)!}, \quad x \in (-\infty, +\infty).$

例 8.4.6 将函数 $f(x)=\arctan x$ 展开成 x 的幂函数.

解 $\arctan x = \int_0^x \frac{\mathrm{d}t}{1+t^2} = \int_0^x [1 - t^2 + t^4 - \cdots + (-1)nt^{2n} + \cdots]\mathrm{d}t$

$$= x - \frac{1}{3}x^3 + \frac{1}{5}x^5 - \cdots + (-1)^n \frac{x^{2n+1}}{2n+1} + \cdots, \quad x \in (-1,1)$$

当 $x=1$ 时,级数 $\sum_{n=0}^{\infty} (-1)^n \frac{1}{2n+1}$ 收敛;当 $x=-1$ 时,级数 $\sum_{n=0}^{\infty} (-1)^{n+1}\frac{1}{2n+1}$ 也收敛;且当 $x=\pm 1$ 时,函数 $\arctan x$ 连续,所以

$$\arctan x = x - \frac{1}{3}x^3 + \frac{1}{5}x^5 - \cdots + (-1)^n \frac{x^{2n+1}}{2n+1} + \cdots, \quad x \in [-1,1]$$

例 8.4.7 将函数 $f(x)=\dfrac{1}{x^2+4x+3}$ 展开成关于 $x-1$ 的幂级数,并求 $f^{(n)}(1)$.

解 因为

$$f(x) = \frac{1}{x^2+4x+3} = \frac{1}{2(x+1)} - \frac{1}{2(x+3)} = \frac{1}{4\left(1+\frac{x-1}{2}\right)} - \frac{1}{8\left(1+\frac{x-1}{4}\right)}$$

而 $\dfrac{1}{4\left(1+\frac{x-1}{2}\right)} = \dfrac{1}{4}\sum_{n=0}^{\infty} \dfrac{(-1)^n}{2^n}(x-1)^n \quad (-1 < x < 3)$

$$\frac{1}{8\left(1+\frac{x-1}{4}\right)} = \frac{1}{8}\sum_{n=0}^{\infty} \frac{(-1)^n}{4^n}(x-1)^n \quad (-3 < x < 5)$$

所以 $f(x) = \dfrac{1}{x^2+4x+3} = \sum_{n=0}^{\infty} (-1)^n \left(\dfrac{1}{2^{n+2}} - \dfrac{1}{2^{2n+3}} \right)(x-1)^n \quad (-1 < x < 3).$

于是 $\dfrac{f^{(n)}(1)}{n!}=(-1)^n\left(\dfrac{1}{2^{n+2}}-\dfrac{1}{2^{2n+3}}\right)$，从而 $f^{(n)}(1)=(-1)^n n!\left(\dfrac{1}{2^{n+2}}-\dfrac{1}{2^{2n+3}}\right)$.

例 8.4.8 将函数 $3^{\frac{x+1}{2}}$ 展开成 x 的幂级数.

解 $3^{\frac{x+1}{2}}=3^{\frac{1}{2}}\times 3^{\frac{x}{2}}=\sqrt{3}\,\mathrm{e}^{\frac{x}{2}\ln 3}$

$$=\sqrt{3}\left[1+\dfrac{\ln 3}{2}x+\dfrac{1}{2!}\left(\dfrac{\ln 3}{2}\right)^2 x^2+\cdots\right],\quad x\in(-\infty,+\infty)$$

掌握了函数展开成麦克劳林级数的方法后，当要把函数展开成 $x-x_0$ 的幂级数时，只需把 $f(x)$ 转化成 $x-x_0$ 的表达式，把 $x-x_0$ 看成变量 t，展开成 t 的幂级数，即得 $x-x_0$ 的幂级数.对于较复杂的函数，可作变量替换 $x-x_0=t$，于是

$$f(x)=f(x_0+t)=\sum_{n=0}^{\infty}a_n t^n=\sum_{n=0}^{\infty}a_n(x-x_0)^n$$

习题 8-4

1.将下列函数展开成关于 x 的幂级数，并求展开式成立的区间：

(1) 2^x；　　　　(2) $\dfrac{1}{a+x}(a>0)$；　　　　(3) $\ln(2+x)$；

(4) e^{2x}；　　　　(5) $\ln(x^2+3x+2)$；　　　　(6) $\dfrac{1}{x^2-5x+6}$；

(7) $\ln(1+x-2x^2)$；　　(8) e^{-x^2}.

2.将下列函数在指定点 x_0 处，展开为关于 $x-x_0$ 的幂级数.

(1) $f(x)=\dfrac{1}{x},x_0=1$；　　　　(2) $f(x)=\dfrac{1}{x^2},x_0=2$；

(3) $f(x)=\dfrac{1}{x^2-3x+2},x_0=1$；　　(4) $f(x)=\ln x,x_0=-1$；

(6) $f(x)=\ln(2x-x^2),x_0=1$；　　(7) $f(x)=\cos x,x_0=-\dfrac{\pi}{3}$.

3.求幂级数 $\sqrt[3]{x}$ 展开成 $x-3$ 的幂级数.

4.将函数 $f(x)=\dfrac{1}{x+1}$ 展开成 $x-3$ 的幂级数.

5.将函数 $f(x)=\ln(3x-x^2)$ 在 $x=1$ 处展开成 x 的幂级数.

8.5 幂级数的应用

8.5.1 函数值的近似计算

在函数的幂级数展开式中，用泰勒多项式代替泰勒级数，这样便可以得到函数的近似公式，从而可以解决一些函数的多项式逼近和函数值的近似计算问题.可以把函数的近似表示为 x 的多项式，而多项式的计算只用到四则运算，非常的简便.

例 8.5.1　计算 e 的近似值,精确到小数四位.

解　由于函数 e^x 的展开式为

$$e^x = 1 + x + \frac{x^2}{2!} + \cdots + \frac{x^n}{n!} + \cdots, \quad x \in (-\infty, +\infty)$$

令 $x = 1$,得 $e = 1 + 1 + \frac{1}{2!} + \cdots + \frac{1}{n!} + \cdots$.

若取前 n 项和作为近似值,有

$$e = \sum_{n=0}^{\infty} \frac{1}{n!} \approx 1 + 1 + \frac{1}{2!} + \cdots + \frac{1}{(n-1)!}$$

则误差 $|R_n| = \frac{1}{n!} + \frac{1}{(n+1)!} + \frac{1}{(n+2)!} + \cdots + \frac{1}{(n+k)!} + \cdots$

$$\leqslant \frac{1}{n!}\left[1 + \frac{1}{n} + \frac{1}{n^2} + \cdots\right] = \frac{1}{n!} \cdot \frac{1}{1 - \frac{1}{n}} = \frac{1}{n! \cdot (n-1)} = \frac{1}{(n-1)! \cdot (n-1)}$$

故若要求精确到 $|R_n| \leqslant 10^{-4}$,则只需 $n = 8$,此时

$$|R_n| \leqslant \frac{1}{7! \times 7} = \frac{1}{35280} < \frac{1}{10000} = 10^{-4}$$

所以取前八项作为 e 的近似值,即 $e \approx 1 + 1 + \frac{1}{2!} + \frac{1}{3!} + \cdots + \frac{1}{7!} \approx 2.7183$.

例 8.5.2　制作四位正余弦函数表.

解　因为 $\sin\left(\frac{\pi}{2} - \alpha\right) = \cos\alpha$,$\cos\left(\frac{\pi}{2} - \alpha\right) = \sin\alpha$,故只需制作 $0° \sim 45°$ 的正、余弦表就行了.

正余弦函数的泰勒展开式为

$$\sin x = \sum_{n=0}^{\infty} (-1)^n \frac{x^{2n+1}}{(2n+1)!}, \quad x \in (-\infty, +\infty)$$

$$\cos x = \sum_{n=0}^{\infty} (-1)^n \frac{x^{2n}}{(2n)!}, \quad x \in (-\infty, +\infty)$$

注意:这两个级数都是满足莱布尼茨条件的交错级数,去掉前若干项之后,剩余项仍为满足莱布尼茨条件的交错级数.由莱布尼茨判定定理可知,若取这两个级数的前若干项作为近似时,误差不超过所弃项中的第一项,因为

$$\frac{\left(\frac{\pi}{4}\right)^8}{8!} < \frac{\left(\frac{\pi}{4}\right)^7}{7!} < 0.000037$$

所以要作 $0° \sim 45°$ 的四位正余弦表只需要取到至多 x^6 项,即取

$$\sin x \approx x - \frac{x^3}{3!} + \frac{x^5}{5!}, \quad \cos x \approx 1 - \frac{x^2}{2!} + \frac{x^4}{4!} - \frac{x^6}{6!}$$

作表时需注意 x 以弧度为单位.

例 8.5.3 计算 ln2 的近似值,其误差不超过 10^{-4}.

解 由于 $\ln(1+x) = \sum_{n=0}^{\infty} (-1)^n \frac{x^{n+1}}{n+1}, \quad x \in (-1,1]$

令 $x = 1$,得

$$\ln 2 = 1 - \frac{1}{2} + \frac{1}{3} - \cdots + (-1)^{n+1} \frac{1}{n} + \cdots$$

上式右边是个交错级数,并且满足莱布尼茨条件,所以,要取前 n 项的和作为 ln2 的近似值,则其误差为

$$|R_n| \leqslant |u_{n+1}| = \frac{1}{n+1}$$

要使 $|R_n| \leqslant 10^{-4}$,至少取 $n = 9999$,而这个计算量太大,我们要寻找一个收敛快的幂级数来计算 ln2.

因此我们把展开式 $\ln(1+x) = \sum_{n=0}^{\infty} (-1)^n \frac{x^{n+1}}{n+1}$ 与展开式 $\ln(1-x) = -\sum_{n=0}^{\infty} \frac{x^{n+1}}{n+1}$ 相减,得

$$\ln \frac{1+x}{1-x} = \sum_{n=0}^{\infty} \frac{2}{2n+1} x^{2n+1} = 2\left(x + \frac{1}{3}x^3 + \frac{1}{5}x^5 + \cdots\right), \quad x \in (-1,1)$$

令 $\frac{1+x}{1-x} = 2$,解得 $x = \frac{1}{3}$,代入上式得

$$\ln 2 = 2\left(\frac{1}{3} + \frac{1}{3} \times \frac{1}{3^3} + \frac{1}{5} \times \frac{1}{3^5} + \cdots + \frac{1}{2n+1} \times \frac{1}{3^{2n+1}} + \cdots\right)$$

取前 n 项的和作为 ln2 的近似值,则其误差为

$$|R_n| = 2\left(\frac{1}{2n+1} \times \left(\frac{1}{3}\right)^{2n+1} + \frac{1}{2n+3} \times \left(\frac{1}{3}\right)^{2n+3} + \frac{1}{2n+5} \times \left(\frac{1}{3}\right)^{2n+5} + \cdots\right)$$

$$< \frac{2}{2n+1} \times \left(\frac{1}{3}\right)^{2n+1} \times \left(1 + \frac{1}{3^2} + \frac{1}{3^4} + \cdots\right) = \frac{2}{2n+1} \times \left(\frac{1}{3}\right)^{2n+1} \times \frac{1}{1 - \frac{1}{9}}$$

$$= \frac{9}{4(2n+1)} \times \left(\frac{1}{3}\right)^{2n+1}$$

为保证 $|R_n| \leqslant 10^{-4}$,只要取 $n = 4$ 即可.故

$$\ln 2 \approx 2\left(\frac{1}{3} + \frac{1}{3} \times \frac{1}{3^3} + \frac{1}{5} \times \frac{1}{3^5} + \frac{1}{7} \times \frac{1}{3^7}\right) \approx 0.6931$$

注意:用泰勒级数的部分和作近似计算时,其误差一般有如下两种:

(1)若展开式是收敛的交错级数,取前 n 项作近似计算时,其误差不超过第 $n+1$ 项的绝对值,即 $|R_n(x)| \leqslant |u_{n+1}(x)|$;

(2)对一般的收敛级数,取前 n 项作近似计算时,其误差是个无穷级数,需要把它的每一项适当放大,成为一个收敛的等比级数,由等比级数求和公式,这样既减少了计算量,也可得到误差的估计.

8.5.2 在积分计算中的应用

上一节我们学习了函数近似值的计算方法,但是对于一些函数也是不适用的,如 e^{x^2},

$\dfrac{\sin x}{x}$、$\cos x^2$、$\dfrac{1}{\ln x}$、$\dfrac{1}{\sqrt{1+x^4}}$ 等,它们的原函数不是初等函数,但如果被积函数在积分区间上能展成幂级数,则可以通过幂级数展开式的逐项积分,用积分后的级数近似计算所给定的积分.如

$$\int_0^x e^{x^2}\,dx = \int_0^x \left(1+x^2+\frac{x^4}{2!}+\frac{x^6}{3!}+\cdots+\frac{x^{2n}}{n!}+\cdots\right)dx$$

$$=x+\frac{x^3}{3}+\frac{x^5}{2!\times 5}+\frac{x^7}{3!\times 7}+\cdots+\frac{x^{2n+1}}{n!(2n+1)}+\cdots \quad x\in(-\infty,+\infty)$$

这个幂级数就是函数 e^{x^2} 的一个原函数的级数形式.

例 8.5.4 计算 $\int_0^1 \dfrac{\sin x}{x}\,dx$ 的近似值,精确到 10^{-4}.

解 利用 $\sin x$ 的麦克劳林展开式,得

$$\frac{\sin x}{x}=1-\frac{1}{3!}x^2+\frac{1}{5!}x^4-\frac{1}{7!}x^6+\cdots,\quad x\in(-\infty,+\infty)$$

所以

$$\int_0^1 \frac{\sin x}{x}\,dx=\sum_{n=0}^{\infty}\frac{(-1)^n}{(2n+1)(2n+1)!}$$

这是个收敛的交错级数,若取前三项作为近似值,其误差为

$$|R_3|<\frac{1}{7!\times 7}=\frac{1}{35280}<10^4$$

故 $\int_0^1 \dfrac{\sin x}{x}\,dx\approx 1-\dfrac{1}{3!\times 3}+\dfrac{1}{5!\times 5}\approx 0.9461.$

8.5.3 求极限

例 8.5.5 求 $\lim\limits_{x\to 0}\dfrac{\cos x-e^{-\frac{x^2}{2}}}{x^4}$.

解 把 $\cos x$ 和 $e^{-\frac{x^2}{2}}$ 的幂级数展开式代入上式,有

$$\lim_{x\to 0}\frac{\cos x-e^{-\frac{x^2}{2}}}{x^4}=\lim_{x\to 0}\frac{\left(1-\dfrac{x^2}{2}+\dfrac{x^4}{24}-\cdots\right)-\left(1-\dfrac{x^2}{2\times 2}+\dfrac{x^4}{2\times 2^2}-\cdots\right)}{x^4}$$

$$=\lim_{x\to 0}\frac{-\dfrac{1}{12}x^4+\cdots}{x^4}=-\frac{1}{12}$$

习 题 8 - 5

1.利用函数的幂级数展开式求下列各式的近似值,精确到小数后第四位.

(1)$\ln 3$；　　　　　　　　　(2)$\sqrt[9]{522}$；

(3)$\sqrt{e}$；　　　　　　　　　(4)$\cos 10°$.

2.利用被积函数的幂级数展开式求定积分$\int_0^{0.5} \dfrac{1}{1+x^4} dx$ 的近似值(精确到 0.001).

3.利用被积函数的幂级数展开式求定积分$\int_0^{0.1} \cos\sqrt{t}\, dt$ 的近似值(精确到 0.001).

第 8 章总习题

1.选择：

(1) 级数 $\sum\limits_{n=0}^{\infty} \dfrac{1}{3^n}$ 的和为(　　)；

A.$\dfrac{1}{3}$　　　　　　　B.$\dfrac{2}{3}$　　　　　　　C.$\dfrac{3}{2}$　　　　　　　D.$\dfrac{3}{4}$

(2) 幂级数 $\sum\limits_{n=1}^{\infty} \dfrac{x^n}{n \times 2^n}$ 的收敛半径为(　　)；

A.0　　　　　　　B.1　　　　　　　C.2　　　　　　　D.$+\infty$

(3) 设级数 $\sum\limits_{n=1}^{\infty} a_n x^n$ 及 $\sum\limits_{n=1}^{\infty} b_n x^n$ 的收敛半径为 R_1，级数 $\sum\limits_{n=1}^{\infty} (a_n + b_n) x^n$ 的收敛半径为 R，则必有(　　)；

A.$R_1 = R$　　　　　　B.$R_1 < R$　　　　　　C.$R_1 \geqslant R$　　　　　　D.$R_1 \leqslant R$

(4)下列级数发散的是(　　)；

A.$\sum\limits_{n=1}^{\infty} \dfrac{1}{\sqrt{n^3}}$　　　B.$\sum\limits_{n=1}^{\infty} \sin\dfrac{\pi}{2^n}$　　　C.$\sum\limits_{n=1}^{\infty} \left(\dfrac{e}{3}\right)^n$　　　D.$\sum\limits_{n=1}^{\infty} \dfrac{1}{\sqrt{n^2+1}}$

(5) 一般项级数 $\sum\limits_{n=1}^{\infty} (-1)^{n-1} \dfrac{1}{\sqrt{n}}$ 的敛散性为(　　)；

A.绝对收敛　　　B.条件收敛　　　C.发散　　　D.不能判定

(6) 设幂级数 $\sum\limits_{n=1}^{\infty} a_n x^n$ 与 $\sum\limits_{n=1}^{\infty} b_n x^n$ 的收敛半径分别为 $\dfrac{\sqrt{5}}{3}$ 与 $\dfrac{1}{3}$，则幂级数 $\sum\limits_{n=1}^{\infty} \dfrac{a_n^2}{b_n^2} x^n$ 的收敛半径为(　　)；

A.5　　　　　　B.$\dfrac{\sqrt{5}}{3}$　　　　　　C.$\dfrac{1}{3}$　　　　　　D.$\dfrac{1}{5}$

(7) 设 $k > 0$，则级数 $\sum\limits_{n=1}^{\infty} (-1)^n \dfrac{k+n}{n^2}$(　　)；

A.发散　　　　　　B.条件收敛　　　　　　C.绝对收敛　　　　　　D.敛散性不一定

(8)下列级数条件收敛的是(　　).

A. $\sum\limits_{n=1}^{\infty}\dfrac{(-1)^n}{n!}$ 　　　B. $\sum\limits_{n=1}^{\infty}\dfrac{(-1)^{n-1}}{n\sqrt{2}}$ 　　　C. $\sum\limits_{n=1}^{\infty}\dfrac{(-1)^{2n-1}}{n}$ 　　　D. $\sum\limits_{n=1}^{\infty}\dfrac{(-1)^n(2n-1)}{n^2}$

2.填空：

(1) 设 $\sum\limits_{n=1}^{\infty}u_n=S$,则 $\sum\limits_{n=1}^{\infty}u_{n+1}$ _____；

(2) 设数列 $\{u_n\}$ 收敛于 a ,则 $\sum\limits_{n=1}^{\infty}(u_n-u_{n+1})$ _____；

(3) $\sum\limits_{n=1}^{\infty}\dfrac{1}{n(n+1)(n+2)}$ 是否收敛 _____,其和为 _____；

(4) 若 $\sum\limits_{n=1}^{\infty}\left(1-\dfrac{u_n}{1+u_n}\right)$ 收敛,则 $\lim\limits_{n\to\infty}u_n$ _____；

(5) $\sum\limits_{n=1}^{\infty}\left(\dfrac{1}{2^n}-\dfrac{1}{3^n}\right)$ 是否收敛 _____；

(6) 若级数 $\sum\limits_{n=1}^{\infty}U_n$ 绝对收敛,则级数 $\sum\limits_{n=1}^{\infty}U_n$ 必定 _____,若级数 $\sum\limits_{n=1}^{\infty}U_n$ 条件收敛,则级数 $\sum\limits_{n=1}^{\infty}|U_n|$ 必定 _____；

(7) 幂级数 $\sum\limits_{n=1}^{\infty}\dfrac{(-1)^n}{3^n(n+1)}x^n$ 的收敛区间为 _____；

(8) 函数 $f(x)=\dfrac{x^2}{1+x}$ 在 $(-1,1)$ 内的幂级数展开式为 _____；

(9) 幂级数 $1+3x^2+5x^4+7x^6+\cdots$ 在 $(-1,1)$ 内的和函数 $S(x)$ 为 _____；

(10) 设 $f(x)=\dfrac{1}{4}\ln\dfrac{1+x}{1-x}+\dfrac{1}{2}\arctan x-x$,则将其展开为 x 的幂级数,展开式为(　　).

3.判定下列级数的敛散性：

(1) $\sum\limits_{n=1}^{\infty}(-1)^n\dfrac{n}{3n-1}$ ；　　　(2) $\sum\limits_{n=1}^{\infty}\dfrac{1}{n\cdot\sqrt[4]{n}}$ ；　　　(3) $\sum\limits_{n=1}^{\infty}\dfrac{1}{3^n}\left(\dfrac{n+1}{n}\right)^{n^2}$ ；

(4) $\sum\limits_{n=1}^{\infty}\dfrac{n\sin^2\dfrac{n\pi}{3}}{2^n}$ ；　　　(5) $\sum\limits_{n=1}^{\infty}\ln\dfrac{n}{n+1}$.

4.讨论下列级数的绝对收敛性与条件收敛性.

(1) $\sum\limits_{n=1}^{\infty}\dfrac{(-1)^n}{\sqrt{n}}$ ；　　　(2) $\sum\limits_{n=1}^{\infty}(-1)^n\ln\dfrac{n+1}{n}$ ；

(3) $\sum\limits_{n=2}^{\infty}\dfrac{(-1)^n}{\sqrt{n}+(-1)^n}$ ；　　　(4) $\sum\limits_{n=1}^{\infty}(-1)^n\dfrac{n}{3^{n-1}}$.

5.求下列幂级数的收敛域：

(1) $\sum\limits_{n=1}^{\infty}\dfrac{2^n}{2n+1}x^n$ ；　　　　　　(2) $\sum\limits_{n=1}^{\infty}\dfrac{2^n+3^n}{n}x^n$ ；

(3) $\displaystyle\sum_{n=1}^{\infty}\left(\frac{a^{n}}{n}+\frac{b^{n}}{n^{2}}\right)x^{n}$ 　$(a>b>0)$；

(4) $\displaystyle\sum_{n=1}^{\infty}\frac{(x-5)^{n}}{\sqrt{n}}$；　　　　　　　(5) $\displaystyle\sum_{n=1}^{\infty}\frac{n}{2^{n}}x^{2n}$.

6.求下列幂级数的和函数：

(1) $\displaystyle\sum_{n=1}^{\infty}\frac{x^{2n-1}}{2n-1}$；　　　　　　　(2) $\displaystyle\sum_{n=1}^{\infty}nx^{n-1}$；

(3) $\displaystyle\sum_{n=1}^{\infty}n\,(x-1)^{n}$；　　　　　　　(4) $\displaystyle\sum_{n=0}^{\infty}\frac{(-1)^{n}}{n!}x^{2n}$.

7.将 $\dfrac{\mathrm{d}}{\mathrm{d}x}\left(\dfrac{\mathrm{e}^{x}-1}{x}\right)$ 展开为 x 的幂级数,并计算 $\displaystyle\sum_{n=1}^{\infty}\frac{n}{(n+1)!}$.

8.将函数 $f(x)=\dfrac{x}{1-3x+2x^{2}}$ 展开为 x 的幂级数.

9.将函数 $f(x)=\dfrac{1}{x}$ 展开为 $x-3$ 的幂级数.

10.设 $f(x)$ 是周期为 2π 的函数,它在 $[-\pi,\pi)$ 上的表达式为

$$f(x)=\begin{cases}\mathrm{e}^{x}, & x\in[0,\pi)\\ 0, & x\in[-\pi,0)\end{cases}$$

将 $f(x)$ 展开成傅里叶级数.

第9章　微分方程与差分方程

微分方程的产生和应用有着深刻而生动的实际背景,它从生产实践与科学技术中产生,而又成为现代科学技术分析问题与解决问题的一个强有力的工具.例如,在求某些变量之间的函数关系时,往往不能直接找到函数关系,但是根据问题所提供的情况,有时可以列出含有要找的函数及其导数的关系式,这样的关系式就是所谓的微分方程.然后对微分方程进行研究,找出未知函数来,这就是解微分方程.

微分方程是一门独立的数学学科,有完整的理论体系,本章主要介绍微分方程的基本概念和几种常用的微分方程的解法以及线性微分方程解的理论,并给出一阶和二阶常系数线性差分方程的解法.

9.1　微分方程的基本概念

9.1.1　引言

在给出微分方程的基本概念之前,先看两个具体的实例.

例 9.1.1　求一曲线,使它的切线介于坐标轴间的线段被切点分成相等的两部分.

解　根据题意,可知所求曲线 $y = y(x)$ 应满足方程

$$\frac{\mathrm{d}y}{\mathrm{d}x} = \frac{y}{x} \quad \text{或} \quad \frac{\mathrm{d}y}{y} = -\frac{\mathrm{d}x}{x}$$

两边积分得

$$\ln y = \ln \frac{1}{x} + C_1$$

令 $C_1 = \ln C$,即

$$y = C \frac{1}{x}$$

亦即

$$xy = C$$

例 9.1.2　一曲线通过点 $(1,2)$,且在该曲线上任一点 (x,y) 处的切线的斜率为 $2x$,求这曲线的方程.

解　设所求曲线的方程为 $y = \varphi(x)$.由导数的几何意义可知

$$\frac{\mathrm{d}y}{\mathrm{d}x} = 2x \tag{9-1-1}$$

此外,未知函数 $y = \varphi(x)$ 还应满足下列条件

$$x = 1 \text{ 时 } y = 2 \tag{9-1-2}$$

把式(9-1-1)两端积分,得

$$y = \int 2x \, \mathrm{d}x = x^2 + C \tag{9-1-3}$$

由于已知 $x=1$ 时 $y=2$,代入式(9-1-3)得

$$2 = 1^2 + C$$

解得 $C=1$,把 $C=1$ 代入式(9-1-3)得所求曲线方程

$$y = x^2 + 1 \tag{9-1-4}$$

例 9.1.3　设质量为 m 的物体,在时间 $t=0$ 时自由下落,空气受到的阻力与物体的下落速度成反比,求物体下落距离与时间的关系.

解　设 x 为物体下落的距离,于是物体下落的速度为

$$v = \frac{\mathrm{d}x}{\mathrm{d}t} \tag{9-1-5}$$

加速度为

$$a = \frac{\mathrm{d}^2 x}{\mathrm{d}t^2} \tag{9-1-6}$$

根据牛顿第二定律 $F=ma$,可以列出方程

$$m\frac{\mathrm{d}^2 x}{\mathrm{d}t^2} = -k\frac{\mathrm{d}x}{\mathrm{d}t} + mg \tag{9-1-7}$$

其中 k 为一正比例常数,右端第一项的负号表示阻力与速度 $\dfrac{\mathrm{d}x}{\mathrm{d}t}$ 的方向相反.

我们现在只考虑 $k=0$ 的情形,也就是说物体是在下落过程中没有阻力,式(9-1-7)变成

$$\frac{\mathrm{d}^2 x}{\mathrm{d}t^2} = g \tag{9-1-8}$$

把式(9-1-8)两端积分一次,得

$$\frac{\mathrm{d}x}{\mathrm{d}t} = gt + C_1 \tag{9-1-9}$$

再把式(9-1-9)积分一次,得

$$x = \frac{1}{2}gt^2 + C_1 t + C_2 \tag{9-1-10}$$

其中 C_1、C_2 为任意常数,由于选取物体的初始位置为坐标原点,故有

$$t=0 \text{ 时 } x=0 \tag{9-1-11}$$

又由于物体为自由下落,所以

$$t=0 \text{ 时 } v_0=0 \tag{9-1-12}$$

把条件(9-1-12)代入式(9-1-9),得 $C_1=0$;

把条件(9-1-11)代入式(9-1-10),得 $C_2=0$;

把 C_1、C_2 的值代入式(9-1-10),得

$$x = \frac{1}{2}gt^2 \tag{9-1-13}$$

9.1.2　基本概念

上述两个例子中的关系式 $(9-1-1)$ 和式 $(9-1-7)$ 都含有未知函数的导数,它们都是微分方程.一般地,含有未知函数及未知函数的导数或微分的方程称为**微分方程**.微分方程中所出现的未知函数的最高阶导数的阶数,称为微分方程的**阶**.例如式 $(9-1-1)$ 是一阶微分方程,方程 $(9-1-7)$ 是二阶微分方程.又如方程

$$x^3 y''' + x^2 y'' - 4xy' = 3x^2$$

是三阶微分方程;方程

$$\frac{\mathrm{d}^4 y}{\mathrm{d}x^4} - 2\frac{\mathrm{d}^3 y}{\mathrm{d}x^3} + \frac{\mathrm{d}^2 y}{\mathrm{d}x^2} = 0 \tag{$9-1-14$}$$

是四阶微分方程.

一个微分方程可以不明显含自变量及未知函数,但是必须含有未知函数的导数,如方程 $(9-1-8)$ 和 $(9-1-14)$.

如微分方程中的未知函数为一元函数,则称为常微分方程;如为多元函数,则称为偏微分方程.本书只讨论常微分方程.

如果微分方程中含有任意常数,且任意常数的个数与微分方程的阶数相同,这样的解称为微分方程的通解.不含任意常数的解,称为微分方程的特解.如函数 $(9-1-3)$ 是微分方程 $(9-1-1)$ 的通解,函数 $(9-1-4)$ 是微分方程 $(9-1-1)$ 的特解.又如,函数 $(9-1-10)$ 是微分方程 $(9-1-8)$ 的通解,函数 $(9-1-13)$ 是微分方程 $(9-1-8)$ 的特解.

为了从通解中能确定出该问题的特解,需要未知函数满足一些附加条件,这类附加条件称为初始条件.如例 9.1.1 中的式 $(9-1-2)$ 和例 9.1.2 中的式 $(9-1-11)$ 和 $(9-1-12)$ 是微分方程 $(9-1-1)$ 和 $(9-1-8)$ 的初始条件.

求微分方程满足初始条件的解得问题称为**初值问题**.

例如,一阶微分方程的初值问题,记为

$$\begin{cases} y' = f(x, y) \\ y(x_0) = y_0 \end{cases}$$

二阶微分方程的初值问题,记为

$$\begin{cases} y'' = f(x, y, y') \\ y(x_0) = y_0, y'(x_0) = y_0' \end{cases}$$

例 9.1.4　验证函数 $y = C_1 \sin x + C_2 \cos x$(其中 C_1、C_2 是任意常数)是微分方程

$$y'' + y = 0$$

的通解,并求方程满足初始条件 $y\left(\dfrac{\pi}{4}\right) = 1$、$y'\left(\dfrac{\pi}{4}\right) = -1$ 的特解.

解　对 $y = C_1 \sin x + C_2 \cos x$ 求一阶、二阶导数得

$$y' = C_1 \cos x - C_2 \sin x, y'' = -C_1 \sin x - C_2 \cos x$$

把 y、y'' 代入微分方程,得

$$y'' + y = -C_1 \sin x - C_2 \cos x + C_1 \sin x + C_2 \cos x \equiv 0$$

因方程两边相等,且 y 中含有两个任意常数,故 $y = C_1 \sin x + C_2 \cos x$ 是方程的通解.

将初始条件代入 y 与 y'' 得方程组

$$\begin{cases} \dfrac{\sqrt{2}}{2}C_1 + \dfrac{\sqrt{2}}{2}C_2 = 1 \\ \dfrac{\sqrt{2}}{2}C_1 - \dfrac{\sqrt{2}}{2}C_2 = -1 \end{cases}$$

解得 $C_1 = 0, C_2 = \sqrt{2}$.

故所求特解为

$$y = \sqrt{2}\cos x$$

习题 9-1

1.指出下列微分方程的阶数：

(1) $\dfrac{\mathrm{d}y}{\mathrm{d}x} = y^2 + x^3$;   (2) $\dfrac{\mathrm{d}^2 y}{\mathrm{d}x^2} = x + \sin x$;

(3) $y^3 \dfrac{\mathrm{d}^2 y}{\mathrm{d}x^2} + 1 = 0$;   (4) $xy''' + 2y'' + x^2 y = 0$.

2.验证给出的函数是否为相应微分方程的解：

(1) $5\dfrac{\mathrm{d}y}{\mathrm{d}x} = 3x^2 + 5x$, $y = \dfrac{1}{5}x^3 + \dfrac{1}{2}x^2 + C$;

(2) $y'' = x^2 + y^2$, $y = \dfrac{1}{x}$;

(3) $y'' - \dfrac{2}{x}y' + \dfrac{2y}{x^2} = 0$, $y = C_1 x + C_2 x^2$;

(4) $y'' + \omega^2 y = 0$, $y = C_1\cos \omega x + C_2\sin \omega x$.

3.确定函数关系式中所含的参数,使函数满足所给的初始条件.

(1) $x^2 - y^2 = C$, $y(0) = 5$;

(2) $y = C_1\cos 2x + C_2\sin 2x$, $y(0) = 1, y'(0) = 0$.

4.设函数 $y = (1+x)^2 u(x)$ 是微分方程 $y' - \dfrac{2y}{x+1} = (x+1)^3$ 的通解,求函数 $u(x)$.

9.2　微分方程的初等积分法

本节介绍几种常见的微分方程的解法.

9.2.1　可分离变量的微分方程

形如

$$\frac{\mathrm{d}y}{\mathrm{d}x} = f(x)\varphi(y) \tag{9-2-1}$$

的一阶微分方程称为**可分离变量的微分方程**.

有时也写成下面的微分形式

$$M(x)N(y)\mathrm{d}x + P(x)Q(y)\mathrm{d}y = 0 \qquad (9-2-2)$$

这时, x 和 y 的地位是对称的, 即 x 和 y 都有可能被选为自变量或函数.

设 $\varphi(y) \neq 0$, 用 $\varphi(y)$ 除方程 $(9-2-1)$ 的两端, 用 $\mathrm{d}x$ 乘以方程 $(9-2-1)$ 的两端, 以使未知函数和自变量位于等号的两边, 得

$$\frac{1}{\varphi(y)}\mathrm{d}y = f(x)\mathrm{d}x$$

将上述等式两边积分, 得

$$\int \frac{1}{\varphi(y)}\mathrm{d}y = \int f(x)\mathrm{d}x + C$$

若 $\varphi(y) = 0$, 则 $y = y_0$ 也是方程 $(9-2-1)$ 的解.

上述求解可分离变量的微分方程的方法称为**分离变量法**.

例 9.2.1 求微分方程 $\dfrac{\mathrm{d}y}{\mathrm{d}x} = \dfrac{y}{x}$ 的通解.

解 当 $y \neq 0$ 时, 分离变量得

$$\frac{\mathrm{d}y}{y} = \frac{\mathrm{d}x}{x}$$

两端积分得通解

$$\ln|y| = \ln|x| + C_1 \quad \text{或} \quad \ln|y| = \ln|Cx| \quad (C \neq 0)$$

解出 y, 得通解 $y = Cx (C \neq 0)$.

若 $y = 0$, 则其也是方程的解, 所以在通解 $y = Cx$ 中, 任意常数 C 可以取为零.

例 9.2.2 解方程 $xy^2\mathrm{d}x + (1+x^2)\mathrm{d}y = 0$.

解 原方程可改写成

$$(1+x^2)\mathrm{d}y = -xy^2\mathrm{d}x$$

分离变量, 得

$$\frac{\mathrm{d}y}{y^2} = -\frac{x}{1+x^2}\mathrm{d}x$$

两边积分, 得

$$\int \frac{\mathrm{d}y}{y^2} = -\int \frac{x}{1+x^2}\mathrm{d}x$$

$$\frac{1}{y} = \frac{1}{2}\ln(1+x^2) + C_1$$

令 $C_1 = \ln C (C > 0)$, 于是有

$$\frac{1}{y}\ln(C\sqrt{1+x^2}) \quad \text{或} \quad y = \frac{1}{\ln(C\sqrt{1+x^2})}$$

这就是所求微分方程的通解.

例 9.2.3 求微分方程 $\dfrac{\mathrm{d}y}{\mathrm{d}x} = 2xy$ 的通解.

解 将已给方程分离变量, 得

$$\frac{\mathrm{d}y}{\mathrm{d}y} = 2x\mathrm{d}x$$

两边积分, 得

$$\int \frac{\mathrm{d}y}{y} = \int 2x\mathrm{d}x$$

即 $\qquad\qquad\qquad\qquad\qquad \ln|y|=x^2+C_1$

于是 $\qquad\qquad\qquad\qquad |y|=\mathrm{e}^{x^2+C_1}=\mathrm{e}^{C_1}\mathrm{e}^{x^2}$

即 $\qquad\qquad\qquad\qquad\qquad y=\pm\mathrm{e}^{C_1}\mathrm{e}^{x^2}$

因为 $\pm\mathrm{e}^{C_1}$ 仍是常函数,令 $C=\pm\mathrm{e}^{C_1}\neq0$,得方程的通解为

$$y=C\mathrm{e}^{x^2}$$

例 9.2.4 求微分方程 $\dfrac{\mathrm{d}y}{\mathrm{d}x}=\dfrac{\sqrt{1-y^2}}{\sqrt{1-x^2}}$ 的通解.

解 当 $y\neq\pm1$ 时,分离变量并积分,得

$$\int\frac{\mathrm{d}y}{\sqrt{1-y^2}}=\int\frac{\mathrm{d}x}{\sqrt{1-x^2}}+C,即 \arcsin y=\arcsin x+C$$

于是通解为 $y=\sin(\arcsin x+C)$.

另外,方程还有常数解 $y=\pm1$,它们不包含在通解中.

例 9.2.5 求方程

$$\frac{\mathrm{d}y}{\mathrm{d}x}=\frac{y^2-1}{2}$$

满足初始条件 $y(0)=0$ 的特解.

解 当 $y\neq\pm1$ 时,分离变量,得

$$\frac{1}{y^2-1}\mathrm{d}y=\frac{1}{2}\mathrm{d}x$$

两端积分,得

$$\ln\left|\frac{y-1}{y+1}\right|=x+C_1$$

因此

$$\frac{y-1}{y+1}=C\mathrm{e}^x,\quad(C\neq0)$$

解出通解为

$$y=\frac{1+C\mathrm{e}^x}{1-C\mathrm{e}^x}$$

将 $y(0)=0$ 代入上式,得

$$0=\frac{1+C}{1-C}$$

解得 $C=-1$,代入通解,即得满足 $y(0)=0$ 的特解

$$y=\frac{1-\mathrm{e}^x}{1+\mathrm{e}^x}$$

另外,易知 $y=\pm1$ 为方程的解,解 $y=1$ 显然满足初始条件 $y(0)=1$,故它是所求的第二个解.

例 9.2.6 求解方程 $x(y^2-1)\mathrm{d}x+y(x^2-1)\mathrm{d}y=0$.

解 首先,易于看出 $y=\pm1$、$x=\pm1$ 是方程的解.

其次,两端同除以 $(x^2-1)(y^2-1)$,得

$$\frac{x}{(x^2-1)}\mathrm{d}x+\frac{y}{(y^2-1)}\mathrm{d}y=0$$

两端积分,得

$$\ln|x^2-1|+\ln|y^2-1|=\ln|C|\,(C\neq0)$$

或

$$(x^2-1)(y^2-1)=C(C\neq0)$$

我们注意到,这个通解当 $C=0$ 时,包括了前面提到的特解 $y=\pm1$、$x=\pm1$.

9.2.2　齐次方程

形如

$$\frac{\mathrm{d}y}{\mathrm{d}x}=f\left(\frac{y}{x}\right) \tag{9-2-3}$$

的一阶微分方程称为**齐次方程**.

作变量代换,引入新的未知函数 $u=\dfrac{y}{x}$,即令 $y=ux$,代入式 $(9-2-3)$,得

$$u+x\,\frac{\mathrm{d}u}{\mathrm{d}x}=f(u)\quad \text{或}\quad x\,\frac{\mathrm{d}u}{\mathrm{d}x}=f(u)-u$$

分离变量,得

$$\frac{1}{f(u)-u}\mathrm{d}u=\frac{1}{x}\mathrm{d}x$$

两端积分,得

$$\int\frac{\mathrm{d}u}{f(u)-u}=\int\frac{\mathrm{d}x}{x}=\ln|x|+C$$

求出积分后,再以 $\dfrac{y}{x}$ 代替 u,便得所给齐次方程的通解.

例 9.2.7　解方程 $y^2+x^2\,\dfrac{\mathrm{d}y}{\mathrm{d}x}=xy\,\dfrac{\mathrm{d}y}{\mathrm{d}x}$.

解　原方程可写成

$$\frac{\mathrm{d}y}{\mathrm{d}x}=\frac{y^2}{xy-x^2}=\frac{\left(\dfrac{y}{x}\right)^2}{\dfrac{y}{x}-1}$$

因此原方程是齐次方程,令 $\dfrac{y}{x}=u$,则

$$y=ux,\quad \frac{\mathrm{d}y}{\mathrm{d}x}=u+x\,\frac{\mathrm{d}u}{\mathrm{d}x}$$

于是原方程变为

$$u+x\,\frac{\mathrm{d}u}{\mathrm{d}x}=\frac{u^2}{u-1}$$

即

$$x\,\frac{\mathrm{d}u}{\mathrm{d}x}=\frac{u}{u-1}$$

分离变量后,得
$$\left(1-\frac{1}{u}\right)\mathrm{d}u=\frac{\mathrm{d}x}{x}$$

两边积分,得
$$u-\ln u+C_1=\ln x$$

或写为
$$\ln(xu)=u+C_1$$

以 $\dfrac{y}{x}$ 代替上式中的 u,便得

$$\ln y=\frac{y}{x}+C_1$$

因此所给方程的通解为
$$y=C\mathrm{e}^{\frac{y}{x}}\ (C=\mathrm{e}^{C_1}).$$

例 9.2.8 求解方程 $x^2\dfrac{\mathrm{d}y}{\mathrm{d}x}=xy-y^2$.

解 原方程可化为 $\dfrac{\mathrm{d}y}{\mathrm{d}x}=\dfrac{y}{x}-\left(\dfrac{y}{x}\right)^2$,令 $y=ux$,代入得

$$u+x\frac{\mathrm{d}u}{\mathrm{d}x}=u-u^2 \quad \text{或} \quad x\frac{\mathrm{d}u}{\mathrm{d}x}=-u^2$$

易见 $u=0$ 为此方程的一个解,从而 $y=0$ 为原方程的一个解.

当 $u\neq0$ 时,分离变量后两端积分得 $\dfrac{1}{u}=\ln|x|+C$ 或 $u=\dfrac{1}{\ln|x|+C}$,

将 $u=\dfrac{y}{x}$ 代入上式,得原方程的通解为 $y=\dfrac{x}{\ln|x|+C}$.

注意,此通解中不包含解 $y=0$.

9.2.3 可化为齐次方程的微分方程

考虑微分方程
$$\frac{\mathrm{d}y}{\mathrm{d}x}=f\left(\frac{ax+by+c}{a_1x+b_1y+c_1}\right) \tag{9-2-4}$$

若 $c=c_1=0$ 时,式(9-2-4)是齐次方程,否则是非齐次方程.对于非齐次方程的情形,其基本思想就是通过变量代换化为齐次方程,令
$$x=\xi+\alpha, \quad y=\eta+\beta$$
其中 α、β 是待定的常数,代入方程(9-2-4)得

$$\frac{\mathrm{d}\eta}{\mathrm{d}\xi}=f\left(\frac{a\xi+b\eta+a\alpha+b\beta+c}{a_1\xi+b_1\eta+a_1\alpha+b_1\eta+c_1}\right)$$

如果方程组
$$\begin{cases} a\alpha+b\beta+c=0 \\ a_1\alpha+b_1\beta+c_1=0 \end{cases} \tag{9-2-5}$$

的系数满足:

(1)若 $\dfrac{a}{a_1}=\dfrac{b}{b_1}=k$,方程(9-2-4)可写成

$$\frac{\mathrm{d}y}{\mathrm{d}x}=f\left(\frac{k(a_1x+b_1y)+c}{(a_1x+b_1y)+c_1}\right)$$

引入新的变量 $u = a_1x + b_1y$，则方程可化为

$$\frac{\mathrm{d}u}{\mathrm{d}x} = a_1 + b_1 f\left(\frac{ku + c}{u + c_1}\right)$$

这显然是一个可分离变量的方程，从而可以求解.

（2）若 $\dfrac{a_1}{a_2} \neq \dfrac{b^1}{b_2}$，则线性方程组（9 - 2 - 5）有唯一的解，令 α、β 就取为这一组解，于是方程（9 - 2 - 4）就化为

$$\frac{\mathrm{d}\eta}{\mathrm{d}\xi} = f\left(\frac{a\xi + b\eta}{a_1\xi + b_1\eta}\right)$$

这显然是一个齐次方程，求解这个方程并利用变换 $\xi = x - \alpha$，$\eta = y - \beta$ 回代即得方程（9 - 2 - 4）的解.

例 9.2.9　求解方程 $\dfrac{\mathrm{d}y}{\mathrm{d}x} = \dfrac{x - y + 1}{x + y - 3}$.

解　因为方程组 $\begin{cases} \alpha - \beta + 1 = 0 \\ \alpha + \beta - 3 = 0 \end{cases}$ 有唯一解 $\alpha = 1$、$\beta = 2$，令 $x = \xi + 1$，$y = \eta + 2$ 并代入原方程得

$$\frac{\mathrm{d}\eta}{\mathrm{d}\xi} = \frac{\xi - \eta}{\xi + \eta}$$

令 $\eta = u\xi$，代入后整理得

$$\frac{1 + u}{u^2 + 2u - 1}\mathrm{d}u = -\frac{\mathrm{d}\xi}{\xi}$$

积分得

$$\frac{1}{2}\ln|u^2 + 2u - 1| = -\ln|\xi| + \frac{1}{2}\ln|C|$$

即

$$\xi^2(u^2 + 2u - 1) = C \quad \text{或} \quad \eta^2 + 2\xi\eta - \xi^2 = C$$

将 $\xi = x - 1$，$\eta = y - 2$ 回代，得到原方程的通解为

$$(y - 2)^2 + 2(x - 1)(y - 2) - (x - 1)^2 = C$$

9.2.4　一阶线性微分方程

形如

$$\frac{\mathrm{d}y}{\mathrm{d}x} = p(x)y + q(x) \tag{9 - 2 - 6}$$

的方程称为**一阶线性微分方程**，其中 $p(x)$、$q(x)$ 是某一区间 I 上的连续函数. 当 $q(x) \equiv 0$ 时，方程（9 - 2 - 6）变为

$$\frac{\mathrm{d}y}{\mathrm{d}x} = P(x)y \tag{9 - 2 - 7}$$

这个方程称为一阶齐次线性微分方程. 相应地，方程（9 - 2 - 6）称为一阶非齐次线性微分方程.

下面来介绍一阶非齐次线性微分方程的解法.

先考虑一阶齐次线性微分方程

$$\frac{\mathrm{d}y}{\mathrm{d}x} = P(x)y$$

分离变量,得

$$\frac{1}{y}\mathrm{d}y = P(x)\mathrm{d}x$$

积分后,得

$$\ln|y| = \int p(x)\mathrm{d}x + \ln|C|$$

或

$$y = C\mathrm{e}^{\int p(x)\mathrm{d}x} \quad (C \neq 0) \tag{9-2-8}$$

将式(9-2-8)中的常数 C 换成 x 的函数 $u(x)$,即作变换

$$y = u(x)\mathrm{e}^{\int p(x)\mathrm{d}x} \tag{9-2-9}$$

使它是方程(9-2-6)的解,把它代入方程(9-2-6)得

$$[u(x)\mathrm{e}^{\int p(x)\mathrm{d}x}]' = p(x)u(x)\mathrm{e}^{\int p(x)\mathrm{d}x} + q(x)$$

化简后,得

$$u'(x)\mathrm{e}^{\int p(x)\mathrm{d}x} = q(x)$$

或

$$u'(x) = q(x)\mathrm{e}^{-\int p(x)\mathrm{d}x}$$

积分后,得

$$u(x) = \int q(x)\mathrm{e}^{-\int p(x)\mathrm{d}x}\mathrm{d}x + C$$

代入式(9-2-9)得方程(9-2-6)的通解为

$$y = C\mathrm{e}^{\int p(x)\mathrm{d}x} + \mathrm{e}^{\int p(x)\mathrm{d}x}\int q(x)\mathrm{e}^{-\int p(x)\mathrm{d}x}\mathrm{d}x$$

上述将齐次线性方程通解中的常数变易为待定函数,从而求出非齐次线性微分方程通解的方法,称为**常数变易法**.

例 9.2.10　求方程 $\dfrac{\mathrm{d}y}{\mathrm{d}x} - \dfrac{2y}{x+1} = (x+1)^3$ 的通解.

解　这是一个非齐次线性微分方程,先求对应的齐次方程的通解:

$$\frac{\mathrm{d}y}{\mathrm{d}x} - \frac{2y}{x+1} = 0$$

$$\frac{\mathrm{d}y}{y} = \frac{2\mathrm{d}x}{x+1}$$

$$\ln y = 2\ln(x+1) + C_1$$

$$y = C(x+1)^2 \quad (C = \mathrm{e}^{C_1})$$

用常数变易法,把 C 换成 $C(x)$,即

$$y = C(x)(x+1)^2 \tag{9-2-10}$$

那么
$$\frac{dy}{dx} = C'(x)(x+1)^2 + 2C(x)(x+1)$$

代入所给非齐次方程，得
$$C'(x) = 1 + x$$

两边积分，得
$$C(x) = \frac{1}{2}(1+x)^2 + C$$

代入式(9-2-10)，即得原方程的通解为
$$y = (1+x)^2 \left[\frac{1}{2}(1+x)^2 + C \right]$$

例 9.2.11　求解 $\dfrac{dy}{dx} = \dfrac{2}{x}y + \dfrac{1}{2}x$.

解　先解齐次方程
$$\frac{dy}{dx} = \frac{2}{x}y$$

通解为
$$y = Cx^2$$

用常数变易法，令非齐次方程通解为
$$y = u(x)x^2$$

代入原方程，化简后可得
$$u'(x) = \frac{1}{2x}$$

积分得
$$u(x) = \frac{1}{2}\ln|x| + C$$

代回后即得原方程的通解为
$$y = x^2 \left(\frac{1}{2}\ln|x| + C \right)$$

例 9.2.12　求解方程 $\dfrac{dy}{dx} - \dfrac{2y}{x+1} = (x+1)^{\frac{5}{2}}$.

解　先解齐次方程
$$\frac{dy}{dx} - \frac{2y}{x+1} = 0$$

通解为
$$y = C(x+1)^2$$

用常数变易法，令非齐次方程通解为
$$y = u(x)(x+1)^2$$

代入原方程，化简后可得
$$u'(x) = (x+1)^{\frac{1}{2}}$$

积分得
$$u(x) = \frac{2}{3}(x+1)^{\frac{3}{2}} + C$$

代回后即得原方程的通解为

$$y = (x+1)^2 \left(\frac{2}{3}(x+1)^{\frac{3}{2}} + C \right)$$

例 9.2.13 求方程 $x^2 \mathrm{d}y + (2xy - x + 1)\mathrm{d}x = 0$ 初始条件 $y|_{x=1} = 0$ 下的通解.

解 原方程可化简为

$$\frac{\mathrm{d}y}{\mathrm{d}x} + \frac{2}{x}y = \frac{x-1}{x^2}$$

可以看出,它是非齐次的线性方程,这里设 $P(x) = \frac{2}{x}, Q(x) = \frac{x-1}{x^2}$,代入公式得

$$y = e^{-\int \frac{2}{x}\mathrm{d}x} \left[\int \frac{x-1}{x^2} e^{\int \frac{2}{x}\mathrm{d}x}\mathrm{d}x + C \right]$$

$$= e^{-2\ln x} \left[\int \frac{x-1}{x^2} e^{2\ln x}\mathrm{d}x + C \right]$$

$$= \frac{1}{x^2} \left[\int \frac{x-1}{x^2} x^2 \mathrm{d}x + C \right]$$

$$= \frac{1}{x^2} \left[\int (x-1)\mathrm{d}x + C \right]$$

$$= \frac{1}{x^2} \left[\frac{x^2}{2} - x + C \right]$$

$$= \frac{1}{2} - \frac{1}{x} + \frac{C}{x^2}$$

由初始条件 $y|_{x=1} = 0$,得

$$C = \frac{1}{2}$$

于是所求的特解为

$$y = \frac{1}{2} - \frac{1}{x} + \frac{1}{2x^2}$$

例 9.2.14 求方程 $xy' - y = x^3$ 的通解及满足 $y(1) = 1$ 的特解.

解 将方程写为标准形式 $\frac{\mathrm{d}y}{\mathrm{d}x} + \left(-\frac{1}{x} \right)y = x^2$,易得对应齐次线性微分方程 $\frac{\mathrm{d}y}{\mathrm{d}x} - \frac{1}{x}y = 0$ 的通解为 $y = Cx$.由常数变易法,设 $y = u(x)x$ 是原非齐次线性微分方程的解,将其代入原方程后有

$$xu'(x) + u(x) - u(x) = x^2$$

即 $u'(x) = x$ 或 $u(x) = \frac{1}{2}x^2 + C$,于是原方程的通解为

$$y = x\left(\frac{1}{2}x^2 + C \right) = \frac{1}{2}x^3 + Cx$$

代 $y(1) = 1$ 到通解中得 $C = \frac{1}{2}$,故满足该初始条件的特解为

$$y = \frac{1}{2}x + \frac{1}{2}x^3$$

9.2.5　全微分方程

考虑微分形式的一阶方程

$$M(x,y)\mathrm{d}x + N(x,y)\mathrm{d}y = 0 \qquad\qquad (9-2-11)$$

如果上式左端恰为某二元函数 $u(x,y)$ 的全微分,即

$$\mathrm{d}u(x,y) = M(x,y)\mathrm{d}x + N(x,y)\mathrm{d}y \qquad\qquad (9-2-12)$$

则称 $(9-2-11)$ 为**全微分方程**,而函数 $u(x,y)$ 称为微分方程 $(9-2-12)$ 的**原函数**.

例如方程

$$x\,\mathrm{d}x + y\,\mathrm{d}y = 0$$

就是一个全微分方程,因为它的左端 $x\,\mathrm{d}x + y\,\mathrm{d}y$ 恰为二元函数 $u(x,y) = \dfrac{1}{2}(x^2 + y^2)$ 的全微分,函数 $u(x,y) = \dfrac{1}{2}(x^2 + y^2)$ 就是一个原函数.

一般全微分方程的解法可表述为如下定理:

定理 9.1　假如 $u(x,y)$ 是微分方程 $(9-2-12)$ 的一个原函数,则全微分方程 $(9-2-11)$ 的通解为

$$u(x,y) = C$$

其中 C 为任意常数.

方程

$$M(x,y)\mathrm{d}x + N(x,y)\mathrm{d}y = 0$$

是全微分方程的充分必要条件为

$$\frac{\partial M}{\partial y} = \frac{\partial N}{\partial x} \qquad\qquad (9-2-13)$$

这是判别一个方程是全微分方程的主要判据.

下面进一步研究全微分方程的求解方法.

设 $u(x,y)$ 为微分方程 $(9-2-12)$ 的原函数,显然有

$$\frac{\partial u}{\partial x} = M(x,y), \quad \frac{\partial u}{\partial y} = N(x,y)$$

由第一个等式,得

$$u(x,y) = \int_{x_0}^{x} M(x,y)\mathrm{d}x + \varphi(y)$$

其中 $\varphi(y)$ 为 y 的任意(可微)函数.为了使 $u(x,y)$ 再满足

$$\frac{\partial u}{\partial y} = N(x,y)$$

必须适当选取 $\varphi(y)$,使其满足

$$\frac{\partial u}{\partial y} = \frac{\partial}{\partial y}\int_{x_0}^{x} M(x,y)\mathrm{d}x + \varphi'(y) = N(x,y)$$

由参变量积分的性质和条件 $(9-2-13)$,上式即为

$$\int_{x_0}^{x} \frac{\partial N(x,y)}{\partial x} \mathrm{d}x + \varphi'(y) = N(x,y)$$

或

$$N(x,y) - N(x_0,y) + \varphi'(y) = N(x,y)$$

所以

$$\varphi'(y) = N(x_0,y)$$

积分后得

$$\varphi(y) = \int_{x_0}^{x} N(x_0,y) \mathrm{d}y + C_1$$

因为只要一个 $\varphi(y)$ 就够了,故取 $C_1 = 0$.于是,函数

$$u(x,y) = \int_{x_0}^{x} M(x,y) \mathrm{d}x + \int_{y_0}^{y} N(x_0,y) \mathrm{d}y$$

就是所求的原函数,而全微分方程(9-2-11)的通解为

$$\int_{x_0}^{x} M(x,y) \mathrm{d}x + \int_{y_0}^{y} N(x_0,y) \mathrm{d}y = C \qquad (9-2-14)$$

为了求全微分方程(9-2-11)满足初始条件 $y(x_0) = y_0$ 的解,以 $x = x_0$、$y = y_0$ 代入式
(9-2-14),得 $C = 0$.因此(9-2-11)满足初始条件 $y(x_0) = y_0$ 的积分为

$$\int_{x_0}^{x} M(x,y) \mathrm{d}x + \int_{y_0}^{y} N(x_0,y) \mathrm{d}y = 0 \qquad (9-2-15)$$

由隐函数定理可知,当 $N(x_0,y_0) \neq 0$ 时,由式(9-2-15)所确定的满足 $y(x_0) = y_0$ 的隐
函数是唯一的,从而(9-2-11)的解满足 $y(x_0) = y_0$ 的解也就是唯一的了.

例 9.2.15 求解方程 $(3x^2 + 6xy^2) \mathrm{d}x + (6x^2 y + 4y^3) \mathrm{d}y = 0$.

解 因为

$$\frac{\partial M}{\partial y} = 12xy = \frac{\partial N}{\partial x}$$

所以这个方程是全微分方程.不妨选取 $x_0 = 0, y_0 = 0$(不一定非这么选不可,这么选只是为了
计算的方便),故方程的通解为

$$\int_{0}^{x} (3x^2 + 6xy^2) \mathrm{d}x + \int_{0}^{y} 4y^3 \mathrm{d}y = C$$

即

$$x^3 + 3x^2 y^2 + y^4 = C$$

例 9.2.16 求解初值问题 $\begin{cases} xy \mathrm{d}x + \dfrac{1}{2}(x^2 + y) \mathrm{d}y = 0 \\ y(0) = 2 \end{cases}$.

解 因为

$$\frac{\partial M}{\partial y} = x = \frac{\partial N}{\partial x}$$

所以方程为全微分方程,所以初值问题的积分为

$$\int_{0}^{x} xy \mathrm{d}x + \frac{1}{2} \int_{0}^{y} y \mathrm{d}y = 0$$

即

$$\frac{1}{2}x^2y+\frac{1}{4}(y^2-4)=0$$

或

$$2x^2y+y^2-4=0$$

解出 y,得到所求的特解为

$$y=-x^2+\sqrt{x^4+4}$$

9.2.6　可降阶的高阶微分方程

本部分介绍几种二阶微分方程的解法,这些解法的基本思想就是把高阶方程通过某些变换降为较低阶的方程.

1. $y''=f(x)$ 型的微分方程

这是最简单的二阶微分方程,求解方法是逐次积分.

在方程 $y''=f(x)$ 两端积分,得

$$y'=\int f(x)\mathrm{d}x+C_1$$

再次积分,得

$$y=\int\left[\int f(x)\mathrm{d}x+C_1\right]\mathrm{d}x+C_2$$

这种类型的方程的解法,可以推广到 n 阶微分方程,得

$$y^{(n)}=f(x)$$

只要连续积分 n 次,就可得到这个方程的含有 n 个任意常数的通解.

例 9.2.17　求微分方程 $y''=\mathrm{e}^{2x}-1$ 的通解.

解　两边积分,得

$$y'=\int(\mathrm{e}^{2x}-1)\mathrm{d}x=\frac{1}{2}\mathrm{e}^{2x}-x+C_1$$

两边再次积分,得

$$y=\int\left(\frac{1}{2}\mathrm{e}^{2x}-x+C_1\right)\mathrm{d}x=\frac{1}{4}\mathrm{e}^{2x}-\frac{1}{2}x^2+C_1x+C_2$$

例 9.2.18　解方程 $y'''=\mathrm{e}^{-x}+24x$.

解　对原方程连续积分三次,得

$$y''=\int(\mathrm{e}^{-x}+24x)\mathrm{d}x=-\mathrm{e}^{-x}+12x^2+C_1$$

$$y'=\int(-\mathrm{e}^{-x}+12x^2+C_1)\mathrm{d}x=\mathrm{e}^{-x}+4x^3+C_1x+C_2$$

$$y=\int(\mathrm{e}^{-x}+4x^3+C_1x+C_2)\mathrm{d}x=-\mathrm{e}^{-x}+x^4+\frac{1}{2}C_1x^2+C_2x+C_3$$

于是原方程有通解

$$y=-\mathrm{e}^{-x}+x^4+\frac{1}{2}C_1x^2+C_2x+C_3$$

2.$y''=f(x,y')$ 型的微分方程

这类方程的特点是不显含未知函数 y,其求解方法是:

令 $y'=p$,则 $y''=\dfrac{\mathrm{d}p}{\mathrm{d}x}$.于是上述方程变为一阶微分方程

$$\frac{\mathrm{d}p}{\mathrm{d}x}=f(x,p)$$

这是一个关于变量 x、p 的一阶微分方程,设其通解为

$$p=\varphi(x,C_1)$$

则由 $\dfrac{\mathrm{d}y}{\mathrm{d}x}=p=\varphi(x,C_1)$ 即可得到原方程的通解为

$$y=\int\varphi(x,C_1)\mathrm{d}x+C_2$$

例 9.2.19　解方程 $xy''+y'=4x$.

解　令 $y'=p$,则 $y''=\dfrac{\mathrm{d}p}{\mathrm{d}x}$,代入方程得

$$x\frac{\mathrm{d}p}{\mathrm{d}x}+p=4x\quad\text{或}\quad\frac{\mathrm{d}p}{\mathrm{d}x}+\frac{1}{x}p=4$$

这是一个一阶线性微分方程,解之得 $\dfrac{\mathrm{d}y}{\mathrm{d}x}=p=2x+\dfrac{C_1}{x}$,从而原方程的通解为

$$y=\int\left(2x+\frac{C_1}{x}\right)\mathrm{d}x+C_2=x^2+C_1\ln|x|+C_2$$

例 9.2.10　求微分方程 $(1+x^2)y''=2xy'$ 满足初始条件 $y(0)=1,y'(0)=3$ 的特解.

解　令 $y'=p$,则 $y''=\dfrac{\mathrm{d}p}{\mathrm{d}x}$,代入方程得

$$\frac{\mathrm{d}p}{p}=\frac{2x}{1+x^2}\mathrm{d}x$$

即　　　　　　　　　　　　　　　$p=y'=C_1(1+x^2)$

由条件 $y'(0)=3$,得　　　　　　　$C_1=3$

所以　　　　　　　　　　　　　　$y'=3(1+x^2)$

两端再积分,得　　　　　　　　$y=x^3+3x+C_2$

又由条件 $y(0)=1$,得　　　　　$C_2=1$

于是所求的特解为

$$y=x^3+3x+1$$

3.$y''=f(y,y')$ 型的微分方程

这类方程的特点是不显含自变量 x,求解方法是:令 $y'=p$,则有

$$y''=\frac{\mathrm{d}p}{\mathrm{d}x}=\frac{\mathrm{d}p}{\mathrm{d}y}\cdot\frac{\mathrm{d}y}{\mathrm{d}x}=p\frac{\mathrm{d}p}{\mathrm{d}y}$$

这样就就把原方程化为

$$p\frac{\mathrm{d}p}{\mathrm{d}y}=f(y,p)$$

上式是关于变量 y、p 的一阶微分方程.设其通解为 $y'=p=\varphi(y,C_1)$,分离变量并积分就可得到原方程的通解为

$$\int\frac{1}{\varphi(y,C_1)}\mathrm{d}y=x+C_2$$

例 9.2.21 求方程 $yy''-(y')^2=0$ 的通解.

解 令 $y'=p$,则 $y''=p\dfrac{\mathrm{d}p}{\mathrm{d}y}$,代入原方程得

$$yp\frac{\mathrm{d}p}{\mathrm{d}y}-p^2=0,\text{即 } p\left(y\frac{\mathrm{d}p}{\mathrm{d}y}-p\right)=0$$

在 $y\neq0$、$p\neq0$ 时,约去 p 并分离变量,得

$$\frac{\mathrm{d}p}{p}=\frac{\mathrm{d}y}{y}$$

两端积分,得

$$\ln|p|=\ln|y|+\ln|C|$$

即

$$y'=p=C_1y$$

再分离变量并积分,即可得所求方程的通解为

$$y=C_2\mathrm{e}^{C_1x}$$

例 9.2.22 求方程 $y''+y=0$ 的通解.

解 令 $y'=p$,则 $y''=p\dfrac{\mathrm{d}p}{\mathrm{d}y}$,代入原方程得

$$p\frac{\mathrm{d}p}{\mathrm{d}y}+y=0$$

积分后,得

$$p^2=C_1^2-y^2$$

解出 p,得

$$p=\pm\sqrt{C_1^2-y^2}$$

积分后,得

$$\arcsin\frac{y}{C_1}=C_2\pm x$$

于是有

$$y=C_1\sin(C_2\pm x)$$

或

$$y=a\sin x+b\cos x(a,b \text{ 为任意常数})$$

习题 9 - 2

1.求下列微分方程的通解:

(1)$(1+2y)x\mathrm{d}x+(1+x^2)\mathrm{d}y=0$;   (2)$\mathrm{e}^{y^2+3x}\mathrm{d}x-y\mathrm{d}y=0$;

(3)$\dfrac{dy}{dx}=e^{x-y}$;　　　　　　　　　　(4)$(y+1)^2\dfrac{dy}{dx}+x^3=0$;

(5)$y'\sin x\cos y+\cos x\sin y=0$;　　　　(6)$xy'=y\ln y$.

2.求下列微分方程满足初始条件的特解:

(1)$y'=e^{2x-y}$,$y(0)=0$;　　　　　　　　(2)$\dfrac{x}{1+y}dx-\dfrac{y}{1+x}dy=0$,$y(0)=0$;

(3)$y'\sin x-y\cos x=0$,$y\left(\dfrac{\pi}{2}\right)=1$;

(4)$\cos y dx+(1+e^{-x})\sin y dy=0$,$y(0)=\dfrac{\pi}{4}$.

3.求一曲线,该曲线通过点 $P(0,1)$ 且曲线上任一点处的切线垂直于此点与原点的连线.

4.求下列齐次方程的通解:

(1)$y'=\dfrac{y}{x}+e^{\frac{y}{x}}$;　　　　　　　　　(2)$xy'-x\sin\dfrac{y}{x}-y=0$;

(3)$\dfrac{dy}{dx}=-\dfrac{4x+3y}{x+y}$;　　　　　　　(4)$(x^2+y^2)dx-xy dy=0$;

(5)$x\dfrac{dy}{dx}=y\ln\dfrac{y}{x}$;　　　　　　　(6)$y(x^2-xy+y^2)dx+x(x^2+xy+y^2)dy=0$.

5.求下列齐次线性方程满足初始条件的特解:

(1)$y'=\dfrac{x}{y}+\dfrac{y}{x}$,$y(-1)=2$;　　　　(2)$\dfrac{dy}{dx}=\dfrac{2y}{x-2y}$,$y(0)=1$;

(3)$(x^2+2xy-y^2)dx+(y^2+2xy-x^2)dy=0$,$y(1)=1$.

6.求下列微分方程的通解:

(1)$(2x-4y+6)dx+(x+y-3)dy=0$;

(2)$(2x+y+1)dx-(4x+2y-3)dy=0$;

(3)$(x+y)dx+(3x+3y-4)dy=0$;

(4)$(x+4y)y'=2x+3y+5$.

7.求下列微分方程的通解:

(1)$y'-\dfrac{2y}{x}=x^2$;　　　　　　　　　(2)$\dfrac{dy}{dx}+2xy=4x$;

(3)$(x^2+1)y'+2xy=4x^2$;　　　　　　　(4)$y dx+(1+y)x dy=e^y dy$;

(5)$(x-2)\dfrac{dy}{dx}=y+2(x-2)^3$;　　　　(6)$xy'+(x+1)y=3x^2e^{-x}$.

8.求下列方程满足所给初始条件的特解:

(1)$\dfrac{dy}{dx}+3y=8$,$y(0)=2$;　　　　　　(2)$x\dfrac{dy}{dx}+y=\sin x$,$y(\pi)=1$;

(3)$x\dfrac{dy}{dx}-2y=x^3e^x$,$y(1)=0$;　　　　(4)$\dfrac{dy}{dx}-y\tan x=\sec x$,$y(0)=0$.

9.设一个由电阻 $R=10\ \Omega$,电感 $L=2\ H$ 和电源电压 $E=20\sin 5t\ V$ 串联成的电路.开关 K 闭合后,电路中有电流通过,求电流 I 与时间 t 的函数关系.

10.判别下列方程中哪些是全微分方程,并求其通解:

(1)$(y\sin x+\cos x)\mathrm{d}x+(\cos x-x\sin y)\mathrm{d}y=0$;

(2)$(3x^2+2xy^2)\mathrm{d}x+(2x^2y+3y^2)\mathrm{d}y=0$;

(3)$\mathrm{e}^{-y}\mathrm{d}x-(2y+x\mathrm{e}^{-y})\mathrm{d}y=0$;

(4)$2xy\mathrm{d}x+(x^2-y^2)\mathrm{d}y=0$;

(5)$y(x-2y)\mathrm{d}x-x^2\mathrm{d}y=0$;

(6)$\dfrac{3x^2+y^2}{y^2}\mathrm{d}x-\dfrac{2x^2+5y}{y^3}\mathrm{d}y=0$.

11.求下列微分方程的通解:

(1)$y''=\mathrm{e}^{2x}-\cos x$;　　　(2)$y'''=x\mathrm{e}^x$;　　　(3)$y''=y'+x$;

(4)$x^3y''+x^2y'=1$;　　　(5)$xy''=y'+x^2$;　　　(6)$y''=1+(y')^2$;

(7)$y''=-(1+y'^2)^{\frac{3}{2}}$;　　　(8)$y^3y''-1=0$;　　　(9)$y''=(y')^3+y'$.

12.求下列微分方程满足所给初始条件的特解:

(1)$y^3y''+1=0,y(1)=1,y'(1)=0$;

(2)$y''=\dfrac{x}{\ }$,$y(1)=-1,y'(1)=1$;

(3)$y''=\mathrm{e}^{2x},y(0)=0,y'(0)=0$;

(4)$y''-a(y')^2=0,y(0)=0,y'(0)=-1$.

9.3　二阶线性微分方程

本节我们将讨论在实际问题中应用较多的高阶线性微分方程,讨论时我们主要以二阶线性微分方程为主.

9.3.1　高阶线性微分方程的概念及例子

下面举两个二阶线性微分方程的实际例子.

例 9.3.1　设有一弹簧,它的上端固定,下端挂一个质量为 m 的物体,如图 9-1 所示.O 点表示平衡坐标.如果用力将物体向下一拉随即放开,物体就会在平衡位置附近作上下振动.求物体运动的微分方程.

解　坐标轴如图 9-1 所示,x 轴正向铅直向下,坐标原点为平衡位置.

设物体的运动方程为 $x=x(t)$.当物体运动时,作用在物体上的有两种力,一种是使物体回到平衡位置的弹性恢复力 f(不包括在平衡位置和重力 mg 相平衡的那一部分弹性力),由胡克定律可知,f 与物体离开平衡位置的位移 x 成正比,即

$$f=-kx$$

其中 k 为弹簧的弹性系数,负号表示力的方向与位移 x 的方向相反;另一种力是阻力 R,它是由物体运动过程中受到阻尼介质(如空气、油等)的阻力作用.由实验知道,

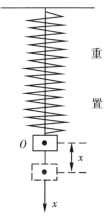

图 9-1

当振动不大时,阻力 R 的大小与物体的速度成正比,其方向与运动方向相反,即 $R = -\mu \dfrac{\mathrm{d}x}{\mathrm{d}t}$, 根据牛顿第二定律,得

$$m \frac{\mathrm{d}^2 x}{\mathrm{d}t^2} = -kx - \mu \frac{\mathrm{d}x}{\mathrm{d}t} \quad \text{或} \quad \frac{\mathrm{d}^2 x}{\mathrm{d}t^2} + \frac{\mu}{m}\frac{\mathrm{d}x}{\mathrm{d}t} + \frac{k}{m}x = 0$$

这是物体在无阻尼的情况下,作自由振动的线性微分方程.

如果物体在振动过程中,还受到铅直干扰力 $F(t) = H\sin\omega t$ 的作用,则有

$$\frac{\mathrm{d}^2 x}{\mathrm{d}t^2} + \frac{\mu}{m}\frac{\mathrm{d}x}{\mathrm{d}t} + \frac{k}{m}x = \frac{H}{m}\sin\omega t \tag{9-3-1}$$

这是受迫振动的微分方程.

例 9.3.2　电路振荡系统.

在如图 9-2 所示的包含电感 L、电阻 R 及电容 C(其中 L、R、C 都是常数)的闭合电路中,接入电动势为 $E = E_0\sin\omega t$ 的电源(E_0 及 ω 也都是常数),求电路中电流 $i(t)$ 应满足的微分方程.

解　设电容器的电荷量为 $q(t)$,则由电流的定义有 $i(t) = \dfrac{\mathrm{d}q}{\mathrm{d}t}$,电容器两极板间的电位差为 $E_C = \dfrac{q(t)}{C}$,电感电动势为 $E_C = L\dfrac{\mathrm{d}i}{\mathrm{d}t}$,根据回路电压定律(即克希霍夫第二定律),在闭合回路中所有元件的电压的代数和等于零,即

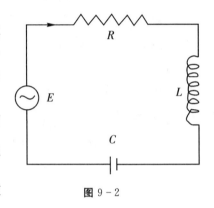

图 9-2

$$E - L\frac{\mathrm{d}i}{\mathrm{d}t} - iR - \frac{q}{C} = 0 \quad \text{或} \quad E_0\sin\omega t - L\frac{\mathrm{d}i}{\mathrm{d}t} - iR - \frac{q}{C} = 0$$

两边对 t 求导,并注意到 $i(t) = \dfrac{\mathrm{d}q}{\mathrm{d}t}$,上式可以写成

$$L\frac{\mathrm{d}^2 i}{\mathrm{d}t^2} + R\frac{\mathrm{d}i}{\mathrm{d}t} + \frac{1}{C}i = E_0\omega\cos\omega t \tag{9-3-2}$$

这就是电流函数 $i(t)$ 所满足微分方程.

从例 9.3.1 和例 9.3.2 所得到的方程(9-3-1)与(9-3-2)中我们可以看出,它们可以归结为同一种形式,即

$$y'' + P(x)y' + Q(x)y = f(x)$$

这个方程称为**二阶线性微分方程**,当 $f(x) \equiv 0$ 时,称为二阶齐次线性微分方程,否则,称为二阶非齐次线性微分方程.

n 阶线性微分方程的一般形式为

$$y^{(n)} + P_1(x)y^{(n-1)} + \cdots + P_{n-1}(x)y' + P_n(x)y = f(x)$$

其中函数 $P_1(x)$、$P_2(x)$、$\cdots$、$P_n(x)$ 称为方程的系数,当 $f(x) \equiv 0$ 时,称为 n 阶齐次线性微分方程,否则,称为 n 阶非齐次线性微分方程.

9.3.2　二阶线性微分方程通解的结构

我们先讨论二阶齐次线性微分方程

$$y'' + P(x)y' + Q(x)y = 0 \qquad\qquad (9-3-3)$$

定理 9.2　若函数 $y_1(x)$、$y_2(x)$ 是方程(9-3-3)的两个解,那么

$$y = C_1 y_1 + C_2 y_2 \quad (C_1、C_2 \text{ 是任意常数}) \qquad\qquad (9-3-4)$$

也是方程(9-3-3)的解.

证　因为 y_1、y_2 是方程(9-3-3)的解,所以

$$y_1'' + P(x)y_1' + Q(x)y_1 = 0 \ , \quad y_2'' + P(x)y_2'' + Q(x)y_2 = 0$$

于是

$$(C_1 y_1 + C_2 y_2)'' + P(x)(C_1 y_1 + C_2 y_2)' + Q(x)(C_1 y_1 + C_2 y_2)$$
$$= C_1[y_1'' + P(x)y_1' + Q(x)y_1] + C_2[y_2'' + P(x)y_2' + Q(x)y_2] = 0$$

所以,$y = C_1 y_1 + C_2 y_2$ 是方程(9-3-3)的解.

方程的解(9-3-4)形式上也含有两个常数 C_1 和 C_2,但是它不一定是方程(9-3-3)的通解.这是因为定理中的条件并不能保证 y_1 和 y_2 是两个相互独立的解.为解决这一问题,需引入函数的线性相关与无关的定义.

定义 9.1　设 $y_1(x)$、$y_2(x)$ 是定义在区间 I 上的两个函数,如果存在不全为零的常数 k_1、k_2,使得

$$k_1 y_1(x) + k_2 y_2(x) = 0$$

则称这两个函数在区间 I 上**线性相关**,否则称为**线性无关**.

由定义可知,它们线性相关与否,只要看它们的比是否为常数:如果比为常数,它们就线性相关,否则就线性无关.

例如,函数 $y_1(x) = \sin 2x$,$y_2(x) = 4\sin x \cos x$ 满足

$$\frac{y_1(x)}{y_2(x)} = \frac{\sin 2x}{4\sin x \cos x} = \frac{1}{2}$$

所以它们线性相关.

又如 $y_1(x) = \mathrm{e}^{2x}$,$y_2(x) = \mathrm{e}^x$ 满足

$$\frac{y_1(x)}{y_2(x)} = \frac{\mathrm{e}^{2x}}{\mathrm{e}^x} = \mathrm{e}^x \neq \text{常数}$$

所以它们线性无关.

有了线性无关的概念,我们就可得到如下定理.

定理 9.3　若函数 $y_1(x)$,$y_2(x)$ 是方程(9-3-3)的两个线性无关的特解,则函数

$$y = C_1 y_1 + C_2 y_2 \quad (C_1、C_2 \text{ 是任意常数})$$

就是方程(9-3-3)的通解.

由定理 9.3 可知,要求方程(9-3-3)的通解,只要求出它的两个线性无关的特解即可.

在前面讨论一阶非齐次微分方程的通解时,我们知道它的通解等于其一个特解与对应齐次线性微分方程通解的和.实际上,对于二阶非齐次线性微分方程也有同样的结构.

下面讨论二阶非齐次线性微分方程

$$y'' + P(x)y' + Q(x)y = f(x) \qquad\qquad (9-3-5)$$

通解的结构.

定理 9.4　如果 $y*(x)$ 是二阶非齐次线性微分方程(9-3-5)的一个特解，$Y(x)$ 是对应的齐次方程(9-3-3)的通解，则

$$y = Y(x) + y*(x) \qquad\qquad (9-3-6)$$

是二阶非齐次线性微分方程(9-3-5)的通解.

　　证　把式(9-3-6)代入方程(9-3-5)的左端，得

$$(Y(x)+y*(x))'' + P(x)(Y(x)+y*(x))' + Q(x)(Y(x)+y*(x))$$
$$= Y''(x) + y*''(x) + P(x)(Y'(x)+y*'(x)) + Q(x)(Y(x)+y*(x))$$
$$= [Y''(x)+P(x)Y'(x)+Q(x)Y(x)] + [y*''(x)+P(x)y*'(x)+Q(x)y*(x)]$$
$$= 0 + f(x)$$

即 $y = Y(x) + y*(x)$ 是方程(9-3-5)解.由于对应的齐次线性微分方程的通解

$$y = C_1 y_1 + C_2 y_2$$

中含有两个相互独立的任意常数，所以 $y = Y(x) + y*(x)$ 是方程(9-3-5)的通解.

　　例如，方程 $y'' + y = x^2$ 是二阶非齐次线性微分方程，已知其对应齐次方程线性微分方程 $y'' + y = 0$ 的通解为 $Y = C_1 \sin x + C_2 \cos x$；又容易验证 $y* = x^2 - 2$ 是该方程的一个特解，所以

$$y = C_1 \sin x + C_2 \cos x + x^2 - 2$$

是所给方程的通解.

　　下面的定理有助于我们求解更复杂的二阶非齐次线性微分方程.

　　定理 9.5　若二阶非齐次线性微分方程(9-3-5)中，$f(x) = f_1(x) + f_2(x)$，即

$$y'' + P(x)y' + Q(x)y = f_1(x) + f_2(x)$$

而 $y_1*(x)$ 和 $y_2*(x)$ 分别是方程

$$y'' + P(x)y' + Q(x)y = f_1(x) \quad 和 \quad y'' + P(x)y' + Q(x)y = f_2(x)$$

的特解，则 $y*(x) = y_1*(x) + y_2*(x)$ 是方程(9-3-5)的特解.

　　这个定理称为非齐次线性微分方程解的**叠加原理**.

9.3.3　二阶常系数齐次线性微分方程

　　若在二阶齐次线性微分方程

$$y'' + P(x)y' + Q(x)y = 0$$

中，函数 $P(x)$、$Q(x)$ 都是常数，即

$$y'' + py' + qy = 0 \qquad\qquad (9-3-7)$$

其中 p、q 是常数，则称方程(9-3-7)为**二阶常系数齐次线性微分方程**.

　　由定理 9.3 可知，要求齐次线性微分方程(9-3-7)的通解，只要求出其两个线性无关的特解即可.从方程的形式上可以看出，y、y'、y'' 各乘以一个常数后相加等于零，如果我们能够找到一个函数 y，使其 y、y'、y'' 之间只相差一个常数，那么这个函数就有可能是方程(9-3-7)的特解.而指数函数 $y = e^{rx}$ 正好满足这一条件，所以我们有理由猜想形如 $y = e^{rx}$ (其中 r 为常数)

的函数可能是方程的解.对 $y = e^{rx}$ 求一阶和二阶导数,得

$$y' = re^{rx}, \quad y'' = r^2 e^{rx}$$

把 y、y'、y'' 代入方程(9-3-7),整理得

$$r^2 + pr + q = 0 \qquad (9-3-8)$$

由此可见,只要 r 的值满足代数方程(9-3-8),则函数 $y = e^{rx}$ 就是方程(9-3-7)的一个特解.这样,齐次方程的求解问题就转化为求代数方程(9-3-8)的根的问题,称二次代数方程(9-3-8)为微分方程(9-3-7)的特征方程,特征方程的根称为微分方程的特征根.

根据特征方程根的三种不同情形,下面分别进行讨论:

(1)特征方程(9-3-8)有两个不相等的实根 r_1、r_2.

则 $e^{r_1 x}$、$e^{r_2 x}$ 是方程(9-3-7)的两个线性无关的特解,因为

$$\frac{e^{r_1 x}}{e^{r_2 x}} = e^{(r_1 - r_2)x} \neq 常数$$

故方程(9-3-7)的通解为

$$y = C_1 e^{r_1 x} + C_2 e^{r_2 x}$$

(2)特征方程(9-3-8)有两个相等的实根 $r_1 = r_2 = -\dfrac{p}{2}$.

此时我们只得到一个特解 $y_1 = e^{r_1 x}$,还需求出另一个与 $y_1 = e^{r_1 x}$ 线性无关的特解.可设 $y_2(x) = u(x)e^{r_1 x}$,将 $y_2(x)$ 求导得

$$y'_2 = e^{r_1 x}(u' + r_1 u), \quad y''_2 = e^{r_1 x}(u'' + 2r_1 u' + r_1^2 u)$$

把 y_2、y'_2、y''_2 代入方程(9-3-7)整理得

$$u'' + (2r_1 + p)u' + (r_1^2 + pr_1 + q)u = 0$$

因 r_1 是特征方程的二重根,故 $r_1^2 + pr_1 + q = 0$ 且 $2r_1 + p = 0$,于是得

$$u'' = 0$$

可取 $u = x$,这样就得到了另一个特解 $y_2(x) = xe^{r_1 x}$,所以方程(9-3-7)的通解为

$$y = (C_1 + C_2 x)e^{rx}$$

(3)特征方程(9-3-8)有一对共轭复根 $r_{1,2} = \alpha \pm i\beta$.

方程(9-3-7)有两个线性无关的特解

$$\widetilde{y}_1(x) = e^{(\alpha + i\beta)x}, \quad \widetilde{y}_2(x) = e^{(\alpha - i\beta)x}$$

由于这种复数形式的解在应用上不方便,所以我们利用欧拉公式

$$e^{i\theta} = \cos\theta + i\sin\theta$$

把上述复数形式的解化成如下形式的解

$$y_1(x) = \frac{1}{2}(\widetilde{y}_1 + \widetilde{y}_2) = e^{\alpha x}\cos\beta x, \quad y_2(x) = \frac{1}{2i}(\widetilde{y}_1 - \widetilde{y}_2) = e^{\alpha x}\sin\beta x$$

则方程(9-3-7)的通解为

$$y = e^{\alpha x}(C_1\cos\beta x + C_2\sin\beta x)$$

综上所述,我们可得到求解二阶常系数齐次线性微分方程(9-3-7)的步骤如下:

(1)写出齐次方程(9-3-7)的特征方程(9-3-8);

(2)求解特征方程(9-3-8);

(3)根据特征根的不同情况写出其通解,见表 9 - 1.

表 9 - 1

特征方程 $r^2 + pr + q = 0$ 的两个根 r_1, r_2	对应微分方程 $y'' + py' + qy = 0$ 的通解
$r_1 \neq r_2$ 为两个不相等实根	$y = C_1 e^{r_1 x} + C_2 e^{r_2 x}$
$r_1 = r_2$ 为两个相等实根	$y = (C_1 + C_2 x) e^{r_1 x}$
r_1, r_2 为一对共轭复根	$y = e^{\alpha x}(C_1 \cos \beta x + C_2 \sin \beta x)$

例 9.3.3 求微分方程 $y'' - y' - 3y = 0$ 的通解.

解 所给微分方程的特征方程为

$$r^2 - 2r - 3 = 0$$
$$(r - 3)(r + 1) = 0$$

特征根为 $r_1 = 3, r_2 = -1$,所以方程的通解为

$$y = C_1 e^{3x} + C_2 e^{-x}$$

例 9.3.4 求微分方程 $y'' - 6y' - 7y = 0$ 的通解.

解 特征方程为

$$r^2 - 6r - 7 = 0$$

解得 $r_1 = -1, r_2 = 7$,是两个不相等的实根,故所求方程的通解为

$$y = C_1 e^{-x} + C_2 e^{7x}$$

例 9.3.5 求微分方程 $y'' + 4y' + 4y = 0$ 的通解.

解 特征方程为

$$r^2 + 4r + 4 = 0$$

解得 $r_1 = r_2 = -2$,是两个相等的实根,故所求方程的通解为

$$y = (C_1 + C_2 x) e^{-2x}$$

例 9.3.6 求方程 $y'' - 6y' + 13y = 0$ 的通解.

解 所给微分方程的特征方程为

$$r^2 - 6r + 13 = 0$$

特征根为 $\qquad r_1 = 3 + 2i, \quad r_2 = 3 - 2i$

因此,方程的通解为 $\qquad y = e^{3x}(C_1 \cos 2x + C_2 \sin 2x)$

例 9.3.7 求微分方程 $y'' + 2y' + 5y = 0$ 的通解.

解 特征方程为

$$r^2 + 2r + 5 = 0$$

解得 $r_1 = -1 + 2i, r_2 = -1 - 2i$,是一对共轭复根,故所求方程的通解为

$$y = e^{-x}(C_1 \cos 2x + C_2 \sin 2x)$$

例 9.3.8 求方程 $s'' + 4s' + 4s = 0$ 满足初始条件 $s|_{t=0}$ 和 $s|_{t=0}$ 的特解.

解 所给微分方程的特征方程为

$$r^2 + 4r + 4 = 0 \quad 即 \quad (r + 2)^2 = 0$$

特征根为 $\qquad r_1 = r_2 = -2$

因此,方程的通解为 $\qquad s = (C_1 + C_2 t) e^{-2t}$

将
$$s\big|_{t=0}=s'\big|_{t=0}=0$$
代入通解中得
$$C_1=0, \quad C_2=0$$
所以原方程满足初始条件的特解是
$$s=0$$

例 9.3.9　求微分方程 $y''-5y'+6y=0$ 的通解及满足初始条件 $x=0$ 时，$y=1$、$y'=2$ 的特解.

解　特征方程为
$$r^2-5r+6=0$$
解得 $r_1=2, r_2=3$，是两个不相等的实根，故所求方程的通解为
$$y=C_1\mathrm{e}^{2x}+C_2\mathrm{e}^{3x}$$
将初始条件代入方程组
$$\begin{cases} y=C_1\mathrm{e}^{2x}+C_2\mathrm{e}^{3x} \\ y'=2C_1\mathrm{e}^{2x}+3C_2\mathrm{e}^{3x} \end{cases}$$
得
$$C_1+C_2=1, \quad 2C_1+3C_2=2$$
解得 $C_1=1, C_2=0$，故所求满足初始条件的特解为
$$y=\mathrm{e}^{2x}$$

9.3.4　二阶常系数非齐次线性微分方程

二阶常系数非齐次线性方程的形式为
$$y''+py'+qy=f(x) \tag{9-3-9}$$
其中 p、q 为常数，$f(x)$ 称为自由项.由定理 9.4 可知，要求方程$(9-3-9)$的通解，只要求出其对应的齐次方程的通解与它的一个特解即可.而 9.3 节已讨论了齐次方程的通解的求法问题，所以下面着重讨论求二阶常系数非齐次线性微分方程的特解的方法.

下面就 $f(x)$ 的两种常见的情况进行讨论.

1. $f(x)=\mathrm{e}^{\lambda x}P_m(x)$ 型

方程$(9-3-9)$变为
$$y''+py'+qy=\mathrm{e}^{\lambda x}P_m(x) \tag{9-3-10}$$
其中 λ 为常数，$P_m(x)=a_0x^m+a_1x^{m-1}+\cdots+a_{m-1}x+a_m$ 是一个 m 次多项式，方程右端是指数函数 $\mathrm{e}^{\lambda x}$ 与多项式 $P_m(x)$ 的乘积，$\mathrm{e}^{\lambda x}$ 的各阶导数正好与自身相差常数，且多项式的各阶导数仍为多项式，即多项式乘以指数函数的各阶导数仍然是多项式乘以指数函数，所以我们可以猜测方程$(9-3-10)$的解具有如下形式
$$y^*=Q(x)\mathrm{e}^{\lambda x}$$
将
$$y^*=Q(x)\mathrm{e}^{\lambda x}$$
$$(y^*)'=\mathrm{e}^{\lambda x}[\lambda Q(x)+Q'(x)]$$
$$(y^*)''=\mathrm{e}^{\lambda x}[\lambda^2 Q(x)+2\lambda Q'(x)+Q''(x)]$$
代入方程$(9-3-10)$中并消去 $\mathrm{e}^{\lambda x}$，得

$$Q''(x) + (2\lambda + p)Q'(x) + (\lambda^2 + p\lambda + q)Q(x) = P_m(x) \qquad (9-3-11)$$

(1)如果 λ 不是特征方程(9-3-8)的根,则 $\lambda^2 + p\lambda + q \neq 0$,由于 $P_m(x)$ 一个 m 次多项式,要使方程(9-3-11)成立,可令 $Q(x)$ 为另一个 m 次多项式,即

$$Q_m(x) = b_0 x^m + b_1 x^{m-1} + \cdots + b_{m-1} x + b_m$$

将其代入式(9-3-11),并比较等式两端多项式中 x 的同次幂的系数,就得到以 b_0、b_1、$\cdots$、b_m 为系数的 $m+1$ 个方程组成的方程组,从中解出 b_0、b_1、$\cdots$、b_m,并得到所求特解 $y^* = Q_m(x)\mathrm{e}^{\lambda x}$.

(2)如果 λ 是特征方程(9-3-8)的单根,则 $\lambda^2 + p\lambda + q = 0$,$2\lambda + p \neq 0$,式(9-3-11)变为

$$Q''(x) + (2\lambda + p)Q'(x) = P_m(x)$$

所以要使等式两边相等,则 $Q(x)$ 必须是一个 $m+1$ 次多项式,可令

$$Q(x) = x(b_0 x^m + b_1 x^{m-1} + \cdots + b_{m-1} x + b_m) = xQ_m(x)$$

并用相同的方法来确定 $Q_m(x)$ 中的系数 b_0、b_1、$\cdots$、b_m.于是,所求的特解为 $y^* = xQ_m(x)\mathrm{e}^{\lambda x}$.

(3)如果 λ 是特征方程(9-3-8)的二重根,则 $\lambda^2 + p\lambda + q = 0$,$2\lambda + p = 0$,这时式(9-3-11)变为

$$Q''(x) = P_m(x)$$

所以要使等式两边相等,则 $Q(x)$ 必须是一个 $m+2$ 次多项式,可令

$$Q(x) = x^2(b_0 x^m + b_1 x^{m-1} + \cdots + b_{m-1} x + b_m) = x^2 Q_m(x)$$

并用相同的方法来确定 $Q_m(x)$ 中的系数 b_0、b_1、$\cdots$、b_m.于是,所求的特解为 $y^* = x^2 Q_m(x)\mathrm{e}^{\lambda x}$.

综上所述,我们有以下结论:

如果 $f(x) = \mathrm{e}^{\lambda x} P_m(x)$,则二阶常系数非齐次线性微分方程(9-3-9)具有如下形式的特解

$$y^* = x^k Q_m(x)\mathrm{e}^{\lambda x} \qquad (9-3-12)$$

其中 $Q_m(x)$ 与 $P_m(x)$ 是同次的多项式,k 按照 λ 不是特征方程的根、特征方程的单根或是特征方程的重根依次取 0、1 或 2.

例 9.3.10 求方程 $y'' + y = 2x^2 - 3$ 的一个特解.

解 因为这时 $P_n(x) = 2x^2 - 3$,$q = 1 \neq 0$,原方程所对应的齐次方程为

$$y'' + y = 0$$

它的特征方程 $$r^2 + 1 = 0$$

有两个特征根 $r_1 = i$,$r_2 = -i$,因此,可设

$$y^* = Ax^2 + Bx + C$$

其中 A、B、C 为待定系,将 y^* 代入所给方程,得

$$2A + Ax^2 + Bx + C = 2x^2 - 3$$

即 $$Ax^2 + Bx + (2A + C) = 2x^2 - 3$$

比较两端 x 同次幂的系数,得

$$\begin{cases} A = 2 \\ B = 0 \\ C = -7 \end{cases}$$

于是,得到所求方程的一个特解为 $y^* = 2x^2 - 7$.

例 9.3.11　求微分方程 $y''-2y'-3y=3x+1$ 的一个特解.

解　所给方程对应的特征方程为

$$r^2-2r-3=0$$

解得特征根 $r_1=-1,r_2=3$,由于 $\lambda=0$ 不是特征方程的根,故设非齐次方程的特解为

$$y^*=Ax+B$$

代入原方程,得

$$-3Ax+(-2A-3B)=3x+1$$

解得 $A=-1,B=\dfrac{1}{3}$,所以特解 $y^*=-x+\dfrac{1}{3}$.

例 9.3.12　求方程 $y''-y'=3x^2-6x-1$ 的通解.

解　所给方程对应的齐次方程为

$$y''-y'=0$$

它的特征方程为　　　　　　　　　　　　$r^2-r=0$

特征根为　　　　　　　　　　　　$r_1=0,\quad r_2=1$

所以齐次方程的通解为　　　　　　　　　　$y=C_1+C_2\mathrm{e}^x.$

再求非齐次方程的特解.

由于方程右端 $f(x)$ 是一个二次多项式,$f(x)=P_2(x)=3x^2-6x-1$,零是特征方程的单根,即 $q=0,p=-1\neq0$,所以,特解应具有形式 $Q(x)$,设特解 y^* 为

$$y^*=Ax^3+Bx^2+Cx+D$$
$$(y^*)'=3Ax^2+2Bx+C$$
$$(y^*)''=6Ax+2B$$

代入原方程,得

$$(6Ax+2B)-(3Ax^2+2Bx+C)=3x^2-6x-1$$

即　　　　　　$-3Ax^2+(6A-2B)x+(2B-C)=3x^2-6x-1$

比较此恒等式两端系数,得

$$\begin{cases}-3A=3\\6A-2B=-6\\2B-C=-1\end{cases}$$

由此解得　　　　　　　　　　$A=-1、B=0、C=1$

故原方程的一个特解为

$$y^*=-x^3+x$$

故原方程的通解为　　　　　$y=C_1+C_2\mathrm{e}^x-x^3+x.$

例 9.3.13　求微分方程 $y''-5y'+6y=x+1$ 的通解.

解　所给方程对应的特征方程为

$$r^2-5r+6=0$$

解得特征根 $r_1=2,r_2=3$,则齐次方程的通解为

$$Y=C_1\mathrm{e}^{2x}+C_2\mathrm{e}^{3x}$$

由于 $\lambda=0$ 不是特征方程的根,故设非齐次方程的特解为 $y^*=Ax+B$,代入原方程,得

$$6Ax+(6B-5A)=x+1$$

解得 $A=\dfrac{1}{6}$,$B=\dfrac{11}{36}$,所以特解 $y^*=\dfrac{1}{6}x+\dfrac{11}{36}$.

从而,非齐次方程的通解为

$$Y=C_1e^{2x}+C_2e^{3x}+\frac{1}{6}x+\frac{11}{36}$$

例 9.3.14 求方程 $y''-5y'=-5x^2+2x$ 的通解.

解 所给方程对应的特征方程为

$$r^2-5r=0$$

解得特征根 $r_1=0$,$r_2=5$,则齐次方程的通解为

$$Y=C_1+C_2e^{5x}$$

由于 $\lambda=0$ 是特征方程的单根,故设非齐次方程的特解为 $y^*=x(Ax^2+Bx+C)$,代入原方程,并比较 x 的同次幂的系数,得 $A=\dfrac{1}{3}$、$B=C=0$,所以特解 $y^*=\dfrac{1}{3}x^3$.

故非齐次方程的通解为

$$Y=C_1+C_2e^{5x}+\frac{1}{3}x^3$$

例 9.3.15 求方程 $y''-5y'+6y=e^x$ 的一个特解.

解 这里 $f(x)=e^x$,可看作是 e^x 与零次多项式 $Q_n(x)=1$ 的乘积,因 $r=1$ 不是特征根,因此 $k=0$,所以设该方程的特解为

$$y^*=Q_0(x)e^x=Ae^x$$

其中为 A 选定常数,把它代入原方程,得

$$Ae^x-5Ae^x+6Ae^x=e^x$$

化简,得

$$2Ae^x=e^x$$

比较等式两边的系数,得 $A=\dfrac{1}{2}$,故

$$y^*=\frac{1}{2}e^x$$

是原方程的一个特解.

例 9.3.16 求方程 $y''-2y'+y=5xe^x$ 的通解.

解 由所给方程对应的特征方程为

$$r^2-2r+1=0$$

解得特征根 $r_1=r_2=1$,则齐次方程的通解为

$$Y=(C_1+C_2x)e^x$$

由于 $\lambda=1$ 是特征方程的二重根,故设非齐次方程的特解为 $y^*=x^2(Ax+B)e^x$,代入原方程并消去 e^x 项,得 $6Ax+2B=5x$,解得 $A=\dfrac{5}{6}$,$B=0$,所以特解 $y^*=\dfrac{5}{6}x^3e^x$.

故非齐次方程的通解为

$$Y=(C_1+C_2x)\mathrm{e}^x+\frac{5}{6}x^3\mathrm{e}^x$$

2. $f(x)=P_m(x)\mathrm{e}^{\lambda x}\cos \omega x$ 或 $f(x)=P_m(x)\mathrm{e}^{\lambda x}\sin \omega x$ 型

我们先考虑微分方程

$$y''+py'+qy=\mathrm{e}^{(\lambda\pm i\omega)x}P_m(x) \tag{9-3-13}$$

这个方程的特解的求法在前面已经讨论过.设其特解为 $y^*=y_1^*+iy_2^*$,由定理 9.5 可知,该特解的实部 y_1^* 和虚部 y_2^* 分别就是 $f(x)=P_m(x)\mathrm{e}^{\lambda x}\cos \omega x$ 和 $f(x)=P_m(x)\mathrm{e}^{\lambda x}\sin \omega x$ 所对应的特解.

因为 $\lambda+\omega i$ 是实系数二次特征方程的复根,所以 $\lambda+\omega i$ 只有两种情况:不是特征根或者是特征方程的单根,所以方程(9-3-13)具有如下形式的特解

$$y^*=x^kQ_m(x)\mathrm{e}^{(\lambda+i\omega)x}$$

其中 $Q_m(x)$ 与 $P_m(x)$ 是同次的多项式,k 按照 $\lambda+\omega i$ 不是特征方程的根或是特征方程的单根依次取 0 或 1.

例 9.3.17 求微分方程 $y''+y'-2y=\mathrm{e}^x(\cos x-7\sin x)$ 通解.

解 所给方程对应的特征方程为

$$r^2+r-2=0$$

解得特征根 $r_1=1,r_2=-2$,所对应齐次方程的通解为

$$Y=C_1\mathrm{e}^x+C_2\mathrm{e}^{-2x}$$

由于 $1+i$ 不是特征方程的根,故所求特解的形式为

$$y^*=\mathrm{e}^x[A\cos x+B\sin x]$$

将其代入题设方程,并整理得

$$(3B-A)\cos x-(B+3A)\sin x=\cos x-7\sin x$$

解得 $A=2,B=1$,则特解为 $y^*=\mathrm{e}^x(2\cos x+\sin x)$.

所以所求方程的通解为

$$Y=Y=C_1\mathrm{e}^x+C_2\mathrm{e}^{-2x}+\mathrm{e}^x(2\cos x+\sin x)$$

例 9.3.18 求微分方程 $y''+y=2\sin x$ 通解.

解 所给方程对应的特征特征方程为

$$r^2+1=0$$

解得特征根 $r_1=i,r_2=-i$,所对应齐次方程的通解为

$$Y=C_1\cos x+C_2\sin x$$

由于 i 是特征方程的单根,故所求特解的形式为

$$y^*=x[A\cos x+B\sin x]$$

将其代入题设方程,并整理得

$$2B\cos x-2A\sin x=2\sin x$$

解得 $A=-1,B=0$,则特解为 $y^*=-x\cos x$.

所以所求方程的通解为

$$Y=C_1\cos x+C_2\sin x-x\cos x.$$

习题 9-3

1.下面函数组在其定义区间内哪些是线性无关的?

(1)x,x^2;　　　　　　　　(2)e^{2x},$2e^{3x}$;　　　　　　　　(3)$\ln x$,$x\ln x$;

(4)e^{x^2},$x^2e^{x^2}$;　　　　　　(5)$\sin 2x$,$-2\sin x\cos x$;　　　　(6)$e^x\sin 2x$,$e^{2x}\cos 2x$.

2.验证 $y_1=\cos 2x$ 及 $y_2=\sin 2x$ 是方程 $y''+4y=0$ 的两个解,并写出该方程的通解.

3.验证 $y_1=x^3$、$y_2=x^4$ 是方程 $x^2y''-6xy'+12y=0$ 的两个解,并求满足初始条件 $y|_{x=1}=-1,y'|_{x=1}=-6$ 的特解.

4.验证:

(1)$y=C_1x^2+C_2x^2\ln x(C_1$、C_2 是任意常数)是方程 $x^2y''-3xy'+4y=0$ 的通解;

(2)$y=C_1e^x+C_2e^{2x}+\dfrac{1}{12}e^{5x}(C_1$、$C_2$ 是任意常数)是方程 $y''-3y'+2y=e^{5x}$ 的通解.

5.已知 $y_1=x$ 是齐次方程 $x^2y''-2xy'+2y=0$ 的一个解,求该齐次方程的通解.

6.求下列微分方程的解:

(1)$y''-4y'-5y=0$;　　　　　　　(2)$y''+5y'=0$;

(3)$y''+2y=0$;　　　　　　　　　(4)$16y''-24y'+9y=0$;

(5)$y''-4y'+5y=0$;　　　　　　　(6)$2y''+y'-y=0$.

7.求下列微分方程满足初始条件的特解:

(1)$y''-3y'-4y=0,y(0)=0,y'(0)=-5$;

(2)$y''-4y'+13y=0,y(0)=1,y'(0)=3$;

(3)$y''+4y'+29y=0,y(0)=0,y'(0)=15$.

8.求下列微分方程的解:

(1)$2y''+5y'=5x^2-2x-1$;　　　　　(2)$2y''+y'-y=2e^x$;

(3)$y''-2y'-3y=(x+1)e^x$;　　　　(4)$y''-6y'+9y=x^2-1$.

9.求下列微分方程的解:

(1)$y''+y=4\sin x$;　　　　　　　　(2)$y''-6y'+9y=e^x\cos x$;

(3)$y''+y=e^x+\cos x$.

10.求下列微分方程的解:

(1)$y''+4y'=8x,y(0)=0,y'(0)=4$;

(2)$y''-3y'+2y=5,y(0)=1,y'(0)=2$;

(3)$y''-y=4xe^x,y(0)=0,y'(0)=1$.

*9.4　数学建模与微分方程应用简介

近年来,国际上迅速发展的数学应用问题主要围绕在怎样在非数学领域中应用现有的或发展新的数学方法来解决实际问题,以获得更高的经济与社会效益方面.而在各个领域中应用数学解决实际问题的关键一步是数学建模,可以说数学建模已发展为一个相对独立的数学分支.本节介绍如何应用微积分知识进行微分方程和差分方程建模的几个典型例子,作为进入这一分支学科的导引.

9.4.1　数学模型简介

在现代科学发展史中,牛顿的三大定律是数学建模的典型例子.牛顿在力学研究中,把力学规律通过数学式子来表达,并发明了微积分,他又以微积分为工具,在开普勒定律的基础上,推导出万有引力定律.牛顿定律成功地解释了许多自然现象,也为后来的一系列观测和实验所证实.按照牛顿法则及其数学表达式,人们通过微积分就可发现行星运动的规律、计算出摆的振动周期、讨论和设计人造卫星与宇宙飞船的运动等等,数学成为人类探索自然奥秘的强有力工具.为了理解和认识我们的客观世界,建立模型是最基本的工作,迄今为止,科学的模型都是数学模型,科学的数学化已经深入到生物、社会及经济领域.

随着生产的发展、社会的进步,人们需要对各种自然现象、社会行为、生产过程、实验设计等许多问题建立数学模型,以便能正确地解释现实中提出的问题,预测和控制其发展,例如炼钢厂的工程师们希望建立炼钢过程的模型,以便实现计算机的自动控制;工厂厂长希望对生产管理有一个数学模型,以便通过计算机及时迅速地了解生产情况、预测生产能力、降低生产成本、指挥全厂生产;从事城市规划工作的专家需要建立一个包括人口、交通、能源、供水、供电、污染等大系统的数学模型,为作出城市发展的决策提供科学依据等.

所谓**数学模型**,就是利用数学语言来模拟现实的模型,即针对现实世界中某一特定现象,为了某个特定目的而作出必要的简化和假设,运用数学工具得到的一个抽象而简化的数学结构,具体地说,数学模型是为了某种目的,用字母、数字及其他数学符号建立起来的等式、不等式、图表、图象、框图等,是用来描述客观事物的特征及其内在联系的.模型的功能在于解释特定现象的现实性态、预测对象的未来发展、为使用者提供对象状态的判据,以便对所研究对象实行决策和控制.

9.4.2　如何建立数学模型

数学建模(Mathematical Modeling)是一种数学的思考方法,是对现实的现象通过心智活动构造出能抓住其主要且有用特征的表示,常常是形象化的或符号化的表示.

建立数学模型需要知识、想象力和技巧,建立符合实际的模型就像掌握一门艺术一样,必须见识广,反复实践和不断学习,富于创造性.整个建模过程大体上可用图 9-3 所示的框图来说明,我们按以下几步作一些解释:

第一步:模型准备.首先要深入了解问题的实际背景,明确建模的要求,对问题作全面深入的调查研究,收集必要的数据,掌握对象的各种信息.

第二步:模型假设.一般现实问题错综复杂,涉及面广,要解决它必须将问题理想化、简单化、作出必要的假设,不同的简化和假设会导致不同模型.如假设不合理或过分简单,会使模型太粗而失效;如假设过细,试图把实际现象的各种因素包罗万象,可能抓不住要领,无法突出主题建立合理模型.因此,假设是建立模型中的关键因素之一.

第三步:模型建立.根据所作出的假设,利用适当的数学工具,建立各量(常量和变量)之间的关系(等式与不等式),列出表格,画出图形或确定其数学结构.

建模的数学工具有微积分、微分方程、线性代数、规划论、图与网络理论、运筹学、统计、排队论、决策论、控制论等等,要根据实际问题选择合适的数学工具和理论.

第四步:模型求解.对已建立的模型,求出未知变量的解,求解过程要充分运用已有的数学知识及计算机.

第五步:模型分析.对所得结果进行数学上的分析,有时是根据问题的性质和建模目的分析变量之间的依赖关系或稳定性态等.

第六步:模型检验.这一步是把模型的解和分析结果"翻译"回实际对象中,用实际现象和实测数据等检验模型的合理性与适用性.

如果检验结果不符合或大部分不符合实际情况,并且肯定模型建立与求解中不存在失误,问题通常在模型假设不合理上,就要回到模型假设这一步,修改原来的假设重复建模过程;如果检验成功,就可提供应用了.

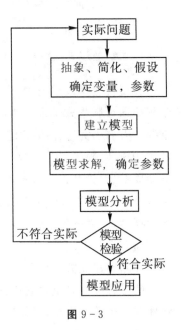

图 9 - 3

9.4.2 微分方程的应用模型

1.人口增长的模型

中国最早翻译欧几里得《几何原本》的明朝著名科学家徐光启(1562—1613)早在 16 世纪就不止一次地说过"人口大抵三十年而加一倍""夫三十年为一世,一世之中各有两男子".徐光启是世界上最早阐述人口增长规律的一位科学家.

在西方,英国神父马尔萨斯(Malthus,1766—1834)是较早研究人口增长模型的人,他在 18 世纪出版的《人口论》一书中提出了闻名于世的马尔萨斯人口模型.他的基本假设是:在人口的自然增长过程中,净相对增长率(单位时间内人口的净增长率与人口总数之比)是常数,记此常数为 r(称为生命系数),在 t 到 $t+\Delta t$ 这段时间内人口增长量为

$$N(t+\Delta t)-N(t)=rN(t)\Delta t$$

于是 $N(t)$ 满足微分方程

$$\frac{\mathrm{d}N}{\mathrm{d}t}=rN \tag{9-4-1}$$

设 $t=t_0$ 时 $N=N_0$(即 t_0 时刻人口数为 N_0),于是可解得

$$N(t)=N_0\mathrm{e}^{r(t-t_0)} \tag{9-4-2}$$

如果 $r>0$,上式说明人口总数将按指数规律无限增长;如果考虑 1 年或 10 年为单位的 t 值,$N(t)$ 可排为一个离散序列,那么就可以说,人口数是以 e^r 为公比的等比级数增加的.

上述模型(9-4-1)符合实际情况吗?

如果用 1700 年至 1961 年这段时间内世界人口的统计数据与公式算出的数字作比较,那么这个公式比较准确地反映了这段时期人口总数的实际情况.1961 年全世界人口约有 30.6

亿,在过去 10 年间人口按每年 2% 的净相对速率增长,故 $N_0 = 30.6 \times 10^8, r = 0.02, t_0 = 1700$,由公式(9-4-2)可得

$$N(t) = 30.6 \times 10^8 \times e^{0.02(t-1700)} \tag{9-4-3}$$

设经过 T 年,人口增加一倍,即 $2N_0 = N_0 e^{0.02T}$,由此即可求得 $T = 34.6$ 年,实际上 1700~1961 年这段时间,地球上人口大约 35 年增长一倍,可见公式(9-4-3)与实际是很吻合的.徐光启的人口观与马尔萨斯模型的预测也十分相近.

此模型是否符合未来实际情况呢?由公式(9-4-3)可见,地球上人口总数在 2670 年将是 4.4×10^{15} 人,这是一个天文数字了,因此这个模型是不合理的,应修改.

1837 年,荷兰生物学家 Verhulst 引入常数 N_m,称为环境最大容纳量,用来表示自然资源和环境条件所能容许的最大人口数,并假设净相对增长率为 $r\left(1 - \dfrac{N(t)}{N_m}\right)$,即净增长率随 $N(t)$ 的增加而减少,当 $N(t) \to N_m$ 时,净增长率为零.按这样的假定,人口增长的方程应改为

$$\frac{\mathrm{d}N}{\mathrm{d}t} = r\left(1 - \frac{N}{N_m}\right)N \tag{9-4-4}$$

满足初始条件 $N(t_0) = N_0$ 的解为

$$N(t) = N_m \left/ \left[1 + \left(\frac{N_m}{N_0} - 1\right) e^{-r(t-t_0)} \right] \right. \tag{9-4-5}$$

可见,当 N_m 与 N 相比很大时,$\dfrac{rN^2}{N_m}$ 与 rN 相比可以忽略,模型(9-4-4)就化为马尔萨斯(Malthus)模型;但当 N_m 与 N 相比不是很大时,$\dfrac{rN^2}{N_m}$ 这一项就不可忽略,人口急剧增长的速率就要减缓下来,模型(9-4-4)通常称为逻辑斯蒂(Logistic)方程.

从式(9-4-5)可以看出,人口总数有以下的规律:

(1)当 $t \to \infty$ 时,$N(t) \to N_m$,即无论初始人口是多少,人口总数总是趋于一个极限值 N_m,并且对一切 t,$N(t) < N_m$.

(2)由于 $\dfrac{\mathrm{d}^2 N}{\mathrm{d}t^2} = r\left(1 - \dfrac{2N}{N_m}\right)\dfrac{\mathrm{d}N}{\mathrm{d}t}$,故当 $0 < N < \dfrac{1}{2}N_m$ 时,$\dfrac{\mathrm{d}N}{\mathrm{d}t}$ 单调增加;当 $N = \dfrac{1}{2}N_m$ 时,$\dfrac{\mathrm{d}N}{\mathrm{d}t}$ 最大;当 $N > \dfrac{1}{2}N_m$ 时,$\dfrac{\mathrm{d}N}{\mathrm{d}t}$ 单调递减.$\dfrac{\mathrm{d}N}{\mathrm{d}t}$ 与 $N(t)$ 的图形如图 9-4 所示.

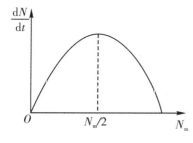
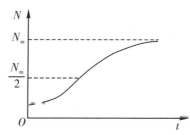

图 9-4

Logistic 模型可否预测人口增长规律呢?我国是世界上人口最多的国家,1982 年人口普查统计,已有人口 10.3188 亿多人.自 1949 年新中国成立起,人口大量增加,死亡率由 2.8% 下

降到 0.626%,人均寿命延长了一倍,婴儿成活率也大大提高,人口持续增长对民族的生存是不利的,计划生育已成为我国既定国策.利用人口增长的数学模型预测人口增长规律,为控制人口提供数量依据,为国民经济发展提供信息是十分重要的事情.

如果在方程(9-4-4)中取 $r=0.029$,以 1981 年人口净增长率 $\frac{1}{N} \cdot \frac{dN}{dt}=1.455\%$ 为基准,由方程(9-4-4)计算 N_m 值,可得公元 2000 年的数据表如表 9-2 所示.

表 9-2

假定人口增长率	1.455%	0.12%	0.1%	0.05%
2000 年人口数	20.7 亿	17.6 亿	15.7 亿	12 亿

这个表说明,只要使年增长率控制在 0.05% 以内,到 2000 年我国人口可稳定在 12 亿以内.但统计表明 1995 年我国人口数已超过 12 亿,因此,Logistic 模型还需要进一步修正.

人口问题是一个十分复杂的问题,近年来人们已建立许多新的数学模型,涉及很高深的数学理论,囿于篇幅和知识所限,在本书中不作更进一步的讨论.

2.传染病的传播模型

各种传染病在世界不同角落和地区流行,人们将传染病的统计数据进行处理和分析,发现有以下的特点:对某个民族或地区,某种传染病传播时,每次所涉及的人数大体上是一个常数.传染病流行时,被传染的人数与哪些因素有关? 最终有多少人染上疾病? 开展预防传染病的宣传活动对防止疾病蔓延是否有作用? 这些问题需要建立数学模型来回答.

首先考虑不开展宣传运动的情况.设某地区的总人口数 N 不变,t 时刻得病的人数为 $x(t)$,病人传染给正常人的传染率为 r,于是,从 t 到 $t+\Delta t$ 时间内平均传染率为

$$\frac{x(t+\Delta t)-x(t)}{\Delta t} \cdot \frac{1}{N-x(t)}$$

令 $\Delta t \to 0$,得到 t 时刻的传染率为 $\frac{1}{N-x} \cdot \frac{dx}{dt}=r$,于是我们就得到 $x(t)$ 所满足的最简单数学模型

$$\begin{cases} \dfrac{dx}{dt}=r(N-x) \\ x(0)=x_0 \end{cases} \tag{9-4-6}$$

求上述初始值问题得到

$$x(t)=N\left[1-\left(1-\frac{x_0}{N}\right)e^{-rt}\right] \tag{9-4-7}$$

令 $t \to +\infty$,得

$$\lim_{t \to +\infty} x(t)=N$$

这说明,最终每个人都会传染上疾病.

因此为了阻止传染病的流行,宣传是很重要的,假设开展持续宣传运动,使得传染上疾病的人数 $x(t)$ 减少,减少的速率与总人数 N 成正比,这个比例常数依赖于宣传强度 $a(a<r)$,若从 $t>t_0$ 开始,开展一场持续宣传活动,则所得的数学模型为

$$\begin{cases} \dfrac{\mathrm{d}x}{\mathrm{d}t}=r(N-x)-aN \cdot H(t-t_0) \\ x(0)=x_0 \end{cases} \tag{9-4-8}$$

其中

$$H(t-t_0)=\begin{cases} 1, & t\geqslant t_0 \\ 0, & t<t_0 \end{cases}$$

方程(9-4-8)是一阶线性非齐次方程,非齐次项有一个间断点 $t=t_0$,我们可用分段法求解这个方程.当 $0\leqslant t<t_0$ 时,方程(9-4-8)与方程(9-4-6)相同,故式(9-4-7)为解;当 $t\geqslant t_0$ 时,可解初值问题

$$\begin{cases} \dfrac{\mathrm{d}x}{\mathrm{d}t}=r(N-x)-aN \\ x(t_0)=N\left[1-\left(1-\dfrac{x_0}{N}\right)\mathrm{e}^{-rt_0}\right] \end{cases} \tag{9-4-9}$$

得到

$$x(t)\mathrm{e}^{rt}=\mathrm{e}^{rt_0}x(t_0)+\frac{r-a}{r}N(\mathrm{e}^{rt}-\mathrm{e}^{rt_0})$$

即

$$x(t)=N\left[1-\left(1-\frac{x_0}{N}\right)\mathrm{e}^{-rt}\right]-\frac{aN}{r}(1-\mathrm{e}^{-r(t-t_0)}) \tag{9-4-10}$$

将式(9-4-8)与式(9-4-10)合并可写为

$$x(t)=N\left[1-\left(1-\frac{x_0}{N}\right)\mathrm{e}^{-rt}\right]-\frac{aN}{r}H(t-t_0)(1-\mathrm{e}^{-r(t-t_0)}) \tag{9-4-11}$$

这就是方程(9-4-8)的解.

对式(9-4-10),令 $t\to+\infty$ 得到

$$\lim_{t\to+\infty}x(t)=N\left(1-\frac{a}{r}\right)<N \tag{9-4-12}$$

式(9-4-12)说明持续宣传是起作用的,最终会使发病率降低.

3.新产品的推广模型

设有某种新产品要推向市场,t 时刻的销量为 $x(t)$,由于产品性能良好,每个产品都是一个宣传品,因此,t 时刻产品销售的增长率 $\dfrac{\mathrm{d}x}{\mathrm{d}t}$ 与 $x(t)$ 成正比.同时,考虑到产品销售存在一定的市场容量 N,统计表明 $\dfrac{\mathrm{d}x}{\mathrm{d}t}$ 与尚未购买该产品的潜在顾客的数量 $N-x(t)$ 也成正比.于是有

$$\frac{\mathrm{d}x}{\mathrm{d}t}=kx(N-x) \tag{9-4-13}$$

其中 k 为比例系数,分离变量积分,可以解得

$$x(t)=\frac{N}{1+C\mathrm{e}^{-kNt}} \tag{9-4-14}$$

由

$$\frac{\mathrm{d}x}{\mathrm{d}t}=\frac{CN^2 k\mathrm{e}^{-kNt}}{(1+C\mathrm{e}^{-kNt})^2},\frac{\mathrm{d}^2 x}{\mathrm{d}t^2}=\frac{Ck^2 N_3\mathrm{e}^{-kNt}(C\mathrm{e}^{-kNt}-1)}{(1+C\mathrm{e}^{-kNt})^2}$$

当 $x(t^*)<N$ 时,则有 $\frac{\mathrm{d}x}{\mathrm{d}t}>0$,即销量 $x(t)$ 单调增加;当 $x(t^*)=\frac{N}{2}$ 时,$\frac{\mathrm{d}^2 x}{\mathrm{d}t^2}=0$;当 $x(t^*)>$ $\frac{N}{2}$ 时,$\frac{\mathrm{d}^2 x}{\mathrm{d}t^2}<0$;当 $x(t^*)<\frac{N}{2}$ 时,即当销量达到最大需求量 N 的一半时,产品最为畅销,当销量不足 N 一半时,销售速度不断增大,当销量超过一半时,销售速度逐渐减少.

　　国内外许多经济学家调查表明,许多产品的销售曲线与式(9 - 4 - 14)的曲线(逻辑斯谛曲线)十分接近.根据对曲线性状的分析,许多分析家认为,在新产品推出的初期,应采用小批量生产并加强广告宣传;而在产品销量达到 20% 到 80% 期间,产品应大批量生产;在产品销量超过 80% 时,应适时转产,可以达到最大的经济效益.

9.4.3　差分方程的应用模型

1.价格与库存模型

　　设 $p(t)$ 为第 t 个时段某类产品的价格,$L(t)$ 为第 t 个时段的库存量,$\bar{L}$ 为该产品的合理库存量.一般情况下,如果库存量超过合理库存,则该产品的售价要下跌;如果库存量低于合理库存,则该产品售价要上涨,于是有方程

$$P_{t+1}-P_t=k(\bar{L}-L_t) \tag{9 - 4 - 15}$$

其中 k 为比例常数.由式(9 - 4 - 15)可得

$$P_{t+2}-2P_{t+1}+P_t=-k(L_{t+1}-L_t) \tag{9 - 4 - 16}$$

　　设库存量的改变与产品的生产销售状态有关,且在第 $t+1$ 时段库存增加量等于该时段的供求之差,即

$$L_{t+1}-L_t=S_{t+1}-D_{t+1} \tag{9 - 4 - 17}$$

　　如果设供给函数和需求函数分别为

$$S_t=a(P_t-\alpha)+\beta, \quad D_t=-B(P_t-\alpha)+\beta$$

代入式(9 - 4 - 17)后,得

$$L_{t+1}-L_t=(A+B)P_{t+1}-a\alpha-b\alpha$$

再由式(9 - 4 - 16)得方程

$$P_{t+2}+[k(a+b)-2]P_{t+1}+P_t=(a+b)\alpha \tag{9 - 4 - 18}$$

设方程(9 - 4 - 18)具有形如 $P_n^*=A$ 的特解,代入方程得 $A=\alpha$.

　　方程(9 - 4 - 18)对应的齐次方程的特征方程为

$$\lambda^2+[k(a+b)-2]\lambda+1=0$$

解得 $\lambda_{1,2}=-r\pm\sqrt{r^2-1}$,$r=\frac{1}{2}[k(a+b)-2]$.

　　如果 $|r|<1$,设 $r=\cos\theta$,则方程(9 - 4 - 17)的通解为

$$P_t=C_1\cos(t\theta)+C_2\sin(t\theta)+\alpha$$

即第 t 个时段价格将围绕稳定值 α 循环变化.

如果 $|r|>1$，则 λ_1、λ_2 为两个实根，方程（9-4-18）的通解为

$$P_t = A_1 \lambda_1^t + A_2 \lambda_2^t + \alpha$$

这时由于 $\lambda_2 = -r - \sqrt{r^2-1} < -r < -1$，则当 $t \to +\infty$ 时，λ_2^t 将迅速变化，方程无稳定解．

因此，当 $1 > -r > -1$，即 $0 < r+1 < 2$，也即 $0 < c < \dfrac{4}{a+b}$ 时，价格相对稳定，其中 a、b、c 为正常数．

2.国民收入的稳定分析模型

设第 t 期内的国民收入 y_t 主要用于该期内的消费 C_t、再生产投资 I_t 和政府用于公共设施的开支 G（定为常数），即有

$$y_t = C_t + I_t + G \tag{9-4-19}$$

又设第 t 期的消费水平与前一期的国民收入水平有关，即

$$C_t = Ay_{t-1} \quad (0 < A < 1) \tag{9-4-20}$$

第 t 期的生产投资应取决于消费水平的变化，即有

$$I_t = B(C_t - C_{t-1}) \tag{9-4-21}$$

将方程（9-4-19）、（9-4-20）、（9-4-21）合并整理得

$$y_t - A(1+B)y_{t-1} + BAy_{t-2} = G \tag{9-4-22}$$

于是，对应 A、B、G 以及 y_0、y_1，可求解方程，并讨论国民收入的变化趋势和稳定性．

例如，若 $A = \dfrac{1}{2}$，$B = 1$，$G = 1$，$y_0 = 2$，$y_1 = 3$，则方程（9-4-22）按满足所给条件的特解为

$$y_t = \sqrt{2} \sin \frac{\pi}{4} t + 2$$

结果表明，在上述条件下，国民收入将在 2 个单位上下波动，且上下幅度为 $\sqrt{2}$．

第 9 章总习题

1.填空题：

(1)方程 $y'' - 6y' + 13y = 14$ 的通解为_____；

(2)方程 $xy' = y\ln y$ 的通解为_____；

(3)方程 $y'' + y = x^2 + \cos x$ 的通解为_____；

(4)函数 $y_1 = e^{2x}$，$y_2 = xe^{2x}$ 所满足的二阶常系数齐次线性微分方程为_____．

2.求下列一阶微分方程的通解：

(1) $y' = \dfrac{y}{y-x}$；

(2) $\dfrac{dy}{dx} + y = e^{-x}$；

(3) $\dfrac{dy}{dx} - \dfrac{2y}{x+1} = (x+1)^3$；

(4) $(y^3 - 3x^2)dy - 2xy\,dx = 0, y(0) = 1$；

(5) $(x^2+1)\dfrac{dy}{dx} + 2xy = 4x^2$；

(6) $xy' - y - \sqrt{x^2+y^2} = 0$；

(7) $xy' + y = 2\sqrt{xy}$．

3.求下列二阶微分方程的通解或特解：

$(1)\dfrac{d^2y}{dx^2}=e^{2x}$;

$(2)y''-y'=x$;

$(3)yy''-(y')^2-y'=0$;

$(4)y''=3\sqrt{y}$, $y(0)=1$, $y'(0)=2$.

4.求解下列常系数线性微分方程：

$(1)y''-4y'+3y=0$;

$(2)y''-2y'-3y=2x+1$;

$(3)y''-y'-2y=e^{2x}$;

$(4)y''-5y'+6y=2e^x$, $y(0)=1$, $y'(0)=1$;

$(5)y''+2y'-3y=e^{2x}$;

$(6)y''-4y=4$, $y(0)=1$, $y'(0)=0$.

5.求解下列差分方程：

$(1)y_{t+1}-5y_t=3$;

$(2)y_{t+1}+3y_t=t2^t$;

$(3)y_{t+2}+2y_{t+1}-3y_t=0$;

$(4)y_{t+2}-y_{t+1}-6y_t=3^t(2t+1)$.

6.设方程 $y''+p(x)y'+q(x)y=f(x)$ 的三个解为 $y_1=x$, $y_2=e^x$, $y_3=e^{2x}$.求此方程满足初始条件 $y(0)=1$, $y'(0)=3$ 的解.

7.设 $\varphi(x)=e^x+\displaystyle\int_0^x t\varphi(t)dt-x\int_0^x \varphi(t)dt$,其中 $\varphi(x)$ 连续,求 $\varphi(x)$.

参考答案

第 1 章

习题 1−1

1. $x^2 - 8x + y^2 + z^2 = 0$.

2. $(x-1)^2 + (y-3)^2 + (z+2)^2 = 14$.

3. $x^2 + y^2 + z^2 = a^2$.

4. (1) $(1, -2, 2), r = 4$;　(2) $\left(0, 0, \dfrac{5}{4}\right), r = \dfrac{\sqrt{89}}{4}$.

5. (1) 椭球柱面；　(2) 圆柱面；　(3) 抛物柱面；　(4) 平面.

6. (1) $x^2 + 4(y^2 + z^2) = 1, x^2 + 4y^2 + z^2 = 1$;

　(2) $x^2 - 4(y^2 + z^2) = 1, x^2 + y^2 - 4z^2 = 1$.

习题 1−2

1. (1) $x^2 + y^2 = 2x + 3y$;　(2) $x^4 + y^4 + 2x^2 y^2 = 2a(x^2 - y^2)$.

2. (1) $\rho^2 = a^2 \sin 2\theta$;　(2) $\dfrac{1}{\rho} = \cos\theta - 3\sin\theta$.

3. $\left(\dfrac{2\pi}{3} - \dfrac{\sqrt{3}}{2}, \dfrac{3}{2}\right), \left(\dfrac{4\pi}{3} + \dfrac{\sqrt{3}}{2}, \dfrac{3}{2}\right)$.

4. (1) $\begin{cases} x = \dfrac{3}{\sqrt{2}}\cos t \\ y = \dfrac{3}{\sqrt{2}}\cos t, 0 \leqslant t \leqslant 2\pi \\ z = 3\sin t \end{cases}$; (2) $\begin{cases} x = 1 + \sqrt{3}\cos t \\ y = \sqrt{3}\sin t, \quad 0 \leqslant t \leqslant 2\pi \\ z = 0 \end{cases}$.

5. $\begin{cases} 11y - 8z = 8 \\ x = 0 \end{cases}, \begin{cases} 11x + 10z = 78 \\ y = 0 \end{cases}, \begin{cases} 4x - 11y = 32 \\ z = 0 \end{cases}$.

6. $\begin{cases} x^2 + y^2 + x + y = 1 \\ z = 0 \end{cases}$.

习题 1−3

1. 略

2.$2(x-1)+y-3(z+1)=0$.

3.$(x-1)-3(y+3)-7(z-2)=0$.

4.$11(x-1)-7y-6(z-3)=0$.

5.$(x-1)-(y-2)+5(z-1)=0$.

6.$x+z-2=0$.

7.$2x+y=0$.

第 1 章总习题

1.略.

2.略.

3.$\dfrac{x^2}{4}+\dfrac{y^2+z^2}{9}=1,\dfrac{x^2+z^2}{4}+\dfrac{y^2}{9}=1$.

4.$\begin{cases}x^2+2y^2-2y=0\\z=0\end{cases}$

5.$\dfrac{x-\sqrt{2}}{2}=\dfrac{y-3}{0}=\dfrac{z+1}{-3}$.

6.$\left(-\dfrac{5}{3},\dfrac{2}{3},\dfrac{2}{3}\right)$

第 2 章

习题 2-1

1.(1)开集,无界；　(2)开集,有界；　(3)区域,有界；　(4)区域,有界

2.3

3.2 或 4

4.$-1<m<1$

5.$A=\left\{1,-\dfrac{1}{3}\right\}$

习题 2-2

1.(1)$\left[-\dfrac{\sqrt{2}}{2},\dfrac{\sqrt{2}}{2}\right]$；　(2)$x\neq\dfrac{k\pi}{2}+\dfrac{\pi}{4}-\dfrac{3}{2}$；　(3)$x\neq0$ 且 $x\leqslant3$；　(4)$[1,4]$

2.(1)不同；　(2)相同；　(3)相同；　(4)不同.

3.$2,0,x^2+3x-2,\dfrac{1}{x^2}-\dfrac{3}{x}+2,x^2-x$.

4.$2,-5,\dfrac{2}{\sqrt{3}}$.

5.$\varphi(x)=\begin{cases}(x-1)^2,0\leqslant x\leqslant2\\2(x-1),2<x\leqslant3\end{cases}$.

6.略.

7. $y = 1.8x + 32$.

8. $y = \dfrac{1}{4}x^2 + \dfrac{1}{2}x + 1$.

9. $l = \dfrac{s_0}{h} + 2\sqrt{2}h - h$.

10. $f(x) = \begin{cases} -x - 1 & x \leqslant -1 \\ \sqrt{1-x^2}, & -1 \leqslant x \leqslant 1. \\ x - 1 & x \geqslant 1 \end{cases}$

11. (1)单调递减; (2)单调递增.

12. (1)奇函数; (2)非奇非偶; (3)偶函数.

13. (1) $y = e^{x-1} - 2, x \in R$; (2) $y = \log_2 \dfrac{x}{1-x}, 0 < x < 1$.

14. $y = (\sin t + 1)^{\frac{2}{3}}$.

15. (1) $y = \sqrt{u}, u = \ln v, v = \sqrt{x}$; (2) $y = u^2, u = \lg v, v = \arccos w, w = x^3$;

(3) $y = e^u, u = v^2, v = \sin x$; (4) $y = u^2, u = \tan v, v = \sqrt{w}, w = 5 - 2x$.

16. (1) $x \in \left(2k\pi, 2k\pi + \dfrac{\pi}{2}\right)$; (2) $1 < x < e$; (3) $0 < x < 1$.

17. 略.

18. $f(\cos t, \sin t) = \cos t - \sin 2t, f(tx, ty) = t^2 x \sqrt{x^2 + y^2} - 2t^2 xy$.

习题 2-3

1. $f(x) = \begin{cases} 0.15x, & 0 < x \leqslant 50 \\ 7.5 + 0.25(x-50), & x > 50 \end{cases}$.

2. $R(x) = \begin{cases} 1200x, & 0 \leqslant x \leqslant 1000 \\ 1200x - 2500, & 1000 < x \leqslant 1520 \end{cases}$.

3. (1) $Q_d = 80000 - 1000P$; (2) $Q_s = 100P + 3000$; (3) 70, 10000.

第 2 章总习题

1. $f(x) = x^2 + 9$.

2. 略.

3. 略.

4. $f(x) = \begin{cases} \sqrt{x-3}, & x > 4 \\ \dfrac{y-1}{2}, & 1 \leqslant x \leqslant 3. \\ -\sqrt[3]{y-1}, & x < 1 \end{cases}$

5. $a < \dfrac{1}{2}$ 时, $a < x < 1-a$; $a \geqslant \dfrac{1}{2}$ 时 $1-a < x < a$.

6. $f(g(x)) = \begin{cases} (\ln x)^2, & 0 < x < e \\ \dfrac{1}{(\ln x)^2}, & x > e \end{cases}$, $g(f(x)) = \begin{cases} \ln x^2, & |x| \leqslant 1 \\ \ln \dfrac{1}{x^2}, & |x| > 1 \end{cases}$.

第 3 章

习题 3 − 1

1.(1)$x_n = \dfrac{2n-1}{2n+1}$;　(2)$x_n = \dfrac{1+n}{n}$;　(3)$x_n = n^2$;　(4)$x_n = \dfrac{1+(-1)^n}{2}$.

2.(1)收敛,0;　(2)收敛,0;　(3)收敛,5;　(4)发散;　(5)发散;　(6)收敛,0;

(7)发散;　(8)收敛,0.

3.(1)$\dfrac{3}{4}$;　(2)0;　(3)2.

4.$\delta = 0.00005$.

5.(1)$1 = \lim\limits_{x \to 0^+} \dfrac{|x|}{x} \neq \lim\limits_{x \to 0^-} \dfrac{|x|}{x} = -1$;　(2)$\dfrac{\pi}{2} = \lim\limits_{x \to +\infty} \arctan x \neq \lim\limits_{x \to -\infty} \arctan x = -\dfrac{\pi}{2}$;

(3)$\lim\limits_{x \to 0^+} e^{\frac{1}{x}} = +\infty$;　(4)当 $x \to \infty$ 时,$\cos x$ 的取值范围是 $[-1,1]$.

习题 3 − 2

1.(1)×;　(2)√;　(3)×;　(4)×.

2.(1)当 $x \to 1$ 时,$y = \dfrac{1}{x-1}$ 为无穷大,当 $x \to \infty$ 时,$y = \dfrac{1}{x-1}$ 为无穷小;

(2)当 $x \to +\infty$ 时,$y = \sqrt{x}$ 为正无穷大,当 $x \to 0^+$ 时,$y = \sqrt{x}$ 为无穷小;

(3)当 $x \to -\infty$ 时 $y = \left(\dfrac{1}{3}\right)^x$ 为正无穷大,当 $x \to +\infty$ 时 $y = \left(\dfrac{1}{3}\right)^x$ 为无穷小;

(4)当 $x \to +\infty$ 时,$y = \ln x$ 为正无穷大,当 $x \to 0^+$ 时,$y = \ln x$ 为负无穷大,

当 $x \to 1$ 时,$y = \ln x$ 为无穷小.

3.(1)0,无穷小乘以有界函数仍为无穷小;　(2)0,无穷小乘以有界函数仍为无穷小,

(3)∞,无穷小与无穷大的关系.

＊4.无界,当 $x \to +\infty$ 时,这个函数不是无穷大.

习题 3 − 3

1.(1)-4;　(2)0;　(3)1;　(4)5;　(5)$\dfrac{5}{2}$;　(6)-1;　(7)$\dfrac{1}{2}$;　(8)2;　(9)$2x$;

(10)0;　(11)$-\dfrac{1}{2}$;　(12)0;　(13)$\dfrac{1}{2}$;　(14)0;　(15)-1.

2.(1)2;　(2)$\dfrac{1}{2}$;　(3)$\dfrac{1}{3}$;　(4)$\dfrac{1}{3}$.

3.$k = -2$.

4.$a = 1, b = 0$.

5.当 $a = 1$ 时,$\lim\limits_{n \to \infty} \dfrac{a^n}{1+a^n} = \dfrac{1}{2}$;当 $a > 1$ 时,$\lim\limits_{n \to \infty} \dfrac{a^n}{1+a^n} = 1$;当 $0 < a < 1$ 时,$\lim\limits_{n \to \infty} \dfrac{a^n}{1+a^n} = 0$.

6.(1)4；　(2)$\dfrac{2}{3}$；　(3)1；　(4)0；　(5)$\cos a$；　(6)2；　(7)1；　(8)$\dfrac{1}{2}$.

7.(1)e^{-2}；　(2)e^{-1}；　(3)e^{-k}；　(4)e；　(5)e^3；　(6)e^{-1}.

8.(1)1；　(2)0.

9.$a=\ln 2$.

习题 3 - 4

1.(1)在 $x=0$ 间断；　(2)在 $x=1$ 间断.

2.(1)$x=2$ 是第二类间断点；$x=1$ 是第一类间断点,令 $y(1)=-2$.

(2)$x=0$ 是第二类间断点.

(3)$x=e$ 是第二类间断点；$x=1$ 是第一类间断点,令 $y(1)=0$.

(4)$x=0$ 是第一类间断点.

3.$a=1$.

4.$k=2$.

5.略.

6.略.

习题 3 - 5

1.(1)1；　(2)6；　(3)3；　(4)1；　(5)1；　(6)$\dfrac{1}{2}$.

2.略.

3.在 $x=0$ 不连续性.(当 $y=0$ 时,$\lim\limits_{x\to 0}f(x)=0$；当 $y\neq 0$ 时,$\lim\limits_{x\to 0}f(x)=\dfrac{y^2}{2}$.)

第 3 章总习题

1.(1)C；　(2)C；　(3)A；　(4)D；　(5)D.

2.(1)0；　(2)$a=2$；　(3)0；　(4)$a=2$；　(5)$x=0$.

3.略.

4.略.

5.略.

6.(1)$\dfrac{1}{2}$；　(2)e^{-2}；　(3)2；　(4)0.

7.(1)0；　(2)2；　(3)2；　(4)$\dfrac{1}{4}$；　(5)$\dfrac{1}{3}$；　(6)1；　(7)$-\dfrac{1}{4}$；　(8)0；　(9)e；

(10)$\dfrac{1}{3}$；　(11)$\dfrac{2\sqrt{2}}{3}$；　(12)0.

8.$a=1,b=-1$.

9.略.

10.(1)$x=0$ 是第二类间断点；　(2)$x=0$ 是第一类间断点；

(3)$x=\pm 1$ 是第一类间断点.

11.(1)$-\dfrac{1}{2}$； (2)3； (3)e^2； (4)0.

第 4 章

习题 4－1

1.12.

2.(1)$-f'(x_0)$； (2)$\dfrac{3}{2}f'(x_0)$； (3)$2f'(x_0)$.

3.$f_x(x,1)=1,f_y(0.1)=1$.

4.切线方程为 $x-y+1=0$,法线方程为 $x+y-1=0$.

5.$a=1,b=1$.

6.(1)$x_0=1$ 处不连续,不可导； (2)$x_0=0$ 处连续,可导； (3)$x_0=0$ 处连续但不可导.

习题 4－2

1.(1)$x^{-\frac{1}{2}}+\dfrac{7}{2}x^{\frac{5}{2}}$；   (2)$3^x\ln3+5x^4$

(3)$15x^2-2^x\ln2+3e^x$；   (4)$x(2\cos x-x\sin x)$；

(5)$e^x(x^2-x-1)$；   (6)$\dfrac{1}{\sqrt{1-x^2}}+\dfrac{4}{x\ln2}$；

(7)$\dfrac{1+\ln x}{x^2}$；   (8)$2x\arctan x+1$；

(9)$3\sec x\cdot\tan x-\csc^2x$；   (10)$x^2\sin x-\cos^2x$；

(11)$2a^x(\ln a\cdot\cos x-\sin x)$；   (12)$\sec^2x+\sec x\cdot\tan x$.

2.(1)$2-\dfrac{\sqrt{2}}{2},0$； (2)-2； (3)$\dfrac{1}{3}$.

3.(1)$9(3x+4)^2$；   (2)$-(4x+3)\sin(2x^2+3x-1)$；

(3)$\dfrac{\cos\sqrt{x}}{2\sqrt{x}}$；   (4)$\dfrac{3x^2}{1+x^3}$；

(5)$-2xe^{-x^2}$；   (6)$\dfrac{1}{x\ln x}$；

(7)$\dfrac{4x\arcsin x^2}{\sqrt{1-x^4}}$；   (8)$\dfrac{1}{\sqrt{a^2+x^2}}$；

(9)$-\dfrac{2^{\text{arccot}\sqrt{x}}\ln2}{2\sqrt{x}(1+x)}$；   (10)$\dfrac{-3(\arccos x)^2}{\sqrt{1-x^2}}$；

(11)$-\dfrac{2}{x^2\sin\dfrac{2}{x}}$；   (12)$e^{ax}(a\cos bx-b\sin bx)$；

$(13) x^{\sin x}\left(\cos x\ln x+\dfrac{\sin x}{x}\right)$；　　　　$(14)\mathrm{e}^x(1+\mathrm{e}^{\mathrm{e}^x})$．

4.$(1) f'(x\sin x)(\sin x+x\cos x)$;　　$(2)\sin 2x\left[f'(\sin^2 x)-f'(\cos^2 x)\right]$;

$(3)\dfrac{3}{x}f^2(\ln x)f'(\ln x)$．

5.$(\sin x)^x(\ln\sin x+x\cot x)$．

6.$(1) 6-\dfrac{1}{x^2}$；　　　　　　　　$(2)-2\cos 2x$；

$(3) 2\left(\arctan x+\dfrac{x}{1+x^2}\right)$；　　　$(4)\dfrac{-2(1+x^2)}{(1-x^2)^2}$．

7.$(1)-2^{3t+1}$，$-3\times 2^{4t+1}$；　　　$(2)\dfrac{t}{2}$，$\dfrac{1+t^2}{4t}$．

习题 4-3

1.$(1)\dfrac{\partial z}{\partial x}=2x-2y$，$\dfrac{\partial z}{\partial y}=-2x+3y^2$；　$(2)\dfrac{\partial z}{\partial x}=\sin y\cdot x^{\sin y-1}$，$\dfrac{\partial z}{\partial y}=\ln x\cdot\cos y\cdot x^{\sin y}$；

$(3)\dfrac{\partial z}{\partial x}=-\dfrac{y}{x^2+y^2}$，$\dfrac{\partial z}{\partial y}=\dfrac{x}{x^2+y^2}$；

$(4)\dfrac{\partial u}{\partial x}=(y-z)(y+z-2x)$，$\dfrac{\partial u}{\partial y}=(z-x)(z+x-2y)$，$\dfrac{\partial u}{\partial z}=(x-y)(x+y-2z)$．

2.$(1)\dfrac{\partial^2 z}{\partial x^2}=12x^2-8y^2$，$\dfrac{\partial^2 z}{\partial y^2}=12y^2-8x^2$，$\dfrac{\partial^2 z}{\partial x\partial y}=-16xy$；

$(2)\dfrac{\partial^2 z}{\partial x^2}=-\sin(x+y)$，$\dfrac{\partial^2 z}{\partial x\partial y}=1-\sin(x+y)$，$\dfrac{\partial^2 z}{\partial y^2}=-\sin(x+y)$；

$(3)\dfrac{\partial^2 z}{\partial x^2}=2\ln(x+y)+\dfrac{2x}{x+y}+\dfrac{x(x+2y)}{(x+y)^2}$，$\dfrac{\partial^2 z}{\partial x\partial y}=\dfrac{2x}{x+y}-\dfrac{x^2}{(x+y)^2}$，$\dfrac{\partial^2 z}{\partial y^2}=\dfrac{-x^2}{(x+y)^2}$；

$(4)\dfrac{\partial^2 z}{\partial x^2}=\dfrac{2xy}{(x^2+y^2)^2}$，$\dfrac{\partial^2 z}{\partial x\partial y}=\dfrac{y^2-x^2}{(x^2+y^2)^2}$，$\dfrac{\partial^2 z}{\partial y^2}=\dfrac{-2xy}{(x^2+y^2)^2}$．

4.$\mathrm{e}^{\sin t-2t^3}(\cos t-6t^2)$．

5.$(1)\dfrac{\partial z}{\partial x}=2xf'_1+y\mathrm{e}^{xy}f'_2$，$\dfrac{\partial z}{\partial y}=-2yf'_1+x\mathrm{e}^{xy}f'_2$；

$(2)\dfrac{\partial u}{\partial x}=\dfrac{1}{y}f'_1$，$\dfrac{\partial u}{\partial y}=-\dfrac{x}{y^2}f'_1+\dfrac{1}{z}f'_2$，$\dfrac{\partial u}{\partial z}=-\dfrac{y}{z^2}f'_2$；

$(3)\dfrac{\partial u}{\partial x}=f'_1+yf'_2+yzf'_3$，$\dfrac{\partial u}{\partial y}=xf'_2+xzf'_3$，$\dfrac{\partial u}{\partial z}=xyf'_3$．

6.$(1)\dfrac{\partial^2 z}{\partial x^2}=y^2 f''_{11}$，$\dfrac{\partial^2 z}{\partial x\partial y}=f'_1+y(xf''_{11}+f''_{12})$，$\dfrac{\partial^2 z}{\partial y^2}=x^2 f''_{11}+2xf''_{12}+f''_{22}$；

$(2)\dfrac{\partial^2 z}{\partial x^2}=f''_{11}+\dfrac{2}{y}f''_{12}+\dfrac{1}{y^2}f''_{22}$，$\dfrac{\partial^2 z}{\partial x\partial y}=-\dfrac{x}{y^2}\left(f''_{12}+\dfrac{1}{y}f''_{22}\right)-\dfrac{1}{y^2}f'_2$，

$\dfrac{\partial^2 z}{\partial y^2}=\dfrac{2x}{y^3}f'_2+\dfrac{x^2}{y^4}f''_{22}$；

$(3)\dfrac{\partial^2 z}{\partial x^2}=\mathrm{e}^{x+y}f'_3-\sin x f'_1+\cos^2 x\cdot f''_{11}+2\mathrm{e}^{x+y}\cos x\cdot f''_{13}+\mathrm{e}^{2(x+y)}\cdot f''_{33},$

$\quad\dfrac{\partial^2 z}{\partial x\partial y}=\mathrm{e}^{x+y}f'_3-\cos x\sin y f''_{12}+\mathrm{e}^{x+y}\cos x\cdot f''_{13}-\mathrm{e}^{x+y}\sin y\cdot f''_{32}+\mathrm{e}^{2(x+y)}\cdot f''_{33},$

$\quad\dfrac{\partial^2 z}{\partial x^2}=\mathrm{e}^{x+y}f'_3-\cos y\cdot f'_2+\sin^2 x\cdot f''_{22}-2\mathrm{e}^{x+y}\sin y\cdot f''_{23}+\mathrm{e}^{2(x+y)}\cdot f''_{33}.$

习题 4－4

1.$(1)\dfrac{-y}{x+y}$;　　　　　　　　　　$(2)\dfrac{\mathrm{e}^{x+y}-y}{x-\mathrm{e}^{x+y}}$;

　$(3)\dfrac{5-y\mathrm{e}^{xy}}{x\mathrm{e}^{xy}+3y^2}$;　　　　　　　　　$(4)-\tan x\cot y$;

　$(5)\dfrac{\mathrm{e}^y}{1-x\mathrm{e}^y}$;　　　　　　　　　　$(6)\dfrac{x+y}{x-y}$.

2.$(1)\dfrac{\partial z}{\partial x}=\dfrac{1+yz}{1-xy},\dfrac{\partial z}{\partial y}=\dfrac{1+xz}{1-xy}$;　　$(2)\dfrac{\partial z}{\partial x}=\dfrac{yz}{\mathrm{e}^x-xy},\dfrac{\partial z}{\partial y}=\dfrac{xz}{\mathrm{e}^x-xy}$;

　$(3)\dfrac{\partial z}{\partial x}=\dfrac{yz}{z^2-xy},\dfrac{\partial z}{\partial y}=\dfrac{xz}{z^2-xy}$;　　$(4)\dfrac{\partial z}{\partial x}=\dfrac{z}{x+z},\dfrac{\partial z}{\partial y}=\dfrac{z^2}{y(z+x)}$.

3.1.

4.$\dfrac{-z}{x\ (1+z)^3}$

5.$(1)\dfrac{\mathrm{d}x}{\mathrm{d}z}=-\dfrac{y-z}{x-y},\dfrac{\mathrm{d}y}{\mathrm{d}z}=\dfrac{z-x}{x-y}$;

　$(2)\dfrac{\partial u}{\partial x}=\dfrac{\sin v}{\mathrm{e}^u(\sin v-\cos v)+1},\dfrac{\partial u}{\partial y}=\dfrac{-\cos v}{\mathrm{e}^u(\sin v-\cos v)+1}$,

　$\dfrac{\partial v}{\partial x}=\dfrac{\cos v-\mathrm{e}^u}{u[\mathrm{e}^u(\sin v-\cos v)+1]},\dfrac{\partial v}{\partial y}=\dfrac{\mathrm{e}^u+\sin v}{u[\mathrm{e}^u(\sin v-\cos v)+1]}$.

习题 4－5

1.$\Delta x=1,\Delta y=-17,\mathrm{d}y=-10,\Delta y-\mathrm{d}y=-7$;

　$\Delta x=0.1,\Delta y=-1.061,\mathrm{d}y=-1,\Delta y-\mathrm{d}y=-0.061$;

　$\Delta x=0.01,\Delta y=-0.100601,\mathrm{d}y=-0.1,\Delta y-\mathrm{d}y=-0.000601$.

2.$(1)(1+4x-x^2+4x^3)\mathrm{d}x$;　　　　$(2)\ln x\mathrm{d}x$;

　$(3)x(2\sin x+x\cos x)\mathrm{d}x$;　　　　$(4)\dfrac{1+x^2}{(1-x^2)^2}\mathrm{d}x$;

　$(5)\mathrm{e}^{ax}(a\sin bx+b\cos bx)\mathrm{d}x$;　　$(6)2(\mathrm{e}^{2x}-\mathrm{e}^{-2x})\mathrm{d}x$.

3.$\Delta z=-0.0202\%,\mathrm{d}z=-0.02$.

4.$\mathrm{d}z=\dfrac{1}{3}\mathrm{d}x+\dfrac{2}{3}\mathrm{d}y$.

5.$(1)\mathrm{d}z=x\ (x^2+y^2)^{-\frac{1}{2}}\mathrm{d}x+y\ (x^2+y^2)^{-\frac{1}{2}}\mathrm{d}y$;　　$(2)\mathrm{d}z=\dfrac{y}{x^2+y^2}\mathrm{d}x-\dfrac{x}{x^2+y^2}\mathrm{d}y$;

$(3)\mathrm{d}z=(-\dfrac{2y}{x^2}\csc\dfrac{2y}{x})\mathrm{d}x+\dfrac{2}{x}\csc\dfrac{2y}{x}\mathrm{d}y;$ $(4)\mathrm{d}u=\mathrm{e}^{xyz}(yz\mathrm{d}x+xz\mathrm{d}y+xy\mathrm{d}z);$

$(5)\mathrm{d}z=\dfrac{1}{\sqrt{x^2+y^2}}\mathrm{d}x+\dfrac{y}{x^2+y^2+x\sqrt{x^2+y^2}}\mathrm{d}y;$

$(6)\mathrm{d}z=[2x\ln(xy)+x]\mathrm{d}x+\left(\dfrac{x^2}{y}\right)\mathrm{d}y.$

6.2.039.

第4章总习题

1.A.

2.当 $k>1$ 时,在 $x=0$ 处可导.

3.$5f'(x).$

4.$a=2\mathrm{e},b=-\mathrm{e}.$

5.切线方程:$4x-y-\dfrac{4\pi}{3}+\sqrt{3}=0$;法线方程:$x+4y-4\sqrt{3}-\dfrac{\pi}{3}=0.$

6.$f'(x)=\begin{cases}6x,&x\geqslant0\\2x,&x<0\end{cases}.$

7.$(1)3a^x\ln a+\dfrac{1}{2}x^{-\frac{3}{2}};$ $(2)\dfrac{1}{3}x^{-\frac{2}{3}}\cos x-x^{\frac{1}{3}}\sin x;$

$(3)\dfrac{-2}{x^2}\csc\dfrac{2}{x};$ $(4)\dfrac{-1}{x^2+1};$

$(5)ax^{a-1}+a^x\ln a;$ $(6)\left(\dfrac{a}{b}\right)^x\cdot\left(\dfrac{b}{x}\right)^a\cdot\left(\dfrac{x}{a}\right)^n\left(\ln a-\ln b-\dfrac{a}{x}+\dfrac{n}{x}\right);$

$(7)-\sec x;$ $(8)\dfrac{2\sqrt{x}+1}{4\sqrt{x}\sqrt{x+\sqrt{x}}}.$

8.$(1)f'(\mathrm{e}^x+x^\mathrm{e})\cdot(\mathrm{e}^x+\mathrm{e}x^{\mathrm{e}-1});$ $(2)y=\mathrm{e}^{f(x)}[f'(\mathrm{e}^x)\mathrm{e}^x+f(\mathrm{e}^x)f'(x)).$

9.$(1)2\arctan x+\dfrac{2x}{1+x^2};$ $(2)-\dfrac{x}{(1+x^2)^{\frac{3}{2}}}.$

10.$f_x(x,y)=\begin{cases}\dfrac{2xy^3}{(x^2+y^2)^2},&x^2+y^2\neq0\\0,&x^2+y^2=0\end{cases};f_y(x,y)=\begin{cases}\dfrac{x^2(x^2-y^2)}{(x^2+y^2)^2},&x^2+y^2\neq0\\0,&x^2+y^2=0\end{cases}.$

11.$\dfrac{x^2-y^2}{x^2+y^2}.$

12.$\dfrac{\mathrm{d}u}{\mathrm{d}t}=yx^{y-1}\cdot\varphi'(t)+x^y\ln x\cdot\psi'(t).$

13.$\dfrac{\partial z}{\partial\zeta}=-\dfrac{\partial z}{\partial v}+\dfrac{\partial z}{\partial w},\dfrac{\partial z}{\partial\eta}=\dfrac{\partial z}{\partial u}-\dfrac{\partial z}{\partial w},\dfrac{\partial z}{\partial\zeta}=-\dfrac{\partial z}{\partial u}+\dfrac{\partial z}{\partial v}.$

14.$\dfrac{\partial^2z}{\partial x\partial y}=x\mathrm{e}^{2y}f''_{uu}+\mathrm{e}^y f''_{uy}+x\mathrm{e}^y f''_{xu}+f''_{xy}+\mathrm{e}^y f'_u.$

15.$\dfrac{\partial z}{\partial x}=(v\cos v-u\sin v)\mathrm{e}^{-u},\dfrac{\partial z}{\partial y}=(u\cos v+v\sin v)\mathrm{e}^{-u}.$

16.$a=b=1$.

第 5 章

习题 5-1

1.(1)$12x-y-16=0$;$x+12y-94=0$　　(2)$4x+4y-\pi-2=0$;$4x-\pi-4y+2=0$;

(3)$2x-y+e-1=0$;$x+2y-2e-3=0$;　　(4)$3x-4y-25=0$;$4x+3y=0$;

习题 5-2

1.略.

2.略.

3.三个,分别在$(-2,-1),(-1,1),(1,2)$

习题 5-3

1.(1)2;　(2)$\dfrac{1}{n}$;　(3)$\sqrt{2}$;　(4)$\dfrac{3}{5}$;　(5)1;　(6)0;　(7)1;　(8)1;　(9)$\dfrac{1}{2}$.

习题 5-4

1.在$(-\infty,+\infty)$上单调增加

2.(1)在$(0,1]$上单调减少,$[1,+\infty)$单调增加;　(2)在$(-\infty,+\infty)$上单调增加;

(3)在$\left(-\infty,\dfrac{1}{2}\right]$上单调减少,$\left[\dfrac{1}{2},+\infty\right)$单调增加;

(4)在$\left(0,\dfrac{1}{2}\right]$上单调减少,$\left[\dfrac{1}{2},+\infty\right)$单调增加;

3.略

4.(1)凸区间$(-\infty,1)$,凹区间$(1,+\infty)$,拐点$(1,-2)$;

(2)凸区间$\left(-\dfrac{\sqrt{3}}{3},\dfrac{\sqrt{3}}{3}\right)$,凹区间$\left(-\infty,\dfrac{-\sqrt{3}}{3}\right),\left(\dfrac{\sqrt{3}}{3},+\infty\right)$,拐点$\left(\pm\dfrac{\sqrt{3}}{3},\dfrac{3}{4}\right)$;

(3)凸区间$\left(-\dfrac{\sqrt{2}}{2},\dfrac{\sqrt{2}}{2}\right)$,凹区间$\left(-\infty,\dfrac{-\sqrt{2}}{2}\right),\left(\dfrac{\sqrt{2}}{2},+\infty\right)$,拐点$\left(\pm\dfrac{\sqrt{2}}{2},e^{-\frac{1}{2}}\right)$;

(4)凹区间$(-\infty,+\infty)$,无拐点;

(5)凸区间$(-\infty,0)$,凹区间$(0,+\infty)$,无拐点;

(6)凹区间$(-1,1)$,凸区间$(-\infty,-1),(1,+\infty)$,拐点$(\pm1,\ln2)$;

5.$a=1,b=-3,c=-24,d=16$.

习题 5-5

1.(1)极大值 $y(0)=7$,极小值 $y(2)=3$;　　(2)极小值 $y(0)=0$;

(3)极大值 $y(1)=1$,极小值 $y(-1)=-1$;　　(4)极大值 $y(2)=3$;

(5)极大值 $y\left(\dfrac{3}{4}\right)=\dfrac{5}{4}$;　　　　　　　　(6)极小值 $y\left(\dfrac{-\ln2}{2}\right)=2\sqrt{2}$.

2. $a=2, f\left(\dfrac{\pi}{3}\right)=\sqrt{3}$.

3. (1) 最小值 $y(0)=0$, 最大值 $y(-2)=28$;

   (2) 最小值 $y(-5)=-5+\sqrt{6}$, 最大值 $y\left(\dfrac{3}{4}\right)=\dfrac{5}{4}$;

4. 最大值 $y(1)=-15$.

5. 最小值 $y(3)=27$.

6. $(1,1)$.

习题 5−6

1. (1) 铅直渐近线 $x=1$, 水平渐近线 $y=0$;

   (2) 铅直渐近线 $x=0$, 水平渐近线 $y=0$;

   (3) 铅直渐近线 $x=-\dfrac{1}{e}$, 水平渐近线 $y=x+\dfrac{1}{e}$.

习题 5−7

1. 极小值 $z(2,1)=-28$, 极大值 $z(-2,-1)=28$.

2. 极小值 $z(5,2)=30$.

3. 极大值 $z\left(\dfrac{\pi}{3},\dfrac{\pi}{6}\right)=\dfrac{3\sqrt{3}}{2}$.

4. 最小值 $f(4,2)=-64$, 最大值 $f(2,1)=4$.

5. $\left(\dfrac{8}{5},\dfrac{16}{5}\right)$.

6. $(3a,3a,3a)$.

7. 均为 $\sqrt[3]{2}$ m 时, 用料最省.

习题 5−8

1. (1) 1775, 1.97; (2) 1.58; (3) 1.5, 1.67.

2. (1) 120.6, 2; 120, 4, −2; (2) 25.

3. 15.

4. $Q=P\ln 4$.

5. $Q=\dfrac{P}{4};\dfrac{3}{4},1,\dfrac{5}{4}$.

第 5 章总习题

1. D.

2. C

3. 略.

4. (1) 0; (2) $-\dfrac{1}{2}$; (3) $-\dfrac{2}{3}$; (4) 1; (5) 1; (6) $e^{-\frac{2}{\pi}}$; (7) $a_1 a_2 \cdots a_n$;

(8)2； (9)$\dfrac{1}{2}$.

5.略

6.(1)$(-\infty,-2-\sqrt{2}]$,$[2+\sqrt{2},+\infty)$凹的,$[2-\sqrt{2},2+\sqrt{2}]$凸的.

拐点$(2-\sqrt{2},6-\sqrt{2}\,e^{\sqrt{2}-2})$,$(2+2\sqrt{2},(6+2\sqrt{2})e^{-(2+\sqrt{2})})$.

7.略.

8.极大值 $f(0)=2$,极小值 $f\left(\dfrac{1}{e}\right)=e^{-\frac{2}{e}}$;

9.极大值 $f(2,-2)=8$.

10.$V=\dfrac{\sqrt{6}}{36}a^3$.

11.1800 元.

12.$Q=20$ 时,获得最大利润 $L(20)=1350$.

13.(1)$Q=3$ 时平均成本最小,$\overline{C}(3)=6$;

(2)边际成本 $C'(Q)=15-2\theta+3\theta^2$,所以当 $\theta=3$ 时,$C'(3)=6$,即当平均成本达到最小时边际成本等于平均成本.

14.略

第 6 章

习题 6-1

1.(1)$\dfrac{1}{4}(b^2-a^2)$; (2)e-1.

2.(1)12; (2)0; (3)1; (4)π; (5)$\dfrac{\pi a^2}{4}$; (6)$\dfrac{\pi}{4}$.

3.(1)5; (2)5; (3)$\dfrac{12}{5}$.

4.(1)$\left[\dfrac{1}{e},1\right]$; (2)$\left[\dfrac{\pi}{9},\dfrac{2\pi}{3}\right]$; (3)$[\pi,2\pi]$; (4)$\left[\dfrac{9}{10},\dfrac{3}{2}\right]$.

5.(1)$>$; (2)$<$; (3)$>$; (4)$>$.

6.负号.

7.122.5 m.

8.证明略.

9.证明略.

习题 6-2

1.(1)$5x+C$;   (2)C;   (3)$-\dfrac{1}{x}+C$;

(4)$\arctan x + C$； (5)$\dfrac{a^x}{\ln a} + C$； (6)$-\cos x + C$.

3.$\arctan x + \dfrac{x}{1+x^2} + C$

4.(1)$-\sqrt{1+x^2}$； (2)$\mathrm{e}^x \cos \sqrt{\mathrm{e}^x}$； (3)$\dfrac{3x^2}{\sqrt{1+x^{12}}} - \dfrac{2x}{\sqrt{1+x^8}}$；

  (4)$(\sin x - \cos x)\cos(\pi\sin^2 x)$.

5.$-\mathrm{e}^y \cos x$

6.(1)$\displaystyle\int_{x^2}^0 \cos t^2 \mathrm{d}t - 2x^2\cos^4 x$； (2)$2x\displaystyle\int_0^{x^2} f(t)\mathrm{d}t$； (3)$-4t^3$.

7.(1)$\dfrac{2}{5}(4\sqrt{2}+1) + \ln 2$； (2)$-\dfrac{1}{3}\pi$； (3)$\dfrac{\pi}{4} - \dfrac{2}{3}$； (4)$\dfrac{2\mathrm{e}-1}{\ln(2\mathrm{e})}$； (5)$1$； (6)$2\mathrm{e}-2$.

8.(1)$-\dfrac{1}{18}$； (2)$\dfrac{1}{2\mathrm{e}}$； (3)$\dfrac{1}{2}$； (4)2.

9.略.

10.$K=1$.

11.$\dfrac{5}{6}$.

12.$\displaystyle\int_0^1 f(x)\mathrm{d}x = -2, f(x) = -2x - 1$.

习题 6－3

1.(1)$x^3 - \dfrac{2}{5}x^5 + 8x + c$； (2)$x^{\frac{1}{4}} - 2x^{\frac{1}{12}} + x^{-\frac{1}{4}} + c$； (3)$\dfrac{4}{7}x^{\frac{7}{4}} + c$；

  (4)$\sqrt{\dfrac{2h}{g}} + c$； (5)$\dfrac{1}{2}x^2 - \dfrac{4}{3}x^{\frac{3}{2}} + x + c$； (6)$3\mathrm{e}^x - 2\ln x + c$；

  (7)$-5\cos x - 2\mathrm{e}^x + x + c$； (8)$2x - \dfrac{5\times 2^x}{3^x(\ln 2 - \ln 3)} + c$； (9)$\tan x - x + \sin x + c$；

  (10)$4\arcsin x - \arctan x + c$； (11)$\dfrac{1}{3}x^3 + \dfrac{3}{2}x^2 + 9x + c$； (12)$\mathrm{e}^x - x + c$；

  (13)$-\dfrac{1}{x} - \arctan x + c$； (14)$\dfrac{1}{2}(x + \sin x) + c$； (15)$\dfrac{1}{2}\tan x + c$；

  (16)$x^3 + \arctan x + c$； (17)$x - \dfrac{1}{3}x^3 + \arctan x + c$；(18)$\dfrac{1}{2}x^2 - 2x + \ln|x| + c$.

2.$\tan x - \sec x + 2$.

3.$y = \ln x + 1$.

4.(1)$f(x) = -\sin x$； (2)$-\dfrac{1}{3}$； (3)$x\mathrm{e}^x + c$.

5.$C(x) = x^2 + 10x + 20$.

习题 6－4

1.(1)否； (2)否； (3)否； (4)是； (5)否； (6)否； (7)是； (8)是.

2.(1)$-\dfrac{1}{20}(4-5x)^4+c$; (2)$-\dfrac{1}{4}\cos 4x-2e^{-\frac{x}{2}}+c$; (3)$-\dfrac{1}{2}\ln(1-2x)+c$;

(4)$\dfrac{1}{1-x}+c$; (5)$-\dfrac{1}{4}(1-3x)^{\frac{4}{3}}+c$; (6)$-\dfrac{1}{4}e^{-2x^2}+c$;

(7)$-\dfrac{1}{\omega}\cos(\omega t+\varphi)+c$; (8)$\dfrac{1}{2}\arctan x^2+c$; (9)$2\sin\sqrt{t}+c$;

(10)$\dfrac{1}{2}(\cos x)^{-2}+c$; (11)$\dfrac{1}{3}\sin(3t)-\dfrac{1}{9}\sin^3(3t)+c$; (12)$\ln|x+\sin x|+c$;

(13)$\ln|1+\sin x|+c$; (14)$\tan x+\dfrac{1}{2}\tan^2 x+c$; (15)$\ln x+\dfrac{1}{2}(\ln x)^2+c$;

(16)$\ln(\ln(\ln x))+c$; (17)$-2\cot 2x+c$; (18)$-\ln\left|\cos\sqrt{1+x^2}\right|+c$;

(19)$\arctan e^x+c$; (20)$x-\ln(1+e^x)+c$; (21)$\dfrac{10^{\arcsin x}}{2\ln 10}+c$;

(22)$a\cdot\arcsin\dfrac{x}{a}-\sqrt{a^2-x^2}+c$; (23)$\dfrac{1}{2}\cos x-\dfrac{1}{10}\cos 5x+c$; (24)$\dfrac{1}{24}\ln\dfrac{x^6}{x^6+4}+c$.

3.(1)$\dfrac{1}{2}\ln\left|2x+\sqrt{4x^2+9}\right|+c$; (2)$\arctan(x+1)+c$; (3)$\arcsin\dfrac{2x+1}{\sqrt{5}}+c$;

(4)$-\dfrac{1}{x\ln x}+c$; (5)$\arccos\dfrac{1}{|x|}+c$; (6)$\dfrac{1}{3a^4}\left[\dfrac{3x}{\sqrt{a^2-x^2}}+\dfrac{x^3}{\sqrt{(a^2-x^2)^3}}\right]+c$;

(7)$\arcsin x-\dfrac{x}{1+\sqrt{1-x^2}}+c$; (8)$-\dfrac{(a^2-x^2)^{\frac{3}{2}}}{3a^2x^3}+c$;

(9)$\dfrac{a^2}{2}\left(\arcsin\dfrac{x}{a}-\dfrac{x}{a^2}\sqrt{a^2-x^2}\right)+c$.

4.(1)$x\sin x+\cos x+c$; (2)$x\ln\dfrac{x}{2}-x+c$; (3)$\dfrac{1}{3}x^3\ln x-\dfrac{1}{9}x^3+c$;

(4)$-\dfrac{1}{2}x^2+x\tan x+\ln|\cos x|+c$; (5)$-\dfrac{2}{17}e^{-2x}\left(\cos\dfrac{x}{2}+4\sin\dfrac{x}{2}\right)+c$;

(6)$\ln x\cdot\ln(\ln x)-\ln x+c$; (7)$2\sqrt{x}\sin\sqrt{x}+2\cos\sqrt{x}+c$;

(8)$\dfrac{1}{4}x^2+\dfrac{1}{4}x\sin 2x+\dfrac{1}{8}\cos 2x+c$; (9)$\dfrac{x}{2}[\cos(\ln x)+\sin(\ln x)]+c$.

5.$\cos x-\dfrac{2\sin x}{x}+c$.

6.(1)$\dfrac{1}{3}x^3-\dfrac{3}{2}x^2+9x-27\ln|x+3|+c$; (2)$5\ln|x+3|-4\ln|x+2|+c$;

(3)$\dfrac{1}{x+1}+\dfrac{1}{2}\ln|x^2-1|+c$; (4)$\dfrac{1}{4}\ln\dfrac{x^4}{(1+x)^2(1+x^2)}-\dfrac{1}{2}\arctan x+c$;

(5)$\dfrac{x^4}{8(1+x^8)}+\dfrac{1}{8}\arctan x^4+c$; (6)$\dfrac{1}{2}\ln|x^2-x+1|-\dfrac{1}{\sqrt{3}}\arctan\left(\dfrac{2x-1}{\sqrt{3}}\right)+c$;

(7)$\dfrac{x^4}{4}+\ln\dfrac{\sqrt[4]{x^4+1}}{x^4+2}+c$; (8)$\dfrac{1}{\sqrt{2}}\arctan\dfrac{\tan\dfrac{x}{2}}{\sqrt{2}}+c$;

$(9)\dfrac{3}{2}\sqrt[3]{(1+x)^2}-3\cdot\sqrt[3]{1+x}+3\ln\left|1+\sqrt[3]{1+x}\right|+c$；$\quad(10)\ln\left|1+\tan\dfrac{x}{2}\right|+c$；

$(11)x\tan\dfrac{x}{2}+c$；$\quad(12)2\sqrt{x}-4\cdot\sqrt[4]{x}+4\ln(\sqrt[4]{x}+1)+c$；

$(13)\ln\left|x+\dfrac{1}{2}+\sqrt{x(x+1)}\right|+c$；$\quad(14)\ln\dfrac{\sqrt{1+e^x}-1}{\sqrt{1+e^x}+1}+c$.

习题 6－5

1.$(1)0$；$\quad(2)\dfrac{51}{512}$；$\quad(3)\dfrac{a^4}{16}\pi$；$\quad(4)\sqrt{2}-\dfrac{2\sqrt{3}}{3}$；$\quad(5)1-2\ln2$；

$(6)2(\sqrt{3}-1)$；$\quad(7)a(\sqrt{3}-1)$；$\quad(8)1-e^{-\frac{1}{2}}$；$\quad(9)\dfrac{\pi}{2}$；$\quad(10)\dfrac{4}{3}$.

2.$(1)1-\dfrac{2}{e}$；$\quad(2)1$；$\quad(3)\left(\dfrac{1}{4}-\dfrac{\sqrt{3}}{9}\right)\pi+\dfrac{1}{2}\ln\dfrac{3}{2}$；

$(4)4(2\ln2-1)$；$\quad(5)\dfrac{\pi}{4}-\dfrac{1}{2}$；$\quad(6)2(1-e^{-1})$.

3.$(1)0$；$\quad(2)1-\dfrac{\sqrt{3}}{6}\pi$；$\quad(3)\dfrac{3}{2}\pi$；$\quad(4)0$.

4.$\tan\dfrac{1}{2}-\dfrac{1}{2}e^{-4}+\dfrac{1}{2}$.

5.略.

6.略.

7.略.

8.$\dfrac{1}{2}(e^{-1}-1)$.

习题 6－6

1.$(1)\dfrac{1}{3}$；$\quad(2)$发散；$\quad(3)\dfrac{1}{a}$；$\quad(4)$发散；$\quad(5)\dfrac{\omega}{p^2+\omega^2}$；

$(6)\pi$；$\quad(7)$发散；$\quad(8)$发散；$\quad(9)\dfrac{\pi}{2}$；$\quad(10)\dfrac{4}{3}$.

2.当$k\leqslant1$时发散；当$k>1$时收敛于$\dfrac{1}{(k-1)(\ln2)^{k-1}}$；当$k=1-\dfrac{1}{\ln(\ln2)}$时,取得最小值.

习题 6－7

1.$(1)\dfrac{10}{3}$；$\quad(2)\dfrac{1}{e}+e-2$；$\quad(3)4-\ln3$；$\quad(4)\dfrac{\pi}{3}+\dfrac{\sqrt{3}}{2}$；

2.$(1)\dfrac{3}{10}\pi$；$\quad(2)\pi(e-2)$；$\quad(3)\dfrac{15}{2}\pi$；$\quad(4)\dfrac{\pi}{2}R^2h$.

3.生产100个单位时总收益为9800元,在此基础上再生产100个单位时,收益为9400元.

4.总利润函数为:$L(x)=-x^3+5x^2-8x-10$,当 $x=2$ 时,总利润最大.

5.约 7.693×10^7 焦.

第 6 章总习题

1.(1)$f(x)\mathrm{d}x$;　(2)$\sin3x$;　(3)$\dfrac{2}{3}x^3+c$;

(4)$\displaystyle\int_0^{-\frac{\pi}{2}}\sqrt[3]{1+x^2}\mathrm{d}x$;　(5)4;　(6)$\cos1+\sin1-\mathrm{e}^{-1}$.

2.(1)B;　(2)C;　(3)B;　(4)D.

3.(1)$\dfrac{1}{4}\cos2x-\dfrac{1}{24}\cos12x+c$;　(2)$-\dfrac{1}{2}\mathrm{e}^{-2x}(x^2+x+\dfrac{1}{2})+c$;

(3)$-\dfrac{1}{2}\csc x\cot x+\dfrac{1}{2}\ln\left|\tan\dfrac{x}{2}\right|+c$;

(4)$\dfrac{4}{5}(\sqrt{x}+1)^{\frac{5}{2}}-\dfrac{8}{3}(\sqrt{x}+1)^{\frac{3}{2}}+4\sqrt{\sqrt{x}+1}+c$;

(5)$-\ln\left(\dfrac{1}{x}+\sqrt{1+\dfrac{1}{x^2}}\right)+c$;　(6)$\dfrac{1}{4}(2\ln^2x-2\ln x+1)x^2+c$.

4.$7+\cos1+\cos5$.

5.略.

6.$\dfrac{1}{2}x^2+x+1$.

7.$\dfrac{x}{\sqrt{1+x^2}}-\ln(x+\sqrt{1+x^2})+c$.

8.(1)$\dfrac{\pi^2}{4}$;　(2)$af(a)$.

9.(1)$\dfrac{7}{144}\pi^2$;　(2)$\dfrac{1}{3}\ln2$;　(3)$\dfrac{8}{3}$;　(4)$\dfrac{\pi}{2}$.

10.(1)$2\pi+\dfrac{4}{3}$ 和 $6\pi-\dfrac{4}{3}$;　(2)$\dfrac{64}{3}$.

11.$\dfrac{16}{3}$.

12.证明略.

13.$f(x)=2x\mathrm{e}^{x^2}$.

14.(1)生产量 $Q=5$ 时,总利润最大为 25 万元;

(2)总利润应减少 4 万元.

第 7 章

习题 7-1

1.$\displaystyle\iint_D\mu(x,y)\mathrm{d}\sigma$.

3. $\displaystyle\iint_{\frac{1}{2}\leqslant x^2+y^2\leqslant 1} \ln(x^2+y^2)\mathrm{d}x\,\mathrm{d}y < 0.$

4. (1) $\displaystyle\iint_D (x+y)^3\mathrm{d}\sigma \geqslant \iint_D (x+y)^2\mathrm{d}\sigma$；   (2) $\displaystyle\iint_D [\ln(x+y)]^2\mathrm{d}\sigma \geqslant \iint_D \ln(x+y)\mathrm{d}\sigma.$

5. (1) $0\leqslant I\leqslant \pi^2$；   (2) $0\leqslant I\leqslant 2$；   (3) $36\pi\leqslant I\leqslant 100\pi.$

习题 7 - 2

1. (1) $\displaystyle\int_a^b \mathrm{d}x\int_a^x f(x,y)\mathrm{d}y = \int_a^b \mathrm{d}y\int_y^b f(x,y)\mathrm{d}x$；

   (2) $\displaystyle\int_0^1 \mathrm{d}x\int_{1-x}^{\sqrt{1-x^2}} f(x,y)\mathrm{d}y = \int_0^1 \mathrm{d}y\int_x^{\sqrt{1-x^2}} f(x,y)\mathrm{d}y$；

   (3) $\displaystyle\int_{-1}^0 \mathrm{d}x\int_0^{\sqrt{1-x^2}} f(x,y)\mathrm{d}y + \int_0^{\frac{\sqrt{2}}{2}} \mathrm{d}x\int_x^{\sqrt{1-x^2}} f(x,y)\mathrm{d}y = \int_0^{\frac{\sqrt{2}}{2}} \mathrm{d}y\int_{-\sqrt{1-y^2}}^y f(x,y)\mathrm{d}y +$

   $\displaystyle\int_{\frac{\sqrt{2}}{2}}^1 \mathrm{d}y\int_{-\sqrt{1-y^2}}^{\sqrt{1-y^2}} f(x,y)\mathrm{d}x.$

2. (1) $\displaystyle\int_0^{\frac{1}{2}} \mathrm{d}y\int_0^y f(x,y)\mathrm{d}x + \int_{\frac{1}{2}}^1 \mathrm{d}y\int_0^{1-y} f(x,y)\mathrm{d}x$；   (2) $\displaystyle\int_0^1 \mathrm{d}x\int_{x^2}^x f(x,y)\mathrm{d}y$；

   (3) $\displaystyle\int_0^a \mathrm{d}y\int_{-\sqrt{a^2-y^2}}^{\sqrt{a^2-y^2}} f(x,y)\mathrm{d}x$；   (4) $\displaystyle\int_0^{\frac{1}{2}} \mathrm{d}x\int_{x^2}^x f(x,y)\mathrm{d}y.$

3. (1) $\dfrac{6}{55}$；   (2) $\mathrm{e}-\mathrm{e}^{-1}$；   (3) $\dfrac{13}{8}\ln3-\ln2-\dfrac{1}{2}$；   (4) $\dfrac{64}{15}$；   (5) $\dfrac{1}{2}(1-\cos2)$；

   (6) $\dfrac{1}{6}(1-2\mathrm{e}^{-1})$；   (7) $\dfrac{20}{3}$；   (8) $-\dfrac{3}{2}\pi.$

4. $\pi.$

5. (1) $\displaystyle\int_0^{\frac{\pi}{2}} \mathrm{d}\theta\int_0^{(\sin\theta+\cos\theta)^{-1}} f(\rho\cos\theta,\rho\sin\theta)\rho\,\mathrm{d}\rho$；   (2) $\displaystyle\int_0^{2\pi} \mathrm{d}\theta\int_0^1 f(\rho\cos\theta,\rho\sin\theta)\rho\,\mathrm{d}\rho$；

   (3) $\displaystyle\int_{-\frac{\pi}{2}}^{\frac{\pi}{2}} \mathrm{d}\theta\int_0^{4\cos\theta} f(\rho\cos\theta,\rho\sin\theta)\cdot\rho\,\mathrm{d}\rho$；   (4) $\displaystyle\int_0^{2\pi} \mathrm{d}\theta\int_1^3 f(\rho\cos\theta,\rho\sin\theta)\rho\,\mathrm{d}\rho.$

6. (1) $\dfrac{3\pi}{4}$；   (2) $\dfrac{4}{3}[\sqrt{2}+\ln(1+\sqrt{2})]$；   (3) $\sqrt{2}-1$；   (4) $2\pi.$

7. (1) $\dfrac{\pi}{3}R^3-\dfrac{4}{9}R^3$；   (2) $\pi(\mathrm{e}^9-1)$；   (3) $\dfrac{\pi}{4}(2\ln2-1).$

习题 7 - 3

1. $\dfrac{32}{3}\pi.$

2. $\dfrac{9}{2}.$

3. (1) $\sqrt{2}\pi$；   (2) $16R^2.$

4. $\dfrac{4}{3}.$

5.$\dfrac{1}{2}a^2M$,其中 $M=\pi a^2 h\rho$ 为圆柱体的质量.

第七章总习题

1.(1)$\displaystyle\int_{-1}^{1}\mathrm{d}y\int_{y2}^{1}f(x,y)\mathrm{d}x$； (2)0； (3)0； (4)$\displaystyle\int_{0}^{2\pi}\mathrm{d}\theta\int_{0}^{2\cos\theta}f(r\cos\theta,r\sin\theta)r\mathrm{d}r$.

2.(1)C； (2)A； (3)C； (4)D.

3.(1)$\displaystyle\int_{0}^{1}\mathrm{d}y\int_{0}^{y^2}f(x,y)\mathrm{d}x+\int_{0}^{2}\mathrm{d}y\int_{0}^{\sqrt{2y-y^2}}f(x,y)\mathrm{d}x$； (2)$\displaystyle\int_{0}^{1}\dfrac{\sin y}{y}\mathrm{d}y\int_{y^2}^{y}\mathrm{d}x$；

(3)$\displaystyle\int_{0}^{2}\mathrm{d}x\int_{\frac{1}{2}}^{3-x}xf(x,y)\mathrm{d}y$.

4.(1)$\dfrac{6}{35}$； (2)$\dfrac{\pi}{4}R^4+9\pi R^2$； (3)$\dfrac{1066}{315}$； (4)$4\ln2-\dfrac{3}{2}$.

5.(1)$\dfrac{3}{4}\pi a^4$； (2)$\dfrac{1}{6}a^3\left[\sqrt{2}+\ln(1+\sqrt{2})\right]$； (3)$\sqrt{2}-1$； (4)$\dfrac{1}{8}\pi a^4$.

6.$\dfrac{7}{2}$.

7.$\dfrac{2}{3}\pi(5\sqrt{5}-4)$.

8.$\dfrac{1}{3}R^3\arctan k$.

9.$\dfrac{1}{40}\pi^5$.

第 8 章

习题 8−1

1.(1)$1+\dfrac{2}{4}+\dfrac{6}{9}+\dfrac{36}{16}$； (2)$1+\dfrac{5}{3}+\dfrac{10}{4}+\dfrac{17}{5}$； (3)$\dfrac{1}{2}+\dfrac{4}{4}+\dfrac{9}{8}+\dfrac{16}{16}$；

(4)$-\dfrac{1}{2}+\dfrac{2}{2\times4}-\dfrac{3}{2\times4\times6}+\dfrac{4}{2\times4\times6\times8}$.

2.(1)$(-1)^{n-1}\dfrac{n+1}{n}$； (2)$\dfrac{3n-1}{n^3}$； (3)$\dfrac{2^n}{n^2+1}x^n$； (4)$\dfrac{(-1)^{n+1}a^{n+1}}{2n+1}$.

3.(1)收敛； (2)收敛； (3)收敛.

4.(1)发散； (2)收敛； (3)发散； (4)收敛； (5)发散.

5.(1)收敛； (2)发散； (3)收敛.

习题 8−2

1.(1)发散； (2)收敛； (3)收敛； (4)发散； (5)发散；

(6)$a>1$ 时收敛,$a\leqslant1$ 时发散.

2.(1)发散；　(2)收敛；　(3)发散；　(4)收敛；　(5)发散；　(6)收敛.

3.(1)收敛；　(2)收敛；　(3)收敛；　(4)发散.

4.(1)条件收敛；　(2)发散；　(3)条件收敛；　(4)绝对收敛；　(5)绝对收敛；　(6)绝对收敛.

5.略.

6.(1)条件收敛；　(2)条件收敛.

习题 8－3

1.(1)$r=1$，　$(-1,1)$；　(2)$r=3$，　$[-3,3)$；　(3)$r=1$，　$[-1,1]$；

(4)$r=1$，　$[0,2]$；　(5)$r=\dfrac{1}{3}$，　$\left[-\dfrac{1}{3},\dfrac{1}{3}\right)$；　(6)$r=1$，　$[-1,1]$；

(7)$r=1$，　$[-2,0)$；　(8)$r=\infty$，　R.

2.(1)$\dfrac{2x-x^2}{(1-x)^2}$，　$x\in(-1,1)$；　(2)$-x+\dfrac{1}{2}\ln\dfrac{1+x}{1-x}$，　$x\in(-1,1)$；

(3)$(1-x)\ln(1-x)+x$，　$x\in[-1,1]$；　(4)$\dfrac{(3-x)(x-1)}{(2-x)^2}$，　$x\in(0,2)$.

3.$\ln2$(提示:先计算幂级数$\displaystyle\sum_{n=1}^{\infty}\dfrac{x^n}{n}$的和函数,再令$x=\dfrac{1}{2}$).

习题 8－4

1. (1)$2^x=\mathrm{e}^{x\ln2}=\displaystyle\sum_{n=0}^{\infty}\dfrac{(x\ln2)^n}{n!}$，$(-\infty,+\infty)$；

(2)$\dfrac{1}{a+x}=\dfrac{1}{a}\cdot\dfrac{1}{1+\dfrac{x}{a}}=\dfrac{1}{a}\displaystyle\sum_{n=0}^{\infty}(-1)^n\left(\dfrac{x}{a}\right)^n$，$(-a,a)$；

(3)$\ln(2+x)=\ln2+\ln\left(1+\dfrac{x}{2}\right)=\ln2+\displaystyle\sum_{n=1}^{\infty}(-1)^{n+1}\dfrac{\left(\dfrac{x}{2}\right)^n}{n}$，$(-1,2]$；

(4)$\mathrm{e}^{2x}=\displaystyle\sum_{n=0}^{\infty}\dfrac{(2x)^n}{n!}$，$(-\infty,+\infty)$；

(5)$\ln(x^2+3x+2)=\ln(x+1)+\ln(x+2)$

$$=\sum_{n=1}^{\infty}(-1)^{n+1}\dfrac{x^n}{n}+\ln2+\sum_{n=1}^{\infty}(-1)^{n+1}\dfrac{\left(\dfrac{x}{2}\right)^n}{n}，(-1,1]；$$

(6)$\dfrac{1}{x^2-5x+6}=\dfrac{1}{x-3}-\dfrac{1}{x-2}=\dfrac{1}{2}\times\dfrac{1}{1-\dfrac{x}{2}}-\dfrac{1}{3}\times\dfrac{1}{1-\dfrac{x}{3}}$

$$=\dfrac{1}{2}\sum_{n=0}^{\infty}\left(\dfrac{x}{2}\right)^n+\dfrac{1}{3}\sum_{n=1}^{\infty}\left(\dfrac{x}{3}\right)^n，(-2,2)；$$

(7)$\ln(1+x-2x^2)=\ln(1+2x)+\ln(1-x)$

$$= \sum_{n=1}^{\infty} (-1)^{n+1} \frac{(2x)^n}{n} + \sum_{n=1}^{\infty} \frac{x^n}{n}, [-1,1);$$

$$(8) e^{-x^2} = \sum_{n=0}^{\infty} \frac{(-x^2)^n}{n!} = \sum_{n=0}^{\infty} \frac{(-1)^n x^{2n}}{n!}, (-\infty, +\infty).$$

2.(1) $\dfrac{1}{x} = \dfrac{1}{1+(x-1)} = \sum_{n=0}^{\infty} (-1)^n (x-1)^n, x \in (0,2);$

(2) $\dfrac{1}{x} = -\dfrac{1}{2-(x+2)} = -\dfrac{1}{2} \times \dfrac{1}{1 - \dfrac{(x+2)}{2}} = -\dfrac{1}{2} \sum_{n=0}^{\infty} \left(\dfrac{x+2}{2} \right)^n, x \in (-4,0);$

(3) $\dfrac{1}{x^2-3x+2} = \dfrac{1}{(x-2)(x-1)} = \dfrac{1}{(x-2)} - \dfrac{1}{(x-1)} - \dfrac{1}{1-(x-1)} - \dfrac{1}{(x-1)}$

$$= -\dfrac{1}{(x-1)} - \sum_{n=0}^{\infty} (x-1)^n, x \in (0,2);$$

(4) $\ln x = \ln[1+(x-1)] = \sum_{n=1}^{\infty} (-1)^{n+1} \dfrac{(x-1)^n}{n}, x \in (0,2];$

(5) $\ln(2x-x^2) = \ln x + \ln(2-x) = \ln[1+(x-1)] + \ln[1-(x-1)]$

$$= \sum_{n=1}^{\infty} (-1)^{n+1} \dfrac{(x-1)^n}{n} + \sum_{n=1}^{\infty} \dfrac{(x-1)^n}{n}, x \in (0,2);$$

(6) $\cos x = \cos\left[\dfrac{\pi}{3} + \left(x - \dfrac{\pi}{3} \right) \right] = \dfrac{1}{2} \cos\left(x - \dfrac{\pi}{3} \right) - \dfrac{\sqrt{3}}{2} \sin\left(x - \dfrac{\pi}{3} \right)$

$$= \dfrac{1}{2} \sum_{n=0}^{\infty} (-1)^n \left[\dfrac{\left(x + \dfrac{\pi}{3} \right)^{2n}}{(2n)!} + \sqrt{3} \dfrac{\left(x + \dfrac{\pi}{3} \right)^{2n+1}}{(2n+1)!} \right], x \in (-\infty, +\infty);$$

3. $\sqrt[3]{x} = -1 + \dfrac{x+1}{3} + \sum_{n=2}^{\infty} \dfrac{2 \times 5 \times 8 \times \cdots \times (3n-4)}{3^n n!} (x+1)^n, [-2,0].$

4. $\sum_{n=0}^{\infty} \dfrac{(-1)^n}{4^{n+1}} (x-3)^n, -1 < x < 7.$

5. $\ln 2 + \sum_{n=1}^{\infty} \left[(-1)^{n-1} - \dfrac{1}{2^n} \right] \dfrac{(x-1)^n}{n}, 0 < x \leqslant 2.$

习题 8－5

1.(1)1.0986； (2)2.004； (3)1.3591； (4)0.9848.

2.0.4940.

3.0.0975.

第 8 章总习题

1.(1)C； (2)C； (3)C； (4)D； (5)B； (6)A； (7)B； (8)D.

2.(1) $s - u_1$； (2) $u_1 - u_2$；

(3)收敛,其和为 $S = \dfrac{1}{4}$ 提示: $u_n = \dfrac{1}{2} \left[\dfrac{1}{n(n+1)} - \dfrac{1}{(n+1)(n+2)} \right];$

(4)∞；　(5)$\dfrac{1}{2}$；　(6)收敛,发散；　(7)$(-3,3]$；　(8)$\displaystyle\sum_{n=0}^{\infty}(-1)^n x^{n+2}$；

(9)$\dfrac{1+x^2}{(1-x^2)^2}$；

(10) 提示：$f'(x)=\dfrac{1}{1-x^4}-1$，展开式为 $\displaystyle\sum_{n=1}^{\infty}\dfrac{1}{4n+1}x^{4n+1}$，$-1<x<1$.

3.(1)发散；　(2)收敛；　(3)收敛；　(4)收敛；　(5)发散.

4.(1)条件收敛；　(2)条件收敛；　(3)条件收敛；　(4)绝对收敛.

5.(1)$\left[-\dfrac{1}{2},\dfrac{1}{2}\right)$；　(2)$\left[-\dfrac{1}{3},\dfrac{1}{3}\right)$；　(3)$\left[-\dfrac{1}{a},\dfrac{1}{a}\right)$；　(4)$[4,6)$；　(5)$(-\sqrt{2},\sqrt{2})$.

6.(1)$\displaystyle\sum_{n=1}^{\infty}\dfrac{x^{2n-1}}{2n-1}=\dfrac{1}{2}\ln\dfrac{1+x}{1-x}$，$-1<x<1$；　(2)$\displaystyle\sum_{n=1}^{\infty}nx^{n-1}=\dfrac{1}{(1-x)^2}$，$-1<x<1$；

(3)$\displaystyle\sum_{n=1}^{\infty}n(x-1)^n=\dfrac{x-1}{(2-x)^2}$，$0<x<2$；　(4)$\displaystyle\sum_{n=0}^{\infty}\dfrac{(-1)^n}{n!}x^{2n}=e^{-x^2}$，$x\in R$.

7.$\dfrac{d}{dx}\left(\dfrac{e^x-1}{x}\right)=\displaystyle\sum_{n=1}^{\infty}\dfrac{n}{(n+1)!}x^n$，$\displaystyle\sum_{n=1}^{\infty}\dfrac{n}{(n+1)!}=1$.

8.$f(x)=\dfrac{1}{1-2x}-\dfrac{1}{1-x}=\displaystyle\sum_{n=0}^{\infty}(2^n-1)x^n$，$-\dfrac{1}{2}<x<\dfrac{1}{2}$.

9.$f(x)=\dfrac{1}{3+(x-3)}=\dfrac{1}{3}\dfrac{1}{1+\dfrac{(x-3)}{3}}=\displaystyle\sum_{n=0}^{\infty}\dfrac{(-1)^n}{3^{n+1}}(x-3)^n$，$0<x<6$.

10.$f(x)=\dfrac{e^\pi-1}{2\pi}+\dfrac{1}{\pi}\displaystyle\sum_{n=1}^{\infty}\left\{\dfrac{(-1)^n e^\pi-1}{n^2+1}\cos nx+\dfrac{n[1-(-1)^n e^\pi]}{n^2+1}\sin nx\right\}$，$(-\infty<x<+\infty,x\neq k\pi,k\in \mathbf{Z})$

第 9 章

习题 9-1

1.(1)1；　(2)2；　(3)2；　(4)3.

2.(1)是；　(2)否；　(3)是；　(4)是.

3.(1)$C=-25$；　(2)$C_1=1,C_2=0$.

4.$u(x)=\dfrac{x^2}{2}+x+c$.

习题 9-2

1.(1)$(1+x^2)(1+2y)=C$；　(2)$\dfrac{1}{3}e^{3x}+\dfrac{1}{2}e^{-y^2}=C$；　(3)$e^x=e^y+C$；

(4)$3x^4+4(y+1)^3=C$；　(5)$\sin x\cdot\sin y=C$；　(6)$y=e^{Cx}$.

2.(1)$e^y=\dfrac{e^{2x}+1}{2}$；　(2)$\dfrac{y^2}{2}+\dfrac{y^3}{3}=\dfrac{x^2}{2}+\dfrac{x^3}{3}$；　(3)$y=\sin x$；　(4)$(1+e^x)\sec y=2\sqrt{2}$.

3.$x^2 + y^2 = 1$.

4.$(1)y = -x\ln|C - \ln x|$;　$(2)\csc\dfrac{y}{x} - \cot\dfrac{y}{x} = Cx$;　$(3)\ln(cy + cx) + \dfrac{x}{y + 2x} = 0$;

　　$(4)y^2 = x^2(2\ln|x| + C)$;　$(5)y = xe^{Cx+1}$;　$(6)xy = Ce^{-\arctan\frac{y}{x}}$.

5.$(1)y^2 = 2x^2(\ln|x| + 2)$;　$(2)(x + 2y)^2 = 4y$;　$(3)\dfrac{x + y}{x^2 + y^2} = 1$.

6.$(1)y = x + 1$;$(y - 2x)^3 = C(y - x - 1)^2$;　$(2)2x + y - 1 = Ce^{2y-x}$;

　　$(3)x + 3y + 2\ln|y + x - 2| = C$;　$(4)(y - x - 5)^5(x + 2y + 2) = C$.

7.$(1)y = x^3 + Cx^2$;　$(2)y = 2 + Ce^{-x^2}$;　$(3)y = \dfrac{1}{x^2 + 1}\left(\dfrac{4}{3}x^3 + C\right)$;

　　$(4)x = \dfrac{Ce^{-y}}{y} + \dfrac{e^y}{2y}$;　$(5)y = (x - 2)^3 + C(x - 2)$;　$(6)xy = (x^3 + C)e^{-x}$.

8.$(1)y = \dfrac{2}{3}(4 - e^{-3x})$;　$(2)y = \dfrac{1}{x}(-\cos x + \pi - 1)$;

　　$(3)y = x^2(e^x - e)$;　$(4)y = \dfrac{x}{\cos x}$.

9.$I = e^{-5t} + \sqrt{2}\sin\left(5t - \dfrac{\pi}{4}\right)$.

10.(1)不是;　　　　　　　$(2)x^3 + x^2y^2 + y^3 = C$;　$(3)xe^{-y} - y^2 = C$;

　　$(4)3x^2y - y^3 = C$;　(5)不是;　　　　　　　$(6)x + \dfrac{x^3}{y^2} + \dfrac{5}{y} = C$.

11.$(1)y = \dfrac{1}{4}e^{2x} + \cos x + C_1 x + C_2$;　$(2)y = (x - 3)e^x + C_1 x^2 + C_2 x + C_3$;

　　$(3)y = C_1 e^x - \dfrac{1}{2}x^2 - x + C_2$;　　　$(4)y = \dfrac{1}{x} + C_1 \ln x + C_2$;

　　$(5)y = \dfrac{1}{3}x^3 + \dfrac{C_1}{2}x^2 + C_2$;　　　　$(6)y = -\ln|\cos(x + C_1)| + C_2$;

　　$(7)(x - C_2)^2 + (y - C_1)^2 = 1$;　　$(8)C_1 y^2 - 1 = (C_1 x + C_2)^2$;

　　$(9)y = \arcsin(C_2 e^x) + C_1$.

12.$(1)y = \sqrt{2x - x^2}$;　$(2)y = \dfrac{x^2}{2} - \dfrac{3}{2}$;　$(3)y = \ln\sec x$;　$(4)y = -\dfrac{1}{a}\ln(ax + 1)$.

习题 9 - 3

1.(1)无关;　(2)无关;　(3)无关;　(4)无关;　(5)相关;　(6)无关.

2.$y = C_1 \cos 2x + C_2 \sin 2x$.

3.$y = 2x^3 - 3x^4$.

4.略.

5.$y = C_1 e^x + C_2(2x + 1)$.

6.$(1)y = C_1 e^{-x} + C_2 e^{5x}$;　$(2)y = C_1 + C_2 e^{5x}$;　$(3)y = C_1 \cos\sqrt{2}\,x + C_2 \sin\sqrt{2}\,x$;

　　$(4)y = (C_1 + C_2 x)e^{\frac{3}{4}x}$;　$(5)y = e^{-2x}(C_1 \cos x + C_2 \sin x)$;　$(6)y = C_1 e^{-x} + C_2 e^{\frac{1}{2}x}$.

7.(1)$y=\mathrm{e}^{-x}-\mathrm{e}^{4x}$；　(2)$y=\mathrm{e}^{2x}\left[\sin 3x+\dfrac{1}{3}\sin 3x\right]$；　(3)$y=3\mathrm{e}^{-2x}\sin 5x$.

8.(1)$y=C_1+C_2\mathrm{e}^{-\frac{5}{2}x}+\dfrac{1}{3}x^3-\dfrac{3}{5}x^2+\dfrac{7}{25}x$；　(2)$y=C_1\mathrm{e}^{\frac{1}{2}x}+C_2\mathrm{e}^{-x}+\mathrm{e}^x$；

　　(3)$y=C_1\mathrm{e}^{-x}+C_2\mathrm{e}^{3x}-\dfrac{1}{4}(x+1)\mathrm{e}^x$；　(4)$y=(C_1+C_2x)\mathrm{e}^{3x}+\dfrac{1}{9}x^2+\dfrac{4}{27}x-\dfrac{1}{27}$.

9.(1)$y=C_1\cos x+C_2\sin x-2x\cos x$；　(2)$y=\mathrm{e}^{3x}(C_1+C_2x)+\mathrm{e}^x\left(\dfrac{3}{25}\cos x-\dfrac{4}{25}\sin x\right)$；

　　(3)$y=C_1\cos x+C_2\sin x+\dfrac{\mathrm{e}^x}{2}+\dfrac{x}{2}\sin x$.

10.(1)$y=\sin 2x+2x$；　(2)$y=-5\mathrm{e}^x+\dfrac{7}{2}\mathrm{e}^{2x}+\dfrac{5}{2}$；　(3)$y=\mathrm{e}^x-\mathrm{e}^{-x}+\mathrm{e}^x(x^2-x)$.

第 9 章总习题

1.(1)$y=(C_1\cos 2x+C_2\sin 2x)\mathrm{e}^{3x}+\dfrac{14}{13}$；　　(2)$y=\mathrm{e}^{Cx}$；

　　(3)$y=C_1\cos x+C_2\sin x+x^2-2+\dfrac{1}{2}x\sin x$；　(4)$y''-4y'+4=0$.

2.(1)$2xy-y^2=C$；　(2)$y=\mathrm{e}^{-x}(x+C)$；　(3)$y=\dfrac{1}{2}(x+1)^4+C(x+1)^2$；

　　(4)$y^5-5x^2y^3=1$；　(5)$y=\dfrac{4x^3+3C}{3(x^2+1)}$；　(6)$y+\sqrt{x^2+y^2}=Cx^2$；

　　(7)$x-\sqrt{xy}=C$.

3.(1)$y=\dfrac{1}{4}\mathrm{e}^{2x}+C_1x+C_2$；　(2)$y=-\dfrac{1}{2}x^2-x+C_1\mathrm{e}^x+C_2$；

　　(3)$C_1y-1=\mathrm{e}^{C_1x+C_1C_2}$；　(4)$4y^{\frac{1}{4}}=4\pm x^2$.

4.(1)$y=C_1\mathrm{e}^x+C_2\mathrm{e}^{3x}$；　　(2)$y=C_1\mathrm{e}^{3x}+C_2\mathrm{e}^{-x}-\dfrac{2}{3}x+\dfrac{1}{9}$；

　　(3)$y=C_1\mathrm{e}^{-x}+(C_2+\dfrac{x}{3})\mathrm{e}^{2x}$；　(4)$y=\mathrm{e}^x$；

　　(5)$y=C_1\mathrm{e}^x+C_2\mathrm{e}^{-3x}+\dfrac{1}{5}\mathrm{e}^{2x}$；　(6)$y=\mathrm{e}^{2x}+\mathrm{e}^{-2x}-1$；

5.(1)$y_t=-\dfrac{3}{4}+C5^t$；　(2)$y_t=C(-3)^t+\left(-\dfrac{2}{25}+\dfrac{1}{5}t\right)2^t$；

　　(3)$y_t=C_1(-3)^t+C_2$；　(4)$y_t=C_13^t+C_2(-2)^t+\left(-\dfrac{2}{25}t+\dfrac{1}{15}\right)t\times 3^t$.

6.$y=2\mathrm{e}^{2x}-\mathrm{e}^x$.

7.$\dfrac{\cos x+\sin x+\mathrm{e}^x}{2}$.

参考文献

[1] 黄立宏.高等数学:上册[M].上海:复旦大学出版社,2006.
[2] 黄立宏.高等数学:下册[M].上海:复旦大学出版社,2006.
[3] 同济大学数学系.高等数学:上册[M].7 版.北京:高等教育出版社,2016.
[4] 同济大学数学系.高等数学:下册[M].7 版.北京:高等教育出版社,2016.
[5] 欧维义.高等数学习题课讲义:上册[M].长春:吉林大学出版社,1996.
[6] 欧维义.高等数学习题课讲义:下册[M].长春:吉林大学出版社,1996.
[7] 陈小桂,陈敬佳.高等数学习题全解[M].大连:大连理工大学出版社,2002.
[8] 陈兰祥.高等数学典型题精解[M].北京:学苑出版社,2002.
[9] 同济大学数学系.高等数学解题方法与同步训练[M].上海:同济大学出版社,1998.